全国交通高级技工学校通用教材

Gonglu Gongcheng Jixie Yeya Xitong Guzhang Paichu

公路工程机械液压系统故障排除

(公路工程机械使用与维修专业用)

朱烈舜　主编
周永春　主审

人民交通出版社

内容提要

本书主要介绍公路工程机械液压传动中出现的故障及其排除方法，内容包括：液压系统液压泵、液压控制阀、液压缸（液压马达）、辅助元件等四大元件的故障现象、原因与排除方法；典型公路工程机械液压系统分析和常见故障排除等。

本书是全国交通高级技工学校公路工程机械使用与维修专业教学用书，也可供有关人员学习参考，或作为高级工、技师、高级技师培训的选用教材。

图书在版编目（CIP）数据

公路工程机械液压系统故障排除/朱烈舜主编.—北京：人民交通出版社，2005.12（重印 2008.12）
ISBN 978-7-114-05868-4

Ⅰ.公… Ⅱ.朱… Ⅲ.工程机械-液压系统-故障修复 Ⅳ.TU607

中国版本图书馆 CIP 数据核字（2005）第 145442 号

全国交通高级技工学校通用教材
书　　名：公路工程机械液压系统故障排除（公路工程机械使用与维修专业用）
著 作 者：朱烈舜
责任编辑：蔡培荣
出版发行：人民交通出版社
地　　址：（100011）北京市朝阳区安定门外外馆斜街 3 号
网　　址：http://www.ccpress.com.cn
销售电话：（010）59757969，59757973
总 经 销：人民交通出版社发行部
经　　销：各地新华书店
印　　刷：北京市密东印刷有限公司
开　　本：787×1092　1/16
印　　张：18.25
字　　数：453 千
版　　次：2005 年 12 月　第 1 版
印　　次：2011 年 9 月　第 3 次印刷
书　　号：ISBN 978-7-114-05868-4
印　　数：6001-7000 册
定　　价：30.00 元

前言

FOREWORD

为了适应交通新的跨越式发展，积极推进一体化教学改革，进一步加快高级技工学校公路类专业教材建设，交通职业教育教学指导委员会公路类(技工)学科委员会和交通技工教育研究会公路专业委员会组织制定了高级技工学校公路施工与养护和公路工程机械使用与维修两个专业的教学计划与教学大纲，并依此确定了教学改革和教材改革的模式。2004年3月启动教材的编写工作，2005年陆续交稿。

本套教材用于培养公路类专业高级技工和技师，具有以下特点：

1. 教材内容与高级工等级标准、考核标准相衔接，适应现代化施工与养护的基本要求，教材全部采用最新的标准和规范，符合先进性、科学性和实用性的要求。

2. 教材编写满足理实一体化和模块式的教学方式，以操作技能为主，体现职业教育特色，使学生具备较高的实用技能。

3. 教材与作业、题库配套。各课程均编写了“习题集和答案”，汇成题库和题解，供学生做作业和练习，也可供命题参考。

本套教材由柯爱琴担任责任编委。

《公路工程机械液压系统故障排除》是全国交通高级技工学校公路工程机械使用与维修专业通用教材之一，内容包括：液压系统液压泵、液压控制阀、液压缸(液压马达)、辅助元件等四大元件的故障现象、原因与排除方法；典型工程机械液压系统分析和常见故障排除。

参加本书编写工作的有：山东公路高级技工学校朱烈舜(编写第一、二单元、第三单元的课题一、二、三)，河南省南阳公路技工学校王迅(编写第三单元的课题四，第四单元，第五单元的课题一、二、三、四)，北京市路政局技工学校李兴辰(编写第五单元的课题五、六、七、八、九)。全书由朱烈舜担任主编，四川省公路技工学校周永春担任主审。

本套教材在交通技工教育研究会理事长卢荣林的指导下进行，在编写过程中，得到了全国16个省市的高级技工学校领导的大力支持和帮助，共有60余名公路类专业教师参与了教材的编审工作，在此表示感谢。

由于我们的业务水平和教学经验有限，书中有不妥之处，恳切希望使用本书的教师和读者批评指正。

交通职业教育教学指导委员会公路类(技工)学科委员会

交通技工教育研究会公路专业委员会

二○○六年八月

目录

CONTENTS

1

单元一 液压与液力系统故障及排除基本概论

【知识目标】

1. 描述液压系统故障分类及故障分析方法;
2. 描述液压系统常见故障产生的原因;
3. 描述液压与液力系统正确使用与维护的内容。

【能力目标】

1. 进行液压系统常见故障的诊断与排除;
2. 进行液压与液力系统的正确使用与维护。

课题一 液压系统故障分类及故障分析方法

液压工程机械的故障主要表现在液压系统或其回路中的元件损坏,伴随漏油、发热、振动、噪声等现象,导致系统不能发挥正常功能。

一、液压系统故障分类

故障按性质,可以分为突发性及缓发性两种。突发性的特点是具有偶然性。它与使用时间无关,如管路破裂、液压件卡死、油泵压力失调、速度突然下降、液压振动、噪声、油温急剧上升等,故障难以预测与预防;缓发性的特点是与使用时间有关,尤其是在使用寿命的后期表现最为明显,主要是与磨损、腐蚀、疲劳、老化、污染等劣化因素有关,但故障通常可以预防。

故障按在线显现情况,可分为实际故障和潜在故障两种。实际故障又称为功能性故障,由于这种故障的实际存在,使液压(力)系统不能工作或工作能力显著降低,如关键液压元件被损坏等;潜在故障与缓发性(或渐进性)故障相似,尚未在功能性方面表现出来,但可以通过观察及仪器测试知道它的潜在程度。

故障按发生的原因,可分为人为故障和自然故障两种。由于设计、制造、运行安装、使用及维修不当等造成的故障均称为人为故障;由于不可抗拒的自然因素(如磨损、腐蚀、老化及环境等因素)产生的故障均属于自然故障范围。

液压设备的故障,一般在初期因设计、制造、运输、安装、调试等原因而使故障率较高,随着运用时间延长及故障的不断排除,故障率将逐渐降低。到了设备使用后期,由于长期使用过程中的磨损、腐蚀、老化、疲劳等而逐渐使故障增多。只有在使用中期,设备故障才趋于随机的较稳定期,也就是设备的有效工作寿命期。但如果由使用不当或对潜在的故障不及时诊断与排除,即使在有效寿命期也不能排除出现突发性的各种严重故障。故研究和总结液压设备故障及诊断技术,则是正确及时地排除各种故障的前提。

二、故障诊断方法

故障诊断的最基本方法有观察法、逻辑分析法及仪器检测法。观察法、逻辑分析法是一种定性分析方法,仪器检测法具有定量分析的性质。

1. 观察诊断法

观察诊断,实际就是凭人的眼、鼻、耳、手的观察、嗅觉、听觉及触摸感觉与日常经验结合起来的分析液压设备是否存在故障、故障部位及原因的一种最初的直观诊断法。

一般情况下,任何故障在演变为大故障之前都会伴随有种种不正常的征兆,例如:

(1)出现不正常的振动与噪声,尤其是在液压泵、液压马达、液压阀等液压元件处。

(2)出现液压执行元件(液压马达、液压缸)工作速度下降,压力降低及无力现象。

(3)出现工作油液温升过高及有焦烟味等现象。

(4)出现管路损伤、松动等现象。

(5)出现压力油变质、油箱液位下降等现象。

上述这些现象只要勤检查、观察,不难被发现。将这些现场现象作为第一手资料,根据经验及有关图表、资料数据,就很快地能判断出是否存在故障、故障性质、发生的部位及故障具体产生的原因,就可以着手进行采取排除故障的措施或作出预防大故障的发生。日常检查的项目,见表1-1-1。

日常检查项目表　　　　表1-1-1

检查项目	检查方法	判断标准	处理方法
外观不正常现象	眼观	有无泄漏、管接头松动、管路损伤	进行修理、拧紧、维护
油箱油量、油变质、油污染	眼观	油位是否正常、滤油器是否堵塞、油液是否变质	补足油量、清洗滤油器、更换液压油等
振动、噪声	眼观、耳闻	是否正常	比正常值大时立即查明原因进行修理
油温	手摸后发现不正常再用温度计测量	是否正常	超过正常允许值时,查明原因处理
工作速度	眼观	不正常,太慢	流量不足、泄漏、定压太低等,查明原因进行处理
工作压力	眼观	无力	定压太低、供油不足以及其他故障的查处

2. 逻辑分析法

逻辑分析法主要根据设备液压系统工作基本原理进行的逻辑推理方法,也是掌握故障判断技术及排除故障的最主要的基本方法。它是根据该设备液压系统组成中各回路内的所有液压元件,有可能出现的问题导致执行元件(液压缸或液压马达)故障发生的一种逼近的推理查出法。这种方法有叙述法、列表法及框图法,现分别介绍如下。

1)叙述法

按液压系统图分析故障原因。现以图 1-1-1 简单的液压系统举例说明叙述法故障分析的方法。

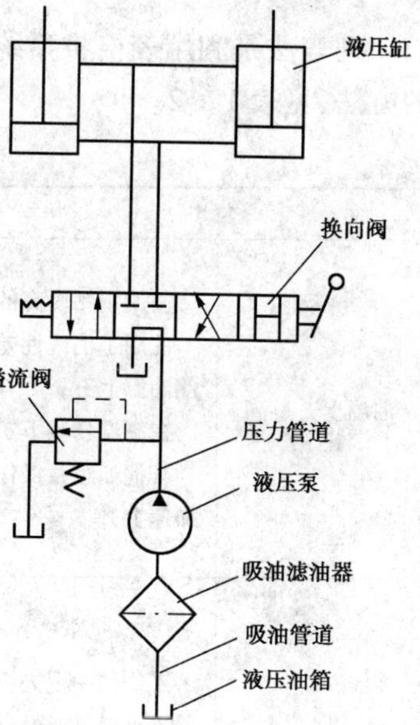

图 1-1-1　简单的液压系统

液压系统中液压缸动作不灵,其故障是:

(1)液压油箱内液面太低

故障原因:长期损耗或泄漏,以致供油量不足。

排除方法:加足液压油至油箱容积的 80% 处。

(2)滤油器堵塞

故障原因:液压油受到污染。

排除方法:检查液压油或换油,清洗或更换滤油器。

(3)液压油污染或变质

故障原因:由于液压油在运输、装注过程中,雨水侵入、元件使用过程中的磨损、高温、气蚀氧化等现象使油污染或变质,致使液压执行元件动作不良。

排除方法:检查液压油污染程度、变质情况,更换液压油。

(4)吸油管堵塞或管太细长引起吸油不足

故障原因:吸油管因氧化腐蚀、污物堵塞或设计过细过长,使吸油阻力增大,吸油性变差。

排除方法:疏通、减低管路长度、加粗管径等。

(5)泵自吸性差

排除方法:

①增大自吸高度,提高吸油管至泵吸油口内的真空度,减小进油速度减小管内能量损失。

②提高管与泵接头的密封性,提高自吸性。

③保持管道内光滑程度,防止自吸管道弯曲等。

(6)液压泵故障

液压泵故障与排除,可详见单元二课题一。

(7)溢流阀故障

溢流阀故障现象,一般是调压失灵及溢流不正常或不按要求溢流。故障原因一般可能是阻尼孔堵塞,主滑阀卡死,导阀密封性不良,弹簧疲劳或折断等。

(8)换向阀故障

换向阀故障一般可能是间隙过大,泄漏现象严重或阀芯发生卡紧现象等。

(9)液压缸故障

液压缸本身存在毛病,如密封件损坏、活塞与缸体存在间隙、内外泄漏存在、缓冲装置有毛病、缸内存在空气等。

(10)压力管道故障

压力管道一般存在接头松动,管内阻尼太大,弯头太多,弯头处存在空气等。这些现象找出后,可对症下药予以排除。

2)列表法

列表法是利用表格将系统中发生的故障、故障原因及故障排除方法简明地列出,便于查找的方法,见表1-1-2。

工作油的故障及排除 表1-1-2

故　障	故障原因分析	故障排除方法
油温上升过高	使用了粘度高的工作油,粘性阻力增加,油温升高; 使用了消泡性差的油,由于气泡的绝热压缩,工作油变质使油温上升; 在高温暴晒下工作,工作油劣化加剧,使油温上升; 其他如过猛操作换向阀,经常处于系统溢流等也会使油温加速上升	更换合格合适的液压油,平稳操作,防止冲击,尽可能减少系统溢流损失等
油中气泡增多	工作油中混入空气,停机时气泡积存于配管,执行元件排气不良等,同样会出现更多的气泡; 噪声增加; 油温上升	检查工作油量是否过少,尤其要注意工作油在倾斜厉害的状况下长时间使用时,油面应比油泵进油口高; 检查泵密封好不好,吸油管管夹松动了没有,松了要拧紧; 使用消泡性好的工作油

3)框图法

框图法是利用矩形框、菱形框(或左右两端是半圆的圆边框)、指向线和文字组成的描述故障及故障判断过程的一种图式方法。有了框图,即使故障复杂,也能做到分析思路清晰,排除方法层次分明,解决问题一目了然。

框可分为两种。一种是矩形框,称叙述框,表示故障现象或要进行解决的问题,它只有一个入口和一个出口;另一种是菱形框,它表示进行故障的原因分析,是检查、判断框,一般有一个入口,两个出口,判断后形成两个分支,在两个出口处,必须注明哪一个分支是对应满足条件的(常以“是”表示),哪一个分支是对应不满足条件的(以“否”表示)。

现举例说明框图法的应用,如图1-1-2所示。

3. 仪器检测法

仪器检测法是使用仪器、仪表进行故障诊断的方法。这些仪器、仪表是在不拆卸液压设备的情况下进行参数测量后与正常值相比较从而断定是否有故障。一般地说,用仪器仪表检测是较准确有效。

4. 油液分析法

液压油是液压系统不可缺少的组成部分。根据国内外统计资料表明，液压系统的故障大约有70%是由于油液的污染而引起的，因而必须掌握有关油液状态的信号。利用各种分析手段来鉴别油液中污染物的成分和测定油液中污染的含量，就可以诊断液压系统故障及液压油污染故障。目前常用的方法有：光谱分析、铁谱分析、磁塞检测和颗粒计数法等。

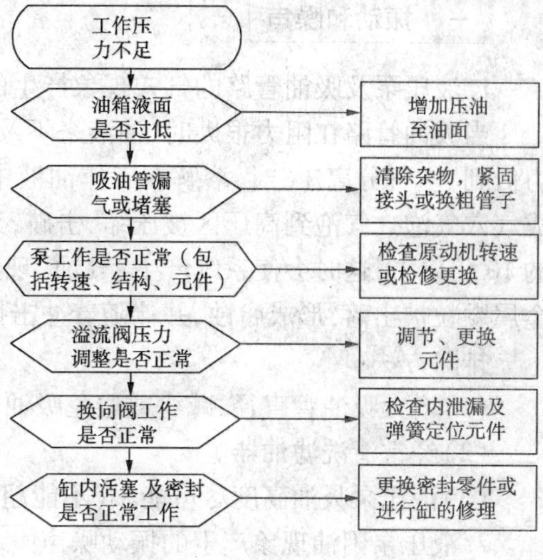

图1-1-2　框图法

油液分析诊断过程：

1）采样

从液压油中采集能反映液压系统中各液压元件运行状态的油样。

2）检测

指对油样进行检测，以测定液压油中磨损物质的数量和粒度分布。

3）识别

诊断和识别液压油故障、液压元件磨损状态及液压系统故障。

4）预测

指预测处于异常磨损状态的液压元件的寿命和今后磨损的类型。

5）处理

指对液压油的换油周期、液压系统的维修方式、液压元件的修理和更换等的处理。

5. 振动声学法

应用声学法诊断液压故障，就是通过振动声学仪器对液压系统的振动和噪声进行检测，按照振动声学规律，识别液压元件的磨损状况及其技术状态，在此基础上诊断故障原因、部位、程度、性质和发展趋势等。此法适用于所有液压设备的液压故障诊断，特别是对价值较高的液压泵和液压马达的故障诊断，具有重要的实用意义。

6. 超声检测法

这种方法是应用超声技术在液压元件壳体外和油管壁外进行探测，以测量其内部的流量值。常用的方法有回波脉冲法和穿透传输法。

7. 计算机诊断（诊断的专家系统）

计算机高科技的发展，使人工智能专家咨询系统将得以实现。它可以根据人们事先安排好的程序进行有条不紊的逻辑判断和推理，模拟人类专家的思维过程，关键是仍要依靠人们在日常工作中逐渐积累起来的大量经验与计算机判断结合起来才能得到正确判断。

课题二　液压系统常见故障原因及排除

液压系统常见的故障有振动和噪声、液压系统泄漏、液压冲击、液压系统中的“爬行”、液压系统中的液压卡紧、液压系统中的温升等。

一、振动和噪声

1. 液压泵及吸油管路的气穴现象产生的振动噪声

当吸油管路在阻力很大时，油液来不及填充管路及泵腔，产生局部真空，形成低压。当压力低到“空气分离压”时，溶解在工作油液中的空气（通常有9%的体积量）大量分解出来，形成气穴气泡。气泡到高压区被压缩、击破，又会产生高频冲击，其压力值有时可高达系统压力的10倍以上，这时会使系统产生“气蚀”现象，可引起固体壁面的剥蚀和管壁金属晶体接缝处金属颗粒被击落，形成腐蚀，并伴随着冲击振动、噪声及高温。

排除方法：

（1）增大吸油管直径，减少或避免吸油管道的弯曲，减少管道阻力。

（2）经常清洗滤油器。

（3）液压泵吸油高度尽可能小（不能超过0.5m）。

2. 液压泵困油现象产生的振动噪声

液压泵困油造成高压油部分使泵内某些零件受到高频撞击负荷增大而产生噪声，局部真空部分使溶于液压油中的空气产生气穴气泡，引起流量、压力的不均匀和振动，从而产生噪声。

排除方法：对齿轮泵主要检查端盖上卸荷槽尺寸位置，若相差不多，可用锉刀修锉，否则需换端盖。

对叶片泵主要检查三角沟槽是否加工太短，可用三角锉刀进行修锉。

3. 控制阀引起的噪声

（1）调压弹簧损坏。

排除方法：更换弹簧。

（2）阀座密封不良。

排除方法：更换钢球或修研该锥阀与阀座密封接合面，使钢球与阀座接合面接触良好。

（3）滑阀在阀体内移动不灵活。

排除方法：将滑阀用金相砂纸研磨光滑，并清除污物。

（4）滑阀阻尼孔被堵塞。

排除方法：清洗疏通阻尼孔。

（5）节流阀口开得太小，流速高产生喷流。

排除方法：减少节流阀进出口液压差，或采用小规格节流阀，使得在流量很少的情况下，节流阀开口较大。

（6）电磁换向阀快速切换，产生液压冲击。

排除方法：在电磁换向阀油路中设置缓冲装置。

4. 液压系统的机械噪声

（1）原动机与泵联轴器同轴度误差或产生松动或轴承损坏。

排除方法：提高联轴器同轴度，控制在0.1mm内，更换已损坏的轴承。

（2）管路安装不良，进油管与回油管距离太近。

排除方法：适当拉开进油管与回油管距离，主要的管道应用管夹装置定位。

二、液压系统泄漏

(1)系统压力调整过高,使密封件或密封面处泄漏。

排除方法:适当降低液压系统压力,但仍应根据机器说明书的要求,将液压系统压力调整到规定范围内,不可调得太高。

(2)阀内产生内泄漏,滑阀磨损使间隙增大。

排除方法:研磨阀体孔,重新制作滑阀,根据阀体孔实际尺寸配间隙,一般控制在0.005~0.01mm 范围内。

(3)密封件泄漏、密封件损坏、老化,使密封不良。

排除方法:应更换这些密封件;有方向性的密封件装配方向装错时,应重新安装。

(4)接合面间产生泄漏:

①两接合面本身的平面度误差或表面受到损伤。

排除方法:研磨或修磨接合面。

②接合面上的纸垫被压力油损伤。

排除方法:更换纸垫。

③接合件上的螺钉未拧紧。

排除方法:拧紧或更换新的螺钉。拧紧时应按对角方向逐步拧紧,防止接合面发生倾斜。

三、液压冲击

1. 液流换向时产生冲击

排除方法:可使换向阀阀芯控制边切制成1.5°~40°的锥角(其原值长视密封边长而定)或开轴向缓冲槽。

2. 节流缓冲装置失灵产生冲击

(1)有的是液压缸缓冲装置中的钢球与阀座封油不良、端盖处纸垫损坏、活塞的锁紧螺母产生松动、活塞与缸体孔配合间隙过大等原因。

排除方法:调换钢球、研磨阀座接合处,更换新纸垫,旋紧锁紧螺母或重新制作活塞(与缸体孔配合间隙为0.03mm)。

(2)有的液压缸缓冲活塞端的缓冲柱塞上设有三角槽,油液经三角槽回油时进行缓冲,当缓冲柱塞外缘与端盖内孔磨损而配合间隙过大时,三角槽将不起节流缓冲作用。

排除方法:可根据端盖内孔尺寸重新做活塞及缓冲柱塞,或将此缓冲柱塞磨圆后,表面镀一层硬铬,再根据端盖内孔尺寸配磨间隙。

(3)有的液压缸在缓冲缸端体外设有节流阀。节流阀中节流螺母松动或调整不当,会产生液压冲击。

排除方法:紧固螺母或重新调整。

(4)有的液动换向阀两端设有单向节流阀(阻尼器),若此单向节流阀中节流阀调整不当或单向阀密封不良时,均会使工作装置在换向时产生冲击。

排除方法:这时拧紧节流阀调节螺钉,适当增大缓冲阻尼,若仍有冲击,可判断为单向阀密封存在问题，从而再检查单向阀及其阀座密封问题。

3. 液压冲压

系统内存在大量空气，换向阀内空气时而被压缩，时而被释放，造成液压冲击。

排除方法：检查空气进入处，采取防止措施，排除系统内存在的空气。

四、液压系统中的“爬行”

“爬行”是液压传动中经常出现的不正常运动状态。轻微的“爬行”使运动件产生目光不易觉察的振动，显著的“爬行”使运动件产生大距离地跳动。“爬行”现象是很有害的，因此消除“爬行”现象对于改善液压系统稳定性和提高工作精度是非常重要的。

1. 驱动刚性差引起的“爬行”

空气进入油液中后，一部分溶于压力油液中，其余部分就形成气泡浮游在压力油中。因为空气有压缩性，使液压油产生明显的弹性，造成驱动刚性差而引起“爬行”。空气混入液压系统中的原因是：

(1)在往复运动的零件之间，需要有一定的配合间隙，空气易从这些间隙中混入。

(2)液压管接头松动或密封不严，空气由此进入系统中。

(3)液压元件的精度差，密封件性能不良而造成各种泄漏。

(4)吸油管设置不当而吸入空气，或因被污物堵塞而形成局部真空。

(5)油箱中油液不足或吸油管插入深度不够造成吸油时吸入空气。

(6)液压系统中局部压力低于空气的分离压力，使溶于油液中的空气分离出来。

(7)系统设计不合理，在机械停止工作时，液压缸左、右腔互通并通过回油路，油液在位能作用下流回油箱，在系统中形成局部真空，空气从各个渠道进入系统。针对上述原因，采取措施如下：

①在制造和修配零件时，应严格达到公差要求，装配时要保证配合间隙。

②紧固各管道连接处，防止泄漏。

③均匀紧固各接合面处的连接螺钉，密封垫应均匀，不允许用多层纸垫。

④油箱中进出油管应保持一定的距离，也可增加隔板使之隔开。

⑤清除附着于滤油器上的脏物，应采用足够容量的滤油器。

⑥油箱要保证足够油液，使之不低于油标指示线。

⑦为了保证系统中各部分能经常充满油液应在泵出口处安装单向阀，在回油路上设置背压阀。

⑧改进液压系统，设法防止系统中出现局部真空，并设置必要的排气塞或放气阀。

2. 液压元件间隙大而引起的“爬行”

1)运动件低速运动引起的“爬行”

运动件低速运动时，一旦发生干摩擦，阻力增加。这时要求液压泵提高压力，但由于液压泵间隙大而严重漏油，不能适应执行元件因阻力的变化而形成的压力变化而产生的“爬行”。此时应修复或更换液压泵内零件，保证装配要求的间隙，以减少液压泵的泄漏。

2)控制阀失灵引起的“爬行”

各种控制阀的阻尼孔及节流口被污物堵塞，阀芯移动不灵活等，使压力波动大，造成推力或流量时大时小而产生“爬行”。因此要经常保持油液清洁,定期清洗并更换,加强元件的维护,以防液压油污染。

3)元件磨损引起的“爬行”

由于阀类零件磨损,使配合间隙增大,部分高压油与低压油互通,引起压力不足。另外液压缸活塞与缸体内孔配合间隙因磨损而增大,发生内泄漏,使液压缸两腔压差减小,以致推力减小,致使在低速时因摩擦力的变化而产生“爬行”。

具体措施是认真检验配合间隙,研配或重新制作元件,保证配合间隙,并更换已损坏的密封件。

3. 摩擦阻力变化引起的“爬行”

这种现象在液压缸出现的较多,主要是因为:液压缸中心线与活塞杆不平行,活塞杆局部或全长弯曲,缸筒内圆被拉毛刮伤,活塞与活塞杆不同轴,缸筒精度达不到技术要求,活塞杆两端油封调整过紧等因素会引起“爬行”。采取措施是逐项检验液压缸的精度及损伤情况,并进行修复或更新,使液压缸安装精度符合技术要求。

五、液压系统中的液压卡紧

液压系统中产生液压卡紧,一般是指当阀芯停止运动一段时间(大约2~5min)后,产生很大阻力,致使阀芯重新移动十分困难。这种现象容易增加滑阀的磨损,降低元件的使用寿命,同时会使系统运行产生不良后果。

1. 径向力不平衡引起的液压卡紧

液压滑阀副几何形状误差和同轴度变化引起径向不平衡的液压力,是产生液压卡紧的主要原因。

2. 油液中极性分子的吸附作用产生的卡紧

在产生液压卡紧之后,由于油液中的极性分子的吸附作用,使液压卡紧现象会在稍长的时间才会消失。

3. 杂质楔入间隙引起的液压卡紧

油液中杂质楔入间隙也会形成液压卡紧。

因此应在阀芯上开有环形平衡槽,又称均匀槽,以减少径向不平衡力。同时应严格控制阀芯与阀孔的制造精度,配合间隙要合理,过大会增加泄漏,过小则会在温度过高时,阀芯会因热膨胀卡死。另外要精密过滤油液,保证油液的洁净度。

六、液压系统中的温升

1. 液压系统设计不合理产生的系统温升

液压系统在工作过程中有大量压力损失而使油温过高,诸如液压元件规格选用不合理;系统中存在多余的元件和回路;节流方式不当;系统在非工作过程中,无有效的卸荷措施,使大量的压力油损耗而使油液发热。因此可针对上述不合理设计,给予改进完善。

2. 压力损耗大使压力能转换为热能

最常见的是管路设计、安装不合理,致使压力损失加大以及管路维护清洗不及时所造成。应在调试、维护时给予改善。

3. 容积损耗大而引起的油液发热

应在液压泵、各连接处、配合间隙等处,防止内外泄漏、减少容积损耗。

4. 机械损耗大而引起的油液发热

机械损耗经常是由于液压元件的加工精度和装配质量不良,安装精度差、密封件安装不当而造成的。特别是密封件松紧调整要合理,使得密封装置密封性能良好,主要从改进密封结构,并按规定的压缩量调整,以减少摩擦阻力。

5. 压力调整过高

不能在不良的工况下,采用提高系统压力来保证正常工作。这样会增加能量损耗,使油液发热。

6. 油箱体积小、散热条件差

应当改善散热条件,适当增加油箱容量,有效地发挥箱壁的散热效果。必要时应采取强迫冷却措施。

课题三　液压与液力系统的正确使用与维护

一、系统污染的危害与原因

污染物混入系统后会加速液压零件的磨损、烧伤甚至产生破坏故障或者使阀的动作失灵、引起噪声。污染物会堵塞液压元件的节流孔或节流缝隙,改变液压系统的工作性能,引起动作失调甚至完全失灵,产生误动作造成事故。灰尘颗粒在液压缸内会加速密封件的损坏,缸筒内表面的拉伤,使泄漏增大,推力不足或者动作不稳定、爬行、速度下降,产生异常的声响与振动。还可能引起滤网堵塞,液压泵吸油困难,回油不畅而产生气蚀、振动和噪声,堵塞严重时会因阻力过大而将滤网击穿,完全丧失过滤作用,造成液压系统的恶性循环。

系统污染的原因很多,从污染产生机理来看,分为 2 种:

(1)制作、安装过程中潜伏在系统内部的污染物。

(2)系统工作过程中产生的污染。显然,系统制作、安装过程中潜伏的污染物多为切屑、毛刺、型砂、涂料、磨料、焊渣、锈片和灰尘等固体颗粒。它们对系统的危害比较大,必须在这一阶段加强管理,控制污染,确保安装后的液压系统能够安全可靠地运行。

二、液压系统安装、清洗、调试

液压传动系统的安装,包括液压管路、液压元件(液压泵、液压缸、液压马达和液压阀等)及辅助元件的安装等内容。具体安装步骤可按下述程序进行:

(1)预安装(试装配)。系统中各弯管,组对油管和元件,点焊接头,整个管路定位。

(2)第一次清洗(分解清洗)。酸洗管路,清洗油箱和各类元件等。

(3)第一次安装。联成清洗回路及系统。

(4)第二次清洗(系统冲洗)。用清洗油清洗管路。

(5)第二次安装。组成正式系统。

(6)调整试车。灌入实际工作用油,进行正式试车。

1. 液压管路的安装

液压管路是连接液压泵、各种液压阀和油缸及油马达的通道。液压系统的安装，就是用管路把各种液压元件连接起来，组成回路。因此，管路的选择是否合理，安装是否正确，清洗是否干净，对液压系统的工作性能有很大影响。

1）管路的选择与检查

在选择管路时，应根据系统的压力、流量以及工作介质、使用环境和元件及管接头的要求，来选择适当口径、壁厚、材质和管路。要求管道必须具有足够的强度，内壁光滑、清洁、无砂、无锈蚀、无氧化铁皮等缺陷，并且配管时应考虑管路的整齐美观以及安装、使用和维护工作的方便。管路的长度应尽可能短，这样可减少压力损失以及延时和振动等现象。

检查管路时，若发现管路内外侧已腐蚀或有明显变色，管路被割口，壁内有小孔，管路表面凹入深达管路直径的10% ~20%以上（不同系统要求不同），管路伤口裂痕深度为管路壁厚的10%以上等情况时均不能使用。

检查长期存放的管路，若发现内部腐蚀严重时，应用酸彻底冲洗内壁，清洗干净，再检查其耐用程度，合格后才能进行安装。

检查经加工弯曲的管路时，应注意管路的弯曲半径不应太小。弯曲曲率太大，将导致管路应力集中的增加，降低管路的疲劳强度，同时也是易出现锯齿形皱纹，用填充物弯曲管路时，其最小弯曲半径 R（图1-3-1）的要求为：

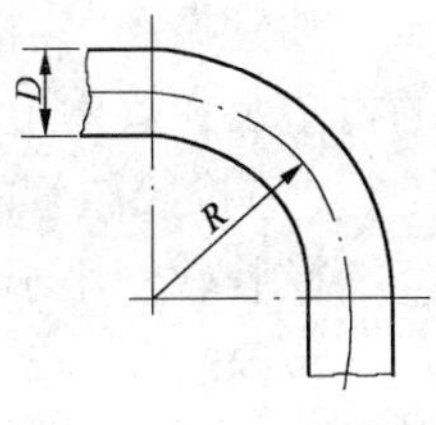

图1-3-1　液压管路弯曲半径

钢管热弯曲：　　$R \geqslant 3D$

钢管冷弯曲：　　$R \geqslant 6D$

钢管冷弯曲：

$$R \geqslant 2D (D \leqslant 15\text{mm})$$

$$R \geqslant 2.5D (D = 15 \sim 22\text{mm})$$

$$R \geqslant 3D (D > 22\ \text{mm})$$

管路弯曲处最大截面的圆度不应超过15%；弯曲处外侧壁厚的弯曲曲率减薄不应超过管路壁厚的20%；弯曲处内侧部分不允许有扭伤，压坏或凹凸不平的皱纹。弯曲处内外侧部分都不允许有锯齿形或形状不规则的现象。扁平弯曲部分的最小外径应为原管外径的70%以下。

2）管路的安装

（1）吸油管路的安装及要求

安装吸油管路时应符合下列要求：

①吸油管路要尽量短，弯曲少，管径不能过细。以减少吸油管的阻力，避免吸油困难，产生吸空、气蚀等现象。对于泵的吸程高度，各种泵的要求有所不同，但一般不超过500mm。

②吸油管应连接严密，不得漏气，以免使泵在工作时吸进空气，导致系统产生噪声，以致无法吸油（在泵吸入部分的螺纹，法兰接合面上往往会由于小小的缝隙而漏入空气）。

③除了个别泵（在产品说明书或样本中有说明）以外，一般在吸油管路上应安装滤油器，滤油精度通常为100 ~200目，滤油器的通油能力至少相当于泵的额定流量的两倍，同时要考虑清洗时拆装方便。

(2)回油管的安装及要求

安装回油管时应符合下列要求:

①执行机构的主回油路及溢流阀的回油管应伸到油箱油面以下,以防止油飞溅而混入气泡。

②溢流阀的回油管不允许和泵的进油口直接连通,可单独接回油箱,也可与主回油管冷却器相通,避免油温上升过快。

③具有外部泄漏的减压阀、顺序阀、电磁阀等的泄油口与回油管连通时不允许有背压,否则应单独接回油箱,以免影响阀的正常工作。

④安装成水平面的油管,应有3/1000~5/1000的坡度。管路过长时,每500mm应固定一个夹持油管的管夹。

(3)压力油管的安装及要求

压力油管的安装位置应尽量靠近设备和基础,同时又要便于支管的连接和检修,为了防止压力油管振动,应将管路安装在牢固的地方,在振动的地方要加阻尼来消振,或将木块、硬橡胶的衬垫装在管夹上,使铁板不直接接触管路。

(4)橡胶软管的安装及要求

橡胶软管用于两个有相对运动部件之间的连接。安装橡胶软管时应符合下列要求:

①要避免急转弯,其弯曲半径R应大于9~10倍外径,至少应在离接头6倍直径处弯曲。若弯曲半径只有规定的1/2时就不能使用,否则寿命将大大缩短。

②软管的弯曲同软管接头的安装应在同一运动平面上,以防扭转。若软管两端的接头需在二个不同的平面上运动时,应在适当的位置安装夹子,把软管分成两部分,使每一部分在同一平面上运动。

③软管应有一定余量。因为软管受压时,要产生长度和直径的变化(长度变化约为±4%),因此弯曲情况下使用,不能马上从端部接头处开始弯曲;在直接情况下使用时,不要使端部接头和软管间受拉伸,所以要考虑长度上留有适当余量,使它比较松弛。

④软管在安装和工作时,不应有扭转现象;不应与其他管路接触,以免磨损破裂;在连接处应自由悬挂,以免受其自重而产生弯曲。

⑤由于软管在高温下工作时寿命短,所以尽可能使软管安装在远离热源的地方,不得已时要装隔热板。

⑥软管过长或承受急剧振动的情况下宜用夹子夹牢,但在高压下使用的软管应尽量少用夹子,因软管受压变形,在夹子处会产生摩擦能量损失。

⑦软管要以最短距离或沿设备的轮廓安装,并尽可能平行排列。

3)配管时应注意的事项

(1)整个管线要求尽量短,转弯数少,过渡平滑,尽量减少上下弯曲和接头数量并保证管路的伸缩变形,在有活接头的地方,管路的长度应能保证接头的拆卸安装方便,系统中主要管路或辅助件能自由拆装,而不影响其他元件。

(2)在设备上安装管路时,应布置成平行或垂直方向,注意整齐,管路的交叉要尽量少。

(3)平行或交叉的管路之间应有10mm以上的空隙,以防止干扰和振动。

(4)管路不能在圆弧部分接合,必须在平直部分接合。法兰盘焊接时,要与管路中心线成直角。在有弯曲的管路上安装法兰时,只能安装在管路的直线部分,如图 1-3-2 所示。

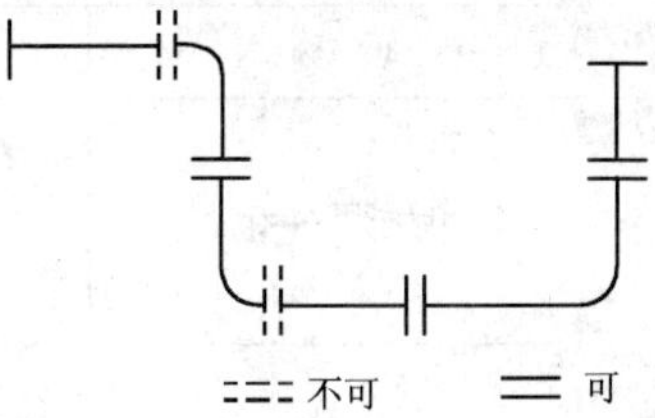

图 1-3-2　在有弯曲管道上安装法兰位置

(5)管路的最高部分应设有排气装置,以便启动时放掉管路中的空气。

(6)管道的连接有螺纹连接、法兰连接和焊接 3 种。可根据压力、管径和材料选定。螺纹连接适用于直径较小的油管,低压管直径在 50 mm 以下,高压管直径为 25 ~ 38mm 以下。管径再大时则用法兰连接。焊接连接成本低,不易泄漏,因此在保证安装拆卸的条件下,应尽量采用对头焊接,以减少管配件。

(7)全部管路应进行二次安装。第一次为试安装,将管接头及法兰点焊在适当的位置上,当整个管路确定后,拆下来进行酸洗或清洗,方可作为系统的一部分并入系统;然后干燥,涂油及进行试压。最后安装时不准有砂子、氧化铁皮、铁屑等污物进入管路及元件内。管道安装过程中若中断较长时间,须及时封好管口防止杂物侵入。为防止焊渣、氧化铁皮侵入系统,建议管道焊接采用气体保护焊,如氩弧焊。

下面绘出正确和错误安装管路(软管)的几个例子,如图 1-3-3 所示。

4)液压软管及管配件的更换

液压动力的传递是通过液压油来进行的,即液压油在输送系统的一端被加压,流到另一端做功。通常,在一个液压回路中有几个输送管道。这些管道的主要构件是:主管、支管、夹层管、软管、管接头和转换接头。当回路中的某两个点要求用柔性输送管连接时,就需采用软管。本书着重讨论软管和管接头。

一般地说,在液压回路中使用软管是出于对柔性连接和缓冲振动的需要。软管的主要组成部分有:芯管、芯骨和管皮。

(1)芯管　芯管是软管的最内层,和液压油直接接触。它的用途就是容纳液压油,并保证液压油不能渗入多孔的芯骨层。

(2)芯骨　芯骨在液压油受压的情况下,为了使芯管不致于扩张而增设的。软管承受压力越大,芯骨强度要求也就越高。

低压液压软管,一般都采用一层网孔纤维编织物作芯骨。聚酯纤维强度比自然纤维高,这种合成纤维可使制成的编织物较薄,或者说,能承受较高的压力。

在采用同一种芯骨结构的情况下,软管直径越大,其承压能力却越小。为此,软管制造厂往往在大尺寸软管中使用加强芯骨。

(3)管皮　管皮是用来保护芯骨免受磨损或潮湿的,常用复合材料制作而成。复合材料氯丁橡胶具有抗裂、耐磨、抗油、耐老化和耐臭氧等性能。一种浸渍过人造橡胶的棉编织物的管皮,就允许在平滑表面上拖动,而不致于受磨损。

为了选择正确的软管,首先须知:液压油在油路中的流速,油路的最大工作压力(包括压力波动),液压油的温度范围,所使用的液压油品位和型号以及对软管的其他特殊要求,如耐火性或热导性等。

2. 液压元件的安装

各种液压元件的安装和具体要求,在产品说明书中都有详细的说明,在安装时液压元件应

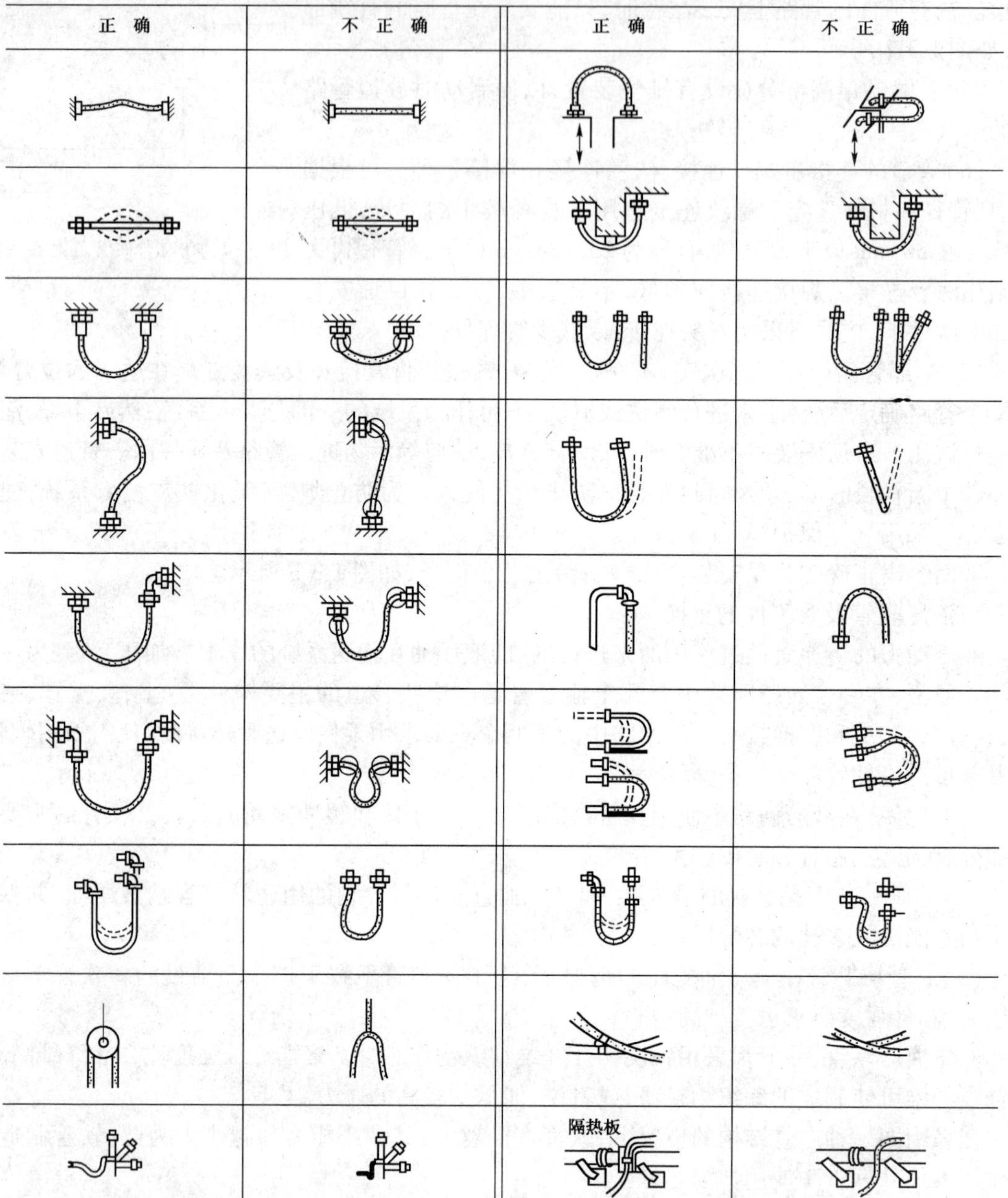

图 1-3-3 橡胶软管安装正误图例

用煤油清洗，所有液压元件都要进行压力和密封性能试验。合格后可开始安装，安装前应将各种自动控制仪表进行校验，以避免不准确而造成事故。

1）液压阀类元件的安装及要求

液压元件安装前，对拆封的液压元件要先查验合格证书和审阅说明书，如果是手续完备的合格产品，又不是长期露天存放内部已经锈蚀了的产品，不需要另做任何试验，也不建议重新清洗拆装。试车时出了故障,在判断准确不得已时才对元件重新拆装,尤其对国外产品更不允许随意拆装,以免影响产品出厂时的精度。

安装阀类元件时,还应注意以下几点:

(1)安装时应注意各阀类元件进油口和回油口的方位。

(2)安装的位置无规定时应安装在便于使用、维修的位置上。一般方向控制阀应保持轴线水平安装。

(3)用法兰安装的阀件,螺钉不能拧得过紧,因过紧有时会造成密封不良。当必须拧紧时,而原密封件或材料不能满足密封要求时,应更换密封件的形式或材料。

(4)有些阀件为了制造、安装方便,往往开有相同作用的两个孔,安装后不用的一个要堵死。

(5)需要调整的阀类,通常按顺时针方向旋转,增加流量、压力;反时针方向旋转,减少流量或压力。

(6)在安装时,若有些阀件及连接件购置不到时,允许用通过流量超过其额定流量为40%的液压阀件代用。

2)液压缸的安装及要求

液压缸的安装应扎实可靠。配管连接不得有松弛现象,缸的安装面与活塞的滑动面,应保持足够平行度和垂直度。安装液压缸应注意以下事项:

(1)对于脚座固定式的移动缸的中心轴线应与负载作用力的中线同心,以避免引起侧向力,因侧向力容易使密封件磨损及活塞损坏。对移动物体的液压缸安装时使缸与移动物体在导轨面上的运动方向保持平行,其不平行度一般不大于0.05mm/m。

(2)安装液压缸体的密封压盖螺钉,其拧紧程度以保证活塞在全行程上移动灵活,无阻滞和轻重不均匀的现象为宜。螺钉拧得过紧,会增加阻力,加速磨损;过松会引起漏油。

(3)在行程大和工作油温高的场合,液压缸的一端必须保持浮动以防止热膨胀的影响。

3)液压泵的安装及要求

液压泵布置在单独油箱上时,有卧式和立式两种安装方式。

(1)立式安装:管道和泵等均在油箱内部,便于收集漏油,外形整齐;

(2)卧式安装:管道露在外面,安装和维修比较方便。

液压泵一般不允许承受径向负载,因此常用电动机直接通过弹性联轴器来传动。安装时要求电动机与液压泵的轴应有较高的同心度,其偏差应在0.1mm以下,倾斜角不得大于1°,以避免增加泵轴的额外负载并引起噪声。必须用皮带或齿轮传动时,应使液压泵卸掉径向和轴向负荷。液压马达与泵相似,对某些马达允许承受一定径向或轴向负荷,但不应超过规定允许数值。

液压泵吸油口的安装高度通常规定:距离油面不大于0.5m,但某些泵允许有较高的吸油高度。而有一些泵则规定吸油口必须低于油面,个别无自吸能力的泵则需另设辅助泵供油。

安装液压泵还应注意以下事项:

(1)液压泵的进口、出口和旋转方向应符合泵上标明的要求,不得反接。

(2)安装联轴器时,不要用力敲打泵轴,以免损伤泵的转子。

4)辅助元件的安装

液压系统的辅助元件包括:油管、管接头、滤油器、蓄能器、冷却器和加热器、密封装置以及压力表、压力表开关等。

辅助元件在液压系统中是起辅助作用的,但在安装时也丝毫不容忽视,否则也会严重影响液压系统的正常工作。

辅助元件安装(管道的安装前面已介绍)主要注意下述几点:

(1)应严格按照设计要求的位置进行安装并注意整齐、美观。

(2)安装前应用煤油进行清洗、检查。

(3)在符合设计要求情况下,尽可能考虑使用和维修方便。

3. 液压系统的清洗

在现代液压工业中,液压元件日趋复杂,配合精度的要求愈来愈高。所以在安装液压系统时,万一有杂质或金属粉末混入,将会引起液压元件的磨损或卡死等不良现象,甚至会造成重大事故。因此,为了使液压系统达到令人满意的工作性能和使用寿命,必须确保系统的清洁度,而保证液压系统清洁度的重要措施是系统安装和运转前的清洗工作。当液压系统的安装连接工作结束后,首先必须对该液压系统内部进行清洗。清洗的目的是洗掉液压系统内的焊渣、金属粉末、锈片、密封材料的碎片、油漆、涂料等。对于刚从制造厂购进的液压装置或液压元件,若已清洗干净可只对现场加工装配的部分进行清洗。

液压系统的清洗可分为第一次清洗和第二次清洗两道程序。

1)清洗液压系统时应达到的清洁度

造成液压系统污染的原因很多,有外部的和内在的。液压元件无论怎样清洁,在装配过程中都会弄脏。在安装管路、接头、油箱、滤油罩或者加入新的油液时,会造成污物从外部进入,但更多的是液压元件在制造时留剩下来而未清除干净的污物。除非液压设备或机器在离开工场前尽可能把污物清除干净,否则很可能会由此而引起早期故障。美国汽车工程师协会(SAE)在推荐标准J1165(《液压油清洁度等级报告》)中,把造成严重故障的污垢微粒称为磨损催化剂,因为这类微粒造成的磨损碎屑又会产生新的更多的碎屑物,即产生典型的“磨损连锁式反应”。对这些微粒必须特别有效地从系统中清除掉。

2)第一次清洗(图1-3-4)

液压系统的第一次清洗是在预安装(试装配管)后,将管路全部拆下解体进行的。第一次清洗应保证把大量的、明显的、可能清洗掉的金属毛刺与粉末、砂粒灰尘、油漆涂料、氧化皮、油渍、棉纱、胶粒等污物全部认真仔细地清洗干净。否则,不允许进行液压系统的第一次安装。

第一次清洗时间随液压系统的大小,所需的过滤精度和液压系统的污染程度的不同而定。一般情况下为1~2昼夜。当达到预定的清洗时间后,可根据过滤网中所过滤的杂质种类和数量,再确定清洗工作是否结束。

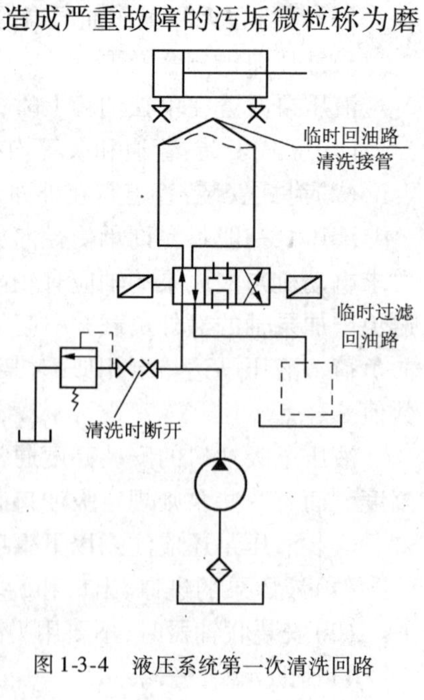

图1-3-4　液压系统第一次清洗回路

第一次清洗主要是酸洗管路和清洗油箱及各类元件。

管路酸洗的方法为:

(1)脱脂初洗

去掉油管上的毛刺,用氢氧化钠、硫酸钠等脱脂(去油)后,再用温水清洗。

(2)酸洗

在20% ~30%的稀盐酸或10% ~20%的稀硫酸溶液中浸渍和清洗30 ~40min(其溶液温度为40 ~60℃)后,再用温水清洗。清洗管子须经振动或敲打,以便促使氧化皮脱落。

(3)中和

在10%的苛性钠(苏打)溶液中浸渍和清洗15min(其溶液温度为30 ~40℃),再用蒸汽或温水清洗。

(4)防锈处理

在清洁干燥的空气中干燥后,涂上防锈油。当确认清洗合格后,即可进行第一次安装。

3)第二次清洗

液压系统的第二次清洗是在第一次安装联成清洗回路后进行的系统内部循环清洗。

第二次清洗的目的是把第一次安装后残存的污物,如密封碎块、不同品质的洗油和防锈油以及铸件内部冲洗掉的砂粒、金属磨合下来的粉末等清洗干净,而后再进行第二次安装组成正式系统。以保证顺利进行正式的调整试车和投入正常运转。

对于刚从制造厂购进的液压设备,若确已按要求清洗干净,可只对在现场加工、安装部分进行清洗。

第二次清洗的步骤和方法为:

(1)清洗的设备

①清洗油的准备。清洗油是选择被清洗的机械设备的液压系统工作用油或试车油。不允许使用煤油、汽油、酒精或蒸汽等作清洗介质,以免腐蚀液压元件、管道和油箱。

清洗的用量通常为油箱内油量的60% ~70%。

②滤油器的准备。清洗管道应接上临时的回油滤油器。通常选用滤网精度为80目、150目的滤油器,供清洗初期和后期使用,以滤出系统中的杂质与脏物,保持油干净。

③清洗油箱。液压系统清洗前,首先应对油箱进行清洗。清洗后,用绸布或乙烯树脂海绵等将油箱擦干净,才能盛入清洗用油,不允许用棉布或棉纱擦洗油箱。

④加热装置的准备。清洗油一般对非耐油橡胶有溶蚀能力,若加热到50 ~80℃,则管道内的橡胶泥渣等物容易清除。因此,在清洗时要对油液分别进行大约12h的加热和冷却。故应准备加热装置。

(2)清洗

清洗前应将安全溢流阀在其入口处临时切断。将液压缸进出油口隔开,在主油路上连接临时通路,组成如图1-3-5所示的清洗回路。对于较复杂的液压系统,可以适当考虑对各部分分区进行清洗。

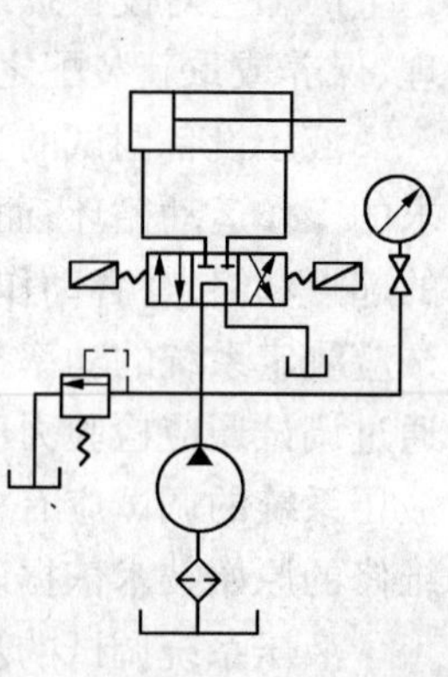
图1-3-5　液压系统恢复到正常运转状态

清洗时,一边使泵运转,一边将油加热,使油液在清洗回路中自行循环清洗。为了提高清洗效果,回路中换向阀可作一次换向,泵可作转转停停的间歇运动。若备有2台泵时,可交换运转使用。为了促进脏物的脱落,在清洗过程中可用锤子对焊接处和管道反复地、轻轻地敲打,锤击时间为清洗时间的10% ~15%。在清洗初期,使用80目的过滤网,到预定清洗时间的60%时,可换用150目的过滤网。清洗时间根据液压系统的复杂程度,所需的过滤精度和液压系统的污染程度的不同而有所不同。当到预定的清洗时间后,可根据过滤网中所过滤的杂质种类和数量,确定是否达到清洗目的而结束第二次清洗工作。

第二次清洗结束后,泵应在油液温度降低后停止运转,以避免外界气温引起锈蚀。油箱内的清洗油应全部清洗干净,不得有清洗油残留在油箱内。同时按上述清洗油箱的要求将油箱再次清洗一次,最后进行全面检查,符合要求后再将油缸、阀连接起来,为液压系统第二次安装组成正式系统后的调整试车做好准备。

图1-3-5所示回路是按设计要求进行第二次安装后的正式液压系统。在正式调整试车前,加入实际运转时所用的工作油液,用空运转断续开车(每隔3~5min)进行2~3次后,可以空载连续开车10min,使整个液压系统进行油液循环。经再次检查,回油管处的过滤网中应没有杂质,方可转入试车程序。

4)液压系统的试压

液压系统试压的目的主要是检查系统、回路的漏油和耐压强度。系统的试压一般都采取分级试验。每升一级,检查一次,逐步升到规定的试验压力,这样可避免事故发生。

试验压力应为系统常用工作压力的1.5~2倍;在高压系统为系统最大工作压力的1.2~1.5倍;在冲击大或压力变化剧烈的回路中,其试验压力应大于尖峰压力;对于橡胶软管,在1.5~2倍的常用工作压力下应无异状,在2~3倍的常用工作压力下应不破坏。

系统试压时,应注意以下事项:

(1)试压时,系统的安全阀应调到所选定的试验压力值。

(2)在向系统送油时,应将系统放气阀打开,待其空气排除干净后,方可关闭。同时将节流阀打开。

(3)系统中出现不正常声响时,应立即停止试验,待查出原因并排除后,再进行试验。

(4)试验时,必须要注意安全措施。

4. 液压系统的调试

液压设备的安装、精度检验合格之后,必须进行调整试车,使其在正常运转状态下能够满足生产工艺对设备提出的各项要求,并达到设计时设备的最大生产能力。当液压设备经过修理、保养或重新装配之后,也必须进行调试才能使用。

液压设备调试的主要内容,就是液压系统的运转调试,即不仅要检查系统是否完成设计要求的工作运动循环,而且还应该把组成工作循环的各个动作的力(力矩)、速度、加速度、行程的起点和终点,各动作的时间和整个工作循环的总时间等调整到设计时所规定的数值,通过调试应测定系统的功率损失和油温升高是否有碍于设备的正常运转,否则应采取措施加以解决。通过调试还应检验力(力矩)、速度和行程的可调性以及操纵方面的可靠性,否则应予校正。液压系统的调试应有书面记载,经过校对手续后,纳入设备技术档案,作为该设备投产使用和维修的原始技术依据。

液压系统调试的步骤和方法可按下述进行。

1)液压系统调试前的准备

液压系统调试前应当做好以下准备工作:

(1)熟悉情况,确定调试项目

调试前,应根据设备使用说明书及有关技术资料,考查现场设备,了解被调试设备的结构、性能、使用工艺要求和操作方法。了解机械、电力、气压等方面与液压系统的联系,认真研究液压系统各元件的作用,搞清楚各元件在设备上的实际安装位置及其结构、性能和调整部位,仔细分析液压系统的循环压力变化、循环速度变化以及系统的功率利用情况。

在掌握上述情况的基础上,确定调试的内容和方法,准备好调试工具、仪表和补接测试管路,制订安全技术措施,以避免人身伤害和设备事故的发生。

(2)外观检查

有效的外观检查可以避免许多故障的发生,因此在试车前首先做初步的外观检查。主要步骤为:

①各个液压元件的安装及其管道连接是否正确可靠。例如各阀的进油口及回油口是否搞错,液压泵的入口、出口和旋转方向与泵上标明的是否相符合等。

②防止切屑、冷却液、磨粒、灰尘及其他杂质落入油箱,各个液压部件的防护装置是否具备和完好可靠。

③油箱中的油液及油面高度是否符合要求。

④系统中各液压部件、管道和管接头位置是否便于安装、调节、检查和修理。检查观察用的压力表等仪表是否安装在便于观察的地方。

外观检查发现的问题,应改正后才能进行调整试车。

(3)加油润滑

按设计要求,用规定牌号的液压油或润滑脂,对设备滑动部分加油润滑。用液压油向液压泵内注油,并用手转动液压泵,按指定转向旋转,使泵内充满液压油,避免液压泵启动时因缺少润滑油而烧伤或咬死。

2)液压系统的调试

液压系统的调整和试车一般不能截然分开,往往是穿插交替进行的。调试的主要内容:有单项调整、空负载试车和负载试车等。在安装现场对某些液压设备只进行空负荷试车(如机床等)。

(1)空载试车

空载试车是在不带负载运转的条件下,全面检查液压系统的各液压元件,各种辅助装置和系统内各回路的工作是否正常;工作循环或各种动作的自动换接是否符合要求。

空载试车及调整的方法与步骤:

①间歇启动液压泵,使整个系统滑动部分得到充分的润滑,使液压泵在卸荷状况下运转(如将开停阀放在“停止”位置;或溢流阀旋松;或 M 型换向阀处中位等等),检查液压泵卸荷压力大小,是否在允许数值内;看运转是否正常,有无刺耳的噪声;油箱中液面是否有过多的泡沫,油面高度是否在规定范围内。

②使系统在无负载状况下运转,先令液压缸活塞顶在缸盖上或使运动部件顶死在挡铁上(若为液压马达则固定输出轴),或用其他方法使运动部件停止,将溢流阀徐徐调节到规定压力值,检查溢流阀在调节过程中有无异常现象。其次让液压缸以最大行程多次往复运动或使液压马达转动,打开系统的排气阀排出积存的空气;检查安全防护装置(如安全阀、压力继电器等)工作的正确性和可靠性,从压力表上观察各油路的压力,并调整安全防护装置的压力值

在规定范围内;检查各液压元件及管道的外泄漏、内泄漏是否在允许范围内;空载运转一定时间后,检查油箱的油面下降是否在规定高度范围内。由于油液进入了管道和液压缸中,使油面下降,甚至会使吸油管上的过滤网露出液面,或使液压系统和机械传动润滑不充分而发出噪声,所以必须及时给油箱补充油液。对于液压机构和管道容量较大而油箱偏小的机械设备,这个问题特别要引起重视。

③与电器配合,调整自动工作循环或顺序动作,检查各动作的协调和顺序是否正确,检查启动、换向和速度换接时运动的平稳性,不应有爬行、跳动和冲击现象。

④液压系统连续运转一段时间(一般是30min)。检查油液的温升应在允许规定值内(一般工作油温为35~60℃)。

空载试车后,便可进行负载试车。

(2)负载试车

负载试车是使液压系统按设计要求在预定的负载下工作。通过负载试车检查系统能否实现预定的工作要求,如工作部件的力、力矩或运动特性等;检查噪声和振动是否在允许范围内;检查工作部件运动换向和速度换接时的平稳性,不应有爬行、跳动和冲击现象;检查功率损耗情况及连续工作一段时间后的温升情况。

负载试车,一般是先在低于最大负载的一两种情况下试车,如果一切正常,才进行最大负载试车,这样可避免出现设备损坏等事故。

3)系统的调整

液压系统的调整要在系统安装、试车过程中进行,在使用过程中也随时进行一些项目的调整。比如调节安全阀或溢阀流进行压力调整,调节节流阀、调速阀以调整工作部件的速度及其平衡性等。

关于液压油在运转调试中的温度问题,要十分注意,一般的液压系统最合适温度为40~50℃,在此温度下工作时液压元件的效率最高,油液的抗氧化性处于最佳状态。如果工作温度超过80℃以上,油液将早期劣化(每增加10℃,油的劣化速度增加2倍),还将引起粘度降低,润滑性能变差,油膜容易破坏,液压件容易烧伤等。因此液压油的工作温度不宜超过70~80℃,当超过这一温度时,应停机冷却。

在环境温度较低的情况下,运转调试时,由于油的粘度增大,压力损失和泵的噪声增加,效率降低。同时也容易损伤元件,当环境温度在10℃以下时,属于危险温度,为此要采取预热措施,并降低溢流阀的设定压力,使油泵负荷降低,当油温升到10℃以上时再进行正常运转。

三、液压与液力系统的正确使用与维护

1.认真选好适用的工作介质,防止液压传动介质的污染

在液压系统中应用的油液工作介质,人们统称为液压油。过去由于我国液压油品种少,而应用最广的是机械油(有时要求高的也采用汽轮机油)。目前许多单位仍采用它作为液压系统的工作介质。由于机械油不完全具备液压油应具有的性能(氧化安定性、抗泡沫性、抗乳化能力、粘温特性和抗磨性均较差,容易因为氧化而生成胶质沉淀物,使用寿命短(换油期为半年)。它只能用于要求不高的8MPa以下的中低压系统,从而造成液压设备使用寿命短、运转不正常和液压元件严重磨损的恶果。

1)液压油的牌号

为了改变这一现状,我国石油工业部门专门为液压设备研制了各种类型的液压油。如表1-3-1所列。

液压油的牌号　　表1-3-1

种　类	牌号			备　注
	油品	代号	原名	
通用液压油	N32#液压油 N46#液压油 N68#液压油 N32G#液压油 N46G#液压油 N68#液压油	YA—N32 YA—N46 YA—N68 YA—N32G YA—N46G YA—N68G	20#精密机床液压油 30#精密机床液压油 40#精密机床液压油 20#液压—导轨油 30#液压—导轨油 40#液压—导轨油	用于0~40℃下操作的各类液压油泵(中、低压),取消原60#、80#机床液压油,改为YB—N100#和YB—N150#抗磨液压油
抗磨液压油	N32#抗磨液压油 N46#抗磨液压油 N68#抗磨液压油 N100#抗磨液压油 N150#抗磨液压油 N68K#抗磨液压油	YB—N32 YB—N46 YB—N68 YB—N100 YB—N150 YB—N68K	20#抗磨液压油 30#抗磨液压油 40#抗磨液压油 60#抗磨液压油 80#抗磨液压油 40#抗磨液压油	用于-10~+40℃操作的高压柱塞泵或其他泵(中、高压)
低温液压油	N15#低温液压油 N32#低温液压油 N46#低温液压油 N68#低温液压油 N46D#低温液压油	YC—N15 YC—N32 YC—N46 YC—N68 YC—N46D	低凝液压油工程液压油 上稠-40等	用于环境温度-20℃到高于40℃操作的各类高压油泵。其中N46D#可适用于-30℃以上气温
液力传动油	N32普通液力油 N46普通液力油 N46D普通液力油	YLA—N32 YLA—N46 YLA—N46D	6#液力传动油 8#液力传动油	N32#油内燃机车用 N46D油为小轿车用 N46油只适用南方

2)液压油的分类

目前液压系统采用的液压油主要有两大类:一类是矿物型液压油;一类是不燃或难燃性液压油。矿物油主要成分是石油,加入各种添加剂(抗氧化、耐高温)精制而成。矿物油润滑性好、腐蚀小、化学安全性较好,因而被大多数液压系统所采用。不燃或难燃液压油分高水基液压油和合成型液压油两类:水基液压油的主要成分是水,加入某些防锈、润滑等添加剂。水基液压油的优点是价格便宜、不怕火,不燃烧。其缺点是润滑性差、腐蚀性大及适用温度范围小,故只在液压机(水压机)上使用。合成液压油是由多种磷酸脂和添加剂用化学方法合成,国内研制成功4611、4602—1等品种,其润滑性较好、凝固点低、防火性能好,适用于钢铁厂、压铸车间、火力发电厂和飞机等对防火有特殊要求的场合。

工程机械液压系统中常用的液压油有以下几种:

机械油——氧化稳定性差,常用于条件要求不高的场合。

汽轮机油——具有较高的抗氧化性、抗乳化性，比机械油纯净，用于要求较高的液压系统中。

柴油机油——油中加有抗氧化、防腐蚀和去垢剂。润滑性能好，粘度指数高。在工程机械液压系统中，夏季常用 11 号，冬季常用 8 号。

稠化液压油——是我国近年来试制的专用液压油，有“上稠”“兰稠”等牌号。它的凝固点低、氧化安定性好、防锈、润滑、粘温特性好，可用于低温条件，工作时泡沫少，声音小。

3）液压系统对工作油的要求

（1）具有适当的粘度和粘温特性。其粘度应能使系统的漏损和摩擦之功率损失总和为最小，且使系统的优良工作性能不受温度变化的影响。一般液压系统所用液压油的粘度大多在 $2°E_{50}$（11.5mm^2/s）到 $8°E_{50}$（60mm^2/s），液压油的粘度指数要求在 90 以上，优异者在 100 以上。

（2）具有良好的润滑性和足够的油膜强度，使系统中的各摩擦表面获得足够的润滑而不致破坏。

（3）热膨胀系数低，比热高、闪点和燃点高。一般液压油闪点在 130 ~ 150℃之间。

（4）具有良好的化学稳定性，能抗氧化、抗水解、在贮存和使用过程中不易变质。

（5）不含有蒸汽、空气及容易气化的杂质，否则会起泡。气泡是可压缩的，而且在其突然被压缩时会放出大量的热，造成局部过热，使周围油液迅速氧化变质。气泡还是产生剧烈振动的主要原因之一。

（6）不含有水溶性酸和碱等，以免腐蚀机件和管道，破坏密封装置。液压传动一般常采用矿物油，

4）液压油的选择

在选择液压油时，除了按照泵、阀等元件出厂规定以外，一般可作如下考虑：

（1）液压油的粘度选择应考虑环境温度的高低及变化情况。环境温度高时，应采用粘度较高的液压油；反之，应采用粘度较低的液压油。例如在寒冬时使用 10 号机械油，而在盛夏使用 30 号机械油。

（2）考虑液压系统中工作压力的高低。通常工作压力高时宜选择粘度高的液压油，因为高压时的泄漏问题比克服粘阻问题更为突出。在工作压力较低时，则宜选用低粘度的液压油，例如当工作压力小于 7MPa 时多选用 50℃时 20 ~ 40mm^2/s 的液压油，当压力为 7 ~ 20MPa 时，就可采用 50℃时 60mm^2/s 的液压油。

（3）考虑运动速度的高低。当工作装置运动速度很高时，油液速度也高，液压损失随之增大，而泄漏量相对减少，故宜选用粘度较低的液压油；反之，当油的流速低时，泄漏量相对增大，将对工作机构的运动速度产生影响，故宜选用粘度较高的液压油。

除了对上述方面需要进行综合考虑外，还应考虑粘度对传动效率、润滑和密封等方面的影响。当无适当的液压油时，可用两种不同粘度的液压油按一定比例调合使用。

2. 防止水分、化学制品、空气、固体杂质混入液压系统以免造成污染

系统故障的 75% 由液压油污染引起，故对液压油污染问题应引起使用、管理人员最为首要的重视。液压油中固体颗粒（型砂、切屑、磨料、焊渣、锈片、漆皮、纤维等）危害最大，造成系统工作性能变坏，元件磨损、密封体损坏、寿命缩短甚至产生破坏。混入液压油中的水分（包

括各种化学溶剂、沉淀物和表面活性物质等）会腐蚀元件、粘度变小，使油变质、结冰、油液乳化等。混入空气，引起系统气穴、气蚀、振动、噪声、响应变坏及爬行等。

1）防止水分的混入

（1）液压油中混入的水分占1%以上时，液压新油立即呈现乳浊化，润滑性下降。

（2）液压油中混入的水分对油将起氧化媒介作用，加速液压油氧化变质。

（3）水分与液压油中的微细金属粉粒生成不溶性的成分，增加了油液的污染物来源。

（4）液压油蒸汽压增高，容易产生气蚀现象。

（5）水分形成水蒸气后，夜间凝结成结露腐蚀金属表面，久之金属被锈蚀，甚至穿孔而脱落的锈皮对液压系统污染更是危害大。

了解了水分对液压系统危害后，首先要知道混入液压油的水分之途径，以便采取措施减少或排除水分进入系统的主要途径为：

①潮湿空气、雨水和冲洗机器时的水，通过油箱加油口、呼吸器及缝隙进入。

②有冷却器和加热器的机器，其工作介质是水或水蒸汽，从而渗入液压油中。

③由于液压件与管道或管道之间密封不严而导致外面水分的进入。

④由于液压油在运输、保管过程中，或由于加油时加油设备有水分等。

由此可见，可采用以下措施，防止水分进入液压油：

①保持液压系统的良好密封。每次检修对损坏了的密封材料更换掉，最好把全部旧密封材料更换掉。

②机械设备最好能设置防止雨水及潮湿空气进入液压油，如设置防风雨篷或罩盖，油箱盖上装设扰性隔离器，使油箱与外界空气隔绝。

③定期从油箱底部取样检查水分和杂质，确保含水量不超过0.2%。如果含得太多，则要进行加热、脱水处理，然后再用滤纸过滤几遍。

2）防止化学制品的污染

液压油中化学制品污染的种类有：溶剂、液压油分解沉淀物和表面活性物质。

氯化溶剂是所有溶剂中是剧烈的一种，通常它在系统中水解成盐酸，腐蚀元件金属表面。

与水、气体混合在一起的液压油，当系统温升到一定程度剧烈的气化作用，产生树脂颗粒、元素硫的羧酸等产物，使液压油增加了污染，而形成的硫酸又会对系统元件金属表面起腐蚀作用。

表面活性化合物作为清洗剂来说，可以消除元件表面的固体污物和水。但是，被清洗产物将会扩散到整个液压系统中，使系统污染更为严重。

因此，应防止化学制品进入系统而产生污染。

3）防止空气的混入

混入后尤其是溶解在液压油中的空气，在通常工作压力下，其影响可忽略不计。但低压下，溶解的空气将会逸出，产生气泡，形成气穴现象。对液压系统将会产生如下严重的情况，因此必须注意防止空气进入液压系统。

（1）气泡到了高压区受到急剧压缩及击碎，不仅仅发生了噪声、振动，而且使油温过热。

（2）空气的可压缩性，使工作装置产生爬行，影响了工作的平稳性。

（3）油液因混入或溶入大量空气及产生的气泡，使油液变质，降低使用寿命，特别是因气穴现象油液产生局部高温后，油液氧化变质加剧。

(4)因气穴发生的冲击及气蚀，使液压元件很快在内部受损，影响了液压系统工作的性能、寿命等。

根据空气进入系统的不同途径，应当采取以下措施：

①保证油箱油面在规定高度上，吸油管、回油管应保证在油面以下，且中间有隔板。

②防止系统内出现1个大气压以下的低压(真空)现象。

③经常检查密封装置是否损坏、管接头及各接合面处螺钉是否拧紧。

④在液压缸上部等处要设置排气阀等。

4)防止固体杂质的混入

液压油被固体杂质污染后，其结果是：

(1)破坏润滑油膜，增加机体磨损。机器的故障中，约有60%以上是由于液压油中粒子对机体磨损所造成的。而且这种磨损程度随着粒子浓度、粒子硬度及粒子的粒度增大而增加。机体滑动面磨损后，间隙增大，泄漏增加，机器功率下降、元件寿命缩短，甚至损坏。

(2)粘着和堵塞节流小孔、过滤器孔、各种间隙、通道，从而使阀失灵，使泵运转困难，产生气蚀或噪声。例如，任何一个液压系统缺少不了的溢流阀，其主阀芯上的细长节流小孔一般在0.8mm左右，极易被固体颗粒粘结和堵塞，造成溢流阀失灵，使整个液压系统建立不起压力，这是许多操作者所忽视的。又如油泵因磨损，吸不进油，就会形成局部真空，产生气蚀，使液统产生一系列的严重问题。

(3)使密封材料磨损，增加外泄量。

(4)固体杂质中的金属和金属化合物粒子会对油的氧化、变质起催化作用。油变质后的腐蚀物质又会增加对机器的腐蚀。

防止固体杂质进入液压油中最常用的方法就是过滤。

液压油使用前必须过滤，注入液压油时要通过滤油器。一个液压系统要同时设有粗滤油器(吸油管端)、精滤油器(压力管、回油管路上)。过滤精度要求：一般7～14MPa为50～10μm，14～21MPa为10～5μm。

四、液力系统的正确使用与维护

液力传动系统的正确使用与合理维护是提高系统寿命和可靠性的重要保证。这里特别提出的是要能正确使用工作油、正确使用各种液力元件，以及作好定期检查和维修。

1.正确使用工作油

由于液力传动机械功率越来越大，作业条件恶劣，负荷变化大而频繁，故对工作油的要求也越来越高。

液力传动的功率与工作液体容重成正比。因此，在传递功率不变的情况下，采用容重大的工作油可使液力元件相对小些。一般，液力传动工作液体的容重为8.00×103～9.50×103N/m^3。

为满足不同工况的需要，要求工作油粘度随温度的变化很小。低温时，粘度应不太高，以保持较高的传动效率和提高低温启动性能。一般，液力传动工作油运动粘度V_{50}=55～54mm^2/s。粘温性，一般要求V_{50}/V_{100}的比值愈小愈好，一般小于4.5(如8号液力传动油则小于3.60)。如用粘度指标表示,粘度指数要求大于170以上(国外已达210),高粘度指数意味着粘度随温度变化较小。

液力传动装置在工作时的工作温度允许值可达70～110℃,若长时间在低效区工作,甚至可达120℃左右。所以,液力传动工作液的闪点应大于180℃,不得低于155℃。工作液的凝点随不同地区和季节而异,一般均高于－20℃。酸值一般应低于0.15mgKOH/g。过高会加剧金属的腐蚀。但也不能太低,因为液力传动工作介质中有些添加剂本身就是由高分子有机酸组成,会使工作液的酸值提高。如果工作液中发现水溶性酸碱,则将对金属起强烈的腐蚀作用。此时,必须更换工作液。

此外,对临界载荷值、抗氧化安定性、抗乳化性、抗泡性、含水量及机械杂质等,均要按有关性能指标给予保证。

美国材料和试验学会、石油学会把液力传动油分为3类:PTF—1型,对低温粘度要求较高、较严,对抗磨性、抗泡性也要求严格;PTF—2型,对抗磨、极压性要求较高,适用于重负荷的全自动和半自动液力传动系统,对低温流动性的要求则放宽;FIF—3型,适用于低速、高负荷的机械,对抗磨性要求高,对低温粘度也要求严格。

我国现已生产的数种液力传动油。过去是按100℃时运动粘度分为6号和8号,现在分为N32#相当于原6号变矩器油)、N46#(相当于原8号变矩器油)、N46D#普通液力油和N68#抗磨液力油(表1-3-2)。

我国液力油的主要参考质量指标　　　　表1-3-2

项目＼牌号	新	N32#	N46#	N46D#	N68#
	旧	6号	8号		
运动粘度,mm^2/s,40℃		32	46	46	68
低温粘度,－20℃,不大于				2000	
粘度指数(VI)		170	170	170	170
凝点,℃,不高于		－35	－25	－50	－25
闪点(开口),℃,不低于		160	155	155	155
抗氧化性,h,不低于		1000	1000	1000	1000
防锈性		通过	通过	通过	通过
铜片腐蚀(100℃,3h)		合格	合格	合格	合格
抗泡性(93℃),ml,不大于		5%	5%	5%	5%
抗乳化性,(40—37—3),min,不大于		30	30	30	30
用途		工程机械	轿车	寒区轿车	拖拉机
相当国外液力油类		PTF—2	PTF—1		PTF—3

注:水分、机械杂质、水溶性酸碱等指标与其他液压油相同。

N32#号液力传动油用于内燃机车、越野车、工程机械等,颜色为浅黄色透明液体,相当于国外的PTF—2类。这种油主要以22#汽轮机油为基础,再加入其他添加剂制成。

工作油在使用过程中的状态经常发生变化,应经常观察,防止使用变质油液。对于工作油气泡、水油混合物、污染等要特别注意。工作油的使用期取决于它的清洁程度,它与机器作业条件、工作油质量、油温和过滤精度有关。新油,过滤精度40μm时,使用100h后要更换;过滤精度200μm时，使用500h后应立即更换。对工程机械来说，每次换油时间约为1000h。酸值达到2mgKOH/g时，必须更换。对于液力偶合器，连续运行的最高油温规定为90℃左右；对于液力变矩器的最高油温规定不超过120℃。当油温超过规定值时，应立即卸载进行空运转，待油温正常后再作业。必要时要检查过热原因并予以排除。

工作液更换要注意以下几点：液力系统放油时，油应该是温的，同时更换或清洗所有的滤清器、滤网，检查工作液中有否金属渣粒或高温作业产生出来的碳积物。变速器放油，首先分别取下变速器管接头处及壳体的放油塞，然后取下滤清器在不挥发的矿物油里用软毛刷清洗。液力元件放油指的是部分油要排到变速器里，只要挪开液力油的进油管，起动发动机，以1000r/min的转速运转20～30s即可。液力系统注油，是通过变速箱加油孔注入适当工作液后起动发动机，在变速器空档、怠速运转2min后，加足规定的油即可。

2.正确使用液力系统

（1）检查变矩器与发动机的同心度：检查发动机曲轴对发动机飞轮壳端面的偏差，不应超过0.33mm。如果发现发动机和变矩器不同心度过大，应进行校正后再装变矩器，否则，不正常载荷加在轴承上将促使轴承过早损坏。

（2）导轮是否正常工作的检查：导轮工作是否正常，可通过观察油温下降的快慢来检查。在发动机油门全开，使变矩器出口油温升高到100℃，然后松开变矩器的输出轴，使输出转速到最大值，立即检查油温下降速度。温度应该在15s之后开始下降。温度下降速度慢，表示导轮可能闭锁，自由轮卡死，如果温度迅速下降，导轮工作正常。

（3）变矩器零速工况的检查：变矩器零速工况的检查，目的是判断发动机和变矩器是否合理匹配和正常运转。在变矩器零速工况下（不要超过30s）使发动机在油门全开时，记录下发动机的转速、变矩器进口油压以及润滑油压（注意变矩器出口油温不要超过120℃，变矩器进口油压不应少于0.35MPa，润滑油压力不应少于56MPa），比较一下在变矩器零速工况检测到的发动机实际转速和推荐的发动机转速是否一致（利用发动机与变矩器的匹配性能曲线可以查到）。

（4）液力变矩器进口压力的检查办法是发动机油门全开、变矩器零速工况下，供油泵的压力即为此时的变矩器进口油压力。这时，供油泵压力最低为0.35MPa，最高为0.54MPa；在发动机油门全开、变矩器空载工况下所允许的最高工作压力为0.85MPa。一般不超过所规定的极限值，否则会发生故障。

（5）变矩器要有到油箱的合适的油封泄油管路。泄油管内径至少应为10mm。油路要保持通畅，不能有扭结或弯折。油管都必须装载变矩器中心线以下90mm或更下一点。如果安装不当，则导致油通过变矩器泵轮壳密封或输出轴双油封而过多的泄漏。

（6）变矩器使用中一定注意油温过高的危害。油温过高，不仅油质变坏，而且引起积碳，使密封泄油管路不畅通，引起泵轮壳密封处压力增高，导致泵轮壳密封的失效或完全报废。

（7）装有变矩器的工程机械，如暂不使用，需存放一个月以上时，可将原工作液排空，更换滤清器，装上放油塞，然后用防护油充至作业油位，运转设备使油温升高到最高工作油温后停止运转，待设备逐渐冷却到能触摸时，将所有的开口和通气孔用防潮湿胶布或软木塞封好。所有外露部分未刷漆表面均涂上优质防护脂即可。

（8）液力传动设备常见故障的排除。液力传动设备的使用过程中，由于使用、维护等不当，其常见故障及一般排除方法可参见表1-3-3、表1-3-4。

调速型液力偶合器常见故障原因及排除方法　　表 1-3-3

故　障	可能原因	排除方法
1. 达不到额定转速	①原动机故障或接线错误 ②工作机卡死 ③工作机功率消耗过大 ④充液过多,电机达不到额定转速 ⑤充液太少 ⑥偶合器漏油	①检查原动机的转速和消耗的功率 ②检查并消除卡死原因 ③检查功率消耗是否超过标准数据,并检查原因 ④检查并调整充液量 ⑤检查并加油 ⑥排除
2. 油温过高	①冷却效果不良 ②偶合器箱体油位过高 ③滤清器堵塞 ④供油泵安全阀故障 ⑤使用工作液不合要求 ⑥油温控制器调温不正确 ⑦油路堵塞 ⑧风冷却散热	①清洗或更换冷却器 ②调整到规定油位 ③清洗过滤器 ④检查弹簧安装是否合适,滑杆密封是否良好,弹簧是否损坏,必要时予以更换 ⑤按规定更换新油 ⑥按规定重新调整 ⑦疏通、清洗油路 ⑧检查并清理风冷却器
3. 涡轮不转	①安全阀调定压力过小 ②油冷却器堵塞 ③导油口方向不对 ④油泵损坏 ⑤偶合器旋转方向不对 ⑥油箱充液量太大 ⑦油泵入口漏气 ⑧导管控制杆损坏 ⑨电动机转速不对 ⑩滤清器堵塞 ⑪工作机卡死	①调至正确压力 ②清理或更换冷却器 ③改变导管口方向 ④修理或更换油泵 ⑤纠正旋转方向 ⑥加油至规定油位 ⑦拧紧吸入油管和法兰 ⑧修理或更换机杆 ⑨换电动机 ⑩清洗滤清器 ⑪消除卡死原因
4. 不能降速	①导管口不对 ②导管杆系统没装好或损坏	①纠正导管口方向 ②调整或修理
5. 油路系统无压力	①安全阀调定值过低 ②油泵安装错误 ③电动机转动方向不对 ④电动机转速过低 ⑤滤清器堵塞 ⑥油泵入口漏气 ⑦循环管路堵塞	①调至正确压力 ②重新调整安装 ③改变接线 ④换电动机 ⑤清洗或更换 ⑥拧紧油泵入口各接头 ⑦疏通管路

续上表

故　障	可 能 原 因	排 除 方 法
6. 润滑油系统无压力	①润滑泵的安全固定压力过低 ②没装节流板或节流阀孔过大 ③换向阀动作失灵 ④滤清器堵塞 ⑤管路堵塞或损坏 ⑥润滑油泵转速过低 ⑦油泵安装不正确	①调至正确压力 ②装上有合适孔径的节流板 ③检查换向阀并修好 ④清洗滤清器 ⑤疏通修理或更换 ⑥更换电机 ⑦按要求重新安装
7. 滑动轴承油温过高	①润滑油压力低或无压力 ②轴承间隙过大 ③轴承工作面划伤 ④测温电阻安装过紧 ⑤滤清器堵塞 ⑥工作液不合格 ⑦管路堵塞	①参见故障5 ②换轴承 ③修理工作面 ④重装测温电阻并修好因电阻过紧而损坏部位 ⑤清洗滤清器 ⑥更换符合规定工作液 ⑦疏通油路
8. 轴端漏油	①油封损坏 ②油封没有装好 ③联轴器产生吸油效应	①换油封 ②正确安装油封 ③加一挡板
9. 振动超差	①电机振动过大 ②工作机振动过大 ③基础刚性不良 ④偶合器与电机或工作机不同心 ⑤连轴器不平衡 ⑥轴承间隙过大或损坏	①隔振或消除振动 ②隔振或消除振动 ③加固基础 ④重新找正不同心度、达到允差0.05mm内 ⑤将连轴器进行平衡 ⑥换轴承

液力变矩器常见故障原因及排除方法　　表1-3-4

故　障	可 能 原 因	排 除 方 法
1. 供油压力低	①油箱油位低 ②油管泄漏或放油塞松动 ③流到变速箱的油过多(压力阀卡在开启位置) ④进油管过滤网堵塞 ⑤油泵不合格或磨损严重 ⑥油起泡沫 ⑦溢流阀损坏或卡在开启位置 ⑧密封环磨损破裂或夹入杂质	①加油到规定油位 ②排除泄漏、拧紧放油塞 ③检查离合器压力阀、变矩器旁通阀和变速箱从动泵工作情况 ④检查、清洗或更换 ⑤检查、修理或更换 ⑥检查油是否变质或换新油 ⑦修理或更换溢流阀 ⑧清洗检修或更换新的密封环

续上表

故 障	可能原因	排除方法
2. 油温高	①油位不适当 ②油压高、压力阀卡在关闭位置 ③冷却系统水位低 ④变矩器油位压力低 ⑤冷却器、滤清器或管路堵塞 ⑥变矩器在低速范围作业太长(过速或过载) ⑦导轮卡死 ⑧单向离合器无滚柱或弹簧 ⑨用油质量不合格	①加油或排油至规定油位 ②修理或更换压力阀 ③加水并检查泄漏原因 ④参见故障1 ⑤清洗或更换 ⑥调整作业周期、改善作业工况、纠正过速过载 ⑦拆检修理或更换 ⑧拆开装上 ⑨更换用油
3. 噪声	①轴承失效 ②油泵磨损 ③与发动机的连接有故障 ④变矩器连接部分不紧	①更换轴承 ②检修或更换 ③拆修检查、调整对中 ④拆卸修理
4. 功率损失	①导轮的单向离合器有故障 ②变矩器供油压力低 ③变矩器叶轮间有磕碰 ④轴承磨损	①修理或更换 ②参见故障1 ③拆检修理 ④更换轴承

五、液压工程机械的维护

液压工程机械的正确使用与维护可以使设备经常处于良好的技术状态,更可以防止设备的过早损坏,从而延长使用寿命。

1. 使用要求

(1)按设计规定和工作要求,合理使用工作压力及工作流量。

(2)按厂家使用说明书要求选用液压油或液力传动油。在油注入油箱时必须过滤,使用中定期取样化验。

(3)工程机械液压油工作温度不得超过60℃,一般控制在50℃左右;液力油工作温度不得超过120℃,一般控制在90℃左右。

(4)电磁阀使用时,保证电压稳定,其波动值不应超过额定电压的5%~15%

(5)发生液压系统某部位故障时,要及时停机处理。

(6)注意定期检查润滑管路及其元件,润滑油量是否充足。

(7)检查蓄能器充气及油气混合情况。

(8)经常注意紧固管接头、法兰盘。密封件、高压软管要定期检查及更换。

(9)主要液压件要进行定期性能测定及定期维修、更换。

2. 维护

液压工程机械维护除满足一般要求外,尚应注意其一些特殊要求:

(1)熟悉液压设备系统工作原理、主要液压件的作用。

(2)重点对液压系统的工作压力、流量、温度进行观察。

(3)开启设备前注意油箱油位、电磁阀是否处于原始状态。

(4)冬季在开机工作前,要使液压泵空运转一会,使油箱内油温达到正常使用温度。

(5)保持设备清洁,防止灰尘、金属磨粒、棉纱等杂质进入油箱。

(6)保证经常性定期检查及定期维护内容的进行,让故障消除在萌芽状态。

(7)液压工程机械检修重点与检修项目的维护检修周期,见表1-3-5。

维护检修周期表 表1-3-5

检修重点与项目	维护、检修、周期	检修方法与检修目的
泵的声音异常	1次/日	听检。检查油中混入空气和滤网堵塞情况,检查异常磨损等
泵的吸入真空度	1次/日	靠近吸油口安装真空计,检查滤网堵塞情况
泵壳温度	1次/3个月	检查内部机件的异常磨耗,检查轴承是否烧坏等
泵的输出压力	1次/3个月	检查异常磨耗
联轴器声音异常	1次/1个月	听检。检查异常磨耗和中心线的变化
清除过滤网的附着物	1次/3个月	用溶剂冲洗,或从内侧吹风清除
液压马达的声音异常	1次/3个月	听检。检查异常磨耗等
各个压力计指示情况	1次/6个月	查明各机件工作不正常情况和异常磨耗等。压力表指针的异常摆动也要检查校正
液压执行部件的运动速度	1次/6个月	查明各工作部件的动作不良情况和异常磨耗引起的内部漏油增大情况等
轴承温度	1次/6个月	轴承的异常磨损
蓄能器的封入压力	1次/3个月	如压力不足,应用肥皂水检查
压力表、温度计和计时器等的校正	1次/年	与标准仪表作比较进行校正
胶管类检查	1次/6个月	查明破损情况
各元件、管道及密封件	1次/3个月	检查各密封处的密封状态
液压泵的轴封、液压缸活塞杆的密封、漏油情况	1次/6个月	检查各密封处的密封状态
各元件安装螺栓和管道支承松动情况	1次/6个月	检查振动情况,对于特别大的装置更为重要
全部液压设备	1次/年	各元件及执行部件拆卸、清洗、冲洗管道
工作油液一般性能和油的污染状况	1次/3个月	如不合标准,应予以更换
油温	1次/日	超出规定值应立即查明原因进行修理
油箱内油面位置	1次/月	油面低于标记时应加油,并查明漏油处所

续上表

检修重点与项目	维护、检修、周期	检修方法与检修目的
测定电源电压	1次/3个月	因电压有异常变动，会烧坏电气元件和电磁阀，还有可能导致绝缘不良等
测定电气系统的绝缘阻抗	1次/年	如阻抗低于规定值应对电动机线路、电磁阀和限位开关等进行逐项检查，找出故障并排除

3. 常用液压元件的维修配合间隙

液压元件使用到一定程度，由于零件磨损或疲劳或密封件老化失效、技术指标已达不到使用要求，但还未达到完全不能用的程度就应该进行修理。修理后经试验其技术指标和性能达到要求的仍可继续使用。如不进行修理而继续使用下去，不仅使系统工作不可靠，且会造成无法修复的后果。修理各种液压元件时，对相互配合的零件应使其达到要求的配合间隙。常用的液压件修理时的配合间隙，见表1-3-6。

常用液压元件的维修配合间隙 表1-3-6

液压元件名称与部位	配合间隙(mm)
中低压齿轮泵：齿顶圆与壳体内孔 轴向间隙	0.05 ~ 0.10 0.04 ~ 0.08
中高压齿轮泵：齿顶圆与壳体内孔 轴向间隙	0.05 ~ 0.10 0.03 ~ 0.05
中低压叶片泵叶片与转子槽 叶片与配油盘 转子与配油盘	0.02 ~ 0.03 0.01 ~ 0.03 0.02 ~ 0.04
柱塞泵：柱塞与缸体内孔	$d \leqslant 12$ 0.01 ~ 0.02 $d \leqslant 20$ 0.015 ~ 0.03 $d \leqslant 35$ 0.02 ~ 0.04
配油盘与缸体之间(轴向)	0.01 ~ 0.02
中低压滑阀：阀芯与阀套 (d——滑阀直径)	$d \leqslant 16$ 0.008 ~ 0.025 $d \leqslant 28$ 0.010 ~ 0.03 $d \leqslant 50$ 0.012 ~ 0.035 $d \leqslant 80$ 0.015 ~ 0.04
高压滑阀：阀芯与阀套 (d——滑阀直径)	$d \leqslant 16$ 0.005 ~ 0.015 $d \leqslant 28$ 0.007 ~ 0.02 $d \leqslant 50$ 0.009 ~ 0.025 $d \leqslant 80$ 0.011 ~ 0.03

单元二　液压泵与液压马达的故障与排除

【知识目标】

1. 描述齿轮泵与齿轮马达的故障现象与原因；
2. 描述叶片泵与叶片马达的故障现象与原因；
3. 描述柱塞泵与柱塞马达的故障现象与原因。

【知识目标】

1. 进行齿轮泵与齿轮马达的故障判断及排除；
2. 进行叶片泵与叶片马达的故障诊断与排除；
3. 进行柱塞泵与柱塞马达的故障诊断与排除。

液压传动中，液压泵和液压马达是能量转换装置。

液压泵将驱动它工作的电动机(或其他发动机)输入的机械能转换成为油液的压力能，是液压系统的心脏。

液压马达则是将流动油液的压力能再转换为旋转运动形式的机械能。从原理上讲，液压泵和液压马达是可逆的，同类型的液压泵和液压马达在结构上是相似的。但由于使用目的不同，导致结构上的某些差异。

课题一　齿轮泵与齿轮马达的故障与排除

一、齿轮泵

用于工程机械使用的中、高压齿轮泵，其压力已可达21MPa以上。齿轮泵一般可分为外啮合和内啮合两种。二者对比，内啮合齿轮泵结构紧凑，运转平稳，噪声小，有良好的高速性能，但加工复杂，流量脉动大，高压低速时容积效率低；外啮合齿轮泵工艺简单、加工方便。所以，目前渐开线圆柱直齿形的外啮合齿轮泵使用得比较多。

1. 齿轮泵工作原理

外啮合齿轮泵的工作原理如图2-1-1所示。

2. 对齿轮泵的要求

(1)齿轮泵作为液压动力源,必须正确选用液压油,特别要注意粘度。粘度过高,会引起齿轮泵吸油不足;粘度过低易引起泄漏增加,从而降低泵的容积效率。液压油的粘度性能要好,且有良好的润滑性及化学稳定性。

推荐使用上稠 30—1 或兰稠 30—1 的液压油。夏天可选用 30 号机油,冬天选用 20 号机械油。一般一年左右换一次油,工作条件较好时,可以适当延长使用期,否则更换期要短。

(2)齿轮泵的传动方式应采用弹性联轴器,两轴之间的同轴度不大于 0.1 ~0.2mm。

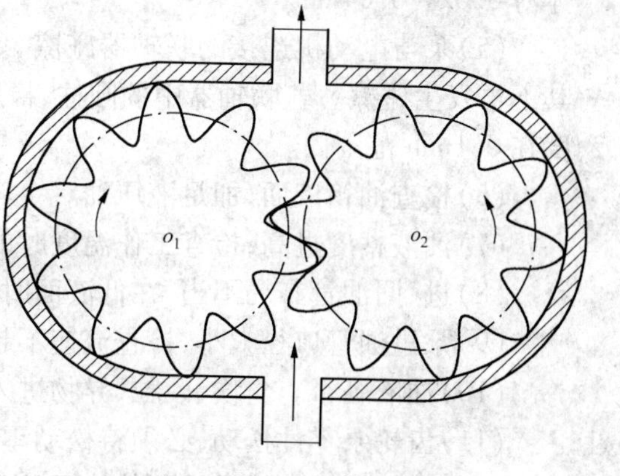

图 2-1-1　外啮合齿轮泵工作原理

(3)进油管滤油器过滤精度为 50μm,滤油器通流面积要大于进油管口面积的 2 倍。

(4)进油管与齿轮泵联轴器处不得漏气,当进油口采用法兰连接时,法兰要保持平整。密封环质量要符合要求,螺栓要按规定拧紧,严防吸入空气,产生气蚀和漏油。

(5)泵的位置尽可能接近油箱,吸油总高度不大于 500mm,否则会造成吸油不足,产生气蚀和噪声。

(6)油箱容重应为齿轮泵流量的 3 ~6 倍,油箱还应设置空气滤油器及液压油滤油器等。

3. 齿轮泵故障与排除

1)齿轮泵密封性差产生漏气

(1)减小内漏方法:适当调整泵的运动间隙,如泵体与前后端盖因装配时有毛刺或平面度不良造成时,用油石修整毛刺;在平板上用金刚砂石研磨或在平面磨床上修磨,使平面度不大于 0.005mm。

(2)现有泵盖有采用塑料压盖的,但因塑料冷缩,会造成密封不良。这时的解决办法:可用丙酮或无水酒精将前后端盖孔和压盖清洗干净,再用环氧树脂胶粘剂涂敷密封,待胶干后才能启动泵。

(3)油口管道密封不严,齿轴(主动轴)密封损坏,混入空气。可紧固吸油口管道密封螺母,检查密封圈是否损坏,否则更换。若因时间太久,密封圈内弹簧太松,无法使与齿轴密封,可取下弹簧,将另一端(非锥形端)在砂轮上磨去一小段。

(4)油面过低,吸入空气。要求进油管浸入池的 2/3 高度,否则更换进油管,及时注意油箱加油。

2)噪声大、压力波动厉害

(1)首先,从外部检查。检查油管、安装架、机架是否松动。若有松动,要紧固;否则,将产生共振。

(2)齿形精度不高或接触不良。调换齿形精度高的齿轮;也可采用对研修整(对研后要拆开泵清洗重新装配)。

(3)泵内进入空气(从进油管中、泵轴密封处或泵体泵盖处渗入空气)。按上述 1)处理,也可更换油封或纸垫。

(4)齿轮与端盖间的轴向间隙过小。将齿轮拆下放在平面磨床上磨去少许,使齿厚比泵体薄0.02～0.04mm。

(5)泵与电动机连接的联轴器碰擦。泵与电动机应采用柔性联接,并适当调整其位置,使其不再发生碰擦。若联轴器中的圆柱、橡胶圈损坏,应进行更换,且安装时应保证两者的同轴度在0.1mm范围内。

(6)检查油箱液面,加足液压油。

(7)油液粘度过高,检查工作温度时的粘度。

(8)进、回油管布局不当,在低液面时,回流产生涡流,带有气泡,应加足油液。

(9)泵进油管口径太小,检查流速不超过1.2～1.5m/s。

(10)油液脏否。尘埃、砂粒、异物进入齿轮泵,会使泵损坏。

(11)齿轮泵零件松动,必须将松动零件拧紧。

(12)齿轮泵卸荷槽设计不佳使困油现象未消除,从而产生较大噪声和压力脉动。

3)容积效率低,流量不足,压力提不高

(1)齿轮磨损或齿面咬毛,齿啮合间隙太大,产生内泄,需更换新泵。

(2)轴向、径向间隙过大,内泄严重。

重新选择泵体,保证轴向间隙在0.02～0.04mm之间,径向间隙在0.03～0.1mm之间。侧板用1200号金刚石研磨平整,表面粗糙度为0.008mm。

(3)各管道连接处产生泄漏,紧固各连接处螺母。若发现管道破裂,接口套损坏等情况,更换新的。

(4)因溢流阀故障使压力油泄入油池。检查溢流阀:滑阀内阻尼孔堵塞或滑阀有毛刺被卡死需清洗,并用金相砂纸将滑阀修光;弹簧断裂或质量不好,更换弹簧;滑阀与阀体孔磨损严重,更换溢流阀。

(5)进油口油管进油位置太高。进油管高度应不大于500mm。

(6)泵不排油或压力不足。检查泵转向、转速。改变电机转向来改变泵的转向,转速低需要用转速高的电机或加速器。

(7)泵轴或驱动连接件损坏,如键被剪断,需要换新件。

(8)进油管路、滤油器堵塞,须检查液压油清洁度,清洗进油管及更换滤芯。

4)机械效率低

(1)轴向、径向间隙较小,啮合齿轮旋转时,与泵体孔或前、后端盖碰擦,须重新配间隙,且重新配的轴向、径向间隙尺寸应在要求范围内。

(2)装配时,前后端盖孔与轴的同轴度欠佳,滚针轴承质量较差或损坏,影响轴的旋转,两轴上的弹性挡圈因挡圈脚太长,轴旋转时碰擦端盖。重新装配调整。手动旋转主动轴感觉无碰擦感觉。滚针轴承有问题更换。

(3)泵与原动件的联轴器同轴度未调整好,要求同轴度不大于0.1mm。

5)密封圈被冲出

(1)密封圈与泵前盖配合太松,应稍有过盈的配合。

(2)泵体方向装反,使出油口接通卸荷糟而产生压力,将密封圈冲出,应纠正装配方向。

(3)泄漏管道污物堵塞,清除污物。

6)压盖在运转时活塞被冲出

(1)压盖堵塞了前后盖板上的回油管道,造成回油不畅而产生很大压力,将压盖冲出。应将压盖倾角增大一些,使压盖压入端盖后不会堵塞回油通道。

(2)泄漏通道被污物阻塞,产生了压力。疏通污物。

7)泵的压力低或者完全没有压力

泵空载时无压力是自然现象,但有载荷时,无压力就应检查:

(1)进油管是否漏气,堵塞。

(2)泵内漏是否过大。

(3)溢流阀压力调得是否过低,工作是否正常。

(4)泵中齿轮,轴承是否损坏,零件是否松动。

齿轮泵的常见故障、原因和排除方法,见表2-1-1。

齿轮泵的常见故障、原因和排除方法　　表2-1-1

故　障	原　因	排除方法
噪声大压力波动严重	过滤器被污染物堵塞或吸油管贴近过滤器底面	清除过滤器铜网上的污物;吸油管不得贴近过滤器底面,否则会造成吸油不畅
	油管露出油面或伸入油箱较浅,或吸油位置太高	油管应伸入油箱内2/3深,吸油位置不得超过500mm
	油箱中的油液不足	按油标规定线加注油液
	CB型齿轮泵由于泵体与泵盖是硬性接触(不用纸垫),若泵体与泵盖的平直性不好,泵旋转时会吸入空气;泵的密封性不好,接触面或管道接触处有油漏,也容易使空气混入	若泵体与泵盖的平直性不好,可在平板上用金刚砂研磨,使其平直度不超过5μm(同时注意垂直度要求),并且紧固各连接件,严防泄漏
	泵和电动机的连轴器碰撞	连轴器中的橡皮圈损坏需要调换,装配时应保证同轴度要求
	轮齿的齿形精度不好	调换齿轮或修整齿形
	CB型齿轮泵骨架式油封损坏或装配时骨架油封内弹簧脱落	检查骨架油封,若损坏则应更换,避免吸入空气
输出油量不足或压力提不高	轴向间隙与径向间隙过大	修复或更新泵的机件
	连接处有泄漏,因而引起空气混入	紧固连接处的螺钉,严防泄漏
	油液粘度太高或油温过高	选用合适粘度的液压油,并注意气温变化对油温的影响
	电动机旋转方向不对,造成泵不吸油,并在泵吸油口处有大量气泡	改变电动机的旋转方向
	过滤器或管道堵塞	清除污物,定期更换油液
	压力阀中的阀芯在阀体中移动不灵活	检查压力阀,使阀芯在阀体中移动灵活

续上表

故　障	原　因	排除方法
泵旋转不通畅或咬死	轴向间隙或径向间隙太小	修复或更换泵的机件
	装配不良	根据"修复后的齿轮泵装配注意事项"进行装配
	压力阀失灵	检查压力阀中弹簧是否失灵、阀上小孔是否堵塞、阀芯在阀体中移动是否灵活等,视具体情况采取措施
	泵和电动机的联轴器同轴度不好	使两者的同轴度在规定范围内
	油液中杂质被吸入泵体内	严防周围灰尘、铁屑及冷却水等污物进入油箱,保持油液清洁
CB型齿轮泵的压盖或骨架油封有时松动	压盖堵塞了前后盖板的回油通道,造成回油不通畅而产生很高压力	将压盖取出重新压进,并注意不要堵塞回油通道
	骨架油封与泵的前盖配合松动	检查骨架油封外圈与泵的前盖配合间隙,骨架油封应压入泵的前盖,若间隙过大,应更换新的骨架油封
	装配时,若泵体装反,使出油口接通卸荷槽,形成压力,冲击骨架油封	纠正泵体的装配方向
	泄漏通道被污物阻塞	清除泄漏通道上的污物
泵严重发热(泵温应低于65℃)	油液粘度过高	更换适当的油液
	油箱小、散热不好	加大油箱容积或增设冷却器
	泵的径向间隙或轴向间隙过小	调整间隙或调整齿轮
	卸荷方法不当或泵带压溢流时间过长	改进卸荷方法或减少泵带压溢流时间
	油在油管中流速过高,压力损失过大	加粗油管,调整系统布局
外泄漏	泵盖上的回油孔堵塞	清洗回油孔
	泵盖与密封圈配合过松	调整配合间隙
	密封圈失效或装配不当	更换密封圈或重新装配
	零件密封面划痕严重	修磨或更换零件

二、齿轮液压马达

1. 齿轮液压马达工作原理

齿轮液压马达工作原理如图2-1-2所示。当高压油进入齿轮马达的进油腔(由齿1、2、3和1′、2′、3′、4′的表面以及泵体和端盖的有关内表面组成)之后,由于啮合点半径x和y永远小于齿顶圆半径,因而在齿1和2′的齿面上,便产生如箭头所示的不平衡的液压力。该液压力就相对于轴线O_1和O_2产生转矩。在该转矩的作用下,齿轮马达按图示箭头方向旋转,拖动外负载作功。

随着齿轮的旋转，齿 1 和 1′所扫过的容积要比齿 3 和 4′，所扫过的容积小，这样进油腔的容积不断增加，高压油便不断进入。同时，又被不断地带入回油腔排出。这就是齿轮马达按容积变化进行工作的原理。在齿轮马达的排量一定时，马达的输出轴转速只与输入流量有关，而输出转矩随外负载而变化。随着齿轮的旋转，啮合点是不断变化(即 X 和 Y 是变量)，即输入瞬时流量为一定值时，齿轮马达的输出转速和输出转矩也是脉动的。所以齿轮马达的低速性能不好。

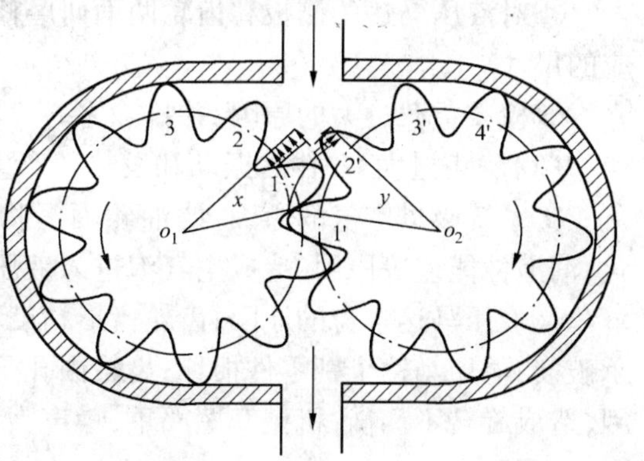

图 2-1-2　齿轮液压马达

齿轮马达和齿轮泵的结构基本一致，但由于齿轮马达需要带负载起动，而且要能正、反方向旋转，所以齿轮马达在实际结构上和齿轮泵还是有差别的，主要体现在以下几个方面：

(1)进、出油通道对称，孔径相同，以便正、反转时性能一样。

(2)采用外泄油孔。因为马达回油有背压，另一方面马达正、反转时，其进回油腔也互相变化。如果采用内部泄油，容易将轴端密封冲坏，所以齿轮马达与齿轮泵不同，必须采用外泄油孔。

(3)轴向间隙自动补偿的浮动侧板，必须适应正、反转时都能工作的结构。同时，解决困油现象的卸荷槽，必须是对称布置的结构。

(4)应用滚动轴承较多，主要为了减少摩擦损失而改善起动性能。

2. 常见故障及其排除方法

(1)转数降低，输出扭矩降低。原因：

①油泵供油量不足。油泵因磨损轴向和径向间隙增大，内泄漏量增大；或者油泵电机转数与功率不匹配等原因，造成输出油量不足，进入液压马达的流量也减少。

②液压系统调压阀(例如溢流阀)调压失灵压力上不去，各控制阀内泄漏量大等原因，造成进入液压马达的流量和压力不够。

③油液粘度过小，致使液压系统各部内泄漏量大。

④液压马达本身的原因：如 CM 型液压马达的侧板和齿轮两侧面磨损拉伤，造成高低压腔之间内泄漏量大，甚至串腔；YMC 型液压马达由于没有间隙补偿，转子和定子以线接触进行密封，且整台液压马达中的密封线较长，因而引起泄漏，效率低。特别是当转子和定子接触线因齿形精度差或者拉伤时，泄漏更为严重，造成转速下降，输出扭矩降低。

⑤工作负载较大，转速降低。

⑥液压马达本身径向间隙超差。

排除方法：

①排除油泵供油量不足的故障，例如清洗滤油器，修复油泵，保证合理的轴向间隙，更换能满足转数和功率要求的电机等。

②排除各控制阀故障，特别是溢流阀，应检查调压失灵的原因，并针对性地排除。

③选用合适粘度的油液。

④对液压马达的侧板和齿轮两面研磨修复，并保证装配间隙，即液压马达体也要研磨成相应的尺寸。

⑤检查负载过大的原因，并排除之。

(2)噪声过大，并伴之振动和发热。产生原因：

①系统吸进空气的原因：滤油器因污物堵塞；泵进油管接头漏气；油箱油面太低；油液老化，消泡性能差等原因，造成空气泡进入液压马达内。

②液压马达本身的原因：齿轮齿形精度不好或接触不良；轴向间隙过小；液压马达滚针轴承破裂；液压马达个别零件损坏；齿轮内孔与端面不垂直，液压马达前后盖轴承孔不平行等原因，造成旋转不均衡，机械摩擦严重，噪声大和振动现象。

排除方法：

①排除液压系统进气的故障，例如：清洗滤油器，减少液压油的污染；泵进油管路管接头拧紧，密封破损的予以更换；油箱油液补充添加至油标要求位置；油液污染老化严重的予以更换等。

②消除液压马达的径向不平衡力和轴向不平衡力产生的振动，例如：对研齿轮或更换齿轮；研磨有关零件，重配轴向间隙；更换破损的轴承；修复齿轮和有关零件的精度；更换损坏的零件；避免输出轴过大的不平衡径向负载。

(3)油封漏油。产生油封漏油的原因，一是泄油管的压力高；二是液压马达轴油封破损。

排除方法：

①泄油管要单独引回油池，而不要共用液压马达回油管路。

②泄漏管通路因污物堵塞或设计过小时，要设法使泄油管油液畅通流口油箱。

③油封破损的，予以更换。并检查马达轴的拉伤情况，根据情况研磨修复，避免再次拉伤油封。

课题二　叶片泵与叶片马达的故障与排除

一、叶片泵的特点、分类及原理

叶片泵具有运动平稳、噪声小、流量均匀和容积效率高等优点。但也有自吸能力差、转速不宜太高，对液压油的污染比较敏感，结构较复杂等缺点。

叶片泵分单作用叶片泵和双作用叶片泵。单作用叶片泵可作变量泵使用，但工作压力较低，双作用叶片泵均为定量泵，工作压力可达6.5～14MPa或更高，在工程机械上应用的一般都是双作用叶片泵。

1.单作用叶片泵

单作用式叶片泵的工作原理见图2-2-1所示。叶片泵主要由定子、转子、叶片和配油盘、端盖等组成。定子具有圆柱形内表面，定子和转子间有偏心距e。叶片装在转子槽中，并可在槽内滑动。当转子回转时，由于离心力的作用(有时还在叶片槽底部通进压力油)，使叶片紧压在定子内壁。这样在定子、转子、叶片和配油盘之间形成若干个密闭的工作容腔。当转子旋转时，这些密闭的工作容腔是在变化的，如按图2-2-1所示方向旋转时在图的右半部叶片间的工作容腔容积由小到大变化，形成吸油过程；在图的左半部，叶片间的工作容腔容积由大到小变化，形成排油过程。两侧的配油盘紧贴在定子上，与转子和叶片间有一定的间隙。配油盘上的右边腰形口为吸油窗口，与其对称的腰形口为排油窗口。由于两窗口之间的距离大于相邻两叶片间的距离，因此形成封油区，将吸油腔和排油腔隔开。转子每转一周，每个工作容腔完成一次吸油和排油，因此称为单作用式叶片泵。它的主要缺点是转子受到来自排油腔的单向压力，使轴承上所受的载荷较大即径向力不平衡，因此也称为非卸荷式叶片泵。这种泵不宜用在高压。它的优点是当改变转子和定子的偏心距 e 可改变泵的排量，因而可制成变量泵。

单作用叶片泵排量计算公式为：

$$q_p = 2R \cdot B \cdot e \quad (m^3/r) \tag{2-2-1}$$

式中：R——定子半径，m；

B——转子宽度，m；

e——偏心距，m。

2. 双作用叶片泵

双作用式叶片泵的工作原理见图 2-2-2 所示。

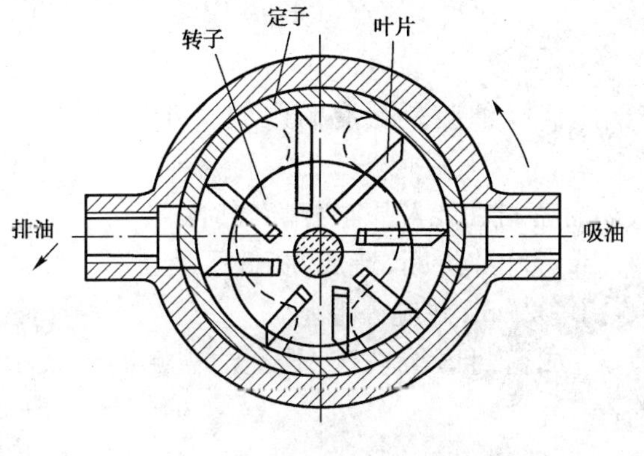

图 2-2-1　单作用叶片泵工作原理

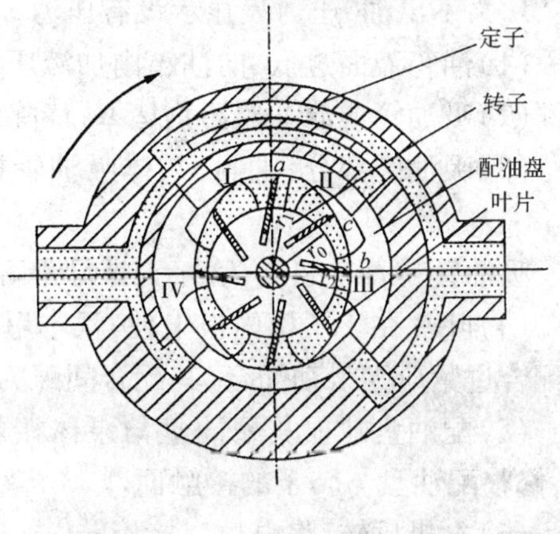

图 2-2-2　双作用叶片泵工作原理

该泵也是由定子、转子、叶片和配油盘、端盖等组成。转子和定子中心重合，定子内表面近似椭圆形，由两段长半径为 R 和两段短半径为 r 的圆弧和四段过渡曲线组成，在转子每转一周的过程中，每个工作容腔完成两次吸油和排油，所以称为双作用式叶片泵。如图 2-2-2 所示，当转子顺时针方向旋转时，与配油窗口 II 和 IV 相通的叶片工作腔容积增加，液压油由吸油口吸入，与配油窗口 I 和 III 相通的叶片工作腔容积减小，液压油由排油口排出。这种泵由于有两个吸油区和排油区，并各自对称，所以作用在转子上的液压力互相平衡，因此也称为卸荷式叶片泵。为了使径向力完全平衡，工作油腔数（即叶片数）应当是偶数。由于这种泵的转子与定子是保持同心的，所以排量是固定的。与单作用叶片泵相比，同样体积可得到较大的流量，且流量均匀。

二、对叶片泵的要求

叶片泵多作为中、低液压源使用。注意使用液压油的粘度，推荐使用 2.5～5°E_{50} 粘度的油液,定期检查油液或成分;油箱容量应为泵每分钟流量的3~6倍等。要注意防止承受轴向力,否则会导致配油盘的早期磨损,引起压力和效率的下降。叶片泵进油管不得漏气。在安装、使用时要注意以下几点:

(1)叶片泵的转速要求较高,为了使叶片泵可靠地吸油,其转速必须在500~1500r/min的范围,转速太低时,叶片不能紧压定子的内表面和吸油,压力建立不起来,转速过高会造成泵吸油不足而产生吸空现象,使泵的工作不正常。油的粘度在2.5~5°E_{50}之间,粘度太大,吸油阻力增大;油液过稀因间隙影响,真空度不够,都会对吸油造成不良影响。

(2)叶片泵的抗污染能力比齿轮泵差,对油中的污物很敏感,工作可靠性较差,油液不清洁会使叶片卡死,因此必须注意油液良好过滤和环境清洁,为此进油路滤油器精度设为30μm。

(3)因泵的叶片有安装倾角,故转子只允许单向旋转,不允许反向使用,否则会使叶片折断。

三、叶片泵故障与排除

1. 泵不出油,压力表显示没有压力

(1)油箱液面过低,向油箱内加液压油。

(2)吸油管或滤油器污物堵塞,清除污物。

(3)吸油腔部分(油封,泵体吸油管接头)漏气。吸油腔是否有砂眼或气孔,有则更换泵体。

吸油管是否有裂缝,管接头螺母是否拧紧,油封密封性能及质量好坏如何。

(4)叶片在转子槽内被卡住,根本甩不出来,或者叶片折断,造成高、低压腔互通。叶片与槽配合过紧应为滑动配合,其配合间隙为0.015~0.02mm,并应去毛刺。

(5)配油盘缺损及配油盘与泵体接触不良,造成密封区域被沟通,配油盖侧面有微小变形,修整配油盘与转子的接触面。

(6)电机反转,将电机反接旋转。

(7)泵的转速太低,调整转速更换电机。

(8)油液粘度过大,改用适当粘度的油液。

(9)未装连接器或花键轴不转或花键轴扭断等,装上连接键,更换花键轴。

(10)吸油管过长,使泵靠近油箱,即相应缩短了进油管的长度。

(11)泵体质量,有砂眼、气孔等,调换新泵体。

2. 容积效率低,压力提不高

(1)叶片或转子装反,纠正。

(2)叶片与转子槽的配合间隙过大,根据叶片槽尺寸重新配制叶片。叶片与叶片槽的配合间隙,应控制在0.013~0.018mm范围内。

(3)定子吸油腔处磨损严重,叶片顶端缺损或拉毛。可将定子翻转180°,使吸油腔、压油腔互换,并重新加工定位孔位;叶片顶端重新修整或者调换。

(4)泵定子内曲线磨损,在专用磨床上修整。

(5)轴向间隙太大,内泄严重,修配定子、转子、叶片,控制轴向间隙在0.04~0.07mm。

(6)进油不通畅,清洗过滤器,更换工作油液。

(7)油封安装不良或损坏 ,重新改装或更换。

(8)系统有泄漏,检查系统内各管道、管接头、各阀泄漏状况。

3. 噪声大

(1)定子曲线表面不光滑,抛光定子曲线表面。

(2)配油盘端面与内孔,叶片端面与侧面垂直度差,修配配油盘端面与叶片侧面,使其垂直度在0.01mm内。

(3)配油盘压油窗口的三角槽太短,修锉三角槽,保证相邻两叶片间沟通。

(4)进油口密封不严,混入空气,检查进油管及管接头,拧紧。

(5)进油不顺畅,泵吸油不足,清除过滤器或进油管内的污物,加足工作油液。

(6)泵在超压下工作,须低于额定压力下工作。

(7)电机或其他机械引起的振动,如花键轴与原动机轴不同轴度问题、是否有橡胶垫减振问题等。

(8)当感到泵的运转噪声大时,应注意以下几点:如是否存在空穴现象(噪声的频率高,说明有空穴现象存在),若有,这时要从进、回油管的气密性不良进行检查和排除。如产生的频率与平常噪声不相同的异常噪声时,可以认为是与泵的旋转部件有关,其故障可能是:

①联轴器松动或与主轴不同心。应固紧或调节,使其同轴度不大于0.2mm。

②叶片中有装反或叶片高度不一或叶片倒角太小。应分别更正方向,高度差小于0.1mm,将倒角改为$1\times45^{\circ}$或圆角。

③叶片被卡死,应选配叶片,保证间隙。

(9)其他故障的原因与排除:

①困油现象。应修理配油盘的三角槽。

②定子曲线表面拉毛,应进行修磨和抛光。

③配油盘端面与内孔不垂直,造成偏磨。应修磨配油盘,使端面与内孔的垂直度为0.01mm。

④配油盘的端面被划伤。应重新修研。

⑤由泵的压力及流量脉动引起的,应予排除。

4. 油量不足

(1)径向间隙过大。配油盘内孔或花键轴磨损较严重,需更换。

(2)轴向间隙过大。控制间隙在0.04~0.07mm内。

(3)叶片与转子槽的配合间隙过大。重新研配叶片间隙,要求将间隙控制在0.013~0.018mm内。

(4)定子内曲线磨损。在专用磨床上修磨或更换定子。

(5)进油不畅。清洗过滤器,定期更换工作油液。

5. 漏油

(1)密封圈安装不良或损坏。重新安装更换。

(2)油封材料选择不当。应选用耐油橡胶的油封。

(3)各密封面接触不良。检查叶片泵内各结合面是否产生变形或有毛刺，并进行修整，例如配油盘与转子之间的轴向间隙过大，其值为0.015～0.02mm。

(4)油封背压过高。应保证油封背压在耐压值以下。

6.压力脉动大

叶片泵从理论上说，压力脉动应该很小，但实际上存在较大的压力脉动。大多数情况下，可以认为是溢流阀的振动所引起的。但是，也有由泵的流量脉动而引起的。泵的压力脉动一大，将激振管路，使机器整体产生噪声。若进行噪声频率分析，则存在着1000Hz以下的频率峰值声压。

压力脉动大的原因有：泵内部泄漏的变化，叶片异常，定子曲线异常磨损。应拆卸修理或更换。叶片泵常见故障及排除方法，见表2-2-1。

叶片泵常见故障及排除方法　　表2-2-1

故障	原因	解决办法
输油量不足，提不高压力	各连接处密封不严，吸入空气	检查吸油口及各连接处是否泄漏，紧固各连接处
	个别叶片移动不灵活	不灵活的叶片应单槽研配
	轴向间隙和径向间隙过大	修复或更换有关零件
	叶片和转子装反	重新装配，纠正转子和叶片的方向
	配油盘内孔磨损	严重损坏时需更换
	转子槽和叶片的间隙过大	根据转子叶片槽单配叶片
	叶片和定子内环曲面接触不良	定子磨损一般在吸油腔。对于双作用式叶片泵，可翻转180°，在对称位置重新加工定位孔
	吸油不通畅	清洗过滤器，定期更换工作油液，并加油至油标规定线
噪声和振动严重	有空气侵入	详细检查吸油管和油封的密封情况及油面的高度是否正常
	配油盘端面与内孔不垂直，或叶片本身垂直度不好	修磨配油盘端面和叶片侧面，使其垂直度在10μm之内
	配油盘上的三角形节流槽太短	可用什锦锉刀将其适当修长
	个别叶片过紧	详细检查，进行研配
	油液粘度过高	适当降低油液粘度
	联轴器的安装同轴度不好或松动	调节同轴度至要求范围内，并将螺钉紧固好
	叶片倒角太小或高度不一致	可将原0.5×45°倒角加大为1×45°或加工成圆弧形；修磨或更换叶片，使其高度一致
	转速过高	适当降低转速
	轴的密封圈过紧(用手摸轴和轴盖有烫手现象)	适当调整密封圈，使之松紧适度
	吸油不畅，或油面过低	清理吸油油路，使之通畅，或加油至油面要求高度
	定子曲线面拉毛	应抛光或修磨

四、叶片液压马达

双作用叶片马达的工作原理如图2-2-3所示。

叶片马达是将液压能转换为机械能的液压元件。因此进油腔必须是高压油，而出油腔为低压油，因为叶片2、6位于高压腔之中，且径向放置，叶片两侧受高压，相邻叶片1和3的相关表面受高压作用，而且叶片3伸出面积大于叶片1伸出面积，因此产生转矩。同理，叶片7伸出面积大于叶片5的伸出面积，也产生转矩，其合成转矩驱动转子旋转并带动外负载作功。这就是叶片马达的工作原理。

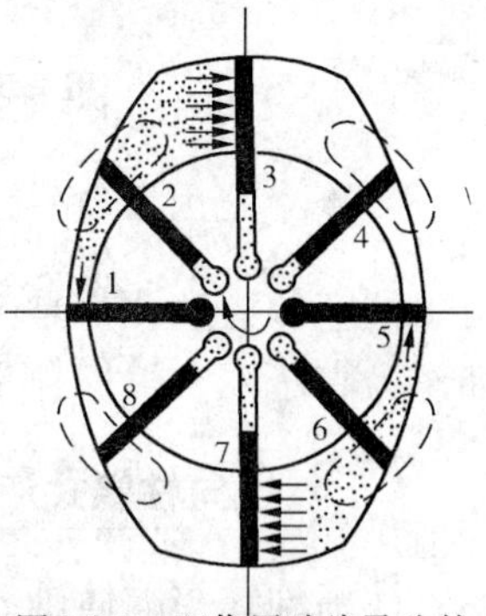

图2-2-3　双作用叶片马达的工作原理

双作用叶片马达的常见故障与排除方法见表2-2-2。

双作用叶片式液压马达常见故障与排除方法　　表2-2-2

故障现象	产生原因	排除方法
转速低，输出功率不足	1.液压泵供油不足的可能原因 (1)电机转速不够 (2)吸油口过滤网堵塞 (3)系统中侵入空气 (4)油液粘度过高 2.液压泵出口压力(输入液压马达)不足的原因 (1)液压泵效率太低 (2)滥流阀产生故障，凋节失灵 (3)油管阻力过大(管道过长或过细) (4)油的粘度较小，内部泄漏较大 3.液压马达结合面没有拧紧或密封不好有泄漏 4.液压马达内部泄漏 5.配油盘的支承弹簧疲劳，失去作用	1.调整供油 (1)检查并纠正电机转速 (2)清洗或更换滤网(滤芯) (3)检查有关密封，并拧紧各接头 (4)更换粘度低的油液 2.提高液压泵出口压力 (1)排除液压泵故障 (2)检查溢流阀的弹簧、阻尼孔及密封等，并加以排除 (3)更换孔径较大的管道或尽量减少长度 (4)检查内泄漏部位的密封情况，更换油液或密封 3.拧紧结合面，检查密封情况或更换密封圈 4.参看本表下栏排除内漏的方法 5.检查、更换支承弹簧
泄漏	1.内部泄漏 (1)配油盘磨损严重 (2)轴向间隙过大 2.外部泄漏 (1)轴端密封的磨损 (2)盖板处的密封圈损坏 (3)结合面有污物或螺栓未拧紧 (4)管接头密封不严	1.排除内泄 (1)检查配油盘接触面，并加以修复 (2)检查并将轴向间隙调至规定范围 2.排除外泄 (1)更换密封圈，并查明磨损原因 (2)更换密封圈 (3)检查、清除，并拧紧螺栓 (4)拧紧管接头
异常声响	1.密封不严，进入空气 2.进油口堵塞 3.油液污染严重或有气泡混入 4.联轴器安装不同心 5.油液粘度过高，液压泵吸油困难 6.叶片已磨损 7.叶子与定子接触不良，有冲撞现象 8.定子磨损	1.拧紧有关的管接头 2.清洗、排除污物 3.更换清洁油液，拧紧接头 4.校正同心度，使其在规定范围，排除外来振动影响 5.更换粘度较低的油液 6.尽可能修复或更换 7.进行修整 8.进行修复或更换。如因弹簧过硬造成磨损加剧，则应更换刚度小的弹簧

课题三　柱塞泵与柱塞马达的故障与排除

柱塞式液压泵是利用柱塞在缸体柱塞孔中作往复运动时，产生的容积变化来进行工作的。由于柱塞和柱塞孔都是圆柱形零件，加工时可以达到很高的配合精度。因此容积效率高，一般都作为高压泵。根据柱塞分布方向的不同，柱塞泵分为径向柱塞泵和轴向柱塞泵。

一、径向柱塞式液压泵

柱塞轴线与缸体轴线垂直的柱塞泵称为径向柱塞泵，按其配流（吸油和排油）方式的不同，又可以分为配流轴式和配流阀式两种结构型式。

1. 配流轴式径向柱塞泵

配流轴式径向柱塞泵的工作原理见图 2-3-1。我们通常说的径向柱塞泵往往是指这种泵。

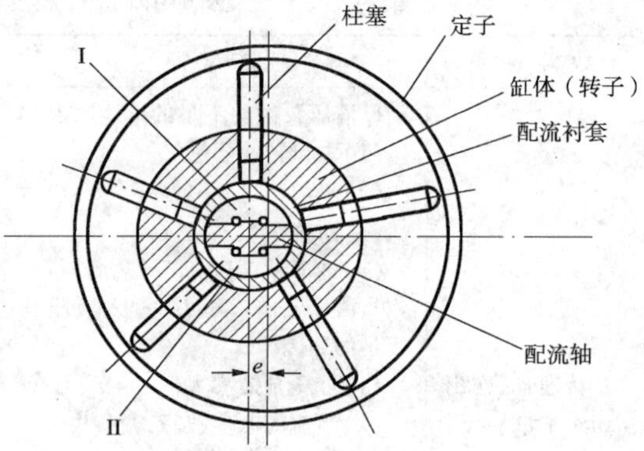

图 2-3-1　配流轴式径向柱塞泵工作原理

泵由柱塞、定子、缸体（转子）、配流衬套和配流轴等基本零部件组成。柱塞沿径向呈辐射状安装在缸体中，依靠离心力的作用（有些结构是靠弹簧或低压补油的作用）头部顶在定子的内壁上。由于定子和转子间有偏心距 e，所以当传动轴带动转子旋转时，柱塞就在缸体内往复运动。当转子顺时针旋转时，柱塞绕经上半周时向外伸出，底部工作柱塞腔容积逐渐增大，形成局部真空，通过配油衬套上的油孔从配流轴的进油口吸油。当柱塞转到下半周时，定子内壁将柱塞向里推，柱塞底部的工作容积逐渐减小，向配流轴的排油口压油。

配流轴是一根不动的心轴，油液从上半部的两个油孔吸入，从下半部的两个油孔排出。在吸油腔和排油腔之间有封油区。如果改变偏心距 e 的大小，就可以调节泵的流量；如改变偏心距 e 的方向，进、出油口就可以互相变换。因此，这种径向柱塞泵的流量调节和换向比较方便。

这种类型的径向柱塞泵由于采用配流轴配油，为了防止配合面卡死，往往需要较大的配合间隙，由于间隙泄漏的影响，使压力提高受到限制，通常不超过 20MPa。由于体积和质量较大，工程机械上目前较少使用。

2. 配流阀式径向柱塞泵

配流阀式径向柱塞泵工作原理可由图 2-3-2 来说明。

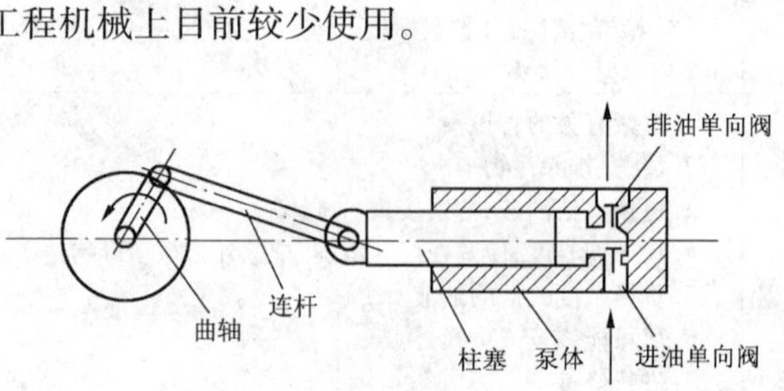

图 2-3-2　配流阀式径向柱塞泵工作原理

曲轴的旋转运动带动柱塞作往复运动，当柱塞向左运动时，柱塞油腔容积增大，形成真空，将进油单向阀打开，从油箱吸油，此时排油单向阀因压力作用而关闭；当柱塞向右运动时，柱塞油腔容积减小，油液冲开排油单向阀进入工作系统,此时吸油单向阀因油压作用而关闭。这样,由于曲轴不停地旋转,泵也就不停地吸油和排油。

国产 $1m^3$ 履带挖掘机上的 JB 型曲轴式径向柱塞泵,其额定工作压力为 32MPa、额定转速为 1500r/min。理论流量为 150L/min,我国还生产有 86L/min、110L/min 两种规格。该泵由两组直列对称布置的柱塞组成,每组 3 个柱塞。它的出油口可以合并起来作为一个泵使用,流量较大;也可以把两组分开作两个单泵使用。

这种泵采用阀式配流,没有相对滑动的配合面,柱塞受侧向力也较小,因此对油的过滤要求低、工作压力比较高,一般可达 20 ~ 40MPa。而且耐冲击,使用可靠、不易出故障、维修也较方便。采用阀式配流密封可靠,因而容积效率可达 95% 以上。但转速受限制,高转速时单向阀的惯性大,阀的启闭产生明显滞后,导致泵的容积效率急剧下降。特别是吸油单向阀,为减小吸油阻力,弹簧往往比较软,滞后更为严重。所以吸油单向阀的阀芯重量要求尽量做得轻,即使这样,曲轴转速一般也不能超过 2000r/min。

这种泵难以作成变量形式,外形尺寸和质量都较大,所以在移动式机械上应用较少。

二、径向柱塞式液压马达

前面所叙述的液压马达,其转速高、转矩小,通常叫高速液压马达。而工程机械上的工作机构多为转速低而转矩大,例如起重机的卷筒,履带挖掘机的履带驱动轮等,转速一般为 100r/min 以下,而转矩有时却要求几万牛米。因此使用高速马达时,还必须装上减速装置,使结构变得复杂,如用低速大转矩马达直接驱动工作装置,则机构可大为简化。

对工程机械来说,马达具有较大的输出转矩才能实现低速,否则就不能传递较大功率。而增大转矩,根据马达转矩公式可知,可增大压力 p 和排量 q 来达到。低速马达工作压力多在 10 ~ 20MPa,有的达到 25 ~ 30MPa。压力增高会受到材料强度的限制,因而增大排量 q 是低速马达增大转矩的主要方向。

径向柱塞式液压马达可分为单作用曲轴式和多作用内曲线式两大类。前者是以增加柱塞直径 d 为主的,而后者是以增大柱塞数和作用数 x 为主的。

1. 曲轴连杆式低速大转矩马达

曲轴连杆式低速大转矩马达是国内外应用较早的一种,国外也称“斯达发”(Staffa)马达。太原矿山机器厂已系列生产的 JMD 马达即属此种。其额定工作压力 16MPa,最大工作压力 22MPa,转速 0 ~ 400r/min,排量 0.201 ~ 6.140L/r。

该马达工作原理可用图 2-3-3 示意。

在壳体的圆周放射状均匀布置了 5 个(或 7 个)缸。缸中的柱塞通过球铰与连杆相连接。连杆端部的圆柱面与曲轴的偏心轮(偏心轮的圆心为 O_1,它与曲轴旋转中心 O 的偏心距 $OO_1 = e$)相接触。曲轴的一端通过十字接头与配流轴相连。配流轴上“隔墙”两侧分别为进油腔和排油腔。

高压油进入马达进油腔后,经过壳体的槽①、②、③引到相应的柱塞缸①、②、③中去。高压油产生的液压力作用于柱塞顶部,并通过连杆传递到曲轴的偏心轮上。例如柱塞②作用在偏心轮上的力为 N,这个力的方向沿着连杆的中心线,指向偏心轮的中心 O,作用力 N 可分解为两个力:法向力 F(力的作用线与连心线 OO_1 重合)和切向力 T。

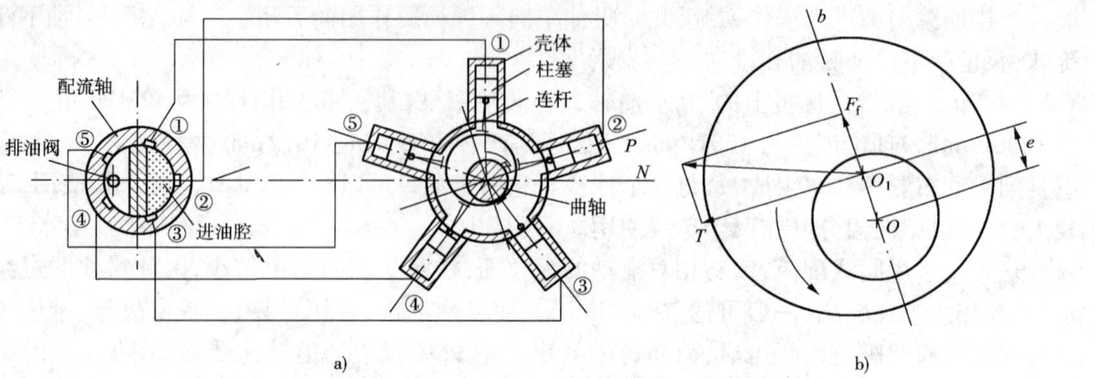

图 2-3-3　曲轴连杆式低速大转矩马达

切向力 T 对于曲轴的旋转中心 O 产生转矩，使曲轴绕逆时针方向旋转。

柱塞缸①和③也与此相似，只是由于它们相对于主轴的位置不同，所以产生转矩的大小与缸②不同。使曲轴旋转的总转矩应等于与高压腔相通的柱塞缸（在图 2-3-3 所示情况下为①、②、③）所产生的转矩之和。

曲轴旋转时，缸①、②、③的容积增大，④、⑤的容积变小，油液通过壳体油道④、⑤经配流轴的排油腔排出。

当配流轴随马达转过一个角度后，配流轴"隔墙"封闭了油道③，此时缸与高、低压腔均不相通，缸①、缸②通高压油，使马达产生转矩，缸④和缸⑤排油。当曲轴连同配流轴再转过一个角度后，缸⑤、②、①通高压油，使马达产生转矩，缸③、④排油，由于配流轴随曲轴一起旋转，进油腔和排油腔分别依次的与各柱塞缸接通，从而保证曲轴连续旋转。

将马达的进出油口对换后，可实现马达的正、反转。

以上是壳体固定、曲轴旋转的情况。如果将曲轴固定，进、排油管直接接到配流轴中，就能达到外壳旋转的目的。外壳旋转的马达用来驱动车轮、卷筒十分方便。

曲轴连杆式马达的结构比较简单，工作比较可靠，是应用较多的一种低速马达。但连杆球头的加工、壳体通道的铸造均较困难。

这种马达尚有以下不足之处有待进一步改进：

（1）单作用马达本身液压不平衡力引起径向载荷较大，将影响轴承寿命。

（2）连杆大端与曲轴接触面和小端球铰处的比压较大，磨损较严重，有时会发生咬合。

（3）起动转矩比较小。连杆鞍形底面摩擦损失是引起马达转矩损失的主要原因。除此之外，柱塞和缸孔侧面、柱塞和连杆球头之间、配流轴和轴套之间均有摩擦，所以这种马达起动转矩较小，通常只有理论转矩的 80% ~85%。

（4）低速稳定性较差。五柱塞连杆马达脉动率约为 7.5%，这样在高速运转时会造成压力脉动。低速时，转速显著不均匀，在 10r/min 以下即会产生所谓低速"爬行"现象。引起"爬行"不仅是因为马达脉动率，另一个重要原因是连杆底面比压较大，低速时润滑条件即滑动配合面处油膜厚度减薄，甚至破坏，以至转化为干摩擦，引起摩擦和发热急剧增大，从而造成马达转速不稳。摩擦力变化还会产生油压波动，加剧漏损，促使马达转速稳定性更差。因此，这种马达不宜在 10r/min 以下工作。

2. 内曲线径向柱塞式低速大转矩液压马达(简称内曲线马达)

内曲线低速大转矩马达是低速大转矩马达主要型式之一，其主要特点是作用数 $x \geqslant 3$，以及其排量 q 较大。由于它具有结构紧凑、质量轻、传动转矩大、低速稳定性好、变速范围大、起动效率高等优点，故在许多部门得到越来越广泛的应用。

一个内曲线马达基本上都是由壳体(也称定子)、缸体(也称转子)、配油轴、柱塞和滚轮组等主要零件组成。

图 2-3-4 是汽车式起重机起升机构的内曲线马达的结构原理。其额定工作压力为 25MPa、排量为0.32L/r。

壳体是整体式的，其上有 6 个形状相同的导轨曲面两条，每个导轨曲面可分成对称的 a、b 两段。缸体和输出轴通过螺栓连成一体。柱塞、滚轮组组成柱塞组件。缸体有八个径向布置的柱塞孔，柱塞安放其中。柱塞顶部做成大半径球面(或锥面)顶在滚轮组的横梁上。横梁呈矩形断面，可在缸体内的径向槽内沿直径方向滑动。滚轮在柱塞腔室内油压作用下顶在壳体的导轨曲面上，并在其上作纯滚动，推动缸体旋转。配流轴由微调凸轮限制其相对壳体周向固定不动。配流轴圆周上均匀分布 12 个配流窗口，这些窗口交替分成二组，通过配流轴的两个轴向孔分别和进回油口相通。每一组的 6 个配流窗口应分别对准 6 个同向半段曲面或凸上。微调凸轮就是为了校正因加工误差引起配油不准而设的。

下面以图 2-3-4 为例分析内曲线马达是如何工作的。假定内曲线的 a 段对应高压区，b 段对应低压区。在图示瞬时，柱塞一、五处于高压油的作用下；柱塞三、七处于回油状态；柱塞二、六、四、八处于过渡状态(即高低压均不通)。柱塞一、五在压力油的作用下产生轴向推力 P(径向力)，作用在滚轮组的横梁上。使滚子紧紧压在曲线的轨道面上，于是产生一反作用力 N，N 的径向分力 P 与柱塞轴向推力 P 平衡，切向分力 T 则经横梁传到缸体上，推动缸体沿顺时针旋转。随着缸体旋转，柱塞外伸，越过顶点进入 b 段，使其和回油相通，使柱塞内缩。柱塞

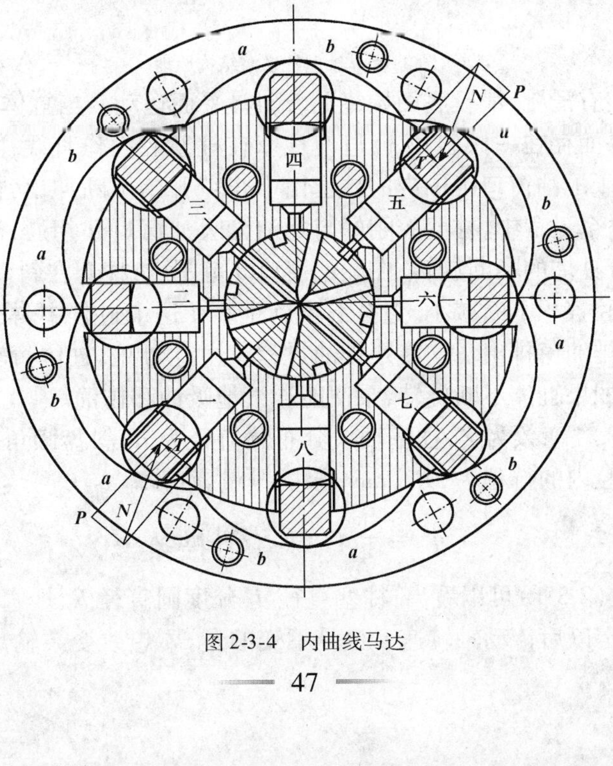

图 2-3-4　内曲线马达

滚轮组在 a 段向 b 段过渡的一瞬时，柱塞油孔被配油轴密封间隔封闭，此时柱塞应没有径向位移，以免发生困油（或气蚀）现象。凡处于相应于 a 段的柱塞都进油，处于凸段的柱塞都回油，而设计时使曲线数（作用数 x）和柱塞数不相等。因此总有一部分柱塞处于导轨曲面的 a 段（相应的总有一部分柱塞处于曲面的 b 段），使得缸体和输出轴能均匀地连续旋转。

内曲线液压马达带动履带用于行走机构时，多做成双排的。两排柱塞处于一个缸体中，外形上如同一个液压马达。因此改变各排柱塞之间的组合，就相当于几个液压马达的不同组合，便能实现变速。

三、轴向柱塞式液压泵和马达

径向柱塞式液压泵的柱塞是径向排列的，这种泵的径向尺寸大、相对速度高、磨损大、惯性也大。如把柱塞改为轴向排列，那么既有径向柱塞泵密封良好、容积效率高的优点，又具有结构紧凑、外形尺寸小、惯性小的特点。根据传动轴与缸体是同一轴线还是与轴线相交，轴向柱塞泵（马达）从结构上可分为斜盘式和斜轴式两大类。

1. 斜盘式轴向柱塞式液压泵（马达）

斜盘式轴向柱塞泵主要结构原理如图 2-3-5 所示。

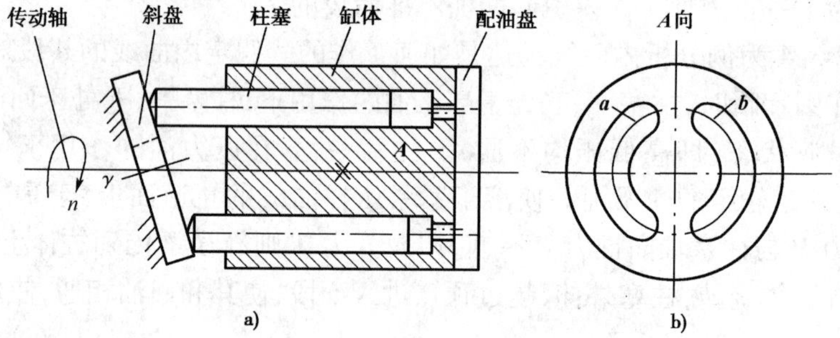

图 2-3-5　轴向柱塞泵结构原理

柱塞的头部安装有滑靴，滑靴底面始终贴着斜盘平面运动。当缸体带动柱塞旋转时，由于斜盘平面相对缸体平面存在一倾斜角 γ，迫使柱塞在柱塞腔内作直线往复运动。如果缸体按图示 n 方向旋转，位于配油窗口范围内的柱塞由下止点开始不断伸出，柱塞腔容积不断增大，直至上止点止。在这个过程中，柱塞腔刚好与配油盘吸油窗口 a 相通，油液被吸入柱塞腔内，这是吸油过程。随着缸体的不断旋转，在配油窗口 b 范围内，柱塞在斜盘约束下由上止点开始不断进入腔内，柱塞腔容积不断减小，直至下止点止。在这个过程中，柱塞腔刚好与配油盘排油窗相通，油液通过排油窗排出。这就是排油过程。由此可见，缸体每转一周，各个柱塞有半周吸油、半周排油。如果缸体不断旋转，泵便能连续地吸油和排油。

设柱塞直径为 d，柱塞数为 Z，柱塞轴线分布圆直径为 R，斜盘倾角 γ，当缸体每转动一周时，每个柱塞在柱塞腔内的行程为 $2R \cdot \tan\gamma$ 泵的排量为：

$$q^2 = \frac{1}{4}d^2 \cdot R \cdot Z \cdot \tan\gamma \tag{2-3-1}$$

从泵的排量公式（2-3-1）可以看出：柱塞直径 d、分度圆直径 R、柱塞数 Z 都是固定结构参数，并且当原动机确定以后传动轴转速 n 也是不变的量，要想改变泵输出流量的大小和方向，只能通过改变斜盘倾角 γ 来实现。

2. 变量机构

轴向柱塞泵通过变量机构改变斜盘倾斜角 γ 以改变输出流量的大小和方向。

变量机构的形式很多，按控制方式，可分为手动式、电动式、液动式、电液比例控制式等；按变量执行机构可分为机械式、液压伺服式等；按照性能参数可分为恒功率式、恒压式、恒流量式等。各种型式的变量机械常常组合使用，现介绍几种典型的变量机构。

1）手动机械变量机构

手动机械变量机构是最简单的变量机构，用于不经常变量的液压系统。变量时用手轮转动丝杠，丝杠上的螺母直线运动带动斜盘改变倾斜角实现变量。这种变量机构，由于采用手动操纵，操纵力小，不能在高压大流量下工作。

2）手动伺服变量机构

该机构通过与斜盘连接的端部壳体上设计一个带负反馈的闭环伺服控制系统，用机械方式通过操纵伺服阀阀芯位移，利用变量泵本身出口压力油来操纵斜盘运动改变斜盘倾角来实现变量，如图2-3-6所示为手动伺服变量机构原理图。伺服变量机构由双边控制阀和差动变量缸组成。控制阀的阀套与变量活塞杆相连，变量缸的缸体与泵体相连。当控制阀处于中位时，变量缸两腔封闭，斜盘稳定在一定的位置。变量时，若控制阀芯向右移动，阀在左位机能工作，变量缸两腔都是泵出口压力，由于油缸两腔面积不同，变量活塞在差动液压力作用下向右运动，推动斜盘倾斜角增加，排量也随之增加。与此同时，由于阀套与活塞杆相连，阀套也向右移动逐步关闭油路回到中位状态，于是斜盘稳定在新的位置上。

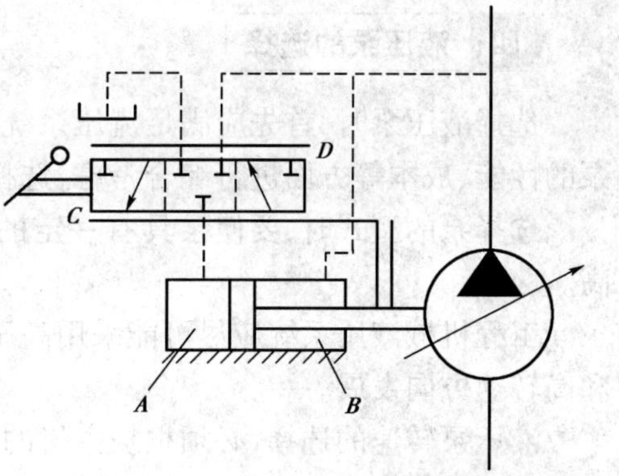

图 2-3-6　手动伺服变量机构原理（图中 A、B、C、D 与图 2-3-7 同）

反之，控制阀阀芯向左移动，阀右位机能工作，变量缸小腔接压力油，大腔与回油路相通，变量活塞在小腔液压力作用下向左移动，使斜盘倾角减小，排量也减小。同理，由于控制阀阀套的反馈移动，使斜盘稳定在新的位置。

这种利用机械反馈的伺服变量机构减少了控制力，大大提高了变量的性能和精度，变量信号输入可以是手动，也可以是电动。如用外部液压源则可实现远程无级变量。因此，这种变量型式广泛用于频繁变速的行走车辆、工程机械、机床等许多液压系统中。

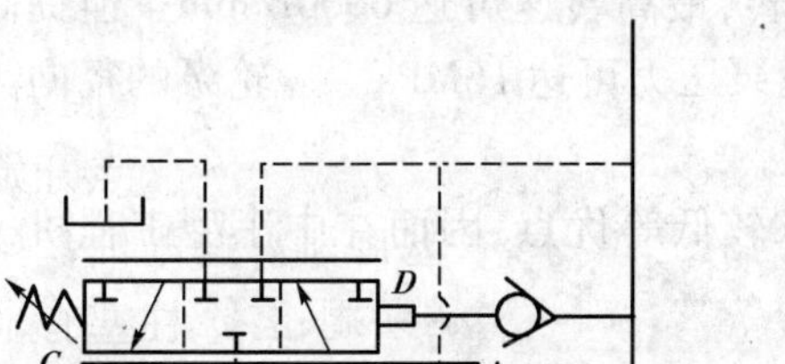

图 2-3-7　恒功率变量机构原理及特性图

3）恒功率变量机构

恒功率变量机构是根据泵出口压力调节输出流量，使泵的输出流量与压力的乘积近似保持不变，即原动机输出功率大致保持恒定，变量机构原理如图 2-3-7 所示。

恒功率变量机构仍由双边控制阀和差动变量缸 A、B 组成。与手动伺服变量机构不同的是控制阀 C 端由弹簧预压调定，D 端用控制油路接通泵出口管路。利用液压力与弹簧力平衡的关系控制变量活塞，改变斜盘倾角。工作原理与手动伺服变量机构类似。

为使泵功率为一恒值，理论上，泵出口压力与输出流量应保持双曲线关系。但是，实际泵的变量机构都是采用弹簧来控制的。因此只能用一段折线（一根弹簧）或两段折线（两根弹簧）来近似代替双曲线。

恒功率变量是常用的变量形式之一，能充分发挥原动机的功率效率，并使液压设备体积小、质量轻。常用于压力经常变化的压力机、重型设备及工程机械液压系统中。

前面介绍了齿轮式、叶片式、轴向柱塞式和径向柱塞式液压泵和液压马达，在工程机械上都有应用。在选择时，应根据主机工况、功率大小、元件效率、寿命和可靠性等进行全面分析、合理选择。下面根据泵和马达的性能介绍它们的选择。

四、液压泵的选择

选择液压泵时，首先应满足流压系统所提出的要求，例如工作压力、流量等。然后还应对泵的性能、成本等方面进行综合考虑，选择泵的型式。

选择泵的型式时，要使泵具有一定的压力储备，一般泵的额定工作压力应比系统压力略高。

工程机械液压系统应尽可能采用高压，以便重量轻、尺寸小。因此，泵和马达必须向高压和高转速方向发展。

液压泵转速的选择，必须根据主机的要求和泵允许的使用转速、寿命、可靠性等进行综合考虑。泵的使用转速不能超过泵最高转速。提高转速会使泵吸油不足、降低寿命，甚至会使泵先期破坏。

目前，在工程机械上广泛使用高压齿轮泵和柱塞泵。齿轮泵均为定量泵，只能用在定量液压系统中。

轴向柱塞泵在起重机械上应用斜盘式（ZB 型）较多，而在挖掘机中应用斜轴式较多。由于轴向柱塞泵易于实现变量，所以在定量泵系统和变量泵系统中均得到广泛应用。

由于齿轮泵的转动部分为对称旋转体，允许高速旋转，最高转速可达 6000r/min。但提高压力受到漏损的限制，由于采用浮动侧板，目前国产齿轮泵压力可达 16MPa。齿轮泵的径向力不易平衡，提高压力会使轴承负载过大。

齿轮泵具有成本低，制造较简单，对油液的过滤要求较低等优点，因而在中小型工程机械上获得广泛应用。

五、液压马达的选择

高速马达的性能与同类型泵的性能相类同，不再详述。只介绍径向柱塞式大转矩马达的性能及其选择。

使用压力是马达主要参数之一，多作用马达与单作用马达相比，由于柱塞较多，缸体本身受力平衡、主轴承不受径向载荷等原因，所以使用压力可较高。目前，国内、外多作用马达的额定工作压力可达 25～30MPa，单作用马达则在 16～21MPa 之间。

压力进一步提高，除效率限制外，对多作用马达则表现为滚轮轴承的寿命短，横梁传递切向力机构的比压和导轨接触应力较大。对单作用马达则为轴承和摩擦副寿命较短。

马达的转速决定于进口的流量，但对某一种马达来说，由于惯性力的影响和内部通道流速限制，有一个最高工作转速。例如内曲线马达柱塞加速度与其角速度 ω 的平方成正比，因此转速提高，防止柱塞组脱离轨道的背压也要随之提高，过高的背压会使损失增加、经济性下降。

马达的最高转速，随结构不同而异，就是同一系列的马达，随着排量增大，最高转速也迅速减小。多作用马达的柱塞组，在一转中往复次数多，所以最高转速比单作用马达低。例如排量1L/r左右时，多作用马达的转速一般不大于150r/min，而单作用马达的转速可达300r/min。

马达最低稳定转速单作用在10r/min左右，质量好的可达2r/min，而多作用马达为0.2～0.5r/min。这主要是因为后者的流量脉动理论上可等于零的缘故。

马达效率随设计制造质量和使用条件不同而有较大的变化，但就一般而论，多作用马达的泄漏线长，特别是内漏的地方，密封长度短，最易泄漏。试验数据表明，内漏约为外漏的8～10倍，甚至更大。因此容积效率比单作用式低，质量好的可达90%～93%，后者为93%～95%。

效率的高低除影响最低稳定转速外还影响马达的起动转矩效率。

起动转矩效率是指起动时马达输出转矩与理论转矩之比。这一指标在有载起动的场合特别重要，例如起重机卷筒将重物吊在空中停下，过低的起动转矩甚至无法重新起动。影响起动转矩大小的因素主要是静摩擦阻力和马达转矩的脉动，因起动有可能正好在马达的最小转矩位置。单作用马达摩擦副多，有转矩脉动，所以起动转矩效率较小，约为80%～90%，多作用马达则可达98%，往往比运转工况下的机械效率高，因为起动时没有水力阻力损失，选择时应考虑马达的起动效率。

六、泵和马达的使用

要想使泵和马达获得满意的使用效果，单靠产品本身的高质量是不能完全保证的。在实际使用中，马达往往由于安装、使用、维护以及油路设计不当，在未到设计寿命期限就先期损坏。这里仅就与泵和马达直接有关的问题简述如下：

1. 使用条件不能超过泵和马达性能所允许范围

(1)转速、压力不能超过规定值。

(2)若泵旋转方向有规定，则不得反向旋转，特别是叶片泵和齿轮泵反向旋转可能会引起低压密封的性能甚至泵本身损坏。

(3)泵的自吸真空度应在规定范围内，否则会造成吸油不足而引起气蚀、噪声和振动。

(4)若泵入口规定有供油压力时，则应充分予以保证。

(5)通常对低速马达的回油口应有足够的背压，对内曲线马达更应如此，否则滚轮有可能脱离导轨曲面而产生撞击，轻则产生噪声降低寿命，重则击碎滚轮使整个马达破坏。一般背压值约为0.3～1MPa，转速越高，背压应越高。

2. 安装时要充分考虑泵和马达的正常工作要求

(1)泵和马达与其他机械连接时要保证同心，或采用柔性连接。

(2)要了解泵和马达承受径向力的能力，不能承受径向力的泵和马达不得将带轮、齿轮等传动件直接装在输出轴上。

(3)具有相位微调机构的马达,调整后不得任意拨动。采用浮动配流机构的马达,其进、回油口应用软管连接,以保证配流机构的浮动性。

(4)泵和马达泄漏油管要畅通,一般不接背压。若泄漏油管太长或因某种需要而接背压时,其大小也不得超过低压密封所允许的数值。

(5)外接的泄漏油管应能保证壳体里充满油,防止停车时壳体里的油全部流回油箱。

(6)起动时,热元件不用冷油,冷元件不用热油,以防相对运动零件由于温差太大,膨胀不一,致使间隙缩小,产生咬死现象。为了避免上述现象发生,可使马达壳体的油口无背压回油箱。另一油口通过节流阀和背压油路相通,使马达壳体内有一定流量的预热油液循环。停机时间较长的泵和马达,不应满载起动,待空运转一段时间后,再行正常使用。

柱塞泵由于柱塞和柱塞孔加工容易保证配合精度,密封性好,所以这种泵具有高压,高速、容积效率高的特点。由于结构表式很多,下面以 ZB 型斜盘泵为例进行介绍,因为 ZB 型斜盘泵既可作液压泵又可作液压马达使用,具有可逆性,对其他的结构形式也可作参考。

1)安装

(1)泵的安装支架有足够刚度,管道过长要安装支架固定,以防振动。

(2)泵与驱动机构联接,推荐采用弹性联轴器,两轴的同轴度为 0.2mm,不许采用万向节等有冲击和径向载荷的传动方式。联轴器与传动轴的配合尺寸应选择合理,从液压泵(液压马达)上拆装联轴器时,不得用锤敲打。

(3)泵体上有两个漏油口,有两种连接方法。

①作漏油用:将最高处漏油口接上通往油箱的油管,管道阻力不应使泵体内压力超过 0.1MPa,另一孔堵死。

②作漏油及冷却用:高处的仍通油箱,低处的通入冷却油,管道阻力不应使泵体内压力超过 0.1MPa。

(4)作液压泵使用时,应用辅助泵低压供油,供油压力为 0.3 ~0.7MPa;在开式油路中,辅助泵供油量为主泵额定流量的 120%;在闭式油路中为 15% 以上。

(5)安装管道及元件,必须严格保持清洁,不得有任何杂物混入,管道必须经耐压试验。试验压力为工作压力的 2 倍,并应进行酸洗,如有条件再经磷化处理。

(6)压力油路应设置过滤精度为 10 ~25μm 的滤油器,推荐使用铜基粉末冶金滤油器。

2)使用

(1)检查轴的回转方向与排油管的连接是否正确可靠。

(2)从滤油口往泵体内注满工作油。

(3)溢流阀调整压力不应调至最低值。

(4)调整变量机构,作泵用时排量应为最小值,作马达用时排量应为最大值。

(5)应先启动辅助泵,排除管道中的空气。调整辅助泵的溢流阀,然后再启动主泵(轴向柱塞泵)。

(6)初始使用或长期存放后,运转时,应在压力为 2.5MPa 左右跑合 1 ~2h。

(7)根据系统工作压力,将溢流阀调整到系统工作压力的 110% ~120% 。

(8)工作压力和使用转速,必须按铭牌上的规定值:按峰值压力连续工作的时间不应超过 1min,按峰值压力间断工作的累计时间不应超过运转时间的 10% 。

(9)泵运转过程中,经常检查漏油量,如发现异常泄漏、温升、噪声、振动时,应立即停车。先关主泵,待主泵停稳后再关辅助泵。

(10)正常工作油温范围为16~65℃,油箱内工作油粘度为2~6°E_{50}。推荐泵的用油:

在环境温度15℃以上可用20号、30号机床液压油、上稠40—2稠化液压油;

在环境温度-5~15℃,可用上稠20—1稠化液压油;

在环境温度-30~15℃,可用上稠YH—10航空稠化液压油。

3)检查与维护

(1)定期检查工作液压油中的水分,机械杂质、酸渣,如超过原牌号规定值,应更换液压油,绝对禁止使用已用过的未经过滤的旧油。

(2)液压件除非必要不能随意拆卸。必须拆卸时也得保持场地、元件、工具清洁。防止任何细小杂物留在元件内,弹簧挡圈的拆卸应用专门工具。

(3)定期检查滤油器。长期存放不用,应将泵体内工作油放净,而存满含酸值较低的液压防锈油,各油口用螺栓堵住。

七、柱塞泵与柱塞马达的故障与排除

1.液压泵输出流量不足或无流量输出

(1)泵吸入量不足。原因可能是泵的转向、油箱液压油过低,油温过高,进油管漏气,滤清器堵塞等。

(2)泵泄漏量过大。

主要原因是密封不良造成的。例如泵体和配油盘的支承面有沙眼或裂痕,配油盘被杂质划伤,变量机构及其中单向阀各元件之间配合或密封不好等。这可以通过检查泵体内液压油中的异物来判断泵中损坏或泄漏的部位。

故障排除则根据不同的原因进行。如研磨配油盘及缸体端面,单向阀密封面重新研磨,更换有砂眼或裂纹的零件,当柱塞孔严重磨损或损坏,就应该将缸孔重新镀铜、研磨等加工修理。若变量机构的活塞磨损严重,可更换活塞,保证活塞与活塞孔间隙为0.01~0.02mm。当配油盘与泵体之间没有贴紧而造成大量泄漏,则应拆开液压泵重新组装。如果是液压油粘度过低,从而使各部泄油增加,要更换液压油等。

(3)泵斜盘实际倾角太小,使泵排量小,这需要调整手动操纵杆或伺服操纵系统(包括各种操纵阀),增大斜盘倾角。

(4)压盘损坏。当柱塞泵压盘损坏,泵不仅无法自吸,而且是碎渣部分进入液压系统,没有流量输出,除应更换压盘外,系统应进行排除碎渣等。

2.斜盘零角度时仍有排油量

斜盘式变量轴向柱塞泵斜盘零角度时不应有流量。但是在使用时,往往出现零角度时尚有流量输出,其原因在于斜盘耳轴磨损,控制器的位置偏离、松动或损坏等。这需要更换斜盘或研磨耳轴,重新调零、紧固或更换控制器元件以及调整控制油压力等来解决。

3.输出流量波动

(1)若流量波动与旋转速度同步,有规则的变化,则可认为是与排油行程有关的零件发生了损伤,如柱塞与柱塞孔、滑履与斜盘、缸体与配油盘等。

(2)若流量波动很大,对变量泵可以认为是变量机构的控制作用不佳。如异物混入变量机构,控制活塞上划出伤痕等,引起控制活塞运动的不稳定。其他如弹簧控制系统可能伴随负荷的变化产生自激振荡,控制活塞阻尼器效果差而引起控制活塞运动的不稳定等。

流量的不稳定又往往伴随着压力的波动。出现这类故障,一般都需要拆开液压泵,更换受损零件,加大阻尼,改进弹簧刚度,提高控制压力等。

4. 输出压力异常

1)输出压力不上升

原因有溢流阀有故障或调整压力过低,使系统压力上不去,应检修或更换溢流阀,或重新检查调整压力;单向阀、换向阀及液压执行元件(液压缸、液压马达)有较大泄漏,系统压力上不去,这需要找出泄漏处,更换元件;液压泵本身自吸进油管道漏气或因油中杂质划伤零件造成内漏过甚等,可紧固或更换元件,以提高压力。

2)输出压力过高

系统外负荷上升,泵压力随负荷上升而增加,这是正常的。若负荷一定,而泵压力却超过负荷压力的对应压力值时,则应检查泵外的元件,如换向阀、执行元件、传动装置、油管等,一般压力过高应调整溢流阀进行确定。

5. 振动和噪声

1)机械振动和噪声

泵轴和原动机不同心,轴承、传动齿轮、联轴器的损伤,装配螺栓松动等均会产生振动和噪声。

如果泵的转动频率与组合的压力阀的固有频率相同时,将会产生共振,这可用改变泵的转速来消除。

2)管道内液流产生的噪声

当进油管道太细,粗滤油器堵塞或通油能力减弱,进油管道中吸入空气;油液粘度过高,油面太低吸油不足,高压管道中有压力冲击等均会产生噪声。必须正确设计油箱,选择滤油器、油管、方向控制阀等。

6. 液压泵过度发热

主要由于系统内,高压油流经各液压元件时产生节流压力损失所产生的泵体过度发热。因此正确选择运动元件之间的间隙,油箱容量、冷却器的大小,可以解决泵的过度发热、油温过高的现象。

7. 漏油

液压泵的漏油可分为外漏与内漏两种。

内漏在漏油量中比例最大,其中缸体与配油盘之间的内泄漏又是主要的。为此要检查缸体与配油盘是否被烧蚀、磨损,安装是否合适等。检查滑履与斜盘间的滑动情况,变量机构控制活塞的磨损状态等。故障排除视检查情况进行,如必要时更换零件、油封、加粗或疏通泄油管孔外,还要适当选择运动件之间的间隙,如变量控制活塞与后泵盖的配合间隙应为0.01~0.02mm。

8. 变量操纵机构操纵失灵

变量操纵机构有时因油液不清洁、变质或粘度过大或过小造成操纵失灵,有时也因机构出现问题造成操纵机构失灵。

对于手动伺服式变量泵，有时操纵杆停不住，其原因及排除可从以下几点进行查找与排除：

(1)伺服阀芯对伺服阀套油槽的遮盖量不够，这时需检查阀套位置，更换阀芯。

(2)伺服阀芯被卡死，这可以清洗、研磨、更换阀芯。

(3)变量控制活塞磨损严重，造成漏油和停不住。

(4)伺服阀芯端部折断，需要更换阀芯。

伺服阀芯与伺服阀阀套配合间隙为0.005～0.015mm。

9. 液控变量泵的变换速度不够

可从以下几点进行分析与排除：

(1)控制压力太低，应提高控制压力，达到3～5MPa。

(2)控制流量太小，增加控制流量。

3 单元三　液压阀的故障与排除

【知识目标】

1. 描述方向控制阀的故障现象与原因；
2. 描述压力控制阀的故障现象与原因；
3. 描述流量控制阀的故障现象与原因；
4. 描述电液伺服阀、电液比例阀的故障现象与原因。

【能力目标】

1. 进行方向控制阀的故障诊断与排除；
2. 进行压力控制阀故障诊断与排除；
3. 进行流量控制阀故障诊断与排除；
4. 进行电液伺服阀、电液比例阀故障诊断与排除。

一、液压控制阀概述

在液压系统中，专门用来控制液流的方向、压力和流量的元件统称为液压控制阀，简称液压阀。

1. 按用途分

(1)方向控制阀：控制和改变液压系统中各油路通断状态的阀，如单向阀、换向阀、截止阀和压力开关等。

(2)压力控制阀：控制和调节液压系统中液流压力的阀，如溢流阀、减压阀、顺序阀和平衡阀等。

(3)流量控制阀：控制和调节液压系统中液流流量的阀，如节流阀、调速阀和分流(集流)阀等。

2. 按连接方式分

(1)螺纹连接：又称管式连接。它是通过阀体上的螺纹，经管接头直接安装在管路中。这种连接方式简单、布局方便、质量轻，在小流量液压系统和移动式液压设备中应用较广；缺点是元件分散布置，装卸维护不够方便。

(2)板式连接：这类阀需要通过专门的连接板才能与管路连接。但由于元件集中布置，装卸维护及操作调整方便,故应用极广。

(3)法兰连接:它是通过阀体上的螺钉与管件上的法兰接头连接在一起的,也是一种管式连接,适用于大流量液压系统。

液压技术在许多领域里得到了日新月异的发展,从而推动了液压控制阀的品种和规格迅速增多,而高压化、小型化和集成化则是其发展的总趋势。例如,把若干个阀直接叠加起来构成无管路连接的叠加阀、多个阀类元件在一个公用阀体内组成的复合阀和由插装件组成的适合于大流量液压系统集成用的二通插装阀等,这些进展必将为液压工程带来更加广阔的前景。

二、对液压控制阀的基本要求

对控制阀的基本要求如下:

(1)动作准确、灵敏、可靠、工作平稳、无冲击和振动。

(2)密封性好、内外泄漏少。

(3)结构简单、通用性好、制造装配方便。

课题一　方向控制阀的故障与排除

方向控制阀简称方向阀,主要用来通断油路或切换油液流动方向,以满足对执行元件的启停和运动方向的要求。按其用途可分为两大类:单向阀和换向阀

一、单向阀

单向阀在系统中的作用是只允许油液朝一个方向流动,不能反向流动。常用的单向阀有直控单向阀和液控单向阀两种。

1. 直控单向阀

直控单向阀就是常说的单向阀。它的作用是只允许油液向一个方向流动,而不能反向流动。单向阀结构见图3-1-1所示,由阀芯(锥阀或球阀)、阀体和弹簧等基本元件组成。当压力油由压缩弹簧的方向进入时(图3-1-1a),液压力顶开阀芯油液自由流动;反之,当液压油从另外一口流入时(图3-1-1b),油压力和弹簧力将阀芯压紧在阀座上,油液不能通过。单向阀均采用锥阀式结构,这有利于保证良好的反向密封性能。单向阀开启压力一般为0.035~0.05MPa。单向阀也可以用作背压阀,将软弹簧更换成合适的硬弹簧,就成为压力阀。作背压阀使用时,常安装在液压系统的回油路中,用以产生0.2~0.6MPa的背压力。

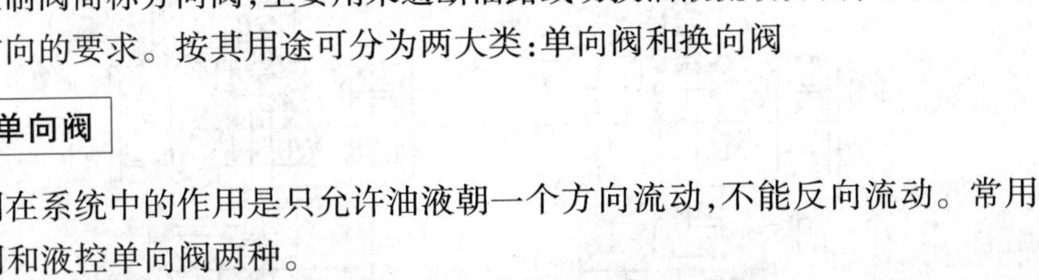

图3-1-1　单向阀

2. 液控单向阀

1) 内泄式液控单向阀

内泄式液控单向阀的工作原理见图 3-1-2a) 所示，与普通单向阀相比，还设有控制活塞。当控制口 K 的控制压力 $p_k=0$ 时，液流从阀的 A 腔顶开阀芯到达 B 腔形成正向流动，反向不能导通，这时液控单向阀和普通单向阀完全相同。若控制口 K 加上控制压力 p_k，即便 A 腔为低压，B 腔为高压，控制活塞在 p_k 作用下，顶开阀芯使 B、A 腔连通，形成反向导通，油自 B 腔可流到 A 腔。此类阀无专门的泄油口，A 腔的液压力 p_A 作用在控制活塞的上端面上，形成控制压力 p_k 的阻力。若 $p_A\neq 0$ 且较大时，控制活塞可能会因阻力太大而无法推开，液控单向阀失效。因此，这种液控单向阀适合反向流动时下游（A 口）接油箱的工况。

2) 外泄式液控单向阀

外泄式液控单向阀原理见图 3-1-2b) 所示。与内泄式液控单向阀相比，增加了专门的外泄油口 L（接油箱），反向流动时，压力 p_A 作用在活塞上的阻力大为减小（作用面积仅为控制杆面积）使控制活塞在任何时候都能正常工作。因此，其使用工况没有内泄式单向阀那种控制。

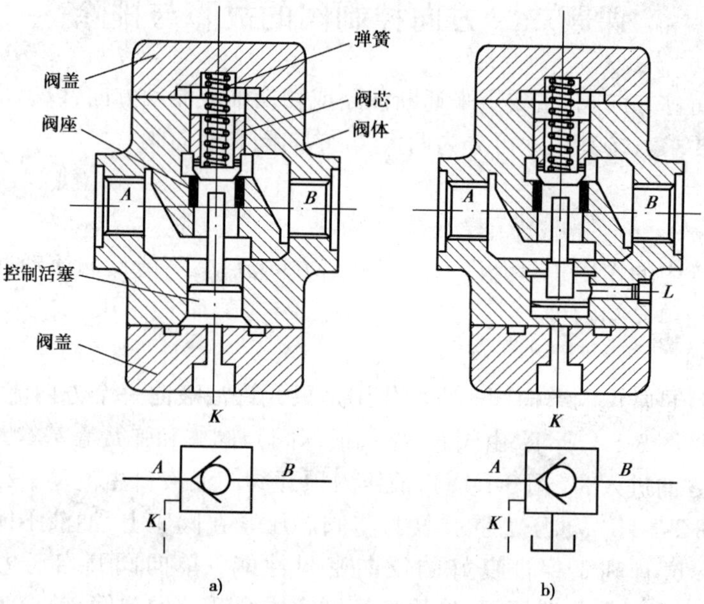

图 3-1-2 液控单向阀

a) 内泄式液控单向阀；b) 外泄式液控单向阀

3. 液压锁

在工程机械上常将两个液控单向阀组合成液压锁，其工作原理如图 3-1-3 所示。

图中两个液控单向阀共用一个阀体和控制活塞，两个锥阀芯分别置于控制活塞的两侧，锥阀芯中装有卸荷阀芯。当 P_1 腔通压力油时，一方面打开左面的锥阀芯使 P_1 腔与 P_2 腔相通；另一方面由于控制活塞右移，先顶开右面的卸荷芯，进而顶开右面的锥阀芯，使 P_4 腔与 P_3 腔也相通。同样，P_3 腔通压力油时也可使两个锥阀同时打开即 P_1、P_3 中任一腔有压力油时可使 P_1 与 P_2 以及 P_3 与 P_4 导通；而 P_1 与 P_3 腔都不通压力油时，P_2 和 P_4 腔被两个单向阀封闭。

这种阀常用在系统停止供油时，要求执行元件仍保持锁紧的场合。

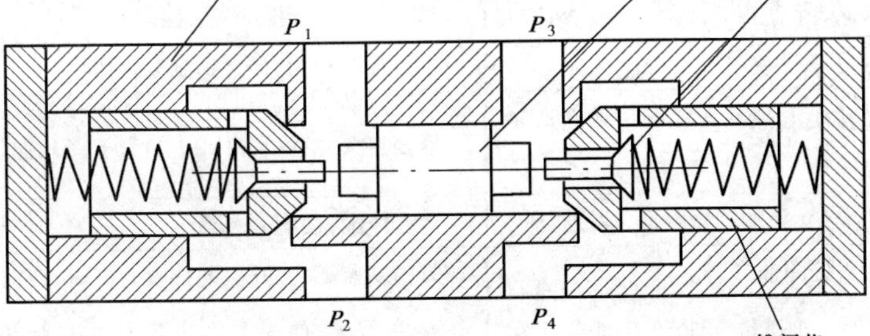

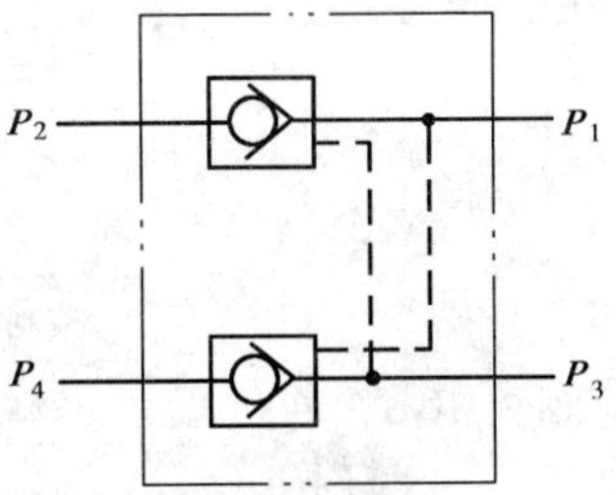

图 3-1-3　液压锁

二、单向阀的故障与排除

1. 不起单向控制作用(表 3-1-1)

(1)单向阀密封不良：若钢球精度差，则调换钢球；若阀芯与阀体孔座接触不好，则需研配，使其密封良好。

(2)阀芯被卡住：阀芯与阀体孔配合太小，则需研配控制配合间隙为 0.008～0.015mm；若因阀芯被锈蚀、拉毛或被污物堵塞，则需拆卸清洗，并用金相沙纸抛光阀芯外缘表面。

(3)弹簧断裂：更换。

单向阀常见故障及排除方法　　表 3-1-1

现　　象	原　　因	方　　法
发生异常声音	油的流量超过允许值	调整在允许值
	与其他阀共振	可略为改变阀的稳定压力，也可调试弹簧的强弱
	在卸压单向阀中，用于立式大液压缸等回路，没有卸压装置	补充卸压装置回路
阀与阀座有严重泄漏	阀座锥面密封不好	重新研配
	滑阀或阀座拉毛	重新研配
	阀座碎裂	更换并研配阀座
不起单向阀作用	阀体孔变形，使滑阀在阀体内咬住	修研阀体孔
	滑阀配合时有毛刺，使滑阀不能正常工作	修理，去毛刺
	滑阀变形，使滑阀在阀体内咬住	修研滑阀外径
结合处渗漏	螺钉或管螺纹没拧紧	拧紧螺钉或管螺纹

2. 液控单向阀不能起互通作用

(1)油压不足：适当提高油压。

(2)弹簧太硬阀芯打不开：更换弹簧。

(3)液控口漏装“O”形密封圈，或密封圈损坏，使液控油泄漏。

液控单向阀常见故障及排除方法，见表3-1-2。

液控单向阀常见故障及排除方法 表3-1-2

故障现象	原因分析		排除方法
油液不逆流	单向阀打不开	控制压力过低	提高控制压力，使之达到要求值
		控制管道接头漏油严重或管道弯曲或被压扁使油不通畅	紧固接头，消除漏油或更换管子
		控制阀芯卡死(如加工精度低，油液过脏)	清洗修配，使阀芯灵活
		控制阀端盖处漏油	紧固端盖螺栓，并保证拧紧力矩均匀
		单向阀卡死(如弹簧弯曲，单向阀加工精度低，油液过脏)	清洗、修配，使阀芯移动灵活；更换弹簧；过滤或更换油液
		控制滑阀泄漏腔泄漏孔被堵(如泄漏孔处泄漏管未接，泄漏管被压扁，泄漏不通畅；泄漏管错接在压力管路上)	检查泄漏管道，泄漏管应单独回油箱
逆方向不密封，有泄漏	逆流时单向阀不密封	单向阀在全开位置上卡死	
		阀芯与阀孔配合过紧	修配，使阀芯移动灵活
		弹簧弯曲、变形、太弱	更换弹簧
		单向阀锥面与阀座锥面接触不均匀	
		阀芯锥面与阀座同轴度差	检修或更换
		阀芯外径与锥面不同轴	检修或更换
		阀座外径与锥面不同轴	检修或更换
		油液过脏	过滤油液或更换
		控制阀芯在顶出位置上卡死	修配达到移动灵活
		预控锥阀接触不良	检查原因并排除
噪声	选用错误	通过阀的流量超过允许值	更换适宜的规格
	共振	和别的阀发生共振	更换弹簧，消除共振

三、换向阀

换向阀的作用是利用阀芯和阀体间的相对运动，来变换油液流动的方向，以实现工作机构的直线往复或正反转，也可利用换向阀来接通或关闭油路。

根据操作方式，换向阀可分为手动换向阀、电磁换向阀、电液动换向阀等。

根据工作位数，换向阀可分为二位、三位、四位等。

根据控制阀的通口数，换向阀可分为两通阀、三通阀、四通、五通等。

控制油路在两组以上时，换向阀可做成组合式或整体式的多路换向阀。

1. 换向阀工作原理

换向阀主要由阀体及阀芯组成，阀体内加工了几条环形通道，阀杆上加了几个台肩与之配合(有的阀芯内部有通孔)，以使某些通道连通，而另一些通道被封闭。当阀芯在阀体内移动时，可改变各通道之间的连通关系。如图3-1-4为四通换向阀的工作原理图。可以看到，液流通过阀可以有 4 条通路，P 通压力油，T 通油箱，A 和 B 分别接执行元件两腔，由阀芯位置决定通过哪两条通路。

阀芯位置 1（图 3-1-4a）：液流可以从 P 口流到 B 口，从 A 口流向 T 口。

阀芯位置 2（图 3-1-4b）：液流可以从 P 口流到 A 口，从 B 口流向 T 口。

图 3-1-4c）为上述两个流通情况对应的机能符号图。

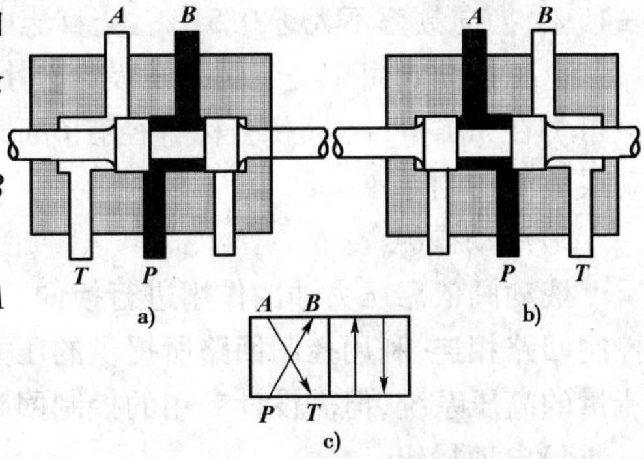

图 3-1-4　换向阀换向原理

换向阀机能用标准符号表示，其含义为：

（1）用方格表示滑阀的工作位置，二格即二位，三格即三位，四格即四位。

（2）靠近弹簧的一格或两端控制符号相同的对称格，表示常态下换向滑阀的工作状况位置。

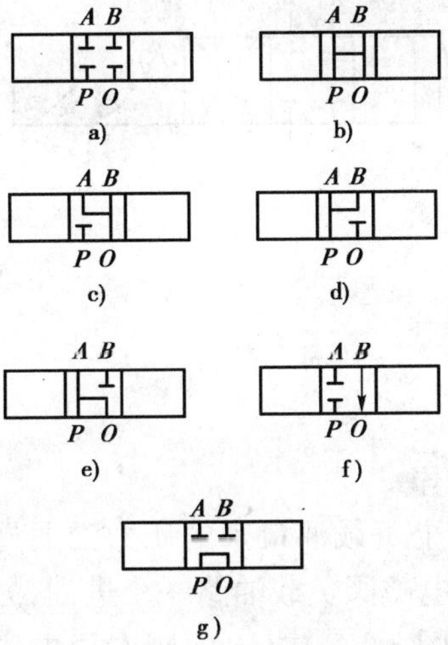

图 3-1-5 三位滑阀机能符号

a）O 型；b）H 型；c）Y 型；d）P 型；e）K 型；f）J 型；g）M 型

（3）靠近外加控制信号的一格表示在控制信号作用下的滑阀工作状况位置。

（4）三位换向滑阀常用常态位置（中间位置）油路情况所像形的英文字母来命名，如图3-1-5所示。

（5）箭头表示油流方向。

（6）箭头和方格的交点表示油的通路，交点数表示通路数。

（7）截断符号“┬”或“⊥”和方格的交点表示此油路被闭死。

2. 操纵方式

1）手动操纵

阀芯位移通过手柄操纵，扳动手柄可控制阀芯位置。有的手动换向阀定位机构为自动复位式，这种换向阀不能在两端位置上定位，当放松手柄时，阀芯在弹簧作用下自动恢复到中间位置。当流量大、压力高时，换向阀操纵力要很大，手动操作不方便。因此，中高压、高压手动换向阀的公称通径都在 50mm 以下。当流量大时（公称通径大时），宜采用液动或电液动换向阀。

2）电磁操纵

电磁换向阀是利用电磁铁推动阀芯移动来控制油流方向的，其原理可用图 3-1-6 说明，当线圈通电时，衔铁吸合推动阀杆使滑阀移动。采用电磁换向阀可以使操作轻便，提高自动化程度。

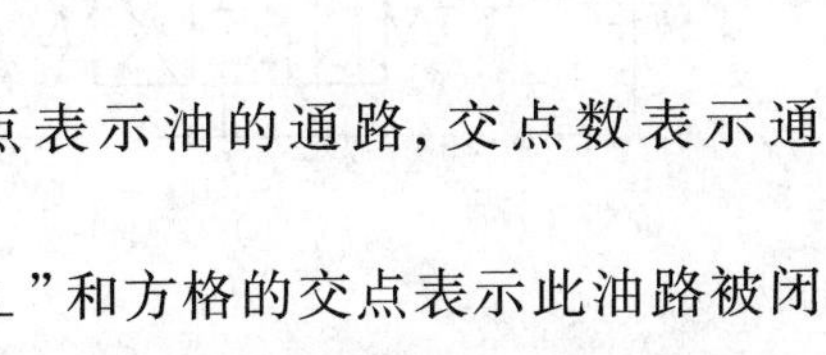

图 3-1-6　电磁换向阀电磁铁控制阀芯位移的原理

电磁换向阀按电源的不同可分为交流（D 型）和直流（Z 型）两种。D 型适用于 220V 交流电源，Z 型适用于 24V 及 110V 电源。电源电压波动不得超过额定值的

±15%，换向频率不大于0.5Hz。交直流电磁阀，只是电磁铁及推杆不同，阀的结构完全相同。

电磁换向阀由于受到电磁铁吸力较小的限制，由于稳态液动力的作用，高压和中压系统的流量都在30L/min以下（公称直径有6mm、8mm、10mm 3种）。流量大的换向阀，一般采用液动或电液控制。

3）液动操纵

液动阀依靠压力油的作用进行换向。液动操纵是通过将阀芯端部容腔外接油路，与外部控制回路相连，利用控制回路所提供的压力来进行控制。这种操纵方式操纵力较大，适用于大流量的高压系统，但需设计专用的控制回路。

4）电液操纵

电液换向阀是电磁阀和液动阀的组合阀，由电磁阀和液动阀两部分组成。图3-1-7所示为电液换向阀工作原理图。

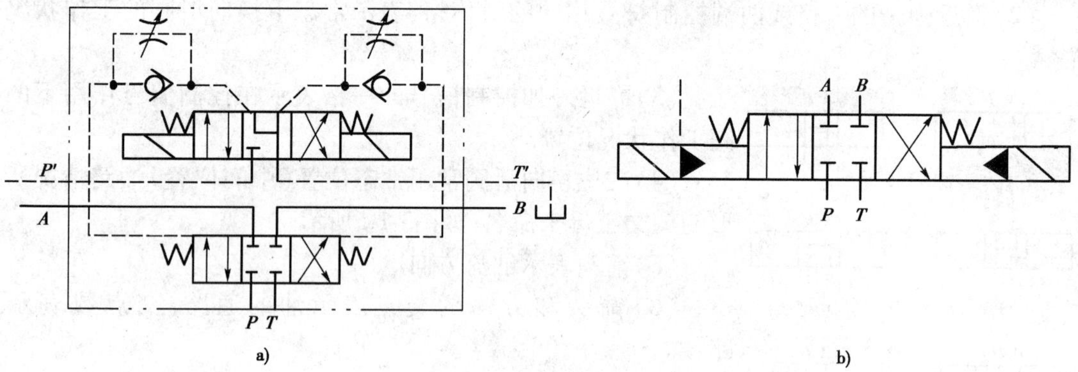

图3-1-7　电液换向阀工作原理

a）电液换向阀工作原理；b）电液换向阀机能符号

电磁阀起先导作用，液动阀进行工作油路换向。从电磁阀两个负载油口来的压力油通过阀体内开通的控制油路通到液动阀阀杆的两端。电磁阀换向时，电磁阀负载油路一个进油，另一个回油，使液动阀阀杆移动，从而实现主阀（液动阀）的换向。图3-1-7中，电磁阀左边电磁铁通电时，电磁阀左位机能工作，控制压力p'作用在液动阀阀杆左端，推动液动阀芯右移，液动阀工作在左位机能；同样，电磁阀右边电磁铁通电时，液动阀工作在右位机能。电磁换向阀用容量较小的电磁铁控制较大的油流换向，并能实现远距离控制，且易实现自动化。所以在需要较大流量的自动化液压系统中被广泛应用。

在实际应用中，有时要求电液换向阀的换向时间能够控制，因为换向太快，容易产生液压冲击；太慢会影响生产效率。因而需根据工作要求对换向时间加以控制。控制的办法是在图3-1-7所示的电磁阀和液动阀之间的控制通道上加装可调单向节流阀以限制控制油路的液流速度。

四、换向阀的故障与排除

1. 电气故障

1）电气线路故障

(1)电气线路被拉断,电磁铁不通电,无控制信号

更换电线,使电磁铁通电。

(2)电极焊接不良,接头松脱

重新焊接,焊接接头。

(3)电压太低或不稳定

检查电磁铁两端电压,其变化值应在额定电压的10%以内。

2)电磁铁线圈发热甚至烧毁

(1)线圈绝缘不良,产生漏电

更换线圈。

(2)电磁铁铁心不合格吸不住

更换电磁铁铁心。

(3)推杆过长,电磁铁铁心不能吸到位

修整推杆到适当位置。

(4)电磁铁在高频下工作,铁心干摩擦而引起发热膨胀,使铁心卡死

检修或更换铁心。

2. 机械故障

1)电磁换向阀动作不灵

一般当发现电磁换向阀动作不灵时,可用下法判断检查:

左手压下电磁铁铁心,右手向阀体中 P 孔进油孔注些油,若能从 A 或 B(工作油孔)孔中冒出,而向 O 孔(回油口)注油,却从 B(或 A)孔冒出;再放松左手同样先 P 孔注油,而能从 B(或 A)孔冒出,而向 O 孔注油,却从 B(或 A)孔冒出,这说明电磁阀内滑阀位置正确,否则需拆开阀体进一步检查。

故障原因分析:

(1)阀芯与阀体孔配合间隙太小,摩擦阻力太小,阀芯不能到位

检查配合间隙:当阀芯直径小于20mm时,配合间隙0.008~0.015m,当阀芯直径大于20mm时,配合间隙为0.015~0.025mm。配合间隙小于上述直径时,应配研阀体孔或阀芯外圆。

(2)阀芯或阀孔几何精度差,移动时有卡死现象

修复阀芯或阀体孔的精度。

(3)弹簧太硬或太软,太硬使阀芯行程不足,太软使阀芯不能复位

更换适当弹簧。

(4)连接螺钉紧固不良,使阀孔变形

重新紧固螺钉,并使之受力均匀,同时检查精度是否良好,底垫厚度是否均匀。

(5)油温太高,使零件产生变形,而产生卡死现象

检查油温过高原因,采取措施降低油温。

(6)油粘度太高,使阀芯运动不灵活

更换适宜的油液。

(7)油过脏,使阀芯被卡住

过滤或更换油液,清洗阀芯与阀体内孔。

2)液动换向阀动作不灵

(1)阻尼器单向阀封闭性差。

更换钢球,配研阀座孔。

(2)阻尼器当采用针形节流阀时,调节性能差,或节流阀加工精度差,调节不出最小流量改用精度高的三角槽节流阀。

(3)节流阀控制流量过大,阀芯移动速度过快而又产生冲击。

调小节流口,减慢阀芯移动速度。

3)电液换向阀常见故障及排除方法(表3-1-3)

电液换向阀常见故障原因与排除方法 表3-1-3

故障现象	原因分析		排除方法
主阀芯不动作	电磁铁故障	电磁铁线圈烧坏	检查原因,进行修理或更换
		电磁铁推动力不足或漏磁	检查原因,进行修理或更换
		电气线路出故障	消除故障
		电磁铁未加上控制信号	检查后加上控制信号
		电磁铁铁心卡死	检查或更换
	先导电磁铁故障	阀芯与阀体孔卡死(如零件几何精度差,阀芯与阀孔配合过紧,油液过脏)	修理配合间隙达到要求,使阀芯移动灵活;过滤或更换油液
		弹簧弯曲,使滑阀卡死	更换弹簧
	主阀芯卡死	阀芯与阀体几何精度差	修理配研间隙达到要求
		阀芯与阀体孔配合太紧	修理配研间隙达到要求
		阀芯表面有毛刺	修去毛刺,冲洗干净
	液控系统故障	控制油路无油	
		控制油路电磁阀未换向 控制油路被堵塞	检查原因并排除 检查清洗,并使控制油路畅通
		控制油路压力不足	
		阀端盖处漏油 滑阀排油腔一端节流阀调节得过小或被堵死	拧紧端盖螺钉 清洗节流阀并调整合适
	油液变化	油液过脏使阀芯卡死	过滤或更换油液
		油温升高,使零件产生热变形,而产生卡死现象	检查油温过高原因并排除
		油温过高,油液中产生胶质,粘住阀芯表面而卡死	清洗,消除高温
		油液粘度太高,使阀芯移动困难而卡住	更换适宜的油液

续上表

故障现象	原因分析		排除方法
主阀芯不动作	安装不良	阀体变形	
		安装螺钉拧紧力矩不均匀	重新紧固螺钉,使之受力均匀
		阀体上连接的管子"别劲"	重新安装
	复位弹簧不符合要求	弹簧力过大 弹簧弯曲、变形,致使阀芯卡死 弹簧断裂不能复位	更换适宜的弹簧
阀芯换向后通过的流量不足	开口量不足	电磁阀中推杆过短	更换适宜长度的推杆
		阀芯与阀体几何精度差,间隙太小,移动时有卡死现象,不到位	研配达到要求
		弹簧太弱,推力不足,使阀芯行程达不到终端	更换适宜弹力的弹簧
压力降过大	使用参数选择不当	实际通过流量大于额定流量	应在额定范围内使用
液控换向阀阀芯换向速度不易调节	可调装置故障	单向阀封闭性差	修理或更换
		节流阀加工精度差,调节不出最小流量	更换节流阀
		排油腔阀盖处漏油	更换密封件,拧紧螺钉
		针形节流阀调节性能差	改用三角槽节流阀
电磁铁过热或线圈烧坏	电磁铁故障	线圈绝缘不好	更换
		电磁铁心不合适,吸不住	更换
		电压太低或不稳定	电压的变化值应在额定电压的10%以内
		电极焊接不好	重新焊接
	负荷变化	换向压力超过规定	降低压力
		换向流量超过规定	更换规格合适的电液换向阀
		回油口背压过高	调整背压使其在规定值内
	装配不良	电磁铁铁心与阀芯轴线同轴度不良	重新装配,保证有良好的同轴度
电磁铁吸力不够	装配不良	推杆过长	修磨推杆到适宜长度
		电磁铁铁心接触面不平或接触不良	清除污物,重新装配达到要求
冲击与振动	换向冲击	大通径电磁换向阀,因电磁铁规格,吸合速度快而产生冲击大	需要采用大通径换向阀时,应选用电液动换向阀
		液动换向阀,因控制流量过大,阀芯移动速度太快而产生冲击	调小节流阀节流口减慢阀芯移动速度
		单向节流阀中的单向阀钢球漏装或钢球破碎,造成无阻尼作用	检修单向节流阀
	振动	固定电磁铁的螺钉松动	紧固螺钉,并加松垫圈

3. 液压系统故障

1)控制管路无油

(1)控制管路电磁阀不换向

检查电磁阀不换向原因,针对原因进行检修。

(2)控制管路被堵塞

检查清洗,使控制管路畅通。

2)控制管路压力不足

(1)控制阀端盖处漏油

拧紧控制阀端盖螺钉。

(2)滑阀回油腔一端节流阀调节过小或被堵死

清洗节流阀并调整适宜。

课题二 压力控制阀的故障与排除

在液压传动中,用来控制和调节液压系统压力高低的阀类称压力控制阀。按其功能和用途不同可分为溢流阀、减压阀、顺序阀和压力继电器等。

一、溢流阀

溢流阀的功能是靠阀芯的调节作用,可使阀的进口压力不超过或保持调定值。根据结构不同,溢流阀可分为直动式、差动式和先导式3种形式。

1. 溢流阀的结构和工作原理

1)直动式溢流阀

直动式溢流阀按其阀芯形式不同分为球阀式、锥阀式、滑阀式等。其工作原理如图3-2-1所示。P为进油口,被控压力油由P口进入溢流阀,经阻尼孔进入阀芯下腔作用在阀芯的底面上。

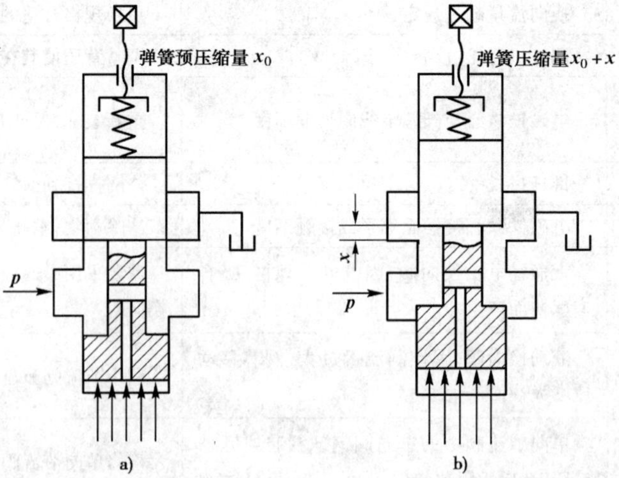

图3-2-1 直动式溢流阀工作原理
a)关闭状态;b)开启状态

当进口压力较低时，阀芯在弹簧力作用下处于最下端位置，将 P 口和溢流口隔断，阀处于关闭状态，没有溢流（图 3-2-1a）；当进油压力升高致使作用在阀芯底面上的液压力大于弹簧力时，阀芯上升，阀口打开，油液由 P 口经溢流口排回油箱（图 3-2-1b）。当通过溢流阀的流量改变时，阀口开度也改变，但因阀芯的移动量小，作用在阀芯上的弹簧力的变化量也很小。因此可以认为，当油液流过溢流阀阀口时，溢流阀进口处的压力基本上保持定值。调节弹簧的预紧力，也就可调节溢流阀的溢流压力（即系统压力）。阀芯上的阻尼孔对阀芯的运动形成阻尼，从而可避免阀芯产生振动，提高阀的工作平稳性。直动式溢流阀利用作用于阀芯上的液压力直接与弹簧力相平衡的原理来控制溢流压力（直动式溢流阀由此得名）。随着工作压力的提高，直动式溢流阀上的弹簧力要增加，弹簧刚度也要相应增加，这就使得溢流量变化时，溢流压力的波动也将加大。所以这种形式的溢流阀一般只用于低压液压系统或用作安全阀，也可用作小流量情况下的先导阀。

2）先导式溢流阀

调压范围大、调压精度高是溢流阀主要技术要求，要得到大的调压范围，需采用较大刚度的弹簧，而要满足调压精度高的要求，则需采用较低的弹簧刚度。直动式溢流阀因只有一根弹簧，要同时满足上述两个要求显然是不可能的。如能设计两套弹簧系统，分别满足这两个互不相容的技术要求，问题则迎刃而解。先导式溢流阀正是这一构想的完美结合。先导式溢流阀由主阀和先导阀两部分组成。先导阀的结构原理与直动式溢流阀相同，先导阀一般都为圆锥形座阀式结构。图 3-2-2 是先导式溢流阀的一种典型结构。现以此为例来说明先导式溢流阀的工作原理。

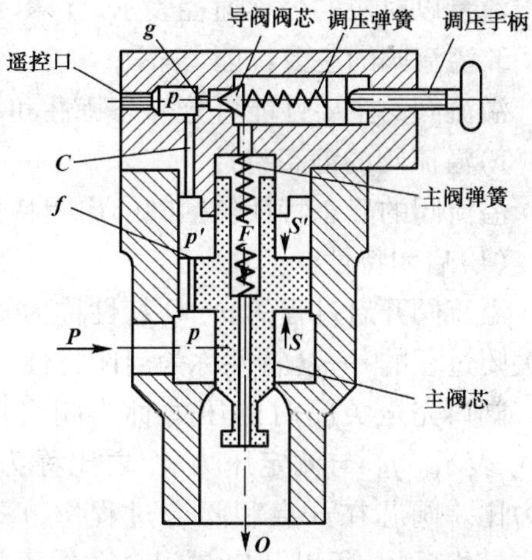

图 3-2-2　先导式溢流阀

压力油由进油口 P 进入后作用于主阀芯活塞下腔，并经主阀芯上的阻尼孔 f 进入主阀芯活塞上腔，然后经通道 c 和缓冲小孔 g 进入导阀阀芯上。当作用在锥阀上的液压力小于调压弹簧的预压力 F_S 时，锥阀在弹簧力的作用下处于关闭状态。此时阻尼孔 f 中没有油液流动，主阀上下两腔油压相等，主阀在弹簧的作用下处于最下端，进、回油口被主阀芯切断，溢流阀不溢流。当作用在锥阀上的液压力大于弹簧力时，锥阀打开，压力油经阻尼孔 f、通道 c、锥阀阀口、主阀中央孔至出油口 O 后流回油箱。由于油液流过阻尼孔 f 时要产生压力降，主阀上腔压力小于下腔压力。当通过锥阀的流量达到一定值时，主阀上、下腔压力差所形成的液压力超过弹簧的预紧力及摩擦力总和时，主阀芯向上移动，使进油口 P 和出油口 O 相通，压力油液从出油口 O 溢回油箱。在主阀芯上的全部作用力处于某一平衡状态时，溢流口保持一定的开度，溢油压力也保持某一定值。调节先导阀弹簧的预紧力，即可调节溢油压力（即系统压力）。

为使主阀关闭时有足够的密封力，通常取主阀芯上腔面积稍大于下腔面积，当溢流阀处于溢流工况时，大部分流量经主阀芯溢流，为了提高调压精度，因此主阀弹簧很软。这样，主阀溢流量变化引起主阀开口量的变化对溢流压力的影响很小。而先导阀的溢流量仅为主阀额定溢流量的 1% 左右。因此先导阀的承压面积和开口量均很小，调压弹簧刚度不必很大就能得到较大的溢流压力。另外，也可通过更换导阀弹簧来满足调压范围要求。一般高压、大流量溢流阀均为先导式溢流阀。先导式溢流阀有个与主阀上腔相通的遥控口，这使得它比直动式溢流阀具有更多的功能。例如将遥控口与另一个先导压力阀的入口连接，此阀可以远离主阀，当此阀的调节压力低于主阀中先导压力阀的调节压力时，可以通过它调节主阀的溢流压力，即实现远程调压，另接的先导压力阀称为远程调压阀。如进一步通过电磁换向阀使遥控口分别与多个远程调压阀入口连通，则可实现多级调压。又如通过电磁换向阀使遥控口和油箱连通，则可使液压系统压力（即溢流压力）降至零（或接近于零），即系统卸荷等。

2. 溢流阀的规格

额定压力 p_H 和额定流量 Q_H 是溢流阀的主要规格。它表示阀的最大许用压力和在此压力下的最大溢流量。中低压溢流阀的额定压力通常在型号中以大写拉丁字母标注，额定流量以数字标注；中高压阀的额定压力即压力范围上限，通常亦在型号中以大写拉丁字母标注，而额定流量以对应的公称通径表示。

3. 溢流阀的主要性能

溢流阀的主要性能可分静态特性和动态特性两个方面。

1）溢流阀的静态特性

溢流阀的静态特性包括阀的启闭特性、调压范围和卸荷压力等。

（1）启闭特性

溢流阀开启过程的 p—Q 特性称为开启特性，关闭过程的 p—Q 特性称为闭合特性。开启和关闭过程的 p—Q 特性称为启闭特性。

阀口完全关闭时的压力称为闭合压力，用 p_k 表示。p_k 与调定压力 p_n 之比称为闭合压力比。阀芯在开启和闭合过程中，摩擦力方向是相反的，所以开启与闭合曲线不重合，如图 3-2-3 所示，2 为无摩擦时的启闭曲线，1、3 分别为有摩擦时的实际开启和闭合曲线。因摩擦力的影响，将产生附加的调压偏差。

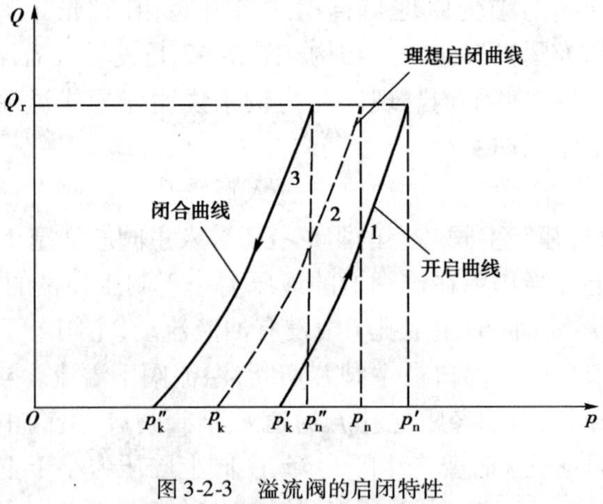

图 3-2-3　溢流阀的启闭特性

1-开启曲线；2-理想启闭曲线；3-闭合曲线

（2）调压范围

调压范围就是溢流阀的使用压力范围。要求溢流阀在调压范围内压力变化均匀、无尖叫声和剧烈振动。调压范围与调压弹簧的刚度有关，弹簧刚度愈大，其调压范围愈宽。但当溢流阀在中低压范围内工作时，采用刚度大的弹簧调节困难。所以，有时将调压范围分成几段，不同阶段采用不同刚度的弹簧。

（3）卸荷压力

当阀通过额定流量卸压时，阀的压力损失称为阀的卸荷压力。其值愈小愈好，以尽量减小功率损失和油液发热。一般溢流阀的卸荷压力为 1～2MPa，最大不超过 4.5MPa。

（4）压力稳定性

溢流阀压力稳定性有两种涵义。一是指在调定压力下，工作一段时间后，调定压力的偏移量。压力偏移的原因主要和阀芯摩擦力、油温变化、油液清洁度等有关，是一种静态特性。另一种涵义是指溢流阀在调定压力下，负载流量没有变化时，调定压力的振摆值。它和泵源的流量脉动以及阀和管路的动态特性有关，是一种综合的动态指标。

2）溢流阀的动态特性

溢流阀的动态特性可以通过试验得到，在设计阶段，也可通过动态分析得到。动态特性通常包括快速性、稳定性、压力超调量。

（1）压力超调量

溢流阀在零压力不溢流条件下突变为在额定压力 p_H 下以 Q_H 溢流，则系统将出现较大的瞬间压力峰值 p，定义 $\Delta p = p_m - p_H$ 为压力超调量。压力超调给系统的影响类似于液压冲击，因此希望溢流阀的压力超调量小。

（2）压力超调稳定时间

从溢流阀自零压不溢流受控突变以 p_H、Q_H 溢流时起，至压力稳定在 p_H 之静差内为止，这段时间称压力超调稳定时间。它反映的是溢流阀的快速性。除此之外，快速性还包括溢流阀的卸荷时间和卸荷后的压力回升时间。良好的快速性就是上述时间应尽量短。

4. 溢流阀的应用

根据液压系统中油泵和负载的不同形式，溢流阀主要用作定压阀（常称溢流阀）和作安全阀，以组成调压回路。此外，与其他阀相配合，还可以用于系统卸荷、远程调压和多级调压，总是以定值压力负载并联于被控油路。

1）作溢流阀用

在图3-2-4所示的定量泵节流调速的液压系统中，调节节流阀的开口大小可调节进入执行元件的流量，定量泵多余的油液则从溢流阀流回油箱。在工作过程中，溢流阀总是有油液通过（溢流），液压泵工作压力决定于溢流阀的调定压力，且基本保持恒定。

2）作安全阀用

在图3-2-5所示的容积调速回路中，泵的全部流量进入执行元件，平时溢流阀是关闭的，只有当系统压力超过溢流阀调定压力时，阀才打开，油液经溢流阀流回油箱，系统压力不再增高。因而该阀用以防止液压系统过载，起限压、安全作用。

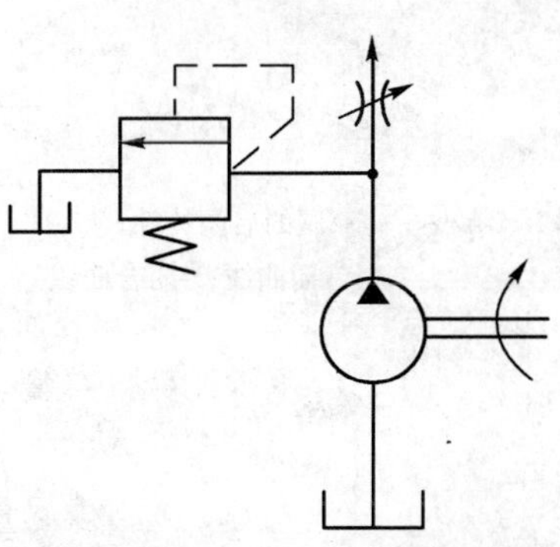

图3-2-4　溢流阀起定压溢流作用

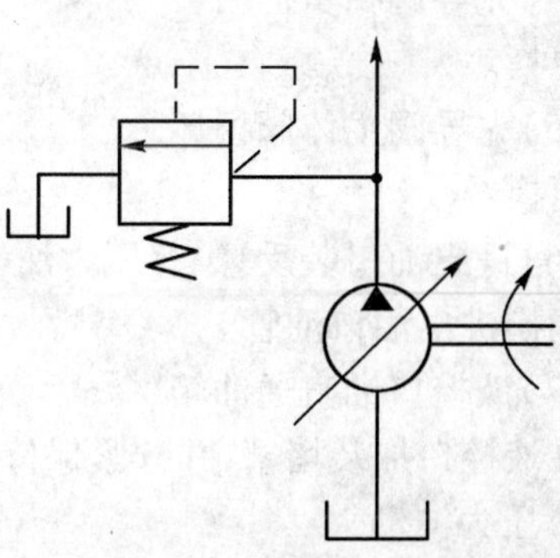

图3-2-5　容积调速回路中溢流阀起安全阀作用

3)作背压阀用

将溢流阀装在回油路上,调节溢流阀的调压弹簧,即能调节执行元件回油腔压力的大小,见图3-2-6所示。

4)远程调压回路

利用远程调压阀的远程调压回路,如图3-2-7所示,只有在溢流阀的调整压力高于远程调压阀的调整压力时,远程调压阀才能起调压作用。如主溢流阀远控口通过电磁换向阀与油箱或多个远程调压阀连接,则可实现系统卸荷或多级远程调压。

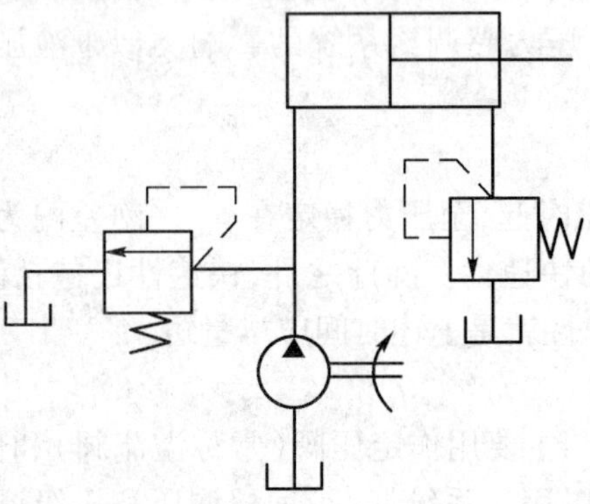

图3-2-6　溢流阀作背压阀用

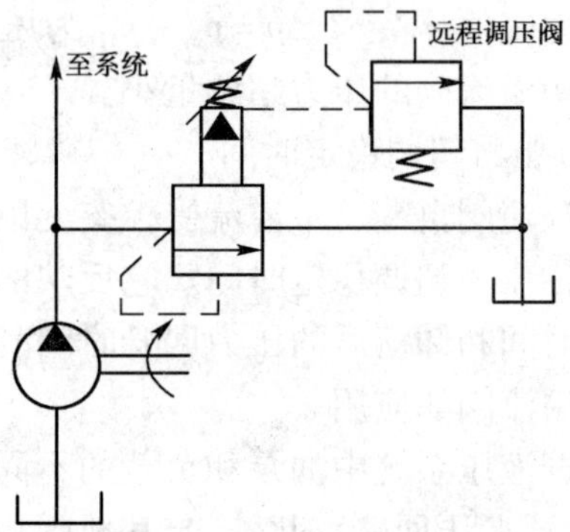

图3-2-7　溢流阀的远程调压

5.溢流阀的故障与排除

1)系统无压力

(1)油液过脏或装配时滑阀阻尼孔未清洗干净,使阻尼孔被堵塞,滑阀不能移动

过滤或更换液压油,清洗阀使阻尼孔畅通。

(2)滑阀弹簧断裂或弯曲,滑阀不能复位

更换滑阀弹簧。

(3)滑阀在开启位置卡死

拆开检修,若滑阀有锈蚀或拉毛,可用金相砂纸抛光,若阀体有毛刺,须作整修。

(4)先导阀弹簧拆断

更换。

(5)先导阀主体阀损坏

更换。

(6)进出油口装反,没有压力油去推动滑阀移动

调换进出油口油管。

(7)液控口油直通油箱

在液控口加装堵塞,并拧紧保持密封,防止泄漏。

2)压力波动大

(1)滑阀拉毛或弯曲变形,使滑阀在阀体孔内移动不灵活,有时产生卡住现象

去除毛刺或更换滑阀。

(2)油液不清洁,使阻尼孔时堵时通

更换油液，清除阀体内杂质及阻尼孔内污物。

(3)阻尼孔径太小，阻尼作用差

可将原阻尼孔封闭，重新加工阻尼小孔(一般为 1mm 左右)。

(4)液压系统中存在空气

排除系统内空气。

(5)锥阀破损、锥阀与阀座配合不好，磨损不均匀

调换锥阀和研配阀座。

(6)弹簧变形或太软，使滑阀难以复位

更换合适的弹簧。

(7)调节压力的螺钉由于锁紧螺母松动而使压力变动

调压后即将锁紧螺母锁紧。

(8)液压泵压力和流量波动大，使溢流阀无法起平衡作用

更换或修理液压泵。

3)产生噪声

(1)滑阀与阀体孔的圆度误差大或间隙太大，引起泄漏

研磨阀体孔或重配滑阀，并使各项精度达到技术要求。

(2)滑阀与阀体孔间隙过小，滑阀移动不灵活

修磨滑阀或研配阀体孔，控制间隙在要求范围内。

(3)调压弹簧弯曲变形

更换。

(4)锁紧螺母锁紧或已松动

调压后应立即紧固锁紧螺母。

(5)先导阀与阀座孔接触不良，表面粗糙，圆度误差大，使调压弹簧受力不平衡，锥阀振荡加剧，产生尖叫声

研磨座孔。将封油的圆度误差控制在 0.005 ~0.01mm，表面粗糙度值 $R_a \leqslant 0.8\mu m$。修磨锥阀，其表面粗糙度值应达到 $0.4\mu m$。

(6)先导阀弹簧轴心线与端面垂直误差，使锥阀倾斜，与阀座接触不均匀

更换端面经磨削过的并与轴心线相垂直的弹簧，防止锥阀倾斜。

(7)液压泵进油不畅，供油不足

清除进油口处过滤器污物，适当增加进油面积。

(8)阀回油管回油不畅

调节回油管高度，应离油箱底面 50mm 以上。

4)泄漏严重

(1)滑阀与阀体孔配合间隙过大

重制滑阀与配研。

(2)密封件损坏

更换。

(3)锥阀与阀座接触不良或磨损严重

修磨锥阀，研磨阀座孔，使其配合紧密。

(4)阀盖与阀体孔配合间隙过大

重配阀盖，控制配合间隙。

(5)结合面处纸质垫被冲破

更换耐油纸垫，应注意不可盖住通油孔，保证油孔通畅。

(6)各连接处螺钉未紧固

紧固各连接螺钉。

先导式溢流阀常见故障及排除方法，见表3-2-1。

先导式溢流阀常见故障原因与排除方法 表3-2-1

故障现象	原因分析		排除方法
无压力	主阀故障	主阀芯阻尼孔被堵(装配时主阀芯未清洗干净，油液过脏)	清洗阻尼孔使之畅通，过滤或更换油液
		主阀芯在开启位置卡死(如零件精度低，装配质量差，油液过脏)	拆开检修，重新装配；阀盖紧固螺钉拧紧力要均匀；过滤或更换油液
		主阀芯复位弹簧折断或弯曲，使主阀芯不能复位	更换弹簧
	先导阀故障	调压弹簧折断	更换弹簧
		调压弹簧未装	补装
		锥阀或钢球未装	补装
		锥阀破碎	更换
	装错	进出油口装错	纠正
	液压泵故障	见表2-1-1和表2-2-1	见表2-1-1和表2-2-1
压力升不高	主阀锥阀有故障	主阀芯锥面封闭性差 主阀芯锥面磨损或不圆	更换并配研
		阀座锥面磨损或不圆	
		锥面处有脏物粘住	清洗并配研
		主阀芯锥面与阀座锥面不同轴	修配使之结合良好
		主阀芯工作有卡滞现象，阀芯不能与锥面严密结合	修配使之结合良好
		主阀压盖处有泄漏(如密封垫损坏，装配不良压盖螺钉有松动等)	拆开检修，更换密封垫，重新装配，并确保紧固螺钉拧紧力均匀
	先导阀故障	调压弹簧弯曲，或太弱或长度过短	更换弹簧
		锥阀与阀座接合处封闭性差(如锥阀与阀座磨损，锥阀接触面不圆，接触面太宽容易进入脏物或被胶质粘住)	检修更换，使之达到要求

续上表

故障现象	原因分析		排除方法
压力突然升高	主阀故障	主阀芯工作不灵敏,在关闭状态突然卡死(如零件加工精度低,装配质量差,油液过脏)	检修更换零件过滤或更换油液
	先导阀故障	先导阀阀芯与阀面接合面突然粘住,脱不开	清洗修配或更换油液
		调压弹簧弯曲造成卡滞	更换弹簧
压力突然下降	主阀故障	主阀芯阻尼孔突然被堵死	清洗过滤或更换油液
		主阀芯工作不灵敏,在开启状态突然卡死(如零件加工精度低,装配质量差,油液过脏)	检修更换零件过滤或更换油液
		主阀盖处密封垫突然破损	更换密封垫
	先导阀故障	先导阀阀芯突然破裂	更换阀芯
		调压弹簧突然折断	更换弹簧
压力波动不稳定	主阀故障	主阀芯动作不灵活有时有卡死现象	检修更换零件,压盖螺钉拧紧力应均匀
		主阀芯阻尼孔有时堵有时通	拆开清洗,检查油质,更换油液
		主阀芯锥面与阀座锥面接触不良,磨损不均匀	修配或更换零件
		阻尼孔孔径太大,使阻尼作用差	适当缩小阻尼孔孔径
	先导阀故障	调压弹簧弯曲	更换弹簧
		锥阀与锥阀座接触不好,磨损不均匀	修配或更换零件
		调压螺钉由于锁紧螺母松动而使压力变动	调压后应把锁紧螺母锁紧
振动和有噪声	主阀故障	主阀在工作时径向力不平衡,导致性能很不稳定。造成径向力不平衡的原因: 阀体与主阀芯几何精度差,棱边有毛刺 阀体内黏附有污物,使配合间隙增大和不均匀	检查零件精度,对不合要求的零件应更换,并应去除毛刺 检修更换零件
	先导阀故障	锥阀与阀座接触不良,圆周面的圆度不佳,表面粗糙度数值大,造成调压弹簧受力不平衡,使锥阀振荡加剧产生尖叫声	把封油面圆度误差控制在0.01mm以内
		调压弹簧轴心线与端面不够垂直,这样锥阀会倾斜,造成接触不均匀	提高锥阀精度,表面粗糙度 R_a 应达0.4μm
		调压弹簧在定位杆上偏向一侧	更换弹簧
		装配时阀座装偏	提高装配质量
		调压弹簧弯曲	更换弹簧

续上表

故障现象	原因分析		排除方法
	系统存在空气	泵吸入空气或系统存在空气	排除空气
	使用不当	通过流量超过允许值	在额定流量范围内使用
	回油不畅	回油管内阻力过高或回油管贴近油箱底面	适当增大管径,减少弯头,回油管口应离油箱底面二倍管径以上
漏油显著	主阀芯精度差	主阀芯与阀盖孔配合间隙过大	修理更换零件
		主阀芯锥面与阀座接触不良或磨损严重	
	先导阀精度差	锥阀与阀座接触不良或磨损严重	修理更换零件
	日常维护差	各主要部件的螺钉,管接头未定期紧固,接合面的密封件未定期更换	要定期紧固,定期更换

二、减压阀

当液压系统只有一个液压油泵,而不同的部分需要不同压力时,则须使用减压阀。例如,起重机上供起升马达使用的主油路需要较高的压力,控制制动器和离合器的油路需要较低的压力,这就可以从主油路接装减压阀来获得低压油路。常见的减压阀有定值减压阀和定差减压阀两种,其中定值减压阀应用最广。

1. 定值减压阀

定值减压阀的基本工作原理是使高压油通过阀口缝隙,以达到节流降压的目的。从结构上来看,定值减压阀也有直动式(图3-2-8)和先导式两种。

工作时压力油(一次压力)从 A 口进入,通过滑阀阀芯和壳体之间的缝隙 B 产生节流损失,使出口 C 处压力 p_C(二次压力)比一次压力低,即所谓减压。C 口的压力油经孔道进入滑阀下腔,对滑阀产生一个向上作用力 $p_C s$(s 为滑阀面积)。若滑阀的开口量为 x,弹簧预压缩量为 x_o、刚度为 k,则滑阀受力平衡式为:$p_C s = k(x_o + x)$,则有 $p_C = k(x_o + x)/s$。阀开口量 x 一般变化很小,因此 $k(x_o + x)/s \approx kx_o/s$,即出口压力基本保持不变。这也可从阀的工作原理看出:在某瞬时,滑阀处于平衡,$p_C < p_A$。当阀进口压力 p_A 因某种原因升高,则出口压力会立即随之升高,滑阀底部油压升高使滑阀上移,关小开口 x,使节流效果增加,压差增大,从而使出口压力又降到原来压力为止;当阀的进口压力因某原因降低时,则出口压力随之降低,滑阀底部油压也降低,在弹簧作用下,滑阀下移增大开口 x,使节流效果减弱,压差减小,出口压力又上升到原来的值。如果阀进口

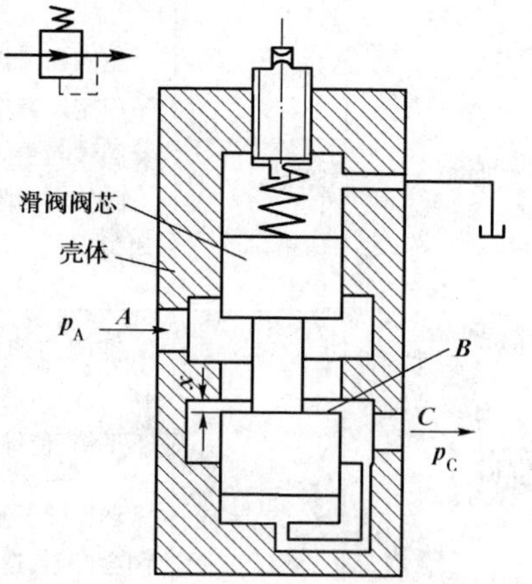

图3-2-8　直动式减压阀的工作原理

压力 P_A 不变，通过的流量增加时，则压差增大，使出口压力降低，滑阀底部油压也降低，滑阀下移，增大开口，减弱节流效果，使出口压力上升到原来值。反之，流量减小，则会出现相反的过程。因此，减压阀因为其开口量 x 能随出口压力的升降而自动地关小或开大，从而保证出口压力为恒定。

由上述分析可知，使用压力越高，弹簧应越粗大，促使阀的尺寸增大。因此在高压系统中最常见的是先导式减压阀。先导式减压阀结构原理见图3-2-9所示。

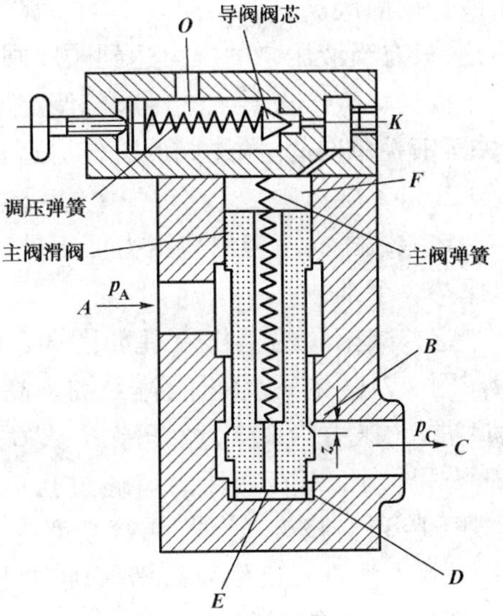

图 3-2-9　先导式减压阀结构原理

与先导式溢流阀一样，也由导阀和主阀两部分组成。主阀弹簧将主阀芯往下压，力图使开口 x 加大。工作时，一次压力油从 A 口进入，经阀芯与壳体形成的缝隙 B，通到 C 口，由于流过缝隙 B 而产生节流作用，出口 C 处二次压力 p_C 比一次压力低。C 口压力油可经主阀芯轴向沟漕 D 进入主阀下腔，产生一个使主阀芯上升的力 p_Cs（s 为主阀芯轴向投影面积），再经主阀芯的中心阻尼孔 E 到达上腔 F，继而进入导阀右腔。上腔 F 的压力 p_F，由导阀调定。若阀开口量为 x，弹簧预压缩量为 x_o，刚度为 K，则阀芯受力平衡式为：$p_Cs-p_Fs-k(x-x_o)=0$，则有：$p_C=p_F+k(x+x_o)/s$。

弹簧一般较软（K 较小），阀开口量 x 变化较小，弹簧预压缩量 x_o 一般较大，所以 $k(x+x_o)/s$ 数值变化不大，p_F 是由导阀确定的常数，取决于导阀弹簧的预压缩量。由上式可知 p_C 也是常数。其自动调节原理如下：当出口压力 p_C 小于减压阀的调定值时，锥阀在弹簧的作用下，关闭导阀阀口，使主阀芯上下腔的油压都等于出口压力。因此，主阀芯在弹簧的作用下，处于下端位置，这时主阀全开，节流作用最弱。如果出口压力超过调定值，锥阀被打开，使小量压力油经阻尼孔 E 从导阀阀口溢出。由于阻尼孔的节流作用，就使主阀上下腔存在着压力差，即下腔油压大于上腔油压。当压差达到一定数值时，主阀便克服弹簧的作用力上移，使主阀缝隙 z 减小，增加了节流作用，致使出口 C 处的二次压力基本上保持调定压力值。

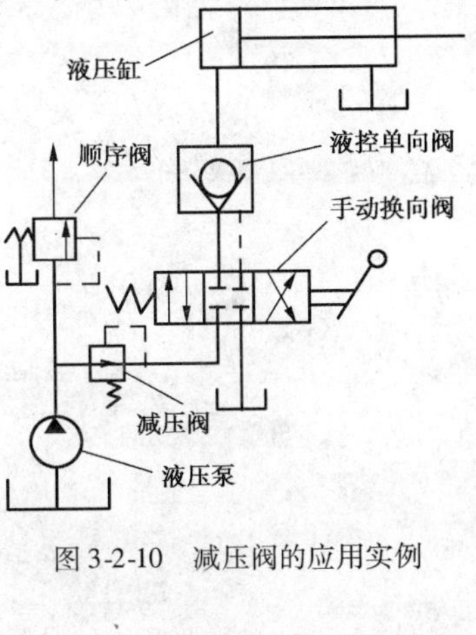

图 3-2-10　减压阀的应用实例

导阀有远控口 K，当接上远程调压阀（即直动式可调溢流阀）时，可实现远程调压。

使用减压阀时应注意，导阀回油孔应直接接油箱，油路要保持畅通，此处的压力变化将影响二次压力的稳定。另外与减压阀相连的出口油路不能处于卸载状态，否则主阀全开，油路建立不起压力。

高压系列成批生产的减压阀压力调定范围为 0.6～31MPa，共分 0.5～8 MPa、0.4～16 MPa、8～20 MPa、16～31MPa 四级，额定流量为 40～500L/min，有 4 种规格。

减压阀的应用实例如图 3-2-10 所示。由液压泵来的油分两路:一路经顺序阀到工作机构主油路;另一路经减压阀、手动换向阀、液控单向阀到起重机离合器的操纵液压缸。这就是起重机的操纵油路。当操纵液压缸进油时,离合器接合,制动器松开,起升机构卷筒便与驱动轴相接合,于是起升机构便可起吊重物。由于离合器的操纵力较小,为此采用了减压阀操纵油路,压力一般为 2 ~ 3MPa。为了防止离合器松开重物下落,设置了液控单向阀。只有换向阀手柄左移(重物下降方向)时,离合器才有可能脱开。顺序阀的作用是,只有当液压泵的压力达到顺序阀的调定压力时,压力油才能被引进工作机构。这是防止工作机构负载压力低于减压阀的调定压力时,造成减压阀出口压力下降,致使离合器不能接合(关于液控单向阀、顺序阀的工作原理将在下面介绍)。

2. 定差减压阀

定差减压阀不但出口压力低于进口压力,而且不管进口压力如何变化,总是使进出口压力差保持一个常数。

定差减压阀的工作原理如图 3-2-11 左所示。图 3-2-11 右图为职能符号图。高压油从 A 口进入(压力为 p_A),经缝隙 B 从 C 口流出(压力为 p_C)。A、C 两压力口通过孔道分别和滑阀下腔和上腔接通。若弹簧刚度为 k,预压缩量为 x_o,滑阀开口量为 x,滑阀轴向投影面积为 s,则滑阀平衡方程式为:$(p_A - p_C)s = k(x_o + x)$,则有:$p_A - p_C = k(x_o + x)/s$。通常情况下,$x$ 相对 x_o 变化很小,则:$p_A - p_C \approx kx_o/s$,即近似保持一个常数。这可从阀的工作原理看出:当滑阀处于某一平衡位置时,作用于滑阀上下腔油压力合力和弹簧力处于平衡状态,进口压力 p_A 经缝隙 B 节流下降为 p_C,且两者差为某定值。若进口压力 p_A 增大,则滑阀上移,使开口 x 增大,节流效果减弱,出口压力 p_C 便随之增大,仍保持原来之差值。反之,进口压力 p_A 减小,滑阀下移,开口量减小,节流效果增加,使 p_C 下降,仍保持原来之差值。若出口压力 p_C 变化,其原理同上分析一样可自动调整,保持进出口压差为某定值。

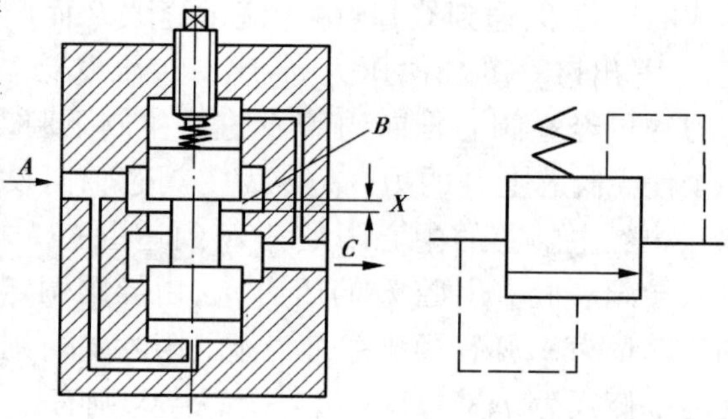

图 3-2-11　定差减压阀的工作原理

3. 减压阀故障与诊断

1)不起减压作用

(1)直动式减压阀有的将顶盖方向装错,使回油孔堵塞

重新装配顶盖,将顶盖上的回油孔与阀体上的回油孔对准。

(2)滑阀与阀体孔的制造精度差,滑阀被卡住

研配滑阀与阀体孔,使之移动灵活无阻滞。

(3)滑阀上的阻尼小孔被堵塞

清洗并疏通滑阀上的阻尼孔。

(4)调压弹簧太硬或发生弯曲被卡住

更换软、硬及长度合适的弹簧。

(5)钢球或锥阀与阀座孔配合不良

更换钢球或修磨锥阀,并研配阀座孔。

(6)泄漏通道被堵塞,滑阀不能移动

清洗滑阀和阀体,使泄漏通道畅通。

2)压力不稳定

(1)滑阀与阀体配合间隙过小,滑阀移动不灵活

修磨滑阀并研磨滑阀孔,使配合间隙符合要求。

(2)滑阀弹簧太软,产生变形或在阀芯中被卡住,使滑阀移动困难

更换软硬合适的弹簧。

(3)滑阀阻尼孔时通时阻塞

更换液压油,清洗并疏通滑阀上的阻尼孔。

(4)锥阀与锥阀座接触不良,如锥阀磨损、有伤痕,锥阀、阀座孔不圆

修磨锥阀,并研磨阀座孔,使之配合良好。

(5)锥阀调压弹簧变形

更换调压弹簧。

(6)液压系统内进入空气

排除液压系统内空气。

3)泄漏严重

(1)滑阀磨损后与阀体孔配合间隙太大

重制滑阀,与阀体孔配磨,使其间隙至规定值。

(2)密封件老化或磨损

更换密封件。

(3)锥阀与阀座孔接触不良或磨损严重

修磨锥阀,研磨阀体孔,使其配合紧密。

(4)各连接处螺钉松动或拧紧力不均匀

紧固各连接处螺钉。

三、顺序阀

1. 顺序阀的结构原理

顺序阀是用来控制液压系统中某几个执行元件(例如两个液压缸)的先后顺序。控制顺序阀动作的作用力可以是进油路自身压力,也可以是外来油源压力。这里仅介绍利用进油路自身压力控制的顺序阀工作原理。图 3-2-12 是其结构原理图。

压力油(一次油)由液压泵或某一执行元件来,从一次进油口 A 进入,并通过下盖的孔道作用于阀芯的下端的控制活塞,阀的二次油出口 B 可通往另一执行元件。泄油口 L 通油箱。阀芯在弹簧作用下将阀进出口截断。当一次油压力上升到一定值时,阀芯下端的油压作用力大于弹簧力,阀芯上移,阀开启,一次油口 A 与二次油口 B 接通。拧动调压螺栓可以调整阀的开启压力。

这种由一次油直接控制的顺序阀,叫直控顺序阀(图 3-2-12a)。如果将下盖转过 180°使阀芯下端的控制油不再与一次油路接通,将远控口 K 的螺钉拧掉接外部控制油路,便可实现远控(图 3-2-12b),外部油压达一定值时,远控顺序阀便开启;若远控顺序阀的二次油口接油

箱，便成为卸荷阀（图3-2-12c），当外部控制油压达一定值时，一次油便通过该阀直接回油箱而使系统卸荷。在这种情况下，由于二次油口B是直接回油箱的，阀的上盖便可以转过180°，使泄油口L与二次油口B连通，将泄油口堵死，这样可以省去泄油管。

由于存在上述几种情况，拆装时应特别注意上下盖方向。

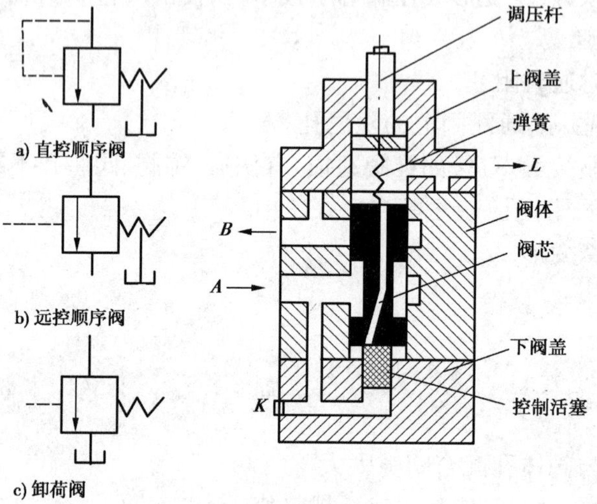

图3-2-12　顺序阀原理图

a）直控顺序阀；b）远控顺序阀；c）卸荷阀

图3-2-13为单向顺序阀结构原理图。动作原理与顺序阀一样，但顺序阀不能反向流动；而单向顺序阀油可经单向阀反向流动，反向流动时不能产生顺序动作。

顺序阀和单向顺序阀在结构上也分为直动式和先导式两种，先导式使用压力较高。

由上述可知，顺序阀的结构和工作原理与溢流阀基本相似，不同的是顺序阀的出油口（二次油口）是流向系统中的某一压力油路，而溢流阀的出油口直接通油箱。此外，顺序阀由于一次油口和二次油口都是压力油，所以它的泄油口要从阀的外部单独接回油箱。

单向顺序阀在工程机械上用于前后支腿液压缸的顺序动作，如图3-2-14所示。当需要放下下支腿时，手动换向阀左位机能工作，后支腿液压缸A缸上腔先进油，该油缸的回油经单向顺序阀II的单向阀回油，后支腿着地后，液压缸内油压升高。当油压升高到单向顺序阀I的开启压力时，该阀开启，油进前支腿液压缸B上腔。当需要收起支腿时，手动换向阀右位机能工作，前支腿液压缸月下腔先进油，压力油将首先进入前支腿，待前支腿完全收起后，油压升高，打开单向顺序阀II，油才进入后支腿液压缸A。前、后支腿按这样的顺序工作，有利于保持机械的稳定。

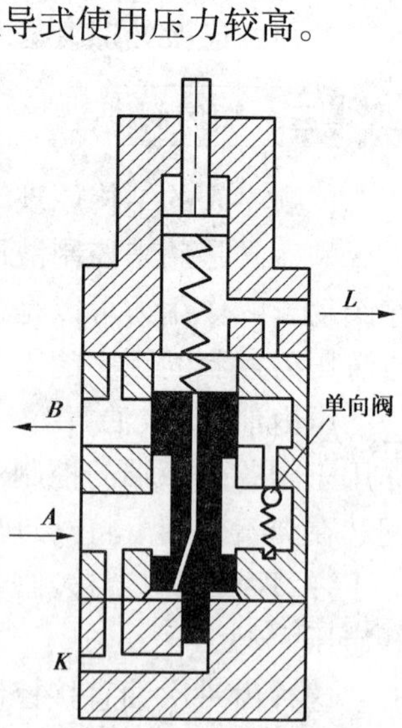

图3-2-13　单向顺序阀

2. 顺序阀的故障与诊断

1）出油腔始终出油不能关闭

（1）由于制造精度差或配合间隙过小，使滑阀在打开位置上卡死

研磨滑阀与阀体孔，使配合间隙符合要求。

（2）油液太脏，滑阀在打开位置上被卡死

检查油质，过滤或更换，清洗滑阀与阀体，使滑阀能灵活移动。

（3）锥阀与锥阀座孔接触不良或磨损严重

修磨锥阀并研磨座孔，使之密封良好。

（4）调压弹簧断裂

更换弹簧。

（5）滑阀弹簧太软，使滑阀不能复位

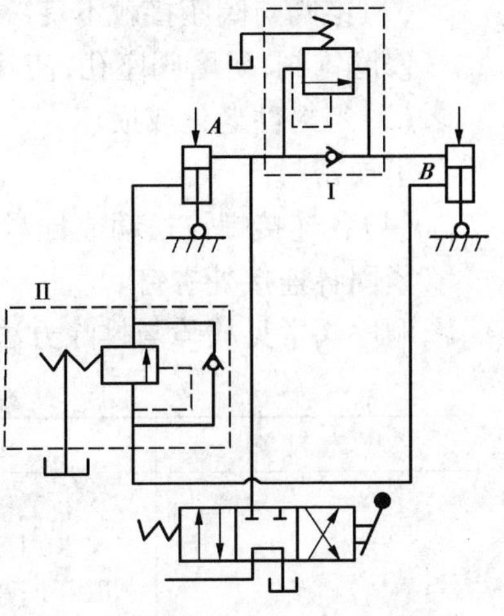

图 3-2-14　单向顺序阀的支腿油路

更换软硬合适的弹簧，使滑阀在弹簧力下能复位。

2）出油腔不出油始终关闭

（1）滑阀与阀体孔配合间隙太大，使滑阀两端窜油，滑阀不能移动重配滑阀，保证配合间隙在规定范围内。

（2）滑阀与阀体孔制造精度差或配合间隙过小，使滑阀在关闭位置上卡死

修磨滑阀并研磨阀体孔，使配合间隙符合要求。

（3）油液太脏，阻尼孔被堵塞或使滑阀在关闭位置上卡住

检查油液质量，若不符合要求，应对油液进行过滤或更换。清洗滑阀与阀体，使阻尼孔畅通无阻。

（4）液控管路被压扁或堵塞

更换或清洗疏通液控管道。

（5）液控油压力不足或液控管路接头螺母未拧紧，使液控油液泄漏提高液压控制压力，拧紧液控管道螺母。

（6）调节弹簧太硬或压力调得太高

更换软硬合适的弹簧，适当调整压力。

3）调定压力不符合要求

（1）滑阀拉毛或弯曲变形，使滑阀在阀体孔内移动不灵活

用金相砂纸抛光滑阀外圆，若弯曲变形严重，校正困难时，须调换滑阀。

（2）调压弹簧调整不当

重新调整所需要的压力。

（3）调压弹簧变形，最高压力调不上去

更换调压弹簧。

4）泄漏严重

（1）滑阀磨损后与阀体孔配合间隙太大

重换滑阀，与阀体孔研配，使之达到规定值。

(2)锥阀与阀座接触不良

修磨锥阀,研磨阀座孔,使其密合。

(3)密封件老化或损坏

更换密封件。

(4)各连接螺钉松动或拧紧力不均匀

紧固各连接处螺钉。

顺序阀常见故障与排除方法,见表3-2-2。

顺序阀常见故障原因与排除方法 表3-2-2

故障现象	原因分析	排除方法
始终出油,因而不起顺序作用	阀芯在打开位置上卡死(如几何精度差,间隙太小;弹簧弯曲,断裂;油液太脏)	修理,使配合间隙达到要求,并使阀芯移动灵活;检查油质,过滤或更换油液;更换弹簧
	单向阀在打开位置上卡死(如几何精度差,间隙太小;弹簧弯曲,断裂;油液太脏)	修理,使配合间隙达到要求,并使单向阀芯移动灵活;检查油质,过滤或更换油液;更换弹簧
	单向阀密封不良(如几何精度差)	修理,使单向阀密封良好
	调压弹簧断裂	更换弹簧
	调压弹簧漏装	补装弹簧
	未装锥阀或钢球	补装
	锥阀或钢球碎裂	更换
不出油,因而不起顺序作用	阀芯在关闭位置上卡死(如几何精度低,弹簧弯曲,油液脏)	修理,使滑阀移动灵活更换弹簧;过滤或更换油液
	锥阀芯在关闭位置上卡死	修理,使滑阀移动灵活;过滤或更换油液
	控制油液流动不畅通(如阻尼孔堵死,或遥控管道被压扁堵死)	清洗或更换管道,过滤或更换油液
	遥控压力不足,或下端盖结合处漏油严重	提高控制压力,拧紧螺钉并使之受力均匀
	通向调压阀油路上的阻尼孔被堵死	清洗
	泄漏口管道中背压太高,使滑阀不能移动	泄漏口管道不能接在排油管道上一起回油,应单独排回油箱
	调节弹簧太硬,或压力调得太高	更换弹簧,适当调整压力

续上表

故障现象	原因分析	排除方法
调定压力值不符合要求	调压弹簧调整不当	重新调整所需要的压力
	调压弹簧变形，最高压力调不上去	更换弹簧
	滑阀卡死	检查滑阀的配合间隙，修配使滑阀移动灵活；过滤或更换油液
振动与噪声	回油阻力（背压）太高	降低回油阻力
	油温过高	控制油温在规定范围内

四、平衡阀

在液压系统工作时，如果液压缸或马达负荷为一荷重，且作用方向与运动方向一致时，就要用平衡阀使回路上产生油流阻力，防止液压缸或液压马达的运动失去控制。平衡阀在液压起重机的起升、变幅和伸缩油路中应用较多。例如在起升油路中，起重钩带重物下降时，如果马达的回路上没有平衡阀，则在重力的作用下，液压马达会越转越快，甚至会产生事故。

平衡阀的工作原理见图3-2-15所示。当提升载荷时，油从*A*端经平衡阀中的单向阀进入马达；下放载荷时，油从*D*端进入液压马达。这时液压马达排出的油进入平衡阀，由于马达进油路上有一定压力，此压力油从控制油路进入平衡阀内，将平衡阀主阀芯推开，马达排出的油经主阀芯（平衡阀芯）开口处排出。如果重物下降速度太快，超过马达的进油量所决定的转速时，将使进油路*D*端的压力降低，这时，平衡阀芯在弹簧的作用下使开口量减小，使马达回油路阻力增加，从而阻止了马达转速的升高。

可以看出，图3-2-15实际上是一个把二次油口接回油路的远控单向顺序阀。从原理上讲，单向顺序阀可以作平衡阀用，此时泄漏油内接回油路。但在实际应用中由于液压泵的压力决定着平衡阀的开度，因此泵的压力脉动将使平衡阀的开度忽大忽小。此外，在重物下落过程中，液压马达或液压缸负荷的变化，再加上阀芯与阀体的摩擦力，弹簧的振动等，这些因素都会影响通过平衡阀流量的稳定性。当负荷大时，如果用一般的单向顺序间作平衡阀，由于振动实际上无法使用。因此，目前工程机械上使用的平衡阀都是专门设计的，其形式也很多。

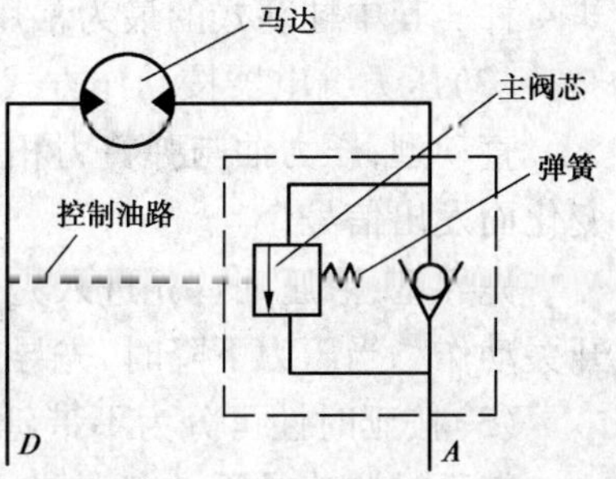

图3-2-15　平衡阀的工作原理图

专用的平衡阀在单向顺序阀原理基础上主要有如下几处改进：

（1）设有专用的控制阀芯，控制阀芯及主阀芯上设计了阻尼孔，以改善主阀芯开启的运动稳定性。

（2）主阀芯开口处设计成带槽的结构，使主阀芯开启和关闭时通过的流量缓和。

（3）主阀芯与阀座之间采用锥密封，当需对执行元件油腔锁定时，主阀芯在弹簧力作用下紧压在阀座锥面上将油液密封。

平衡阀由于由内部泄油的压力阀（溢流阀）和单向阀组成，其故障与排除方法可参见溢流阀和单向阀部分。

五、背压阀

背压阀一般装在液压系统的回油路中，目的是使回油路上建立起一定的压力（一般是0.2~0.7 MPa），而不是压力为零。有了背压阀，可增加工作机械运动的平稳性和防止空气从回油路混入系统中。

背压阀的结构与单向阀基本一样。不同之处在于单向阀中的弹簧是一个软弹簧（其弹簧力很小，来克服摩擦阻力，液流经过时，压力降很小），而背压阀中弹簧则是一个较硬的弹簧（刚度系数由所需的背压来决定），使进口油液在0.2~0.7MPa的压力下才能通过。

六、压力继电器

1.结构原理

1）作用

压力继电器是将液压信号变为电信号的一种信号转换元件，它的作用是根据液压系统的压力变化自动接通和断开有关电路，借以实现程序控制和安全保护作用。当系统压力达到压力继电器的调定压力时，压力继电器发出电信号，控制电气元件（如电机、电磁铁、电磁离合器、继电器等）的动作，实现泵的加载、卸荷，执行元件的顺序动作、系统的安全保护和联锁。

2）组成

压力继电器由两部分组成，第一部分是压力—位移转换器，第二部分是电气微动开关。

3）分类

（1）按压力—位移转换器的结构特点，压力继电器有柱塞式、弹簧管式、膜片式和波纹管式4种。其中柱塞式的最为常用。

（2）压力继电器按动作方式可分为直接动作型（直动型）和先导型。

直动型，压力油与弹簧力相互作用使柱塞上移或下移压合微动开关不同触点使电气线路变化而发出信号。

先导型，液压油首先进入先导阀，压力高时，下位工作，压力油进入柱塞，柱塞上移，使微动开关动作。当压力下降时，先导阀上位工作，柱塞下移，微动开关复位。

（3）按延时性可分为不带延时调节和带延时调节的。

带延时调节的压力继电器，在先导阀与柱塞之间加一单向节流装置，调节进入柱塞下移量的大小，可使微动开关经不同延时时间后才动作。若将单向阀反装，即为延时复位。

（4）按动作值的调节方式可分为弹簧调节型和开关位置调节型。

开关位置调节型。调节微动开关上下位置，可使杠杆在不同的压力点与开关接触。

压力继电器工作原理均很简单，即靠液体压力与弹簧力平衡的工作原理。当系统的压力达到压力继电器的调定压力时，作用于柱塞上的液压力克服弹簧力，通过柱塞或顶杆，使微动开关的触头闭合，发出相应的电信号。调整弹簧的预压缩量，可改变压力继电器的调定压力。而其他压力继电器则通过敏感元件（弹簧管、膜片、波纹管等）感受压力后，产生形变直接驱动微动开关发出相应的电信号。

图3-2-16为压力继电器的结构原理图。控制油口K和液压系统相连通，当液压系统压力

达到预先调定的压力时，薄膜鼓起，柱塞上升，同时推动两侧钢球水平移动，借助于杆杆压下微动开关的触销，从而发出电信号。拧动调节螺钉，可以改变弹簧对柱塞作用力的大小，从而可以调节发出电信号时的油压数值。当控制油口 K 的压力下降到低于调定压力时，弹簧（通过钢球）将柱塞压下，这时钢球落入柱塞的锥面槽内，微动开关的触销复位并将杠杆推回，电路断开。图形符号如图 3-2-16b）所示。

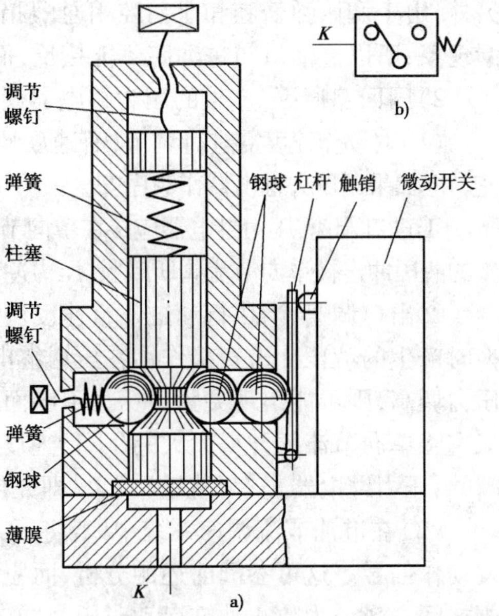

图 3-2-16　压力继电器工作原理图

2. 压力继电器的故障分析与排除

压力继电器的故障主要是误发动作以及不发信号，正确使用和调整即可避免此类故障。

1）压力继电器本身产生的误发信号故障

（1）因柱塞与中体的配合不好，或因毛刺和不清洁，致使柱塞卡死，压力继电器不动作。阀芯（柱塞）与中体孔的配合间隙应保证为 0. 007 ~ 0. 015mm，毛刺要除干净，装配时先清洗干净，再在表面涂二硫化钼（黑色），加强润滑。用户往往以为二硫化钼为污物而将其洗掉，这是不对的。

（2）橡胶薄膜破裂。压力继电器的工作原理是油液压力上升，薄膜鼓起推动柱塞而工作。当薄膜破裂时，压力油直接作用在柱塞上，会有油液从柱塞和中体孔的配合间隙泄漏出去，使压力继电器的动作值和返回区间均有明显变化和出现不稳定现象，因而造成误发动作，此时须更换新的薄膜。

（3）微动开关定位不牢。DP—63 型压力继电器的微动开关，原来仅靠一个螺钉压紧定位，不致前移，一个小螺钉顶微动开关背面，不致后移。后来在微动开关前后均加顶丝后，有所改进，但仍感刚性不足。因此，在接线、拆线时，螺丝刀加给微动开关上的力和维修时拆外罩时碰扭电线的力，均造成微动开关错位，致使动作值发生变化（改变原来已调好的动作压力）而误发动作信号。

（4）微动开关不灵敏，复位性差。微动开关内的簧片弹力不够，触头压下后便弹不起来，或因灰尘粘住触头，使微动开关电信号不正常而误发动作信号，此时应修理或更换微动开关。

（5）压力继电器的制造精度不好。例如杠杆在中体槽内别劲，弹簧下座和上体之间的配合间隙太小，柱塞尺寸不对头等，以及压力继电器主副调节螺钉调得很松，杠杆起不到压下微动开关的作用，使压力继电器失灵。

（6）柱塞在装入中体孔内时，表层涂了一层二硫化钼润滑剂，用以改善滑阀（柱塞）移动状况，并非不干净，用户在拆修清洗后要重新抹上，否则会产生柱塞移动不灵活而出现误动作。

（7）对 PF 型压力继电器，如泄油腔不直接接回油箱，则会由于泄油口背压过高导致误发信号。

（8）对差动式压力继电器，因微动开关部分和泄油腔是用橡胶膜隔开的，当进油腔和泄油腔接反时，压力油便会冲破橡胶隔膜进入微动开关，从而损坏微动开关，产生误动作或不动作。

另外，由于调压弹簧腔和泄油腔相通，调节螺钉处又无密封装置，因而在调节螺钉处会出现外漏现象，所以泄油口与进油腔不能接反，而且泄油口须单独回油接油箱。

2）因回路原因，产生的压力继电器误动作

（1）对动作速度需进行调节（有速度快慢要求）的系统，可用进、回油节流调速方式来实现调速。但如果用压力继电器作顺序安全锁的转换元件时，只能采取进口节流调速，否则产生误动作。

①进口调速，压力继电器应接在单向节流阀（或单向调速阀）之后。这样方向阀突然切换时，产生的液压冲击被单向节流阀所吸收，压力冲击波的强度减弱，因而压力继电器工作较可靠。

②出口调速，当执行油缸下行速度调慢时，存在较大的背压力，进油腔压力较高，方向阀切换时产生的液压冲击直接作用在压力继电器上，使其不能正常动作，难以调好。因为如将发信压力调高，则可能出现夹紧后压力不够而使压力继电器不能发信；稍调低又有可能频繁发信。只有将单向节流阀开得大大的（下行速度快），压力继电器才能勉强工作。但在油缸活塞启动瞬间，压力继电器仍有“跳动”现象，即先误发信号，接着发“失压”信号。

（2）在进油节流调速系统中，若将压力继电器安设在回油路上，则可能误发动作信号或不发动作信号。这可参阅前述的分析，而应该将压力继电器安设在进油油路的油缸与流量调节阀之间。另外为防止油缸启动时压力冲击而误发信号，可设法使压力继电器的发信电路在油缸启动时处于开路状态。

（3）在出油节流调速系统中，油缸运动时受到节流口的阻尼作用，回油腔存在一定背压力，当油缸运动到头靠死挡铁后，背压消失。因此，只能将压力继电器装设在油缸回油与节流阀之间的回油油道上，装在其他位置则可能不发信号或误发信号。由于背压一般较低，因此应选用调压范围为 0～1MPa 的 DP—10 型压力继电器为好，而不要用压力较高的压力继电器。否则，便可能误发信号。

3）因其他原因产生的误发信号或不发信号

（1）油路里的压力往往是波动的，当波动值超过一定范围，即宽于压力继电器的通断调节区间值—返回区间值时，此压力继电器可能误发信号。适当将压力继电器的返回区间调宽些，对压力继电器的工作稳定性是有好处的。因为当油路里压力降值不超过返回区间的范围时，压力继电器便不会发“失压”信号。

（2）因泵或其他阀（溢流阀、减压阀）的故障，系统压力建立不起来，或者存在较大的压力偏移现象，使压力继电器不发动作信号或误发动作信号。此时应检查泵阀的毛病，予以排除。

这类泵阀故障主要有：溢流阀阻尼孔被堵塞，阀芯卡死在大开度位置；变量叶片泵的调压弹簧被卡住，定子环被卡死在零偏心处，叶片甩不出；减压阀出口压力值低；快进电磁阀卡死等等。

（3）液压系统在启动及速度换接时，产生压力冲击较大，使压力继电器误动作。一般冲击压力是不可避免的，可采用加阻尼的方法，或者使压力继电器的发信号电路在冲击压力时处于开路状态。

（4）油缸中途卡住等意外情况导致压力继电器提前作动作转换（误发信号）。此时，用行程阀或行程开关作信号转换元件要比用压力继电器更可靠，但有些回路因控制上的需要非选用压力继电器不可时，为防止在终点之外发误信号，可在终点加电器行程开关，使压力继电器在终点发出的信号才是有效的。

(5)因油缸严重内泄漏，使压力腔和回油腔串腔，工作压力腔压力上不去，或压力时有变化也导致压力继电器误发动作或不发信号。

(6)除了压力继电器误发动作信号或不发信号外，在夹紧回路与工作进给回路的综合系统中往往出现“定位夹紧—工作进给—工作快退”反复动作的怪现象。

对于压力继电器来说，压力值的大小和该压力所持续的时间决定它是否动作和复位。要解决此现象，可从两方面入手：

①在夹紧支路安设蓄能器，使夹紧压力不随其他支路的压力变化而变化，或变化值很小，在快进时，使压力继电器 YJ 不会复位。

②在电气线路上进行改进，使快进时产生 YJ 复位，仍会继续快进，直到工作进给后，若出现 YJ 复位，则不允许继续工作进给。这样，在夹紧到转工作进给段，将 YJ 自锁；在转入工作进给还未工作前，压下行程开关，将自锁撤销。

课题三　流量控制阀的故障与排除

一、概述

液压系统的执行机构（液压缸、液压马达）的运动速度，往往需要改变（调节），以适应工作要求。

液压系统的调速可以分为节流调速、容积调速和容积节流调速三大类。

节流调速就是在定量泵系统中，用流量阀来改变输入到执行机构的流量。以达到调节速度的目的。

流量控制阀是一种能对液流进行节流调节的液压元件。所谓节流是指液体流经突然收缩的过流断面（如流经小孔、缝隙或细长管道）而受到显著的阻力（即发生较大的液压损失）的现象。任何一个流量阀都有节流部分，而节流程度一般是可以调节的。所以流量阀在液压系统的作用就是一个可调液阻。

在节流调速系统中流量阀总是与某负载油路并联工作。用流量阀来改变并联支路的液阻比率，液阻小的油路，流过的流量大，反之则相反，这就是利用流量阀调节速度的原理。

流量控制阀主要包括节流阀、调速阀、分流阀和集流阀等。

二、节流阀

1. 节流阀的结构原理

节流阀的主要用途是以节流形式改变通过流量的大小，使执行元件获得不同的运动速度，它也可以作为背压阀使用。

目前，国内生产的节流阀系列中有中低压系列（L 型）和中高压系列（LF 型），中低压系列工作压力为 6.3MPa，流量有 10mL/min、25mL/min、63mL/min、100mL/min，中高压系列有 21MPa 与 32MPa 2 种压力级，按通径分为 10mm、20mm、32mm 3 种，均有管式和板式 2 种安装方式。

主要有节流阀、单向节流阀，行程节流阀和单向行程节流阀等形式。

节流阀是由节流口和控制部分两部分组成。通过改变节流口的大小实现流量的调节，见图 3-3-1 所示。

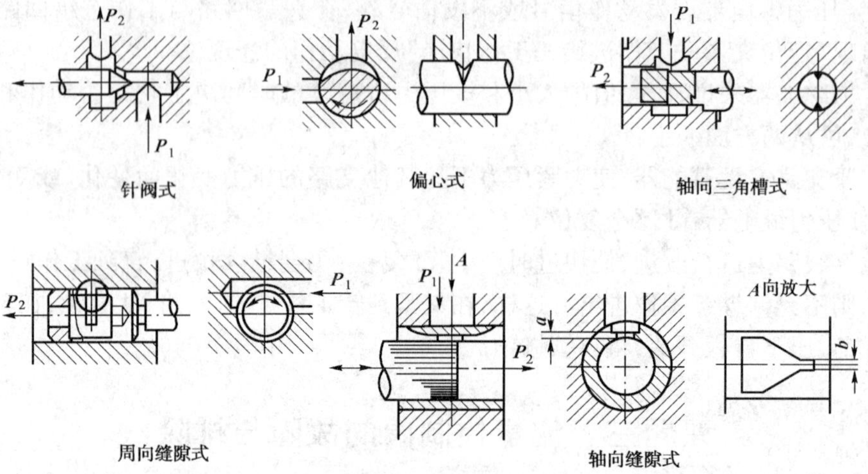

图 3-3-1　常见节流口形式

图 3-3-2a)、b)分别为可调式单向节流阀的结构和符号图。

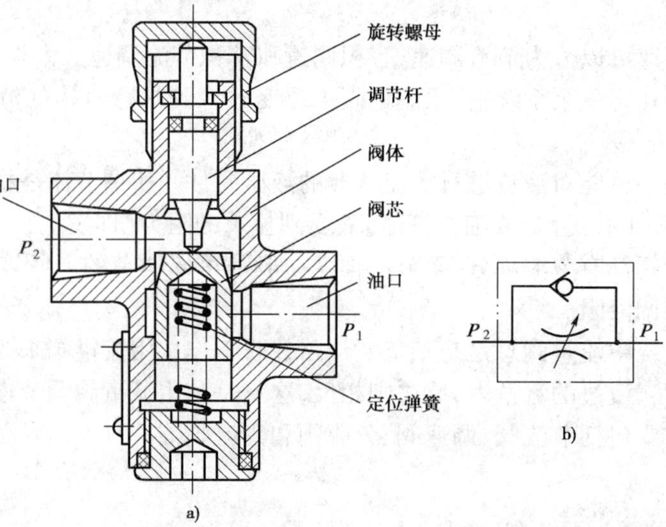

图 3-3-2　为可调式单向节流阀的结构和符号

单向节流阀由单向阀和节流阀并联而成，用在需要单方向控制流量的系统中。即一个方向需要控制流量（节流）而另一个方向（反向）则需要油流畅通（起单向阀作用）的回路中，以实现执行元件正向可调速，而反向能快速退回。当压力油从 P_1 进入时，经阀芯上的三角节流沟槽后从 P_2 流出，这时起节流作用。旋转螺母可改变阀芯的轴向位置，从而使流通面积相应发生变化。当反向通流时，在压力油作用下阀芯克服软弹簧的作用力下移，油液不再经过节流口而直接从油口 P_1 流出，这时只起单向阀作用。

在液压系统工作时，当节流口的通流面积调好后，希望通过节流阀的流量稳定不变，以保证执行元件的速度稳定。由节流阀流量特性可知,在节流面积确定以后,流量与阀口前后压差、流量系数有关。当采用薄壁节流孔时,流量系数与粘度无关,因此可排除流量阀特性受环境因素的影响。另外,液压系统在工作时,外负载是经常变化的,则节流阀进出口压差是随外负载的变化而变化的,通过节流阀的流量必然会发生变化。所以节流阀只用于外负载变化较小或流量变化对工作机构影响不大的系统中。在负载经常变化而又要求调节流量稳定的液压系统中,必须采用调速阀。

2. 节流阀的故障与排除

1)节流作用失灵

使执行元件不能变速或者速度变化范围不大,完全关闭时,油缸不动作。这种故障现象表现为:当调节手柄时,节流阀出口流量并不随手柄的松开或拧紧而变化,使执行元件的速度总是维持在某一值(随节流阀阀芯卡死在何种开度位置而定),完全关死时,执行元件不动作。导致节流作用失灵的原因和排除方法有:

(1)节流阀芯因毛刺卡住或因阀体沉割槽尖边及阀芯倒角处的毛刺卡住阀芯。此时,虽松开调节手柄带动调节杆上移,但因复位弹簧力克服不了阀芯卡紧力,而不能使阀芯跟着调节杆上移而上抬。当阀芯卡死在关闭阀口的位置,则无流量输出,执行元件不动作;当阀芯卡死在某一开度位置,只有小流量输出,执行元件只有某一速度。

(2)因油中污物卡死阀芯或堵塞节流口。油液很脏,工作油老化,油液未经精细过滤,这样污染的油液经过节流阀,污染粒子楔入阀芯与阀体孔配合间隙内,出现同上述相同的节流失灵现象。

(3)因阀芯和阀孔的形位公差不好,例如失圆有锥度,造成液庄卡紧,导致节流调节失灵。目前L型节流阀阀芯上未加工有均压槽,容易产生液压卡紧。

(4)因阀芯与阀体孔配合间隙过小或过大,造成阀芯卡死或泄漏大,导致节流作用失灵。

(5)设备长时间停机未用,油中水分等使阀芯锈死卡在阀孔内,重新使用时,出现节流调节失灵现象。

(6)阀芯与阀孔内外圆柱面出现拉伤划痕,使阀芯运动不灵活,或者卡死,或者内泄漏大,造成节流失灵。

解决节流调节失灵的方法有:

①用尼龙刷等去毛刺的方法清除阀孔内的毛刺,阀芯上的毛刺可用油石等手工精修方法去除。

②对阀孔失圆或配合间隙过小,可研磨阀孔修复,或重配阀芯。

③油液不干净时,需采取换油,加强过滤的措施。

④阀芯轻微拉毛,可抛光再用,严重拉伤时可先用无心磨床磨去伤痕,再电镀修复。

2)流量不稳

流量虽可调节,但调好的流量不稳定,从而使执行元件的速度不稳定,特别是在流量调节范围最低值(最小稳定流量)和节流阀的进出口压差为最低工作压力值时尤以为甚。

这种故障现象表现为:当节流阀调节在某一节流开度,并锁紧好调节螺钉后,出口流量却仍然不断变化,使得执行元件的运动速度出现时快时慢,或逐渐减慢,或逐渐增快及突跳等速度不稳定的现象。

引起流量不稳定的主要原因是节流口部位“堵塞”、锁紧装置松动、油温过高以及负载压力变化大等原因，具体如下：

(1)油液未经清密过滤，油中杂质堆积和粘附在节流通道壁上，通流面积减少，使执行元件速度减慢，完全堵死，造成“断流”；污物被冲走，则造成“突跳”。

(2)由于油液中极化分子和金属表面的吸附现象造成堵塞，油液中分子链由于带电和互相吸引，会使一端带正电，一端带负电，分子链会因此而越来越长，越来越大，加上金属表面有电位差，会吸引这些极化分子链。在节流缝隙和开口处形成了一层牢固的边界吸附层，破坏了节流缝隙原来的几何形状和大小。而对矿物油，这个吸附层是灰色纤维层组织，在受压时会周期性地遭到破坏，使流量出现周期性的脉动。

(3)压力油通过节流缝隙时要产生压力损失，使油温局部升高，油液氧化变质，在节流口部位析出胶质、沥青、炭渣等物，附于节流口壁面，使有效通流面积减少，甚至堵塞。

(4)混在油液中的机械杂质(如尘埃、切屑粉尘、油漆剥落片等)，以及油液劣化老化生成物，通过节流缝隙时造成堆积，堵塞节流通道，造成流量不稳定。

(5)节流阀调整好并锁紧后，由于机械振动或其他原因，会使纵横向锁紧螺钉松动。调节杆在支承套上旋转松动，使节流阀的开度发生改变，引起流量变化。

(6)油温随着机床运行时间增长而升高，油粘度相应降低，通过节流开口的流量增大，但也可能因内泄漏增加而减少，出现流量不稳定的现象。

(7)系统负载变化大，导致油缸工作压力变化，而节流阀没有像调速阀那样有压力反馈补偿装置，这样使流经节流阀的压差发生变化，流量 Q 也将发生变化。

(8)节流阀阀芯采用间隙密封，必然存在内泄漏。当因磨损使配合间隙增大后，内泄漏也将增大。并且这种内泄漏随各种因素(如油温)的变化而改变，因而影响流量的稳定性，特别是小流量时。

(9)系统中混进了空气，使油液的可压缩性大大增加，时而压缩，时而释放，流量不稳定。

(10)节流阀的外泄漏大，造成流量不稳定。

解决流量不稳定的办法有：

(1)设计上采取一些抗“堵塞”的措施。

(2)保证节流阀芯与阀孔合理的配合间隙(表3-3-1)。

阀芯与阀体孔配合间隙推荐表 表3-3-1

阀芯直径(mm)	孔公差(μm)	阀芯公差(μm)	最小间隙(μm)	最大间隙(μm)
6	6	4	5	12.5
12	7.5	5	6	17.5
19	10	6	7.5	23.5
25	12.5	7.5	12.5	32.5
50	15	10	20	45
75	20	12.5	25	57.5
100	20	12.5	32	64.5

(3)清洗节流口，查明油液污染情况，采取换油等措施。

(4)对于因负载变化而产生时快时慢的现象,可改节流阀为调速阀。

(5)消除机械振动的振源,可使用带锁调节手柄的节流阀。

(6)排除系统内空气,减少系统发热,更换粘度指数高的油液等。

3)外泄漏

节流阀的外泄漏主要发生在调节手柄部位,另外还有工艺螺堵,阀安装面等处。

产生外漏的主要原因和排除方法是;

(1)调节杆螺纹与各段或O形圈槽不同心,产生外漏或者支承圈凹槽过深,产生泄漏。

(2)调节杆上O形圈槽尺寸不对,使得密封不良,从调节螺杆处漏油。

(3)泄油口堵塞,困油压力增高而外漏。此时应清洗,使泄油孔畅通

4)内泄漏

产生内泄漏大的原因主要是节流阀芯与阀孔的配合间隙太大或使用过程中磨损严重,以及阀芯与阀孔拉伤有沟槽(特别是轴向沟槽),还有油温过高等诸因素造成。

排除方法是可检查阀芯和阀孔的配合间隙应保证在0.007~0.015mm的范围内。如果磨损严重或拉伤有沟槽,则须电镀或重新加工阀芯进行磨研配。

5)单向节流阀的故障分析及排除

LI型中低压单向节流阀的阀芯,正向流动时,起节流阀的作用;反向流动时,起单向阀的作用。有关其故障分析及排除可分别参阅单向阀与节流阀的相应内容进行。不过此时起单向阀作用时,不是靠锥面密封,而是靠圆柱滑阀的外圆配合密封,免不了有内泄漏。当内泄漏量大时,将影响到正向节流调节功能失效。另外当阀芯上的小孔未钻通或热处理时被盐浴炉盐渣和其他污物堵死时,会出现手柄调节力过大或者根本调节不了的故障,必须尽量使阀芯与阀体孔的配合间隙以最小为佳。另外,无论是产品出厂或维修时,均应注意阀芯小孔不被污物堵塞。

对于LDF型中高压单向节流阀,单向阀和节流阀芯是分开的。此时可参阅单向阀与节流阀(如LF型阀)的有关部分进行故障排除。值得注意的是,此时单向阀阀芯锥面的不密合,除了出现单向阀有关故障外还会影响到节流阀的最小调节流量大小。

三、调速阀

1.调速阀的结构原理

由于节流阀前后的压差随负载而变化,根据流量公式($Q=CA\Delta p^{m}$),通过节流阀的流量要受阀前后压力差Δp变化的影响,所以在负载经常变化而又要求调节流量稳定的液压系统中,一般节流阀不能满足要求,必须采用调速阀。

1)调速阀

是定差减压阀和节流阀串联而成的复合阀。其中定差减压阀的作用是使节流阀前后的压力差在负载变化时能自动保持恒定(通过反馈),克服了普通节流阀的压力差随负载波动的缺点,从而可提高液压系统的稳定性。

图3-3-3a)、b)、c)分别为压力补偿调速阀的工作原理及详细符号和职能符号图。

液压泵供应的压力油经调速阀后进入执行机构。压力补偿调速阀由定差减压阀与节流阀组成。这时调速阀进油口的压力p_1就是液压泵的供油压力(略去管道损失),由溢流阀调整,

基本上是不变的。p_1 经减压口减压后压力为 p_2,p_2 即为可调节流阀的入口压力,且作用在减压阀芯的环面及端面,节流阀出口压力 P_3 与负载相连,并作用于减压弹簧腔。其压力补偿原理为:当载荷 R 增大时,p_3 也增大,这时作用在减压阀阀芯弹簧腔的力量增大,使减压阀芯下移,减压阀进油口处的开口增大,压力降减小。因此 p_2 也相应增大,结果保持节流阀前后的压力差 p_2-p_3,基本不变。相反,如果载荷 R 减小,则 p_3 减小,阀芯上移,使进油口处的开口减小,压力降增大,p_2 相应减小,仍能保持 p_2-p_3 基本不变。

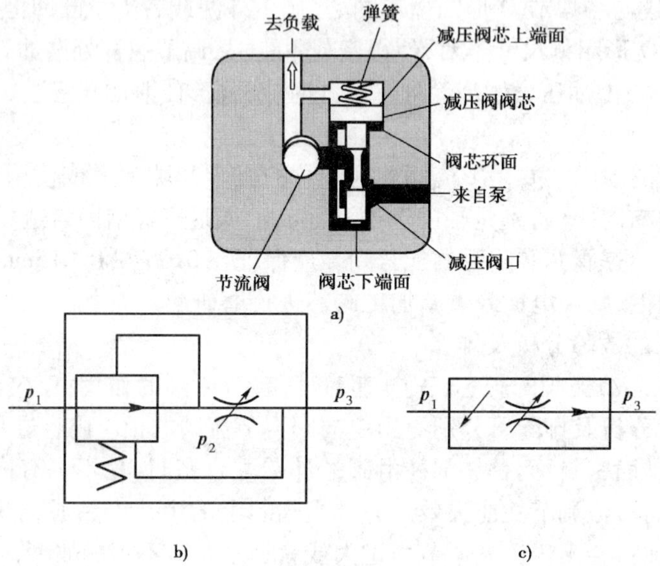

图 3-3-3　压力补偿调速阀的工作原理

因为减压阀弹簧很软,当减压阀阀芯上下移动时弹簧力数值变化不大,所以节流阀前后的压力差卸 $\Delta p=p_2-p_3$ 基本上为一常量,即通过调速阀的流量基本不变,故可使液压缸的运动速度保持稳定。

当压差很小时,减压阀的阀芯被弹簧推到最下端位置,这时性能就和普通节流阀一样。所以调速阀正常工作时,一般最少应保证有 0.4～0.5MPa 的压力差。

但是对压力补偿调速阀来说,液压泵输出的压力是一定的,等于溢流阀的调定压力。这个压力要能满足最大负载时的要求,当负载需要的流量小时,进入负载的有用功率很小,大部分液压能经溢流阀损失掉了。因此,用这种调速阀,液压泵消耗的功率大,系统效率低。

2)溢流调速阀(溢流节流阀)

为了使节流阀达到压力补偿的目的,除了上述的将定差减压阀与节流阀串联,组成调速阀外,也采用差压式溢流阀与节流阀并联,组成溢流调速阀(溢流节流阀)。

溢流调速阀可在很大程度上克服上述调速阀的缺点,又能保证流量恒定。其工作原理见图 3-3-4a)。

因为阀芯溢流时位移小,弹簧也较软,所以节流阀前后压差基本为一常数。因而能保持通过节流阀的流量稳定。

从泵输出的一部分油经节流阀进入执行机构,另一部分油经溢流阀阀芯的溢流口流回油箱。溢流阀阀芯弹簧腔同节流阀后的油液相通,压力为负载压力。其压力补偿调节过程为:当外负载增大时，压力 p_2 即溢流阀芯上腔压力增大，使溢流阀芯下移，关小溢流口 x，促使液压泵的供油压力 p_1 增加，这样节流阀前后的压差 (p_1-p_2) 基本保持不变。当外负载减小时压力 p_2 也减小，溢流阀芯上腔压力减小，溢流阀芯上移，使溢流口 x 加大，压力 p_1 就下降，结果压力差 (p_1-p_2) 仍基本上保持不变，实现了流量恒定。

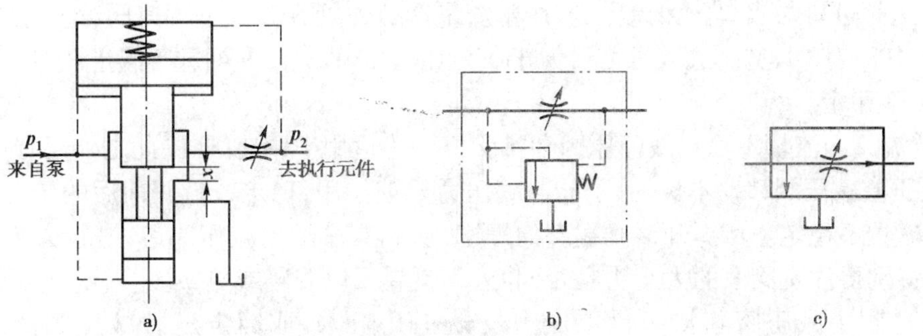

图 3-3-4　溢流调速阀
a)原理图；b)详细符号图；c)简化符号图

同压力补偿调速阀相比，由于油泵不是在恒压（适应负载大小而变化）下工作，故功率消耗较为经济，系统发热较小。但是这种阀流过的流量是泵的全部流量，加之阀芯运动时的阻力较大，故溢流阀上端的弹簧比调速阀硬些。这样可使节流阀前后压差较大，压力差通常取 0.3 ~0.5MPa，而普通调速阀压差较小，为 0.1 ~0.3 MPa。溢流调速阀的入口压力，即泵压力 p_1 随外负载变化，当外负载 p_2 减小时，泵供油压力 p_1 也随之降低，这样可减少泵的负荷，减少动力损耗和系统发热。但该阀较前述压力补偿调速阀的稳定性要差一些，仅适用于对稳定性要求不太高的功率较大的进口节流调速液压系统中。

溢流调速阀一般多附有一个安全阀，可防止调速阀出口油压过大导致系统过载。由于安全阀装在节流口之后，所以其控制的是阀出口油压，溢出的仅是泵的部分流量。因此，可使用较小流量的安全阀。

另外，还有 QT 型温度补偿的调速阀。

2. 调速阀故障分析与排除

1）压力补偿机构（定差减压阀）不动作，调速阀如同一般节流阀

产生原因与排除方法是：

(1)减压阀芯被污物卡住，此时可拆开清洗

(2)图 3-2-11 中阀芯下部通进油腔的孔、阀芯上部出油腔的孔被污物堵塞，可拆开清洗。

(3)进出口压差过小，p_1 与 p_3，对中低压 Q 型调速阀至少为 0.6MPa，对中高压一般为 1MPa。

2）节流阀流量调节手柄调节时十分费劲

(1)调节杆被污物卡住，或调节手柄螺纹配合不好，根据情况采取对策。

(2)用于进油节流调速时，调速阀出口压力（一般为负载压力）过高，此时需卸下压力，再调节手柄。

3）节流作用失灵

(1)定差减压阀阀芯卡死在全闭或小开度位置，使出油腔（P_2）无油或极小油液通过节流

阀,此时应拆洗和去毛刺,使减压阀芯能灵活移动。

(2)调速阀进出油口接反了,会使减压阀芯总趋于关闭,造成节流作用失灵。Q 型、QF 型阀由于安装面的各孔为对称的,很容易装错。一般板式调速阀的底面上,在各油口处标有 p_1(进口)与 p_2(出口)字样,仔细辨认,不可接错。

(3)调速阀进口与出口压力差太少,产生流量调节失灵。对 Q 型调速阀,进口压力要大于口压力 0.5MPa,对 QF 型阀进口压力要大于出口压力 1MPa 时,方可进行流量调节。

4)流量不稳定

一般节流阀的流量不稳定故障原因和排除方法均适用于调速阀,除此之外还有:

(1)定压差减压阀移动不灵活,不能起到压力反馈作用,稳定节流阀前后的压差成一定值的作用,而流量不稳定。可拆开该阀端部的螺塞,从阀套中抽出减压阀芯,进行去毛刺清洗及精度检查,特别要注意阀芯的大小头是否同心,不良者予以修复或更换。

(2)调速阀中减压阀芯与阀盖上压力反馈小孔阻塞,或因定压差减压阀阀芯大小头不同心,配合不好等原因,不能很好行使压力补偿作用而使节流阀阀芯进出口的压差 Δp 变化,从而使流量不稳定。一般可用 ϕ_1 钢丝通一通阀套及阀芯上反馈小孔,或用压缩空气吹通。

(3)漏装了减压阀的弹簧,或者弹簧折断或装错,可予以补装或更换。

(4)调速阀的内外泄漏量大,导致流量不稳定应治理泄漏。

(5)出进油口接反,使调速阀如同一般节流阀而无压力反馈补偿作用。

5)内外泄漏

情况基本同节流阀。

6)最小稳定流量不稳定

为了实现油缸等执行元件的低速进给的稳定性,对流量阀规定了最小稳定流量限界值,但往往在此限界以内,执行元件的低速进给也不稳定,从调速阀的原因分析是其最小稳定流量变化。

影响最小稳定流量的原因是内泄漏量大,具体原因一是在节流阀芯处,二是在减压阀阀芯处。

从减压阀阀芯处的结构看,由于阀芯大小头存在两级同心问题,装配时需要足够的间隙来补偿大小头的加工偏差(大头 0.025mm,小头 0.008 ~ 0.015mm),这就增加了内泄漏量,导致最小稳定流量不稳定。

四、同步阀

1. 简介

液压系统中,当使用一台泵供给两个或两个以上执行元件(油缸或油马达)时,为保证执行元件不论各自的负载变化情况如何,均能保持相同的位移或相同的速度运动,即保证液压执行元件的同步运动。在节流同步措施中要用到同步阀,又称分流—集流阀。它是分流阀、集流阀、单向分流阀、单向集流阀和分流集流阀的总称。

(1)分流阀是按固定的比例(也有可调的)将单一油流分成二个支流的控制阀,它能将压力油按一定流量比率分配给两个液压缸或液压马达,而不管它们的载荷怎样变化。

(2)集流阀是按固定的比例自动将两股油流合成单一油流的控制阀,能将压力不同的两个分支管路的流量按一定的比率汇集起来。

(3)单向分流阀是单向阀和分流阀的组合。

(4)单向集流阀是单向阀和集流阀的组合。

(5)分流集流阀是分流阀和集流阀的组合。

分流集流阀能使执行元件双向运动都能起同步作用,其他阀类则只能使执行元件在运动的一个方向起同步作用。

(6)国产同步阀的型号说明及选用可参阅有关手册。

同步阀名称:例如:FL-分流式同步阀、FIL-分流集流式同步阀、FDL-单向分流式同步阀,其他型号参阅有关手册。

连接形式:B 板式连接,L 螺纹连接

(7)同步阀根据流量比率的不同,又可分为等量式和比例式两种。

2. 结构原理

等量式同步阀目前应用较多,用以将液压泵的流量一分为二,或者使两液压缸或液压马达排出的流量相等,从而实现两个液压缸或液压马达运动速度的同步。

图 3-3-5 为分流时的工况。

压力为 p 的油流从油口进入中间容腔后,分两路分别经过固定节流孔 a 和 b 而进入环槽 g 和 h,最后经过两个可变节流孔 c 和 d,从 A、B 口流出。阀芯可以在阀体内自由轴向移动,其上有两个轴向孔分别将 e、h,g、f 腔沟通。

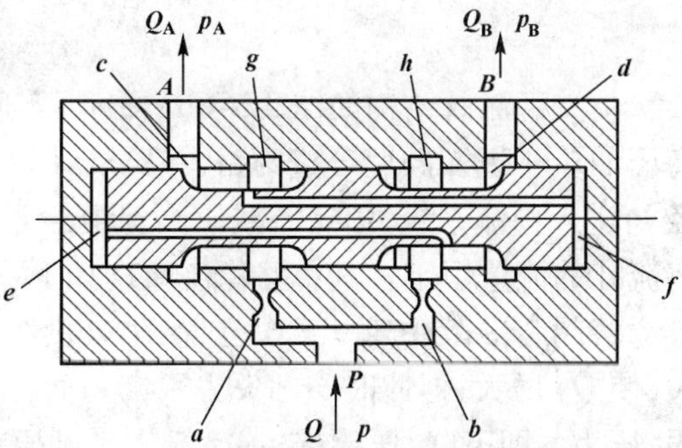

图 3-3-5　等量分流原理

由于阀芯的尺寸是严格控制的,并且左右对称,固定节流孔 a 和 b 大小相等。因此当两边出口的负载压力 p_A 和 p_B 相等时,两边油路完全对称,阻力相同,两边流量相等。实际上,阀在工作时两边出口的负载压力往往不等,例如某时刻 $P_A > P_B$,这时如果阀芯处于中间位置不动,那么从 B 口流出的流量 QB 就要比出口 A 流出的流量 QA 多,从而通过固定节流孔 a 和 b 所造成的压力降$(p-p_g)$和$(p-p_h)$就不相等,使 $p_g > p_h$,阀芯受力不平衡,阀芯左移,将可变节流口 d 逐渐关小,c 则相应增大,使 p_h 增加,p_g 减小,直到 $p_h = p_g$ 阀芯在新的位置上达到平衡状态。两个固定节流孔前后的压力差$(p-p_g)$和$(p-p_h)$相等,因此维持 $Q_A = Q_B$。

集流阀工作原理与分流时相似。

同步阀的压力损失(相对于载荷较大的那一边而言)约为 0.5 ~ 1. OMPa,同步阀精度约为 2% ~3% 。

五、稳流分流阀

稳流分流阀也属流量控制阀的一种,主要用来限制流量并使之保持稳定。工程机械较多用的是单泵单路稳流分流阀和双泵单路稳流分流阀两种。

1. 单泵单路稳流分流阀

单泵单路稳流分流阀(简称单支稳流阀)能保证单路输出流量的稳定,而不管泵输出的流量如何变化。例如有的叉车用同一泵给工作油缸和转向油缸供油(图 3-3-6a),使用了单支稳流阀后能使流向转向液压缸的流量稳定,保证转向的稳定性。

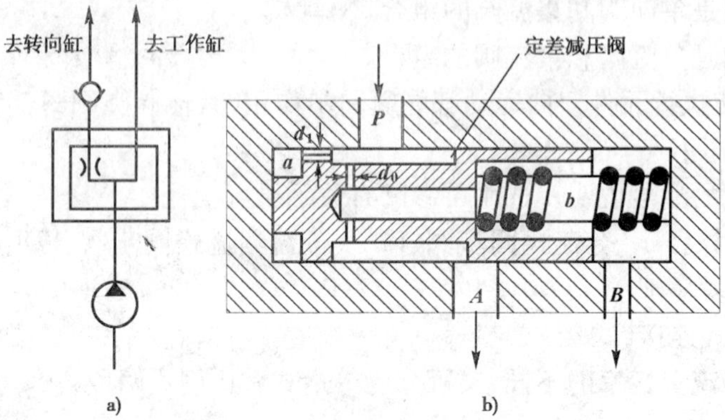

图 3-3-6　单支稳流阀的应用

a)符号图;b)结构原理图

单支稳流阀结构如图 3-3-6b)所示,实质上是由一个定差减压阀和固定节流孔 d_0 组成。高压油从 A 进入阀后分成两路,一路从 A 口进入工作系统(不要求稳流);另一路由节流孔 d_0 经 B 进入稳流系统,由定差减压阀保证通过固定节流孔的压差基本不变,从而保证通过固定节流孔的流量恒定。其单路稳流原理如下:

若阀芯平衡在某一工作位置,B 口负载即 b 腔压力 p_b 减小时,造成瞬时压差($p-p_b$)增大,使 Q_B 增大,但此时阀芯失去平衡。而在腔压力作用下右移,开大 A 口,使 A 口节流效果减弱,压力 p 即下降,压差($p-p_b$)又恢复到原来差值,使流量 Q_B 又下降到原来值。若 B 口负载增大,p_b 也增大,压差($p-p_b$)减小,使 Q_B 瞬时减少,但此时阀芯失去平衡而在 b 腔压力作用下左移,关小 A 口,使 A 口节流效果增强,则压力 p 上升,压差又恢复到原值,使流量又上升到原值。或者,若 A 口负载压力变化时阀芯会自动开大或关小 A 口,保证压差恒定,使流量稳定。

2. 双泵单路稳流阀

双泵单路稳流阀能保证在一定的发动机转速范围内,两个泵供给一个液压系统以要求的稳定流量。这种阀已被使用在铰接式装载机的转向系统中。

该系统使用双泵单路稳流阀后,转向速度不随发动机转速变化而变化,转向稳定、可靠。同时转向泵可选用一个较小的泵。

双泵稳流阀工作原理如图 3-3-7 所示。它主要由一个阀芯和两个固定节流孔组成。转向泵的流量通过两个固定节流孔直接供给转向系统,而辅助泵的流量

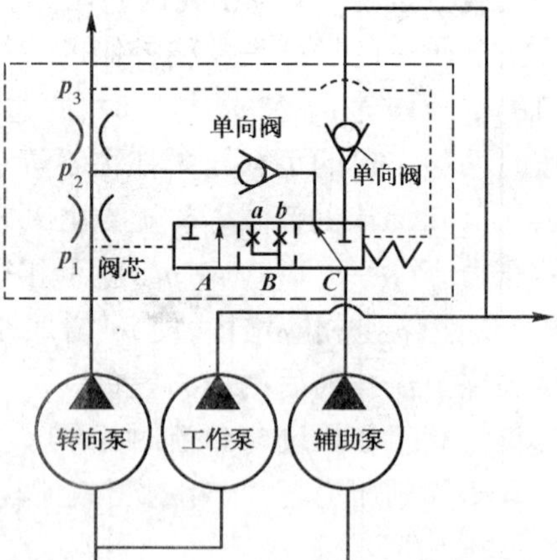

图 3-3-7　双泵稳流阀的应用

在 a、b 口均开的情况下（B 位），分两路，一路经 a 口经单向阀及固定节流孔进入转向系统，多余流量经 b 口及单向阀进入工作系统。转向系统的工作油（压力为 p_3）可进入阀芯的右端，转向泵的工作油（压力为 p_1）可进入阀芯左端。根据阀芯两端控制油压合力与弹簧力的平衡关系，阀有三个工作位置的可能：C 位（b 口关闭 a 口开），B 位（b、a 口均开）和 A 位（b 口打开 a 口关闭）。这样，发动机转速低时，在阀芯弹簧的作用下 C 位工作，正好解决转向泵流量不足，辅助泵全部流量供给转向系统；当发动机转速增高到中速时即正常运转速度时，B 位工作，辅助泵部分流量补偿给转向系统，多余的部分补偿给工作系统。当发动机高速时，由于 P_1 压力高，所以阀芯向右移，即阀在 A 位工作，转向泵已足够供转向系统之需，辅助泵的流量可全部供给工作系统。总之，根据发动机转速不同，使转向系统始终有稳定流量。

六、常见故障与排除

1. 同步失灵

所谓同步失灵是指几个执行元件不同时运动。产生的原因和排除方法有：

(1)分流阀阀芯因几何精度不好或因毛刺等产生径向卡住。此时应修复阀芯，清除毛刺，保证阀芯在反馈运动时的灵活性。

(2)因阀芯与阀体孔配合间隙过小，在系统油液污染或油温过高时，阀芯也容易产生径向卡住。因此在使用中应注意油液的清洁和油液的温度，保证阀芯运动的灵活性。

(3)因油缸（或油马达）安装不好，或因其他原因，缸动作不灵活，产生同步失灵。此时需矫正油缸安装位置。

(4)系统压力过低，压力未上去，造成同步失灵。因为一次节流孔（固定节流孔）的压降如果低于 0.6 ~ 0.8MPa，将使分流阀不能工作，所以系统压力（流入分流阀的压力）至少要大于此压力值，否则分流阀不起作用。

(5)A、B 腔因负载压力不等而窜油。分流阀内部各节流孔相通，当执行元件在行程停止时而窜油，这便影响下一步的同步动作，此时可在同步回路中接入液控单向阀。

(6)分流阀在动态过程中，要经反馈达到阀芯平衡后才有同步作用。若系统动作频繁（负载压力变化频繁或换向频繁），则来不及反馈，不能起同步作用。所以分流阀不能用于动作十分频繁的同步执行元件系统。

(7)同步阀阀芯配合间隙过大或因磨损造成间隙过大，会因泄漏影响同步阀的正常工作，此时可刷镀阀芯或重配阀芯，保证合适的配合间隙。

(8)没有弹簧对中的分流阀，停止工作时若无油液通过，阀芯将停止在任意位置上。起动的瞬间尚未起调节作用时，两油口处的流量波动很大，如果执行元件立即动作，会出现同步失灵。为此，分流阀每次接通后至少须 5s 以上再投入使用。

2. 同步误差大

产生同步误差主要有分流集流阀的定节流孔的对称性、定节流孔前后的油流压差、液动力和泄漏量等几方面的原因，具体有：

(1)阀芯径向卡紧力大，速度同步误差也就越大。因此要针对产生径向卡紧力大的原因逐一排除。

(2)流经同步阀的流量过小，或进出油腔压差过低，都会使两侧定节流孔的前后压差降低。而压差大(压力损失大)的定节流孔比压差小的定节流孔速度同步精度高,一般不能小于0.8MPa,使用流量不应低于公称流量的25%。

(3)在分流阀与执行元件之间接入的元件多、而且它们的泄漏量大,增大了回路的同步误差,一般在分流阀与执行元件之间,尽可能不再接入其他控制元件,避免由于这些控制元件的泄漏量的不同或其他原因而增大回路的同步误差。

(4)同步阀垂直安装,会因阀芯自重而影响同步精度,所以应水平安装。

(5)分流阀在同步系统中可以串联、并联或串并联组合。在串联连接时,系统的速度同步误差一般为各串联连入的分流阀速度同步误差的叠加值。所以串联的阀数越多,速度同步误差越大。因而从减少速度同步误差累计这点来看,并联时,系统同步误差可小些(为各速度同步误差的平均值)。

(6)负载压力偏差($p_A - p_B$)大,影响同步精度。因为此时作用在阀芯上的液动力不平衡,影响到阀芯的反馈平衡速度和难度,采用修正节流孔来减少或消除液动力对速度同步精度的影响。即让流经负载压力较大支路的流量有一小部分经过修正节流孔流入负载压力较小的支路,可使速度同步精度提高。这可在图中所示的阀体流道内部或阀体外部设置修正节流孔来实现。

(7)同步阀装错成刚度较大的弹簧。在保证阀芯能复位的情况下减少弹簧刚度,甚至取消弹簧,可提高同步精度,因此错装的弹簧要更正为合适刚度的弹簧。

(8)负载压力频繁强烈波动。此时分流阀在自动调节过程中会产生分流误差及其累积,而影响同步精度,所以必须尽量减少负载压力的波动。

3.执行元件运动终点动作异常

采用同步阀的同步系统,有时会出现一个执行元件运动到达终点,而另一个执行元件停止运动不能达到终点的现象,这是由于阀套上的常通孔堵塞的缘故。发现这一情况后,应及时清洗,保持常通小孔畅通。

另外,分流阀阀芯的两端应设置可调节的限位器,这样也可不至于出现上述情况。即先行到达行程端点的那个分流阀出油口的压力升高阀芯移动,由于有调节的限位器,不致于使另一出油口完全关闭而使另一液压缸无法继续运动到行程端点,通过调节也可消除累积误差。

课题四　电液伺服阀、电液比例阀的故障与排除

一、电液伺服阀

电液伺服阀是一种电气和液压联合控制的多级液压伺服元件,可以发挥电气和液压两方面的优点,把很小的输入信号放大为功率很大的液压能量输出。由于放大倍数高、快速性好、体积小、灵敏度高、精度高,电液伺服阀已成为液压伺服系统的核心元件,得到广泛的应用和发展。

1.电液伺服阀工作原理

电液伺服阀工作原理如图3-4-1所示。压力为p的油液由进油口进入阀内,经过滤油器后,再分别经两个节流孔,进入滑阀两端的油腔,然后再从两个喷嘴与挡板间的隙缝流出,排回

油箱。

当控制电流 $\Delta I=0$ 时，挡板处于两个喷嘴端面的中间位置。这时，两个喷嘴孔和两个固定节流孔的压力油参数相等，因而滑阀两端油压相等，即 $p_{a1}=p_{a2}$。滑阀处于中间平衡位置，伺服阀没有压力输出，执行机构不动作。

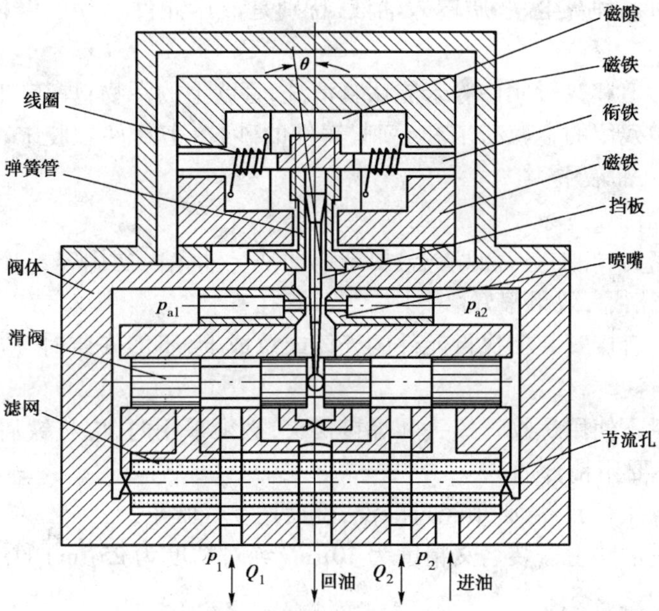

图 3-4-1　电液伺服阀工作原理

输入控制电流 $\Delta I=I_1-I_2>0$ 时，衔铁带动挡板顺时针偏转一个角度 θ。这时左喷嘴与挡板的间隙减少，而右喷嘴与挡板的间隙增大，因此滑阀两端压力 $p_{a1}>p_{a2}$。在压力差作用下，滑阀向右移，右边滑口打开，压力油经入口、滤油器、滑阀右口，由 p_2 进入执行机构，使执行机构动作。从执行机构流回的油液 p_1 经阀口流回液压油箱。由于挡板是一个弹簧片，在电磁力和滑阀推动下产生弯曲变形。弹簧片的变形，一方面使挡板偏移量减小，从而使滑阀两端压力差 Δp_a 减小，另一方面弹簧片变形产生的弹性反作用力阻止滑阀右移，因此滑阀移动到它所受的油液作用力与弹簧片反作用力相互平衡为止。

当输入控制电流 $\Delta I=I_1-I_2<0$ 时，则衔铁逆时针方向旋转，滑阀左右两端压力 $p_{a1}<P_{a2}$，滑阀向左偏移，压力油由左边阀口经 p_1 输往执行机构，使之反方向运动。

输入的控制电流越大，滑阀的偏移量也越大，输出的流量越多，因而执行机构的速度越快。可见，控制电流 I_1、I_2 的大小，就决定了执行机构的运动方向和运动速度。

2. 电液伺服阀故障与排除

当伺服阀发生故障时，应首先检查和排除电路和伺服阀以外的各环节故障。如确认伺服阀有故障，应首先检验和清洗伺服阀的内芯。如故障仍未排除，才可拆下伺服阀按检修规程进行检修。检修后的伺服阀，应在实验台上调试合格并铅封，然后重新安装使用。

1）常见故障

电液伺服阀故障90%以上是由于液压油污染造成的。其故障主要表现在下述两个方面：

（1）油液污染会使阀卡死。

(2)油液中的颗粒物冲击,会使阀的控制边锐角增加,使阀的灵敏度迅速下降。

2)原因分析

液压油中污染物常来自以下几个方面:

(1)新油中的污物。新油由于运输及加油等过程,可能包含各种污物。

(2)系统工作时各种灰尘、杂质侵入油液,特别是液压元件运动的摩擦微粒常侵入油液,造成严重污染。

(3)系统通油管道和执行元件等未能认真清洗,管壁上的污物、焊渣、毛刺等混入油液中。

(4)机械加工中残留的金属粉末和毛刺、铸件的砂粒、密封件橡胶末、氧化皮以及管接头粘合剂等都可能带入油液中。

3)预防故障的措施

(1)油箱必须密封,并加空气滤清器,要定期冲洗。油箱内勿用容易掉毛的棉丝织品去擦拭,但可用生面粉团粘擦,效果很好。

(2)伺服阀最好直接安装在执行元件的壳体或总成上,不能安装时,应尽量缩短连接油管的长度。

(3)管路中尽量不使用螺纹管接头和焊接接头,必须采用时,应将铁屑、焊渣等彻底清理。在管接头连接处,不要用粘合剂。

(4)所有管路及执行元件,必须经过酸洗,洗后用空气吹干。

(5)伺服阀的进油路上安装名义精度为10μm(绝对精度为25μm)的滤油器,其有效过滤面积应取得大一些。

(6)伺服阀压力油管流速不超过3m/s;回油管速度不超过1.5m/s。若回油管流速太高,易引起背压变化大而影响阀性能。

(7)切勿用容易掉毛的棉丝等物去擦拭连接面。

3. 安装注意事项

电液伺服阀是精密元件,应按产品说明书的规定进行安装和维护,安装前切勿拆下阀的保护板和力矩马达上盖,更不准许随意拨动伺服阀的调零机构,以免引起污染、零部件损伤和阀性能变差等现象。伺服阀安装是在油管和油箱安装并冲洗完毕后才能进行。安装前首先要检查连接板表面是否光滑、平直及是否有污染物附着,进出油口是否接好,"O"形密封圈是否完好,定位销孔是否正确等。

4. 使用注意事项

(1)工作油液应定期抽样检查,至少每年更换一次。为延长油液使用寿命,油温应保持在40℃左右,滤芯每3~6个月更换一次。

(2)伺服阀应按说明书规定的数据使用,输入电流不应超过规定值。

二、电液比例阀

电液比例阀简称比例阀,是一种按输入信号(通常是电流)连续地、按比例地控制液压系统中的流量、压力和方向的控制阀。

现在的比例阀,一类是由电液伺服阀简化结构、降低精度发展起来的;另一类是比例电磁铁取代普通液压阀的手调装置或电磁铁发展起来的。后者是当今比例阀的主流,与普通液压控制阀可以互换。电液比例阀按其用途可分为四类,即电液比例压力阀、电液比例流量阀、电液比例方向阀和电液比例复合阀。尽管它们的作用不同,但它们的工作原理及结构特点却有共同之处:

(1)可使用相同的电控制器。

(2)都由电—机械比例转换装置及液压控制阀两部分组成。前者的作用是把输入电信号连续地、按比例地转换成机械力或位移,后者的作用是接受前者输出的力或位移,连续地、按比例地控制液压参数(压力或流量),其结构与普通液压阀类似。

1. 电液比例阀工作原理

1)电液比例压力阀

此类阀输出压力与输入的电信号成比例,包括电液比例先导阀、电液比例溢流阀、电液比例减压阀、电液比例顺序阀等。如图 3-4-2a)所示为一电液比例溢流阀,b)所示为其图形符号。其下部主阀是一、二节同心式溢流阀,上部则为比例先导压力阀。其工作原理是由电信号驱动比例电磁铁进行调压。图中比例电磁铁的衔铁上的电磁力通过顶杆直接作用于先导锥阀,从而使先导锥阀的开启压力与线圈中的电流成正比。该阀还附有一个手动调整的先导阀,用来限制比例阀的最高压力。

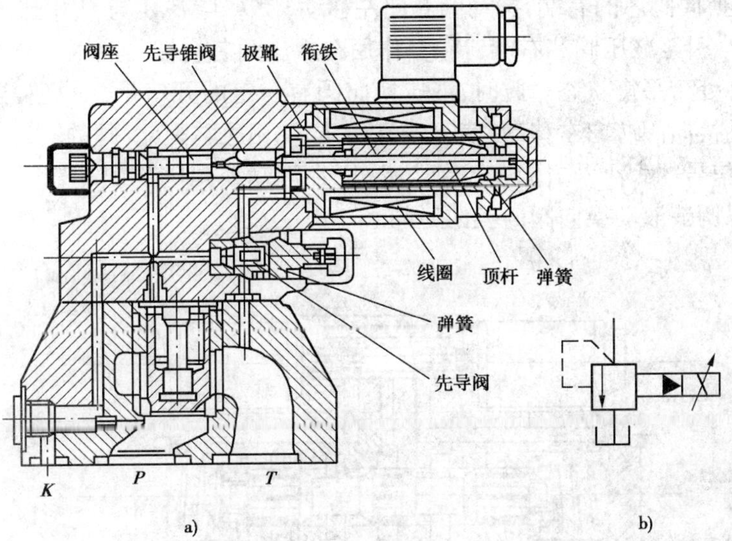

图 3-4-2　电液比例溢流阀

如将电液比例先导压力阀的回油和主阀回油分开,则电液比例溢流阀可作电液比例顺序阀使用。若将主阀改为减压阀,则可作电液比例减压阀。可见电液比例先导压力阀是各种电液比例压力阀的通用部件。

2)电液比例流量阀

此类阀输出流量与输入电信号成比例,包括电液比例节流阀、电液比例调速阀等。用比例电磁铁控制节流阀的开度,就成为电液比例节流阀;将此阀和定差减压阀组合在一起,则成为电液比例调速阀,如图 3-4-3 所示。图中比例电磁铁的衔铁通过推杆作用于节流阀阀芯,使其开口 K 随电流大小而改变,只要改变输入电流的大小,即可控制通过调速阀的流量。为了便于用比例电磁铁控制节流口开度大小，节流阀开口做成轴向形式。由于采用比例电磁铁直接推动节流阀阀芯，比例电磁铁必须有足够的推力，来克服节流阀的液压卡紧力、液动力以及弹簧力等。

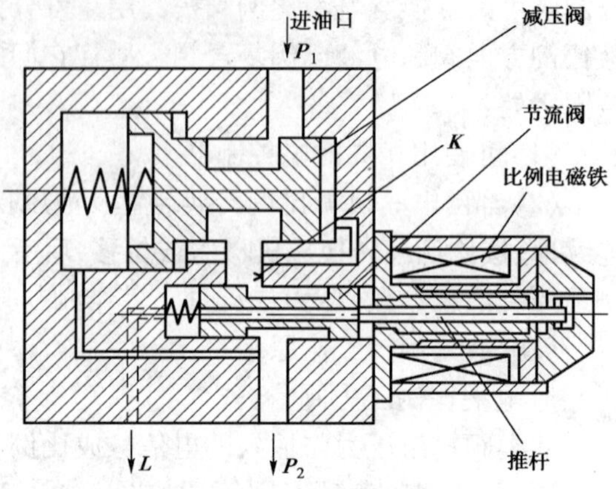

图 3-4-3　电液比例调速阀

3）电液比例方向阀

电液比例方向阀是电液比例压力阀与液动换向阀的组合。此类阀输出压力和流量与输入电信号成比例，并能按输入电信号的极性改变输出液流方向。一般用电液比例减压阀作为先导阀，利用减压阀的出口压力来控制液动换向阀的正向和反向开口量的大小，从而控制流量大小和液流方向。

图 3-4-4 所示为电液比例换向阀结构示意图。当直流电信号输入电磁铁时，电磁铁将电信号转换为机械位移，使减压阀芯向右移动，这时从 P 口进入的液压油经减压阀减至 P_1 后从油道 D 流到液动换向阀芯的右端，推动阀芯向左移动，使 P 与 B，A 与 O 相通。在油道 D 上有反馈油孔 C，将 P_1 引至减压阀芯右端，当 P_1 作用在减压阀芯右端的液压力与电磁铁的电磁力相等时，减压阀芯处于平衡状态。此时，液压换向阀有一定的开口量。同理，当输入电信号加至电磁铁时，液动换向阀芯向右移动，使 P 与 A，B 与 O 相通。因此，阀的输出流量大小和液流方向可由输入电信号的大小及方向来控制。此外，在液动换向阀的两端盖子上分别设有节流阀，根据需要可以调节液动换向阀的换向时间。

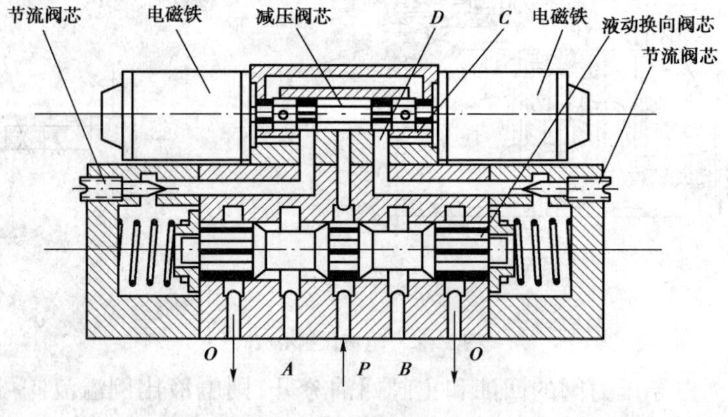

图 3-4-4　电液比例换向阀

电液比例换向阀结构比较简单、价格便宜、抗污染性能好，但响应速度比较慢。适用于对一般机械的速度、力、位置的控制，是一种用途比较广泛的电液比例控制元件。

2. 电液比例阀故障与排除

电液比例阀控制系统具有伺服阀控制的基本功能，然而其主阀和先导阀都是普通阀，这也正是电液比例阀的突出优点。普通阀的故障排除已在前面介绍，电液比例阀的故障排除可参考普通阀和伺服阀的有关内容。

三、电液阀的使用维护

1. 安装注意事项

(1)注意检查阀结合面的平直度、安装密封件沟槽的加工尺寸和质量，若有缺陷应修复或更换。

(2)安装阀时要注意进、出、回、控、泄等油口的位置，严禁装错。换向阀以水平安装较好；液控单向阀严格按箭头指示方向安装。

(3)安装时要注意质量。对密封件质量要精心检查，并避免装错及刮伤损坏；紧固螺钉拧紧时用力要均匀，对高压元件要注意螺钉的材质和加工质量，不符要求的不准使用。

(4)安装时要注意清洁，不准戴手套操作，不准用纤维织品擦拭安装结合面，防止纤维类杂物侵入。

(5)阀安装完毕后要检查下列项目：

①用手推动换向阀阀芯，要求复位灵活、正确，阀芯的正确位置应处于中立位置状态。

②检查应该堵住的油口是否已经堵上，应该接油管的油口是否都已接好。

③压力控制阀的调节螺钉应处于放松状态。

④调速阀的调节手轮应处于节油口较小开口状态。

2. 使用注意事项

(1)阀的压力和流量范围应满足系统要求，否则将引起阀工作失常。

(2)在液压泵起动前，应使溢流阀卸荷。

(3)流量控制阀调节螺栓顺时针转动时流量增加，逆时针转动时流量减少。

(4)压力控制阀调压螺栓顺时针转动为增压，逆时针为减压，在调到所需的压力后，应将调压螺栓锁紧。

(5)电液换向阀的控制油路实行内控时，应将外控进油口堵死，以免内控油液由此溢出；实行外控时，控制油压允许与液动换向阀油压不一致，但不得低于0.35MPa。

(6)多路换向阀中组合有溢流阀，调节压力时，调压螺栓顺时针转动为增压，逆时针转动为减压，调压后必须将调压螺栓锁紧。

3. 维修内容与方法

(1)阀芯与阀体孔磨损后，其配合间隙比规定值(见表3-4-1)大20%～25%时，需换新阀芯或将阀芯镀铬后再与孔进行研配修复。

液压控制配合间隙(供维修使用)　　表3-4-1

类别与部位	配合间隙(mm)	类别与部位	配合间隙(mm)
中低压滑阀： 阀芯与阀套	d≤160.008～0.025 d≤280.010～0.030 d≤500.012～0.035 d≤800.015～0.04	高压滑阀： 阀芯与阀套	d≤160.005～0.015 d≤280.007～0.020 d≤500.009～0.025 d≤800.011～0.030

(2)锥阀芯与阀座的圆锥面接触不良，封闭性差时，应进行研配修复。

(3)调压弹簧弯曲、变弱或折断时，应更换弹簧。

(4)密封件老化、失效，应更换密封件。

(5)阀类元件工作不正常，如卡阻、振动、动作迟缓等，要进行清洗。

单元四　液压缸和辅助元件的故障与排除

【知识目标】

1. 描述液压缸的故障现象与原因；
2. 描述液压辅助元件的故障现象与原因。

【能力目标】

1. 进行液压缸的故障诊断与排除；
2. 进行液压辅助元件的故障诊断与排除。

课题一　液压缸的故障与排除

液压缸是液压系统中的执行元件。它是一种把液体的压力能转换成机械能以实现直线往复运动的能量转换装置。其特点是结构简单,维修方便,质量小,传力大,可以频繁换向,易于实现远控和自控。液压缸在多种类型机械中获得广泛应用。

一、液压缸工作原理

下面以双作用单活塞杆液压缸为例分析液压缸的工作原理。图 4-1-1 所示是工程机械通用的一种单活塞杆液压缸结构图,图 4-1-2 为其工作原理简图。

液压缸将输入液体的压力能转换成活塞直线移动的机械能予以输出。所谓输入的液压能是指输入液体所具有的流量 Q 和压力 p,输出的机械能是指活塞移动时所具有的速度 v 和牵引力 F。所有这些参数都是靠工作容积的变化来实现的,所以说液压缸是一种容积式的执行元件。

1. 速度与流量的关系

液压缸是靠输入压力油推动活塞工作,而活塞的有效作用面积一般是固定不变的。因此液压缸的运动速度取决于实际输入液体的流量。

活塞移动速度与流量的关系为

$$Q = A \cdot v(\mathrm{m^3/s})$$

$$v = Q/A(\mathrm{m/s})$$

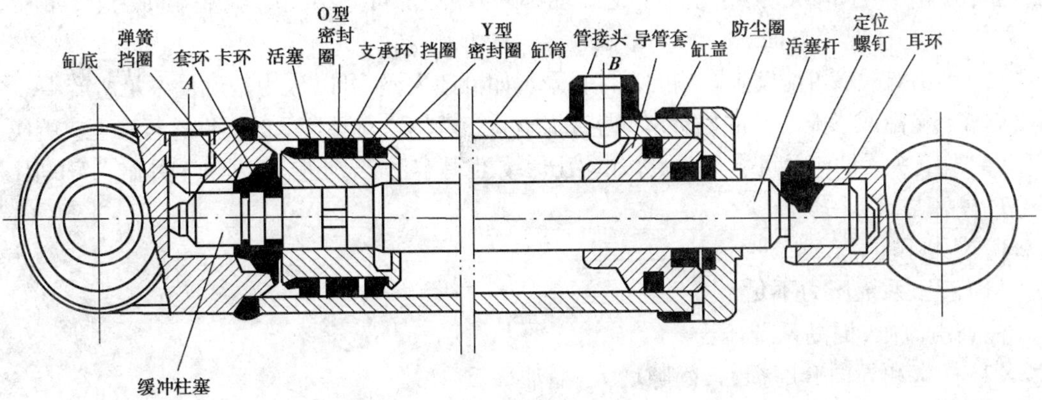

图 4-1-1　单活塞杆液压缸结构

式中：A——活塞的有效作用面积，m^2。

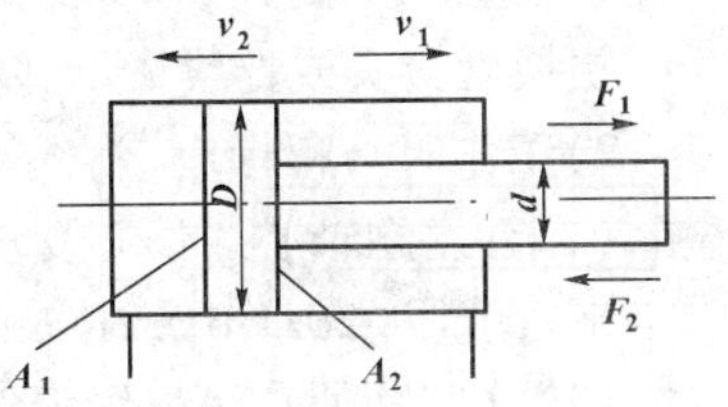

图 4-1-2　液压缸工作原理简图

当液压缸大腔进油时，活塞（或缸体）的运动速度 v_1 为

$$v_1 = \frac{4Q}{\pi D^2} \qquad (\text{m/s})$$

当液压缸小腔进油时，活塞（或缸体）的运动速度 v_2 为

$$v_2 = \frac{4Q}{\pi(D^2 - d^2)} \qquad (\text{m/s})$$

式中：D、d——分别为液压缸内径、活塞杆直径，m。

从上述公式可以看出，由于液压缸有效作用面积是不变的，因此速度的调节只能采用改变输入流量的方法来实现。

2. 牵引力与压力的关系

液压缸的牵引力是由工作液体的压力作用在液压缸有效作用面积上产生的，用以克服负载实现工作机构的往复运动。根据容积式液压传动的工作原理，压力取决于负载，压力的最大值由系统的溢流阀按设计要求预先调定。所以，液压缸克服负载的最大能力由系统的调定压力限制。对于图 4-1-1 所示液压缸，当压力油进入大腔时牵引力 F_1 为

$$F_1 = \frac{\pi}{4}D^2 p - \frac{\pi}{4}(D^2 - d^2)p_0 \qquad (\text{N})$$

当压力油进入小腔时，牵引力 F_2 为

$$F_2 = \frac{\pi}{4}(D^2 - d^2)P - \frac{\pi}{4}D^2 p_0 \qquad (\text{N})$$

式中：p、p_0——分别为液压缸进油压力、回油背压，Pa。

由以上两式可以看出，这种液压缸在压力一定的情况下，由于两腔有效作用面积不等，往返的牵引力也不同。

二、液压缸故障与排除

排除液压缸不能正常工作的故障，可参考如下顺序：

(1) 明确液压缸在起动时产生的故障性质。如运动速度不符合要求；运动不稳定；没有运

动；运动方向、顺序错误；爬行等。不论出现哪种故障，都可归结到一些基本问题上，如流量、压力、方位、受力情况等方面。

（2）列出对故障可能发生影响的元件目录。如缸速太慢，可以认为是流量不足所产生，此时应列出对缸流量造成影响的元件目录，有重点的进行检查试验，对不合适的元件进行修理或更换。

（3）如有关元件均无问题，各油路段的液压参数也基本正常，则进一步检查液压缸自身的因素。

1. 柱塞缸

1）推力不足

（1）液压系统压力不足

检查溢流阀，提高系统压力。

（2）柱塞和导向套磨损后，间隙增大，漏油严重

更换导向套，其内孔与柱塞外圆配合间隙在0.02～0.03mm。

（3）进油口管接头损坏或螺母未拧紧，严重漏油

更换管接头或拧紧螺母，防止漏油。

2）工作时有爬行

（1）柱塞缸轴心线偏心受压

平行度应在0.1～0.2mm内。

（2）柱塞缸轴心线与作用端面不垂直

垂直度应为0.1mm左右。

（3）柱塞与导向套配合间隙太小

要求在0.02～0.03mm范围内。

2. 活塞缸

1）液压缸产生爬行或局部速度不均匀

（1）缸内混入气体

打开排气阀，快速使缸运动排气。无排气阀的增设排气阀。

（2）活塞杆与活塞同轴度有误差

同轴度应在0.04mm范围内。

（3）活塞杆局部产生弯曲

校正。杆全长校正值应在0.2mm以内。

（4）密封圈压得过紧或过松

要保证松紧合适，能人力推动而试车时无漏油。

（5）安装精度低

其平行度，垂直度应在使用范围内。

（6）缸内锈蚀或拉毛

轻微时，修去锈斑和毛刺，严重时要经过镗床加工。

（7）杆端螺母拧得太紧，使活塞杆产生变形

杆端螺母不宜拧得太紧，一般稍为拧紧（小缸用手拧紧即可），使活塞杆处于自然状态，再用两把扳手将双螺母锁紧。

2）活塞杆或缸不能运动

(1)长期不用锈蚀

拆洗,修去锈斑,严重时,重新镗磨,再配活塞。

(2)"O"型密封圈老化,失效,内泄严重

更换。

(3)缸内精度差,表面粗糙或损坏,使内泄增大

修复或更换。

(4)脏物进入润滑部件

拆洗,必要时更换油液。

(5)缸端密封圈损坏

更换。

(6)缸装配质量差(杆、活塞与端面之间的同轴度误差大,安装精度低等)

重新装配和安装,不合格零件应更换。

3)推力不足,工作速度慢

(1)缸孔与活塞配合间隙太小或开槽太浅,使"O"型密封圈形成阻力太大

重新配制间隙,车深开槽。

(2)缸体与活塞间隙太大,使活塞两面高低压互通

重新配制活塞。

(3)活塞杆弯曲

校正,全长在0.2mm 范围内。

(4)端面内密封圈压得太紧

适当放松压紧螺钉,以不泄漏为限。

(5)系统泄漏,造成压力和流量不足

查出系统泄漏部件,紧固接头或作有关密封处理。流量不足时,更需要检查泵输出流量及压力是否达到额定值。

(6)缸油管因装配不良被压扁

更换油管,且避免再次出现压扁。

(7)系统压力调整较低

调整溢流阀系统压力在规定的范围内。

(8)油温过高

超过油温规定值时,应使系统冷却后再进行工作。

4)外泄漏严重

外泄漏是液压缸故障中问题最多的一种,也是最为影响安全、环境的。

(1)活塞杆泄漏

①密封件磨损引起的泄漏:

密封件磨损的原因,通常是衬套在滑动磨损后的微粒所引起的。密封件损伤引起的泄漏,Y 型密封圈最关键的是唇边。安装密封件时,绝对不能使唇边损伤。密封件应无毛刺。过渡部分应光滑。密封唇不能装错或装配不当,更不能装反。对小 Y 型(即 Yx 型),注意轴用、孔用两种,其短唇边应为有相对运动侧(对活塞而言,小 Yx 型的短唇边为与缸体相对运动侧)千

万不能弄错。有时,密封圈虽然没有损伤,但密封件唇边相对粗糙,也会引起泄漏。

②密封橡胶压缩后永久性变形引起的泄漏:

由于密封件材质问题,长期压缩使用,橡胶失去弹性,因而产生泄漏。

③密封件外界杂质的进入引起的泄漏:

密封唇有时因外部极小的砂粒从缸杆活动端混入,从而引起损伤产生油泄漏。为此,在野外作业更应采用密封防尘罩进行保护。

④错误的采用气缸用的密封圈:

对于 V 型密封圈来说,气缸用的密封 V 型圈唇边端部是尖角的,使活塞杆在作往复运动时,起到刮油作用,从而使活塞杆产生油滴下落现象。而液压缸用密封 V 型圈唇边端部是圆角的,它使活塞杆上形成一薄油膜,起到润滑作用。

(2)缸筒与端盖接合部产生的外泄漏

缸筒与端盖的接合分螺栓紧固和螺纹连接等方式。

①螺栓紧固方式:

螺栓紧固方式有法兰连接、半环连接和固定螺栓连接等。这种方式又有 O 型圈密封与端面密封方式。在 O 型圈密封方式中,从配合间隙产生泄漏;在端面密封方式中螺栓紧固不良,都会产生泄漏。

②螺纹连接方式:

螺纹连接方式有内螺纹和外螺纹连接两种。在大直径时,由于紧固端盖的力量往往达不到额定转矩而可能增加泄漏。所以,一定要用专用工具进行拧紧且达到额定需要的转矩值。

(3)液压缸进油口引起的泄漏

主要原因是因进油压力冲击或工作中的振动而引起的管口松动所致,需要经常检查并拧紧。

3. 液压缸故障原因与排除方法,见表 4-1-1。

液压缸故障原因与排除方法 表 4-1-1

<table>
<tr><th>故障现象</th><th colspan="2">原 因 分 析</th><th>排 除 方 法</th></tr>
<tr><td rowspan="6">活塞杆不能动作</td><td rowspan="6">压力不足</td><td colspan="2">油液未进入液压缸</td></tr>
<tr><td>换向阀未换向
系统未供油</td><td>检查换向阀未换向的原因并排除
检查液压泵和主要液压阀的故障原因并排除</td></tr>
<tr><td colspan="2">虽有油,但没有压力</td></tr>
<tr><td>系统有故障,主要是泵或溢流阀有故障
内部泄露严重,活塞与活塞杆松脱,密封件损坏严重</td><td>检查泵或溢流阀的故障原因并排除
将活塞与活塞杆紧固牢靠,并更换密封件</td></tr>
<tr><td colspan="2">压力达不到规定值</td></tr>
<tr><td>密封件老化、失效、唇口装反或有破损
活塞杆损坏
系统调定压力过低
压力调节阀有故障
通过调速阀的流量过小,因液压缸内泄露,当流量不足时会影响压力不足</td><td>更换密封件,并正确安装
更换活塞环
重新调整压力,达到要求值
检查原因并排除
调速阀的通过流量必须大于液压缸内的泄露量</td></tr>
</table>

续上表

故障现象	原因分析		排除方法
活塞杆不能动作	压力已达到要求，但仍不动作	液压缸结构上的问题	
		活塞端面与缸筒端面紧贴在一起，工作面积不足，故不能启动	端面上要加一条通油槽，使工作油液迅速流向活塞的工作端面，缸筒的进出油口位置应与接触表面错开
		具有缓冲装置的缸筒上单向回路被活塞堵住	排除
		活塞杆移动“别劲”	
		缸筒与活塞、导向套与活塞杆配合间隙过小	查配合间隙，并配研到规定值
		活塞杆与夹布胶木导向套之间的配合间隙过小	检查配合间隙，修配导向套孔，达到要求的配合间隙
		液压缸配置不良（如活塞杆、活塞和缸盖之间同轴度差、液压缸与工作平台平行度差）	重新装配和安装、对不合格零件应更换
		液压回路引起的原因，主要是液压缸背压腔油液未与油箱相通，回油路上的调速节流口调节过小或连通回油的换向阀未动作	检查原因并消除
速度达不到规定值	内泄露严重	密封件破损严重	更换密封件
		油的粘度太小	更换适宜粘度的液压油
		油温过高	检查原因并排除
	外载过大	设计错误，选用压力过低	核算后更换元件，调大工作压力
		工艺和使用错误，造成外载比预定值增大	按设备规定值使用
	活塞移动时“别劲”	加工精度差、缸筒孔锥度和圆度超差、装配质量差	检查零件尺寸，对无法修复的零件应更换 按要求重新装配
		活塞、活塞杆与缸盖之间同轴度差	按要求重新装配
		液压缸与工作平台平行度差 活塞杆与导向套配合间隙小	检查配合间隙，修配导向套孔，达到要求的配合间隙
	脏物进入滑动部位	油液过脏	过滤或更换油液
		防尘圈破损	更换防尘圈
		装配时未清洗干净或带入脏物	拆开清洗，装配时要注意清洁
	活塞在端部进程速度急剧下降	缓冲节流阀的节流口调节过小，在进入缓冲行程时，活塞可能停止或速度急剧下降	缓冲节流阀的开口度要调节适宜，并能起缓冲作用
		固定式缓冲装置中节流孔直径过小	适度加大节流孔直径
		缸盖上固定式缓冲节流环与缓冲柱塞之间间隙过小	适当加大间隙
	活塞移动到中途，发现速度变慢或停止	缸筒内径加工精度差，表面粗糙，使内泄量增大	修复或更换缸筒
		缸壁发生胀大，当活塞通过增大部位时，内泄量增大	更换缸筒

续上表

故障现象		原因分析	排除方法
液压缸产生爬行	液压缸活塞杆运动“别劲”	见本表活塞杆不能动作故障现象	
	缸内进入空气	新液压缸,修理后的液压缸或设备停机时间过长的缸,缸内有气或液压缸管道中排气不净	空载大行程往复运动,直到把空气排完
		缸内部形成负压,从外部吸入空气	先用油脂封住结合面和接头处,若吸空情况有好转,则将螺钉及接头紧固
		从液压缸到换向阀之间的管道容积比液压缸内容积大得多,液压缸工作时,这段管道上油液未排完,所以空气也很难排完	可在靠近液压缸管道的最高处加排气阀。打开排气阀,活塞在全行程情况下运动多次,把气排完后,再把排气阀关闭
		泵吸入空气	拧紧泵的吸油管接头
		油液中混入空气	油缸排气阀放气,或换油(油质本身欠佳)
缓冲装置故障	缓冲作用过度	缓冲节流阀的的节流开口过小	将节流口调节到合适位置并紧固
		缓冲柱塞“别劲”(如柱塞头与缓冲环间隙太小,活塞倾斜或偏心)	拆开清洗,适当加大间隙,对不合格零件应更换
		在柱塞头与缓冲环之间有脏物	修去毛刺并清洗干净
		固定式缓冲装置柱塞头与衬套之间间隙太小	适当加大间隙
	失去缓冲作用	缓冲调节阀处于全开状态	调节到合适位置并紧固
		惯性能量过大	应设计合适的缓冲结构
		缓冲节流阀不能调节	修复或更换
		单向阀处于全开状态或单向阀座封闭不严	检查尺寸,更换锥阀芯和钢球,更换弹簧,并配研修复
		活塞上的密封件破损,当缓冲腔压力升高时,工作液体从此腔向工作压力一腔倒流,故活塞不减速	更换密封件
		柱塞头或衬套内表面上有伤痕	修复或更换
		镶在缸盖上的缓冲环脱落	更换新缓冲环
		缓冲柱塞锥面长度与角度不对	给予修正
	缓冲行程段出现“爬行”	加工不良,如缸盖、活塞端面不合要求,在全长上活塞与缸筒间隙不均匀;缸盖与缸筒不同轴;缸筒内径与缸盖中心线偏差大,活塞与螺母端面垂直度不合要求造成活塞杆弯曲等	对每个零件均仔细检查,不合格零件不许使用
		装配不良,如缓冲柱塞与缓冲环相配合的孔有偏心或倾斜等	重新装配,确保质量

续上表

故障现象	原因分析		排除方法
有外泄漏	装配不良	液压缸装配时端盖装偏，活塞杆与缸筒定心不良，使活塞杆伸出困难，加速密封件磨损	拆开检查，重新装配
		液压缸与工作台导轨面平行度差，使活塞伸出困难，加速密封件磨损	拆开检查，重新安装，并更换密封件
		密封件安装差错，如密封件划伤、切断、密封唇装反，唇口破损或轴倒角尺寸不对，装错或漏装	更换并重新安装密封件
		密封件压盖未装好 压盖安装有偏差 紧固螺钉受力不均 紧固螺钉过长，使压盖不能压紧	重新安装 重新安装，拧紧螺钉并使受力均匀 按螺孔深度合理选配螺钉长度
	密封件质量不佳	保管期太长。自然老化失效	更换密封件
		保管不良，变形或损坏	
		胶料性能差，不耐油或胶料与油液相容性差	
		制品质量差，尺寸不对，公差不合要求	
	活塞杆和沟槽加工质量差	活塞杆表面粗糙，活塞杆头上的倒角不符合要求或未倒角	表面粗糙度应为 $Ra0.2\mu m$，并按要求倒角
		沟槽尺寸及精度不合要求	
		设计图样有错误 沟槽尺寸加工不符合标准 沟槽精度差，毛刺多	按有关标准设计沟槽 检查尺寸，并修正到要求尺寸 修止并去毛刺
	油的粘度过低	用错了油品	更换合适的油液
		油液中渗有乳化液	
	油温过高	液压缸进油口阻力太大	检查进油口是否通畅
		周围环境温度太高	采取隔热措施
		泵或冷却器有故障	检查原因并排除
	高频振动	紧固螺钉松动	应定期紧固螺钉
		管接头松动	应定期紧固管接头
		安装位置变动	应定期紧固安装螺钉
	活塞杆拉伤	防尘圈老化、失效	更换防尘圈
		防尘圈内侵入沙粒、切屑等脏物	清洗更换防尘圈，修复活塞杆表面拉伤处
		夹布胶木导向套与活塞杆之间的配合太紧，使活动表面产生过热，造成活塞杆表面各层脱落而拉伤	检查清洗，用刮刀修刮导向套内径，达到配合间隙

三、液压缸的安装、使用和维护

1. 液压缸的安装

液压缸在工程机械中是直接拖动负载的装置，安装时要考虑到它与负载大小、性质、方向等，在安装时必须予以考虑。如：

(1)连接的基座必须有足够的刚性。如果基座不坚固，加压时，缸筒将向上翘起，致使活塞杆弯曲或折损。

(2)大直径、行程在2～2.5m以上的大液压缸，在安装时，必须安装活塞杆的导向支承环和缸筒本身的中间支座，以防活塞杆和缸筒的挠曲。因为挠曲结果，将会产生缸体与活塞杆、活塞杆与导向套之间的间隙不均匀，造成滑动面不均匀磨损或拉伤，轻则使液压缸出现内漏和外漏；重则使液压缸不能应用。

(3)耳环式液压缸是以耳环为支点，它可以在与耳环垂直的平面内摆动的同时，做直线往复运动。所以，活塞杆顶端连接转轴孔的轴线方向，必须与耳轴孔的方向一致。否则，液压缸就会受到以耳轴孔为支点的弯曲荷重，有时还会发生由于活塞杆的弯曲，使杆端的头部螺纹折断。而且，由于活塞杆处于弯曲状态下进行往复运动，容易拉伤缸筒表面，使导向套的磨损不均匀，发生漏油等现象。

(4)当要求耳轴式液压缸能以耳轴孔为中心作自由回转时，可以使用万向接头或万向联轴器。采用万向接头时，液压缸能整体自由摆动，可将“别劲”现象减到最小。

(5)铰轴式液压缸的安装方法应与耳轴式液压缸作相同考虑，因为液压缸是以铰轴为支点的，并在与铰轴相垂直的平面内摆动的同时，作直线往复运动。所以，活塞杆顶端的连接销，应与铰轴位于同一方向。若连接销与铰轴相垂直，则液压缸就会变形弯曲，活塞杆顶端的螺纹部分会折断，加之有横向力作用，活塞杆导向套和活塞面容易发生不均匀磨损或拉伤，这是造成破损和漏油的原因。

2. 液压缸的调整

液压缸安装好后，需进行试运转。

安装后试压时无漏油现象时，首先应当排气。将工作压力降至0.5～1.0MPa进行排气。

排气方法是：当活塞运动到终端，压力升高时，将处于高压腔的排气阀螺栓打开点，使带有浊气的白泡沫状油液从排气阀喷出，喷出时带有“嘘、嘘”的排气声。当活塞由终端开始返回的瞬间关闭该阀。如此多次，直至喷出澄清色的油液为止。然后再换另一腔排气，排除方法同上。一般要将空气完全排除需要进行25min左右时间。排气操作必须注意安全及谨慎。

液压缸设有缓冲阀的，还应对缓冲调节阀进行调整，主要调整缓冲效果和动作的循环时间。当液压缸上作用有工作负载条件时，活塞速度按小于50mm/s运行，逐渐提高。开始先把缓冲调节阀放在缓冲节流阻力较小位置，然后逐渐增大节流阻力，使缓冲作用逐渐加强，一直调到符合缓冲要求为止。

3. 液压缸的拆卸、检查

1)拆卸

(1)首先将活塞移到适于拆卸的一个顶端位置。

(2)松开溢流阀，使溢流阀卸荷，系统压力降为零。

(3)切断电源,使液压装置停止运动。

(4)一般液压缸的拆卸顺序应是:卸下进、出油口的配管,松开活塞杆端的连接头、端盖及安装螺栓,再拆卸活塞杆、活塞和缸筒等。拆卸时一定要注意不应硬性将活塞杆、活塞从缸筒中拔出,以免损伤筒内表面。

2)液压零件的检查和判断

(1)缸筒内表面

缸筒内表面有很浅的线状摩擦伤或点状伤痕,是允许的,对使用无妨。如果是纵状拉伤时,必须对内孔要进行研磨,或可用极细的砂纸或油石修正。当无法对纵状拉伤进行修正时,必须更换新缸筒。

(2)活塞杆

在与密封圈作相对滑动的活塞杆滑动面上,产生的拉伤或伤痕,其判断及处理方法同缸筒内表面。但是,活塞杆滑动面一般是镀硬铬的,如果镀层的一部分因磨损产生脱离,形成纵状深痕时,对外漏油将会有很大影响。此时必须除去旧有镀层,重新镀铬,抛光。镀铬厚度为0.05mm。

(3)密封件

检查活塞、活塞杆密封件,应当首先观察密封件的唇边有无受伤,密封摩擦面的磨损情况。发现唇口有轻微伤痕,摩擦面略有磨损时,最好能更换新的密封件。

(4)导向套

导向套内表面有些伤痕,对使用没有多大影响。但是,如果伤痕深度在0.2mm以上时,就应更换新的导向套。

(5)活塞

活塞表面有轻微的伤痕时,不影响使用,当伤痕深度在0.2mm以上时,就应更换新的活塞。另外,还得检查活塞上是否有与端盖碰撞引起的裂缝。如有,则必须更换活塞。

(6)其他

其他部分的检查,随液压缸构造及用途不同而异。但检查应留意端盖、耳环、铰轴是否有裂纹,活塞杆顶端螺纹和油口螺纹有无异常等。

4.液压缸组装时的注意事项

(1)检查加工零件上有无毛刺或锐角。

在密封技术中,如何保护号称密封圈生命的唇边,是十分重要的。若缸筒内壁上开有排气孔或是通油孔,应检查,并去除孔两端开的导向锥面上的毛刺,以免密封件在安装过程中损坏。检查密封圈接触或摩擦的相应表面,如有伤痕则必须研磨、修正。否则即使更换新的密封件也不能防止漏油。当密封圈要经过螺纹部分时,可在螺纹上卷上一层密封带,在带上涂上润滑脂,再进行安装。

(2)装入密封件时,要用耐性好、抗氧化能力好的润滑脂。

在液压缸的拆卸和组装的过程中,采用洗涤油或汽油等,将各部分洗净,再用压缩空气吹干,然后在干筒内表面及密封圈上涂上一些润滑脂。这样,不仅能使密封圈容易装入,而且在组装时能保护密封圈不受损坏,效果较显著。

(3)切勿装错密封件方向。

密封有方向性。对于V型、Y型等密封圈,一般高压朝着密封圈的唇口一边。如果是O型圈,就没有方向性,但O型圈后面要加保护环,O型圈前面受压,背后的保护环是防止O型圈受压后变形及被挤出拧扭。

5. 液压缸的试验

液压缸安装好后要进行试验。试验项目一般有以下几项:

1)运动平稳性检查

在最低压力 p_1 下运行5~10次,检查活塞运动是否平稳、灵活,无阻滞现象。最低压力与密封件种类有关。推荐:O型、Y型和V型夹织物密封圈 p_1 取0.3MPa左右,V型夹织物密封圈 p_1 取0.5MPa左右,活塞环取 p_1 为0.15MPa。

2)负荷试验

在活塞杆上加最大工作负荷,此时缸中的压力 p 为最大工作压力。在 p 作用下,运行5次全行程往复运动,此时缸活塞杆移动平稳、灵活,且缸的各部分部件没有永久变形和其他异常现象。

3)液压缸的外部泄漏试验

在 $p_2(=1.5p)$ 作用下,活塞往复运动约为5~10min,各密封和焊接处不得漏油。

4)液压缸内部泄漏试验

在活塞杆上加一定的静负荷 $F(F=pA, A$ 为活塞有效工作面积$)$,在10min内,活塞移动距离不超过额定值。

5)液压缸强度试验

从缸两端施加试验压力 $p_3[p_3=(1.5\sim1.75)p]$ 试验2min,各零件不得破损或永远变形。

6)试验后再度紧固

在以上各项试验之后,可能出现缸的紧固或松弛现象。所以,为慎重起见在试验后应再度拧紧拉杆,紧固压盖螺栓等。此项工作往往被人疏忽。否则,在耐压试验后直接使用,由于各螺栓上的荷重的不均匀,而使螺栓逐个破坏,最终造成严重的故障。

6. 液压缸使用注意事项

(1)工程机械工作环境恶劣,在工作中应避免损伤活塞杆的外表面及活塞杆端部螺纹,避免用铁锤敲打活塞杆和缸体端部。

(2)注意液压缸性能试验后的再紧固。液压缸试验之后,必须再度拧紧缸盖紧固螺栓及有关连接螺栓,以免单边拧紧受力不均而逐个破坏。

(3)使用过程中应经常检查液压缸是否漏油,以及液压缸与工作机构的连接部位有无松动。

(4)有排气装置的液压缸,应注意将缸内的空气排除干净。

7. 定期检查

以上各项工作进行之后,仍应建立定期检查制度,以防或减少不测的事故发生。

课题二　液压辅助元件的故障与排除

液压辅助元件有滤油器、油箱、管件、密封件、蓄能器和热交换器等。以上元件虽起辅助作用,但它们对系统的性能、效率、温升、噪声和寿命的影响极大,应给予足够的重视。

一、蓄能器

蓄能器是一种能够贮存液体压力能并在需要时把它释放出来的能量贮存装置。

1. 蓄能器的作用

1)作辅助动力源

液压系统是作周期性循环动作,只在短时需要大流量,用蓄能器做辅助动力源,可减少泵的规格和选用较小功率的原动机,减少系统发热,提高效率。

2)保持系统压力

执行机构停止后,卸荷阀打开使泵卸荷,蓄能器补偿系统泄漏使系统保压。

3)作紧急动力源

在泵发生故障时,蓄能器作应急能源在一定时间内可保持系统压力,防止系统发生故障。

4)吸收压力冲击和压力脉动

在液压缸开停等液流发生激烈变化时,会产生液压冲击而引起执行机构运动不均匀,在液压泵的流量脉动影响下会引起管路及元件的振动而产生噪声。蓄能器能在一定程度上吸收压力冲击和压力脉动,降低系统噪声,改善系统性能,并起安全保护作用。

2. 蓄能器的分类

蓄能器的种类很多,根据结构不同可分为重力式、弹簧式和充气式三大类。目前应用较广泛的是充气式蓄能器。

充气式蓄能器可分为活塞式和气囊式两种。活塞式蓄能器结构简单、寿命长,但活塞有一定惯量,在密封处有摩擦损失,灵敏性差,不适于吸收液压冲击;气囊式蓄能器结构紧凑,油腔、气腔之间无泄漏,反应灵敏,容易维护。

3. 蓄能器的使用注意事项

(1)气囊式蓄能器原则应垂直安装(油口向下),远离热源并便于检查、维修。

(2)绝对禁止向蓄能器充氧气,以免引起爆炸。

(3)蓄能器是压力容器,搬运和拆装时应将充气阀打开,排出充入的气体,以免因振动或碰撞而发生意外事故。

(4)在充油状态下的蓄能器不能拆卸。

(5)蓄能器与系统之间应装设截至阀,供充气、检查、维修或长时间停机时使用。

(6)蓄能器与液压泵应装设单向阀,以防止液压泵停止工作时压力油倒灌。

(7)用于吸收液压冲击和脉动的蓄能器,应尽可能装在冲击源或脉动源附近,并便于检修。

(8)蓄能器的充气压力可为系统最低工作压力的60% ~70%。蓄能器的容量,则应根据用途确定,必要时可参考液压设计手册通过计算确定。

检查蓄能器充气压力的方法:将压力表装在蓄能器的油口附近,用泵向蓄能器注满油液,然后使泵停止,让压力油通过与蓄能器相接的阀慢慢从蓄能器中流出。在排油过程中观察压力表。压力表指针慢慢下降,达到蓄能器充气压力时,蓄能器中的提升阀就关闭,所以压力表指针迅速降到零。在压力迅速下降前压力表上的读数,即为蓄能器的充气压力。此外还可利用充气式工具直接检查充气压力。由于检查一次都要放掉一些气体,故这种方法不适用于容量很小的蓄能器。

二、滤油器

1. 滤油器的作用

滤油器是从液流中除去污染颗粒的屏蔽层。当油液通过这种由重叠的小孔或通路组成的屏蔽层时,油液中的杂质颗粒被阻留,从而达到滤清油液的目的。

2. 滤油器的安装

1)安装在吸油管路上

如图 4-2-1 滤油器 1。一般选用通油能力大、压力损失小的网式或线隙式滤油器,由滤芯直接浸在油中,这种安装方式能使整个系统得到保护,使用较广。但过滤精度不高,且泵磨损产生的颗粒会进入系统中。因此系统中有精密元件时应在其前另装滤油器。

2)安装在压油管路上

如图 4-2-1 滤油器 2。常选用有较大强度和刚度的滤油器,压力损失不超过 0.35MPa。这种安装方式滤油器设在安全阀后其他元件之前,能使泵及安全阀以外的元件得到过滤保护。若要设在安全阀前则需与一压力阀并联使用(或设置堵塞指示装置),压力阀的开启压力应略低于滤油器的最大允许压差,以保护滤油器。

3)安装在回油管路上

如图 4-2-1 滤油器 3。这种安装方式能保证油箱中的油液清洁,使滤油器工作压力较低,为避免其堵塞引起系统压力过高,应设旁通安全阀。

4)单独过滤系统

如图 4-2-1 滤油器 4。这种安装方式常用在大型机械液压系统中,以经常清除系统中的杂质。

滤油器安装应在易于检查的地方,以便清洗和更换。为了安全,最好安装滤油器的堵塞指示器或发信装置。

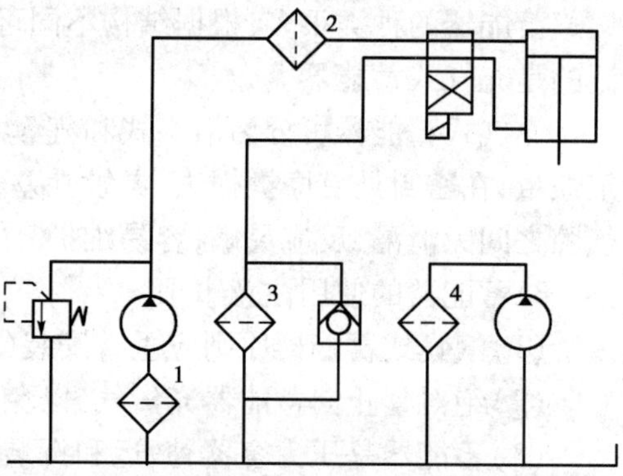

图 4-2-1　滤油器的安装位置

3. 滤油器的使用注意事项

(1)安装滤油器要注意壳体上标明的液流方向,正确安装在系统中,否则将会冲毁滤芯,造成系统污染。

(2)当滤油器堵塞,发信装置报警或压差指示器显示红色信号时,要及时清洗或更换滤芯。

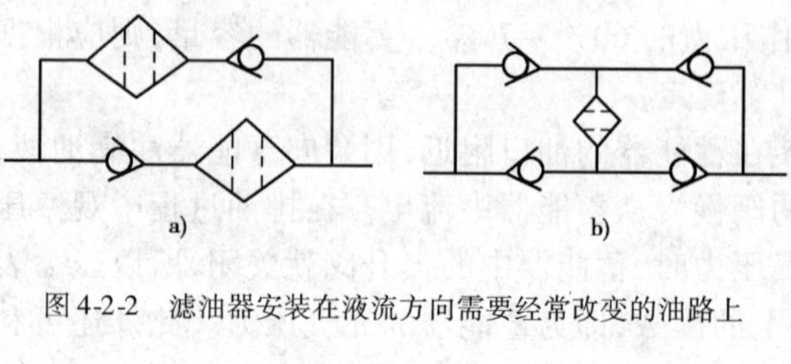

图 4-2-2　滤油器安装在液流方向需要经常改变的油路上

(3)为了保护滤油器,需要并联起安全作用的压力阀和起报警作用的滤油器堵塞状态发信装置。

(4)一般滤油器都只能单向使用,故滤油器不要安装在液流方向经常改变的油路上,如果需要这样的设置时,应如图 4-2-2 所示适当加设滤油器和单向阀，以保证双向过滤。

(5)清洗或更换滤芯时，应堵住滤芯端口，防止清洗下的污物进入滤芯内腔造成内污染。要防止外界污染物侵入液压系统。

(6)清洗金属孔网滤芯元件时，可在汽油等溶液中用刷子刷洗；而清洗高精度滤芯元件，则需要使用干净的清洗液或清洗剂；金属丝编织的特种网和不锈钢纤维烧结毡等可以用超声波清洗或液流反向冲洗；纸质滤芯及化纤滤芯切忌用超声波清洗，只能在清洗液中刷洗。

三、油箱

1. 油箱的作用

(1)储放系统工作用油。

(2)散发系统工作中产生的热量。

(3)分离油液中混入的空气。

(4)沉淀污物。

2. 油箱的分类

按油箱是否与大气相通，可分为开式油箱与闭式油箱。开式油箱广泛用于一般的液压系统，闭式油箱则用于水下和高空无稳定气压或对工作稳定性与噪声有严格要求处。

3. 油箱的结构布置

(1)吸油管与回油管之间尽量远，并设置隔板。隔板高度一般为油面高度的3/4。

(2)吸油管离油箱底部距离大于管径的2倍；距箱边距离大于管径的3倍；吸油口处应装有过滤能力为泵流量2倍的粗滤器；回油管口切成45°角，斜切面面向箱壁侵入油面以下，距箱底距离应大于管径的2倍。

(3)油箱应有密封的顶盖，盖上设有带滤网的注油器和带空气滤清器的通气口，保证油箱中的压力始终为1个大气压。

(4)油箱底部应做成倾斜的，最低处装有放油塞，油箱侧壁装有油位指示器。此外，还应考虑加热与冷却设备的安装位置。

(5)为了除锈，油箱的内、外壁应用好的耐油涂料。

4. 油箱的冷却和加热

一般油箱中的油温在30～50℃范围内比较合适，最高不超过65℃。固定装置油温应在40～55℃。移动装置，如车辆、工程机械等，最高油温允许达到65℃。特殊情况下允许达到85℃。高压系统，为了避免漏油，推荐油温不超过50℃。

1)油箱的冷却

(1)冷却器的类型

油箱散热不足为使油温保持在允许范围之内，在液压系统中应安置冷却器。冷却器有风冷式和水冷式，工程机械上多采用风冷式冷却器。

(2)冷却器的安装形式

①冷却器安装在回油路　油温的升高主要是由于大量高压油从溢流阀中溢流引起的，因此冷却器应放置在溢流阀的泄油管路上。如图4-2-3a)所示。

②短路冷却　有些工程机械在油温过高时进行冷却，开始工作时进行暖机运转。采用短

路冷却，如图4-2-3b）所示即可满足。在高温时油的粘度小，阻力也小，泵的回油按箭头 b 流经冷却器使全部工作油得到冷却；在低温开始工作时，油的粘度大，阻力也大，回路中的溢流阀在阻力作用下被打开，多数油按箭头 c 和 a 进入泵。这时只有少量的油按箭头 b 进行循环。在寒冷地区工作时，大大缩短了暖机时间。

③独立式冷却　为避免加油压力脉动对冷却器的破坏或提高液压功率及改善散热性能等，可采用独立冷却回路。

④自动调节油温冷却回路　此冷却回路中装有风冷式冷却器，风扇由齿轮马达带动，如图4-2-4所示。它由在油箱中的温度传感器及油路中的电磁阀控制，由齿轮泵供油。当油温超过

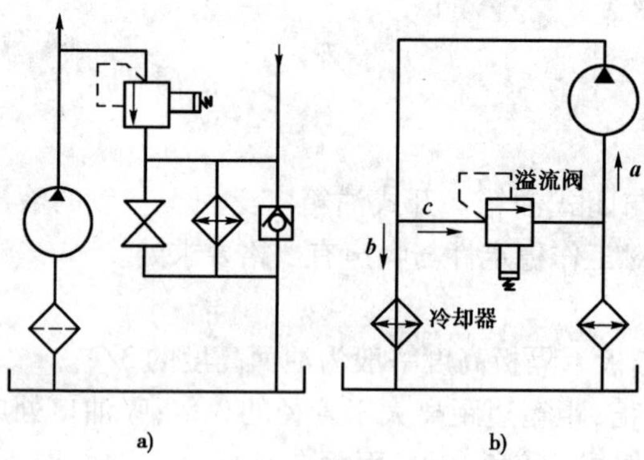

图4-2-3　冷却回路

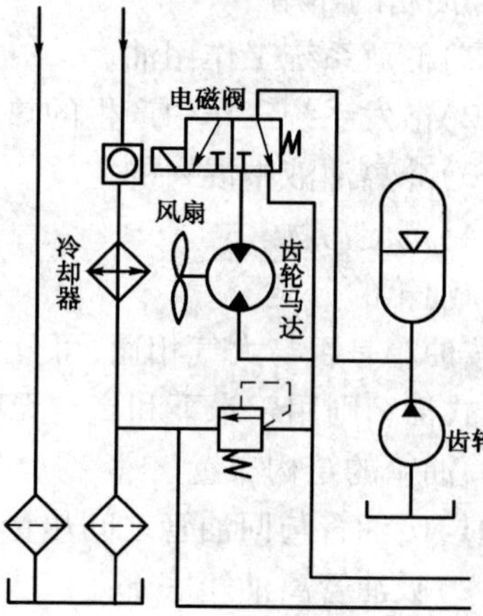

图4-2-4　自动调节油温冷却回路

一定值时，油箱中的温度传感器使电磁阀接通齿轮马达，带动内扇旋转，液压油被强制冷却。反之，则风扇停转，使油液保持在适当的温度范围内。

2）油箱的加热

油箱的加热有电加热、蒸汽加热、热水加热等。最常见的是电加热，它结构简单，可根据容许最低温度自动调节。图4-2-5是SRY型油用加热器及其安装方式。安装时应使两根管子全部浸入油中，并安装在最低油面以下。需要时，一个油箱可安装几个电加热器。

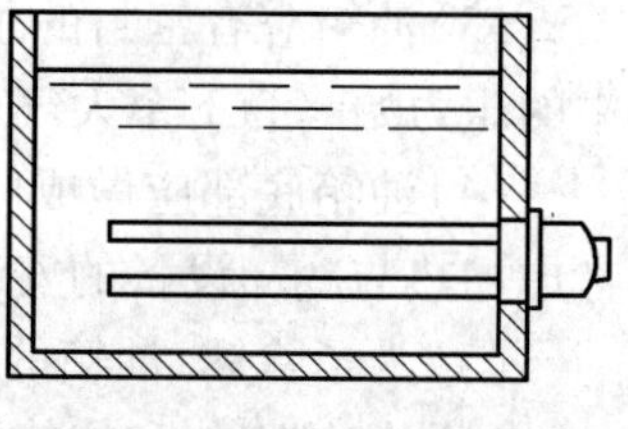

图4-2-5　电加热及安装

四、密封圈

密封圈密封是液压系统中应用最广泛的一种密封。

1.密封圈的分类

密封圈有O型、Y型、V型及组合式等数种类型，其材料为耐油橡胶和尼龙等。

1）O型密封圈

O型密封圈的截面为圆形，如图4-2-6所示，图中截面上两块凸起表示压制时由分模面挤出的飞边。O型密封圈主要用于静密封和动密封，传动密封用的较少，它结构简单紧凑，摩擦力较其他密封小，安装方便，价格便宜，可在-40～120℃温度范围内工作。但与唇形密封圈

(如 Y 型)相比,其寿命较短,密封装置机械部分的精度要求较高,启动阻力较大。O 型圈的使用速度范围为 0.005 ~0.3m/s。

2) Y 型密封圈

Y 型密封圈的截面呈 Y 型,如图 4-2-7 所示,属唇形密封圈。它是一种密封性、稳定性和耐压性较好,摩擦阻力小,寿命较长的密封圈,故应用也很普遍。Y 型圈主要用于往复运动的动密封。根据截面长宽比例的不同,Y 型圈可分为宽断面和窄断面两种型式,如图 4-2-8 和图 4-2-9 所示。

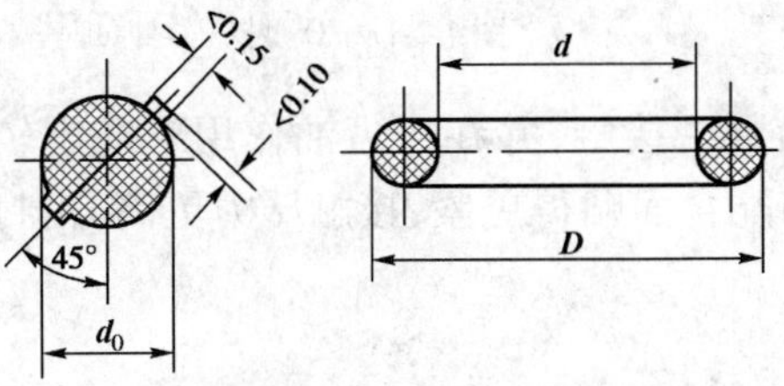

图 4-2-6　O 型密封圈

D-公称外径;*d*-公称内径;d_0-断面直径

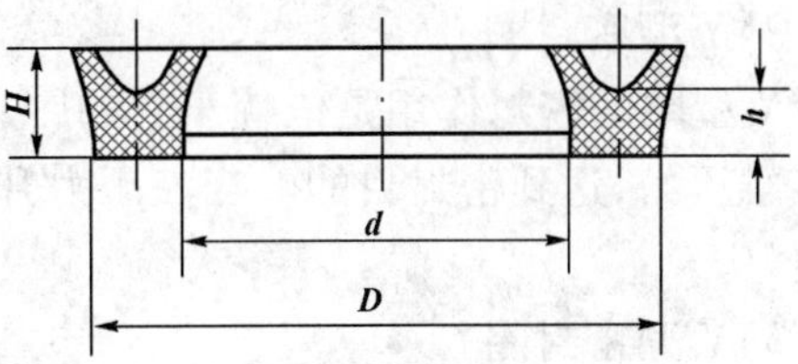

图 4-2-7　Y 型密封圈

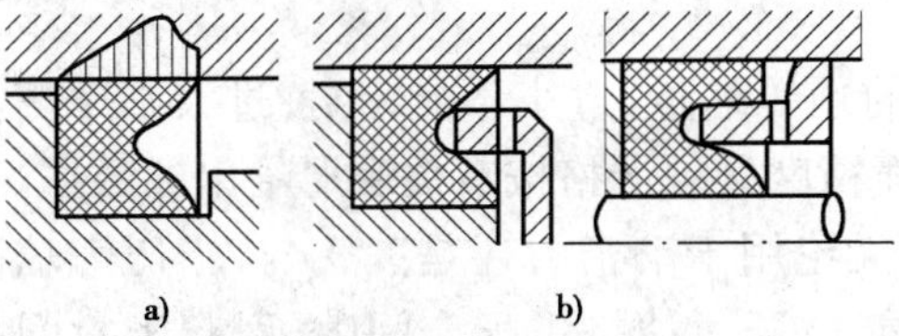

图 4-2-8　宽断面 Y 型密封圈

a) Y 型圈的密封作用;b) 带支承环的 Y 型圈

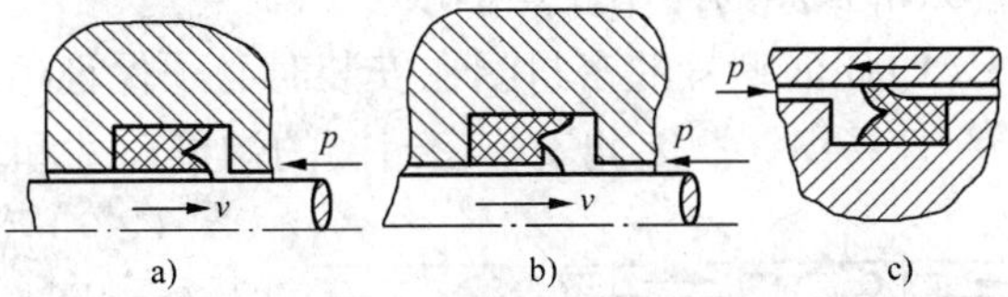

图 4-2-9　窄断面 Y 型密封圈

a) 等高唇通用型; b) 轴用型; c) 孔用型

窄断面 Y 型如图 4-2-9 所示。窄断面 Y 型圈是宽断面 Y 型圈的改型产品,其截面的长宽比有两倍以上,因而不易翻转,稳定性好,它有等高唇 Y 型圈和不等高唇 Y 型圈两种。后者又有孔用和轴用之分,其短唇与密封面接触,滑动摩擦阻力小,耐磨性好,寿命长;长唇与非运动表面有较大的预压缩量,摩擦阻力大,工作时不易窜动。

3) V 型密封圈

V 型圈的截面为 V 型,如图 4-2-10 所示。V 型密封装置是由压环、V 型圈和支承环组成。当工作压力高于 10MPa 时,可增加 V 型圈的数量,提高密封效果。安装时,V 型圈的开口应面向压力高的一侧。

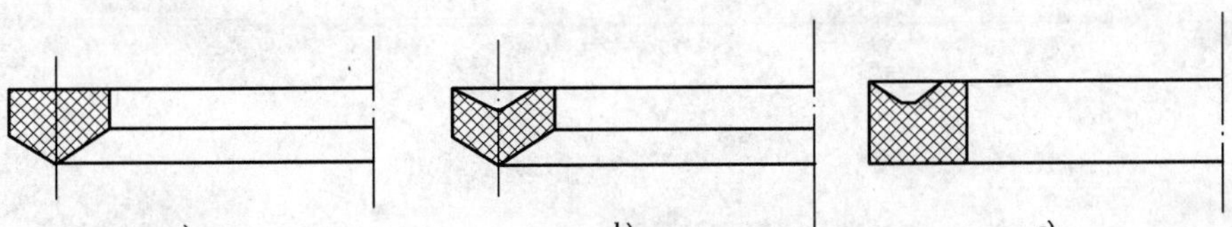

图 4-2-10　V 型密封圈

a) 压环;b) V 型圈;c) 支承环

2. 密封圈的密封原理

1）O 型密封圈

O 型圈密封原理如图 4-2-11 所示。O 型圈装入密封槽后，其截面受到一定的压缩变型。在无液压力时，靠 O 型圈的弹性对接触面产生预接触压力 p_0 实现初始密封（图 4-2-11a）；当密封腔充入压力油后，在液压力的作用下，O 型圈被挤向沟槽一侧，密封面上的接触压力上升为 p_m，提高了密封效果（图 4-2-11b）。

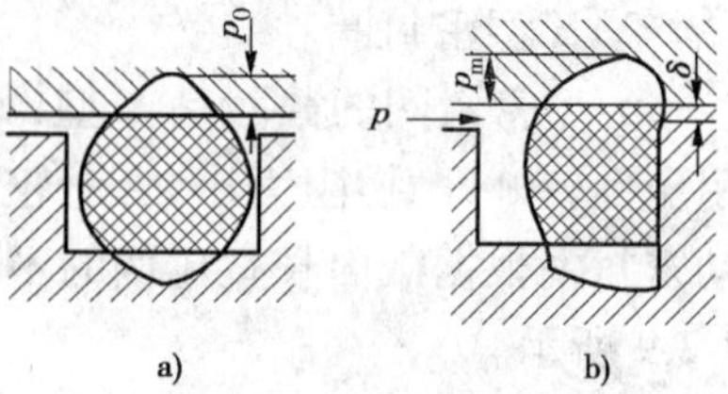

图 4-2-11　O 型圈密封原理

2）Y 型密封圈

Y 型圈的密封作用是依赖于它的唇边对配合面的紧密接触，并在压力油作用下产生较大的接触压力，达到密封目的。当液压力升高时，唇边与配合面贴得更紧，接触压力更高，密封性能更好。

3）V 型密封圈

V 型圈密封性能良好，耐高压，寿命长，通过调节压紧力，可获得最佳密封效果，但 V 型密封装置的摩擦阻力及结构尺寸较大。主要用于活塞及活塞杆的往复运动密封。它适宜在工作压力小于 50MPa，温度 −40 ~ +80℃条件下工作。

3. 密封圈的使用注意事项

（1）任何型号的密封圈在安装时必须保证适当的预压缩量，过小不能密封，过大则摩擦力增大，且易损坏。因此安装密封圈的沟槽尺寸和表面精度必须严格按有关手册给出的数据。

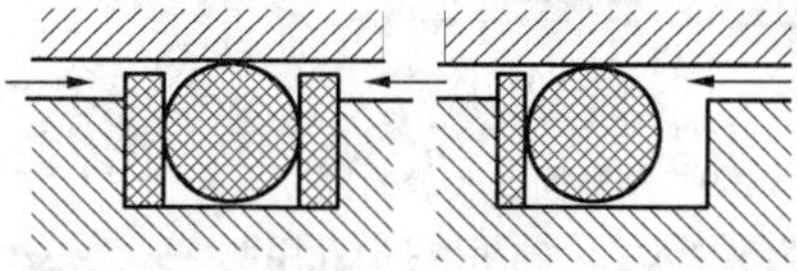

图 4-2-12　挡圈的设置

（2）O 型圈无论用于动密封还是静密封，当压力较高时，O 型圈都可能被压力油挤进配合间隙，引起密封圈损坏。为了避免这种情况发生，在 O 型圈的一侧或两侧（决定于压力油作用于一侧或两侧）增加一个聚四氟乙烯或尼龙制成的挡圈（图 4-2-12），其厚度为 1.25 ~ 2.5mm。在动密封中，当压力大于 10MPa 时，就要用挡圈，此时密封压力可达 32MPa 时；在静密封中，当压力超过 32MPa 时，也要使用挡圈，此时压力最高可达 70MPa。

（3）Y 型圈安装时，唇口端应对着压力高的一侧。当压力变化较大，滑动速度较高时，要使用支承环，以固定密封圈。

（4）窄断面 Y 型圈一般适用于工作压力小于 32MPa，使用温度为 −30 ~ +100℃的条件下工作。

单元五　典型公路工程机械液压液力系统分析

【知识目标】

1. 描述推土机、装载机、平地机、振动压路机、全液压挖掘机、稳定土拌和机、沥青混凝土摊铺机的液压与液力系统常见故障现象与原因；

2. 描述水泥混凝土摊铺机、水泥混凝土专用机械的液压与液力系统常见故障现象与原因。

【能力目标】

1. 进行推土机、装载机、平地机、振动压路机、全液压挖掘机、稳定土拌和机、沥青混凝土摊铺机的液压与液力系统分析及常见故障诊断与排除；

2. 进行水泥混凝土摊铺机、水泥混凝土专用机械的液压与液力系统分析及常见故障诊断与排除。

课题一　推土机液压液力系统分析和常见故障诊断

一、液压系统特点

液压推土机依靠液压操作系统实现铲刀各种动作，液压系统的性能直接影响到推土机的技术经济指标。推土机的液压系统有如下特点：

(1)液压系统的设计符合总体性能要求，综合考虑各种因素的影响。例如铲刀油缸的参数、个数、布置，由铲刀升降力及铲刀升降速度确定，而且还要考虑铲刀结构、推土速度等因素。

(2)工作可靠、回路简单。例如推土机的载荷变化是急骤的，但液压系统平稳工作，无冲击。当过载时，不发生故障及损坏机件。

(3)实现系列化、标准化、通用化。大多数采用标准的液压元件。

(4)液压系统效率较高。即压力、流量损失小，发热率低。

(5)操作简便，容易维修。

二、液压系统型式

(1)回路循环方式。按照液体流动循环方式，分为开式系统和闭式系统。

开式系统:是油泵从油箱吸油后排出压力油,通过各种液压元件后再流回油箱。这种系统结构简单、散热好,油液能在油箱内过滤。但该系统油箱体积大,空气易渗入,引起振动、噪声等不良现象,运行平稳性较差,能量损失较大。

闭式系统:是油泵的进油管道直接与油缸的排油管道相通,组成封闭循环油路。这种系统结构紧凑、工作平稳,但结构复杂、散热条件差、油液过滤要求高。

推土机工作装置操作系统的执行元件以间歇式工作为主,对传动效率的要求不苛刻,故普遍选用开式系统。

(2)回路联接方式,即多路阀的联接方式。

推土机一般采用串联油路,铲刀升降操作阀在压力油的最上游,其次是送土器操作阀,最后是铲刀倾斜操作阀。串联油路往往只能在轻载或空载时同时动作。

三、典型液压系统分析

1. TY320 型推土机

TY320 型履带推土机是上海彭浦机器厂引进日本小松制作所 D155 型推土机生产技术而制造的产品。是我国目前批量生产的大型推土机之一,其保有量较大。

1)主要技术参数(表 5-1-1):

TY320 型履带推土机主要技术参数 表 5-1-1

项　　目	技 术 数 据	项　　目	技 术 数 据
底盘形式	履带式	发动机	
外形尺寸(mm)		型号	S6D155 - 4
全长	6880 ~ 8945(不带松土器)	额定转速(r/min)	2000
全宽	4130 ~ 4850	作业重量(kN)	330
全高	2680 ~ 3640	功率(kW)	235(320hp)
尺寸参数(mm)		工作装置参数(mm)	
履带中心距	2140	角铲宽	4850
标准履带板宽度	560	角铲高	1140
履带接地长度	3160	直铲宽	4130
履带板节距	228.5	直铲高	1270
离地间隙	500	提升高度	1560
行驶速度(km/h)		铲入深度	560 ~ 630
前进一档	3.3	垂直面内倾斜	1000
前进二档	11.3	角铲水平面内倾斜角度	25(°)
后退一档	3.9		
后退二档	13.6		

2)液压系统工作原理

(1)工作装置液压系统

工作装置液压系统可分为 4 大部分:液压动力元件(液压油泵);控制元件(各种液压阀);执行元件(液压油缸);辅助元件(油箱、油管、滤油器等)。现以 TY320 型履带推土机进行分析。图 5-1-1 所示为 TY320 型推土机工作装置液压系统图。

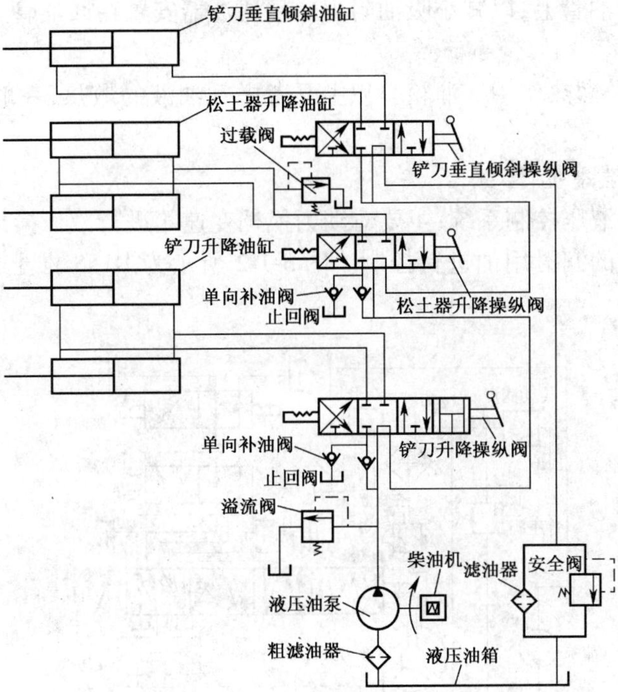

图 5-1-1　TY320(D155)型推土机工作装置液压系统

液压动力元件为 CBG2160 型齿轮油泵,系统压力为 14MPa,流量为 320L/min,油泵由柴油机(12V135AK 型,254kW,2000r/min)带动的分动箱驱动。执行元件包括 1 对铲刀升降油缸、1 个铲刀垂直倾斜油缸、1 对松土器升降油缸。控制元件包括铲刀升降操纵阀、铲刀垂直倾斜操纵阀、松土器升降操纵阀。操纵阀全为滑阀式结构。由于四位五通手动换向阀的作用,能使铲刀根据作业状况具有上升、固定、下降、浮动 4 个位置。

浮动位置是使油缸两腔与进油路、回油路均相通,铲刀自由支地,随地形高低而浮动。这对仿形推土及铲刀例行平整地面作业是很需要的。

溢流阀用来限制油泵的出口最大压力，以防止液压系统过载，当油压超过 14MPa 时，溢流阀打开，压力油自动卸载回油箱。一般选择溢流阀的开启压力为系统压力的 1.1 倍左右。

当铲刀或松土齿下降时,在铲刀或松土齿自重作用下,下降速度加快,可能引起供油不足形成油缸进油腔局部真空,发生气蚀现象。此时,由于进油腔压力下降,在压力差作用下,单向补油阀及时打开,从油箱补油至油缸进油腔,避免真空使油缸动作平稳。

止回阀是保证任意工况下,压力油液不倒流,避免作业装置意外重力下降。

当松土齿于固定位置作业时,由于突然的过载,油缸一腔油压突然骤增,造成油缸超载。装设了过载阀后,当达到过载阀开启压力 16MPa 时,过载阀打开,油液卸载,从而避免液压元件的意外损坏。过载阀的开启压力一般大于系统压力 15% ~25% 。

溢流阀和滤油器并联,当油中杂质堵塞滤油器时,回油压力增高,溢流阀被打开,油液直接通过溢流阀流回油箱。

粗滤油器及精滤油器都是为了保持油液的清洁,滤去杂质使液压系统正常工作。一般粗滤油器安置在油泵吸油管上，以减小吸油阻力。精滤油器安置在回油管上，使滤油器不受高压作用。

液压油箱起储油、散热作用。油箱容积主要考虑到油液的散热，一般取为 2～4 倍油泵每分钟流量。

（2）液力传动补偿系统

液力机械传动的液压控制系统，主要对动力换档变速箱进行液压换档，并对液力变矩器的循环用油和传动系统的润滑用油进行控制。图 5-1-2 所示为 D155 推土机液力机械传动系的液力补偿系统。

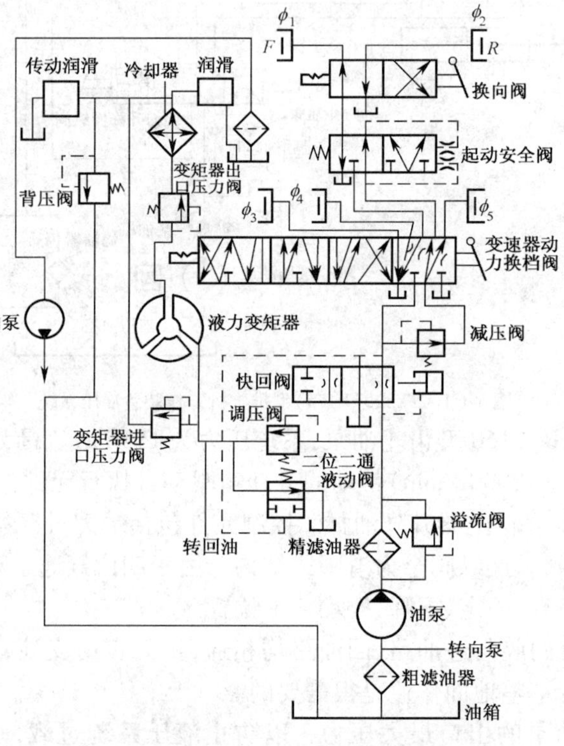

图 5-1-2　推土机液力机械传动系的液力补偿系统

控制系统液力油从油泵流出，经精滤油器（内置安全阀），流入动力换档变速箱的操纵阀组。此后油流分成两路，一路通往变速箱换档离合器的操纵油缸；另一路通过调压阀、变矩器进口压力阀，流入液力变矩器。从变矩器溢出的液力油，经变矩器出口压力阀和冷却器，与变矩器进口压力阀溢出的油合流，流入变速箱的润滑系统。背压阀除防止液力补偿系统产生气蚀外，尚能控制润滑油油压。

变速器的操纵阀组主要由调压阀、快回阀、减压阀、变速阀、起动安全阀、换向阀等组成。调压阀和快回阀用来控制换档离合器的工作压力和转矩容量。压力达到一定值时，快回阀处左位，二位二通液动阀同时处下位，系统及变矩器均可工作。否则，当压力不够时，快回阀立即快速回到右位，系统及变矩器油路均回油，无压油可工作。减压阀用以控制 5 档离合器的油压。这是由于 5 档离合器是旋转油缸，降低油压对保护旋转油封，延长其使用寿命有利。变速阀是四位多路阀，通过与换向阀的配合操纵，可使各换档离合器及换向离合器协调动作，从而得到推土机所需的行走速度和方向。起动安全阀是起动安全装置,可防止挂档起动发动机时,推土机自行起步。

(3)液压转向系统

履带推土机通常采用液压转向,其液压系统如图 5-1-3 所示。液压油从后桥箱内经粗滤油器进入油泵。油泵排出的压力油经精滤油器(内置安全阀),进入转向阀。转向时分别操纵转向阀,使压力油进入左或右离合器油路,打开左或右的常闭式转向离合器实现转向。不转向时,油从旁路回油箱。背压阀用以调压,以对变速器进行强制润滑。

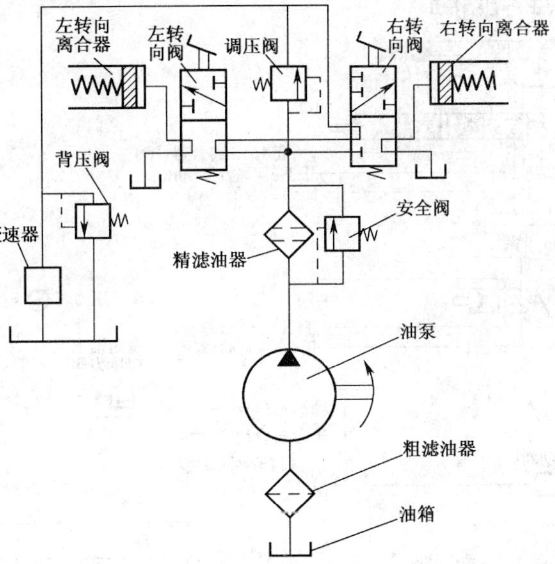

图 5-1-3　履带推土机液压转向系统

(4)换档操纵液压系统

TY320 型履带推土机的换档操纵与液力变矩器和转向离合器共用一个液压系统,其液压回路如图 5-1-4 所示。这一液压系统的换档操纵部分由调压阀、快速回位阀、减压阀、变速阀、起动安全阀和换向阀等 6 个阀组成(不包括变矩器的进出口压力阀)。所有这些阀由三层阀体组成一个操纵阀,组装在动力换档变速箱的壳体上,系统工作油压为 2MPa。

如图 5-1-4 所示,油泵的压力油经精滤器滤清后流入操纵阀组,为了防止滤芯堵塞时油液受阻,粗滤器设有旁通溢流阀。进入操纵阀组的压力油分成两路:一路通过阀组中调压阀的油流口流向变矩器与转向离合器的控制阀;另一路则经操纵阀组中的所有控制阀,通往换档离合器的所有油缸。由变矩器流出的液压油,经油冷却器冷却后去润滑变速箱、P. T. O(取力箱)和转向离合器的各个润滑点。

液力变矩器的工作油压分别由进口压力阀(0.7kPa)和出口压力阀(0.45kPa)控制。

3)检测与维修标准

(1)目视检查

①油位检查　检查转向离合器箱(包括变矩器、变速箱)和左、右侧终端传动箱的油位是否正常。

②漏油及损坏检查　检查外部油路系统的连接及管路是否漏油或损坏。

③调整值的确认　检查变速箱控制联动装置及转向与制动控制联动装置是否损坏或调整不当;履带张紧度是否适当。

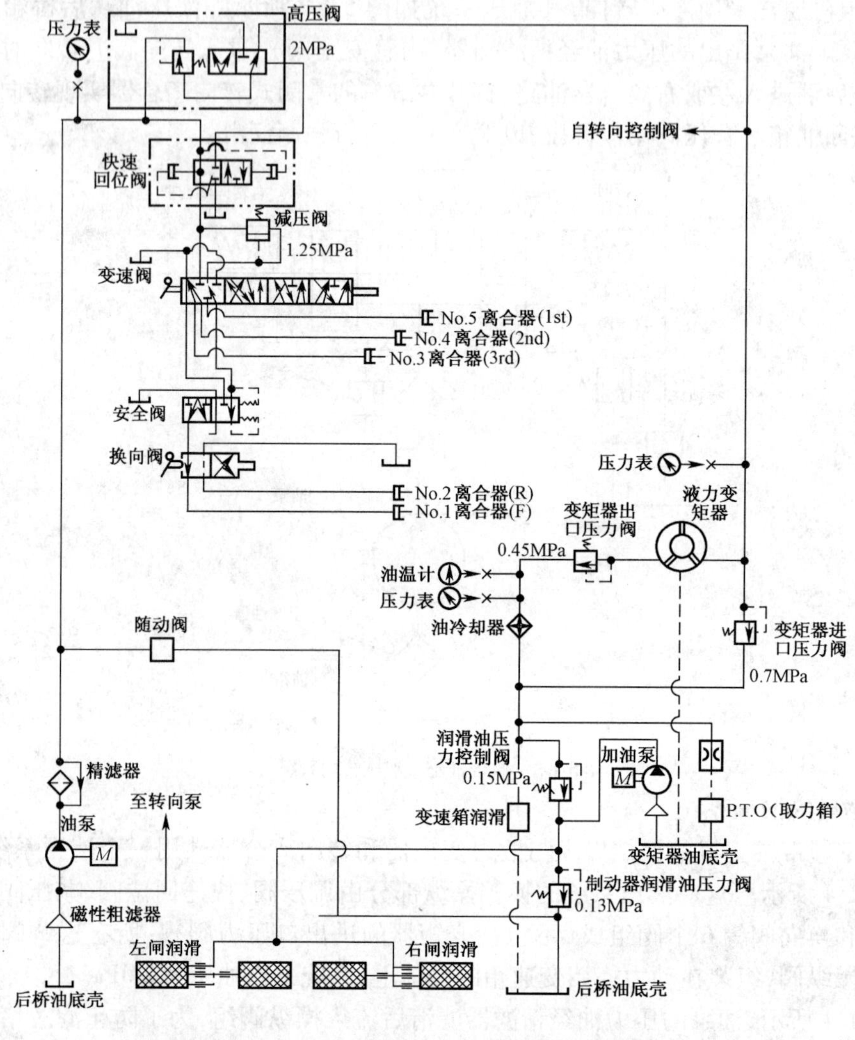

图 5-1-4　TY320 型履带推土机换档操纵液压系统图

④油的污染　变速箱及转向离合器滤油器内杂物的确认:

a. 如有铁粉或铜粉附着,可能是变速箱有故障。

b. 如有铜色金属粉末,可能是离合器磨损。

c. 如有带光泽的金属片,可能是齿轮泵磨损。

d. 如有铝粉末,可能是变矩器磨损。

e. 如有橡胶碎片,可能是密封件或软管损坏。

如有上述粉末及碎片时,应视情况清洗系统或更换、修理损坏的零件。

(2)运转情况检测

液压系统检测如表 5-1-2 所示。

液压系统检测表　　表 5-1-2

检 查 项 目	条　　件			标 准 值
推土铲速度 (s)	推土铲无负载从地面到最大高度	提升	低速	8 ~ 13
			全速	2.1 ~ 3.1
		下降	低速	1 ~ 1.5
			全速	1 ~ 1.5
推土铲速度(s) (倾斜)	推土铲从最小倾斜角到最大倾斜角	左倾	低速	4 ~ 5.5
			全速	2.5 ~ 3.5
		右倾	低速	3.5 ~ 5
			全速	2 ~ 3
推土铲自然下降量 (mm/min)	停止发动机 刀刃中心离地 800mm			≤120/15
车身自然下降量 (mm/min)	用推土铲顶起机身,发动机停机后,引导轮中心的下降量			≤100/15
倾斜自然下降量 (min)	推土铲倾斜撑起机身,发动机停止后,车身触及地面的时间			10
松土器速度(s)	从地面上升到极限位置	提升	低速	4 ~ 7
			全速	1.5 ~ 2.5
		下降	低速	1 ~ 2
			全速	1 ~ 1.5
松土器自然下降量 (mm/min)	松土齿尖离地面 500mm 时停止发动机			≤80/15

结果分析:

①通过上述检测,如所测值不符要求,原因一般是各油缸内部或阀有泄漏,初步判定为液压油缸的活塞环密封不好或控制阀泄漏。

②结合测量操作手柄的行程、操作力以及用其他仪器对系统进行测试,可以更准确地判断故障发生部位。

(3)仪器检测

①检测主安全阀压力:

a. 当液压油温达到 45 ~ 55℃时,将工作设备降至地面,变速箱手柄置于空档,锁上停车制动器,然后停止发动机。

b. 把工作手柄扳动 2 ~ 3 次,释放系统内压,把操作手柄放在除“浮动”以外的其他工作位置上,将其锁住,以切断工作油箱(控制阀)至工作油泵回路。

c. 将工作油泵出口测试堵头取下,安装接头体、测试软管、压力表(35kPa)。

d. 将操作手柄扳回到中立位置,起动发动机,分别在发动机低速和高速状况下操纵操作手柄,使被操纵的液压油缸的活塞到达终端位置时(主安全阀卸荷)进行检测。

e. 调定压力:安全阀溢流压力为 13.24 ~ 13.71MPa(全速)。

②油压调整:

如果需调整油压时,请按下述方法进行:

a. 把工作装置放至地面,操纵手柄在中立位置并将其锁住。

b. 停止发动机,将液压油箱里的工作油放尽,取下油箱外侧盖。

c. 松开主安全阀调整螺栓的锁紧螺母,转动调整螺栓,进行调整。

调整螺栓转动一圈的压力调整范围如下:机号为 25001 ~ 26000,压力为 3.13MPa;机号为 26001 及以后,压力为 2.86MPa。

③检测油温:

将热敏电阻测温仪的传感器插入液压油箱内的油中进行测量。

④检测流量:

a. 将工作装置放至地面锁上停车制动器,停止发动机。

b. 把工作手柄扳动 2 ~ 3 次,释放系统内部压力,然后把工作手柄放在提升或下降位置(不能放在中立和浮动位置),将手柄锁住。

c. 松开加油盖,释放液压油箱内的压力。

d. 取下工作油泵出口软管。

e. 把流量计入口侧的软管接到油泵出口上。

f. 把油泵出口侧取下的软管接在流量计的出口上,然后把操纵手柄置于中立位置,起动发动机,排除空气后,再进行流量的测量。

g. 将发动机转速设定在 1800r/min。

将流量计安装在系统的不同部位,还可进行控制阀、油缸等部件内泄漏的检测。

(4)操作杆及踏板的检测

该机有时出现的某些故障并非因为设备内部有故障,而是由于操作手柄、踏板杆系弯曲、铰接点磨损引起的。所以,当进行系统的检测时,也应对操作杆手柄及踏板的行程、操作力进行检测,必要时给予调整,其调整值如表 5-1-3 所示。

操作手柄及踏板调整标准表 表 5-1-3

<table>
<tr><th colspan="2">项　目</th><th colspan="2">条　件</th><th colspan="2">单　位</th></tr>
<tr><td rowspan="6">操作手柄行程</td><td>燃油控制杆</td><td colspan="2">低速← →全速</td><td>110 ~ 150</td><td rowspan="13">mm</td></tr>
<tr><td>减速踏板</td><td colspan="2">全速← →低速</td><td>30 ~ 40</td></tr>
<tr><td rowspan="2">变速杆</td><td rowspan="2">控制杆中心部</td><td>前后方向</td><td>38 ~ 50</td></tr>
<tr><td>左右方向</td><td>60 ~ 80</td></tr>
<tr><td rowspan="2">转向杆</td><td colspan="2">到制动器分离</td><td>81 ~ 101</td></tr>
<tr><td colspan="2">到制动器制动</td><td>129 ~ 159</td></tr>
<tr><td rowspan="7">操作杆行程</td><td>制动踏板</td><td colspan="2">踏力 147N</td><td>110 ~ 130</td></tr>
<tr><td rowspan="4">推土铲操作杆</td><td rowspan="2">中立</td><td>提升,下降</td><td>47 ~ 67</td></tr>
<tr><td>浮动</td><td>52 ~ 72</td></tr>
<tr><td rowspan="2">中立</td><td>左倾斜</td><td rowspan="2">33 ~ 45</td></tr>
<tr><td>右倾斜</td></tr>
<tr><td rowspan="2">松土器操作杆</td><td rowspan="2">中立</td><td>提升</td><td rowspan="2">45 ~ 63</td></tr>
<tr><td>下降</td></tr>
</table>

续上表

项　目		条　件		单　位	
操作力	燃油控制杆	低速← →全速		39~78.5	N
		全速← →低速		78.5~118	
	减速踏板	全速← →低速		49~98	
	变速杆	停止发动机		20~49	
	转向杆	发动机低速		<68	
	制动踏板	踩单侧制动，直至发动机熄火或变矩器失速		147	
	推土铲控制杆	发动机全速手柄在终端位置	中立至提升—下降	9.8~19.6	
			中立至浮动	54~73.5	
			中立至左—右倾	19.6~29	
	松土器控制杆		中立至提升—下降	9.8~19.6	

4）常见故障及排除方法

（1）变速箱故障

①故障现象：TY320 推土机使用半年后，出现前进第一离合器、1 档第五离合器作业无力，变矩、变速噪声大，油温升高，油液呈乳色状。怠速运转时，故障现象稍有好转，2 档高速档带负荷运转，故障现象又重新出现。

②故障分析与处理：

a. 油质问题。油温高，传动油变稀变质，造成系统中阀组件磨损，或各档离合器片及密封件损坏而内漏，使系统压力降低，1 档工作无力。TY320 推土机变速转向液压系统如图 5-1-5

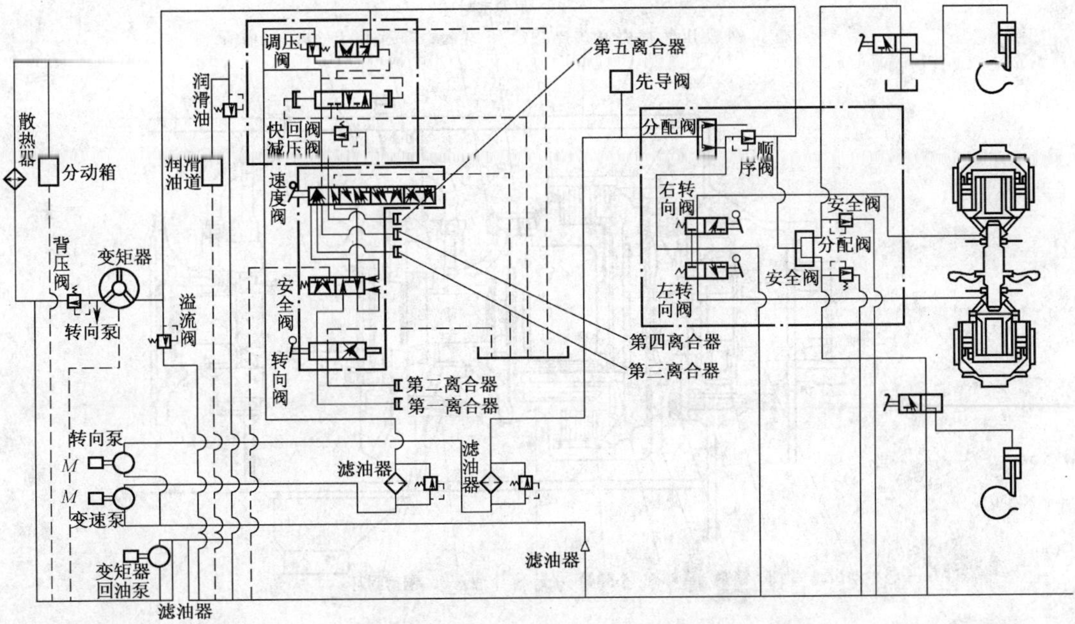

图 5-1-5　变速转向液压系统原理图

所示，变速泵、转向泵与分动箱联接，两泵共用一个磁性粗滤器，由后桥箱中吸取液压油，供给各自的油路系统。为此，清洗滤油器，并更换传动油。其结果是故障未能消除。清洗中发现，磁性粗滤芯上粘有很多金属粉末和黑色杂渣物。

b. 阀组调压压力问题。调压阀调整压力 25MPa，保证除 1 档外的各离合器结合，调压阀开启向变矩器供油。为 1 档离合器设置的减压阀出口压力为 1.25MPa，这也是该离合器的接合压力。

对系统各测点的压力测试，其结果为：变矩器进口溢流阀压力 <0.5MPa（标准值为 0.87MPa），变速阀出口压力为 0.5MPa（调定值为 1.25MPa），而且在发动机提速时压力脉冲摆动。为此，对溢流阀、变速阀进行了检查、清洗，更换了弹簧，并更换了变速泵，但试运转后，故障仍然出现。

c. 检查系统管路是否有漏油、阻塞、进气现象。检查中发现，磁滤器与变速泵间的胶管在中、高速时易被吸扁，管内壁胶皮剥落，供油受阻。将该胶管更换，并在管内壁加装弹簧，保证供油畅通。而后试车，压力达到设定值，机器运转正常。

刚经过以上检查修理，机器作业几天后仍感 1 档作业乏力。检查减压阀压力，仅有 0.6～0.7MPa，且不稳定。由磁性滤芯上残留的金属物及其色泽，判别其来源于变速器。解体检查变速器发现，第五主、从离合器片严重磨损、烧伤、变形和粘合，而推土机作业中常用前进 1 档，第五离合器处于大转矩工作状态，加之供油不足，系统压力低，离合器处于半结合状态，造成离合器片温升高，烧伤、磨损、变形、粘合而失效，工作乏力。

(2)转向离合器故障

①故障现象：TY320 推土机中央传动及转向离合器见图 5-1-6。

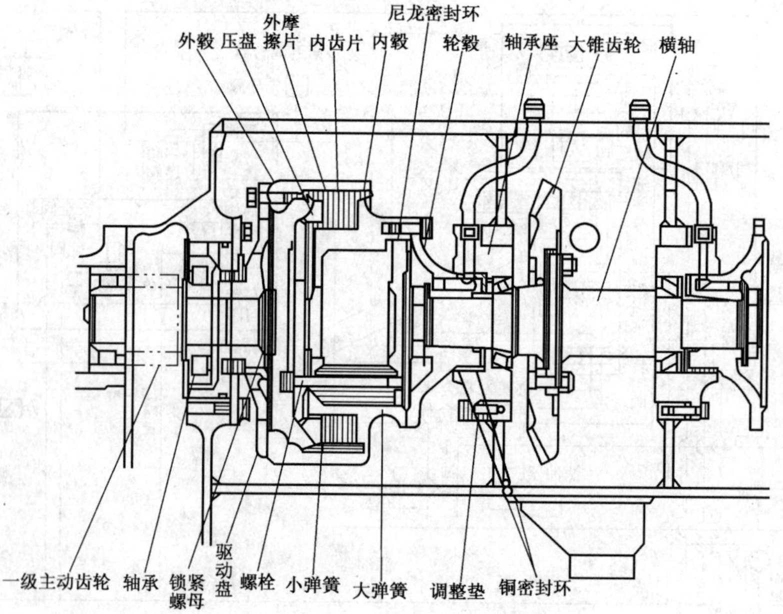

图 5-1-6　中央传动及转向离合器

该机使用1000h后，前进、后退左转向和踩下制动踏板，转向拉杆回缩反弹，踏板回顶而使左转向失效。

②故障分析与处理：

a. 清洗检查各阀组，排除油液中黑色金属粒状物卡死阀芯的可能，调整联动机构转向拉杆和制动踏板间隙行程，消除故障隐患，但故障仍然存在。

b. 检查左转向压力为零（应为1.25MPa），解体检查左转向离合器，其两侧联接螺栓摆动很大，制动鼓联接盘与终传动齿内花键锁紧螺母自动脱出，桥箱内有大量金属物。分析认为：驱动法兰盘内花键锁紧螺母脱落在法兰与压盘之间，使离合器片失去了分离行程，内花键失去锁紧控制。传递动力时，内花键与一级主齿轴花键串动摇摆，造成一级主齿轴与驱动法兰盘端失去固定中心，离合器鼓总成偏斜。当行驶车辆左转向或踩制动时，通过制动带和转向联动杆系，将离合器的偏斜力及轮载旋转力传递反馈到转向拉杆和制动踏板，造成反弹、回顶。

(3)变矩器故障

如图5-1-7所示。

①故障现象：推土机无负荷时进、退行驶正常；带负荷时前进1档工作，发动机转速马上下降，冒黑烟，且要熄火；挂空档位，发动机转速恢复正常。

②检查与分析：1档压力检测，无负荷时正常，带负荷时随发动机转速下降而下降。这似乎是一种刚性联接，可见故障可能出在变矩器内。

检拆发现，变矩器涡轮与泵轮挟有限位档铁块，其间隙之间塞满了铝末，且导轮两侧端面磨损严重，变矩器失去变矩作用。

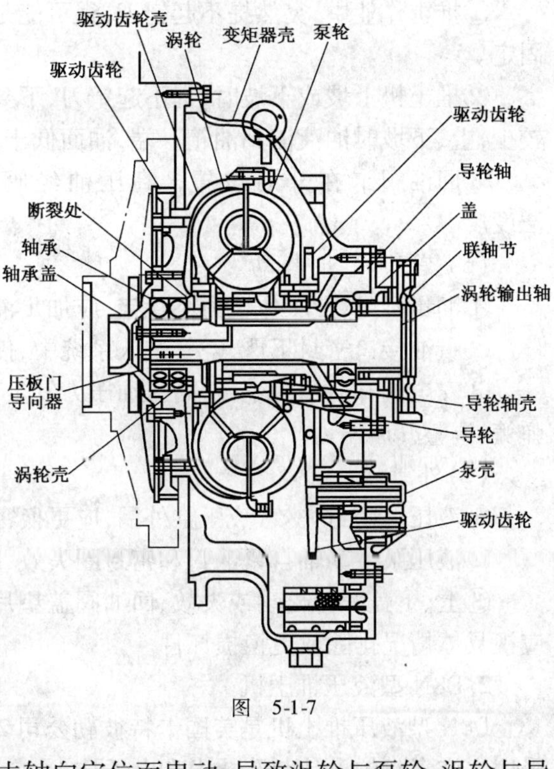

图　5-1-7

如图5-1-7所示，变矩器输出轴靠轴承进行轴向及中心定位。轴承座孔内侧设有限位接材，外侧用调整垫调整间隙。若间隙调整不当，输出轴压板顶轴承内钢碗，迫使轴承受力而损坏座孔内侧限位块，脱落的限位块碎块掉入泵轮、涡轮之间，阻碍涡轮相对旋转。由于涡轮失去轴向定位而串动，导致涡轮与泵轮，涡轮与导轮磨损加重而出现铝末，加之限位块碎片而使变矩器失去变矩作用。

(4)铲刀提升缓慢

原因是系统压力较低。

①油箱液面过低，液压泵吸油量不足或回油滤清器堵塞。按规定添加液压油，清洗滤清器。

②进油管接头密封不好，空气进入管路，应检查、拧紧管接头。

③分配阀关闭不严，高压油从回油阀结合面流回油箱，使油压下降。出现这种情况可从下

述三个方面考虑：

a. 回油阀座上有脏物，应拆下阀体，清洗杂物，并检查油液清洁度。

b. 阀座与配合锥面磨损，密封不严，应研磨锥面。

c. 回油阀体卡死，应清洗。

④液压缸密封圈磨损，内泄漏严重，油液工作压力降低，应更换密封件。

⑤安全阀开启压力过低，使工作压力达不到规定值。应检查球阀与阀座是否过度磨损，弹簧是否折断或变形。

⑥液压泵内漏严重，流量降低，不能建立足够的压力。应检查液压泵的容积效率，轴套端面磨损情况，密封圈和卸压片的密封技术状态，进行更换或修理。

⑦驱动液压泵的皮带打滑，导致液压泵转速不够，从而使流量降低，应使皮带张度适当。

(5)不能提升铲刀

①推土作业中，突然提不起铲刀，很可能是液压泵离合器松脱。将操纵杆拨到接合位置并固定。

②推土机上坡或下坡时，提不起铲刀，下到平地一会儿后，又可提起铲刀。这是油箱油量较少，上、下坡时油液流到油箱一端，油面低于工作油面，应增加油液。

③回油阀卡在开启位置，高压油经阀座流回油箱。应清洗回油阀并检查油液清洁度。

(6)提铲下铲时抖动

①油量不足，使工作压力不稳定，应加足液压油。

②吸油接口密封不严，空气进入系统中，使工作压力不稳定，应检查密封。

③安全阀开启压力不稳，高压油压力发生变化，引起提铲或下铲时抖动，应检查阀的调压弹簧，调整开启压力。

(7)外泄漏严重

①液压缸密封失效，液压缸外漏，应更换密封圈。

②液压泵主动轴自紧油封和密封圈失效，应更换。

③上、下盖螺钉松动或失效、回油阀盖垫片损坏及回油阀密封圈损坏时，分配器都会漏油。应视具体情况排除或更换损坏件。

2. D8N 型液压推土机

D8N 型液压推土机是美国卡特彼勒公司 20 世纪 90 年代推出的大中型推土机之一。该机采用了许多新的设计制造技术和电子技术，在提高机械的生产率、可靠性、维修性及驾驶舒适性等方面做了许多改进。比如：发动机设有标准的降低废气排放装置，提高了发动机的功率。

D8N 型液压推土机采用高架链轮结构的底盘，履带行走架采用管式结构，可以承受较大的弯曲和扭转负荷，并采用了永久润滑的支重轮和引导轮，通过一系列悬架装置弹性安装在行走架上，提高了行走系统的性能。

1)主要技术参数(表 5-1-4)

2)液压系统的工作原理

主要技术参数　　　　表 5-1-4

项　目	技术数据	项　目	技术数据
底盘形式	三角履带式	发动机	
外形尺寸(mm)		型号	3406
全长	6390~6790(不带松土器)	额定转速(r/min)	2100
全宽	4960	作业重量(kN)	314
		功率(kW)	212(285hp)
尺寸参数(mm)		工作装置参数(mm)	
履带中心距	2080		
标准履带板宽度	560	角铲宽	4960
履带接地长度	3210	角铲高	1162
履带板节距	216	直铲宽	4260
离地间隙	532	直铲高	1710
行驶速度(km/h)		提升高度	1230
前进一档	3.9	铲入深度	582~628
前进二档	6.8	垂直面内倾斜	703
前进三档	11.9	角铲水平面内倾斜角度	25
后退一档	4.8		
后退二档	8.4		
后退三档	14.8		

(1)工作装置液压系统

D8N 型推土机的液压系统原理如图 5-1-8 所示。

液压系统用来操纵转向、推土铲和松土器(如果装配的话),系统采用负荷传感、压力补偿和手动操作。

在负荷传感和压力补偿系统中,油流不能随载荷变化而流动,在各种载荷状况下,油缸速度是相同的。当工作机构或转向控制杆移动到工作位置时,系统的压力随之增高,直到推动工作机构和转向系统工作。

液压泵是斜盘式变量柱塞泵,具有负荷传感和压力补偿功能,为工作机构和转向油路供油。当工作和转向机构不工作时,泵只提供很少的油,满足补偿系统的泄漏,压力大约为3MPa。如果有某一个工作回路工作,补偿阀就会感觉到载荷增加,并通过控制阀的传感系统传递给泵。当油泵的压力达到 2.1MPa 以后,泵的排量将增加。工作机构的压力限制阀控制回路的最高压力。如果是转向回路工作,泵的排量不变,但是回路的压力由补偿阀的切断阀芯控制。当转向回路的压力达到大约 38MPa 以后,油泵的排量降低,并保持油压不变,直到系统压力减少为止。系统的主溢流阀设定的压力为 41.5MPa。

转向和工作控制阀组共用一个主吸油连接板,共有 5 个控制阀组,即转向控制阀、松土器升降控制阀、松土器倾斜控制阀、推土铲升降控制阀、推土铲倾斜控制阀。吸油板上还有主溢流阀和冷却器旁通阀。

当控制杆都处在中位时,泵输出的油进入主吸油板并通过控制阀壳体到端盖,端盖油口是堵住的。此时油泵排量降低,只保持系统的最小压力,直到操纵阀的控制杆移动到工作位置,

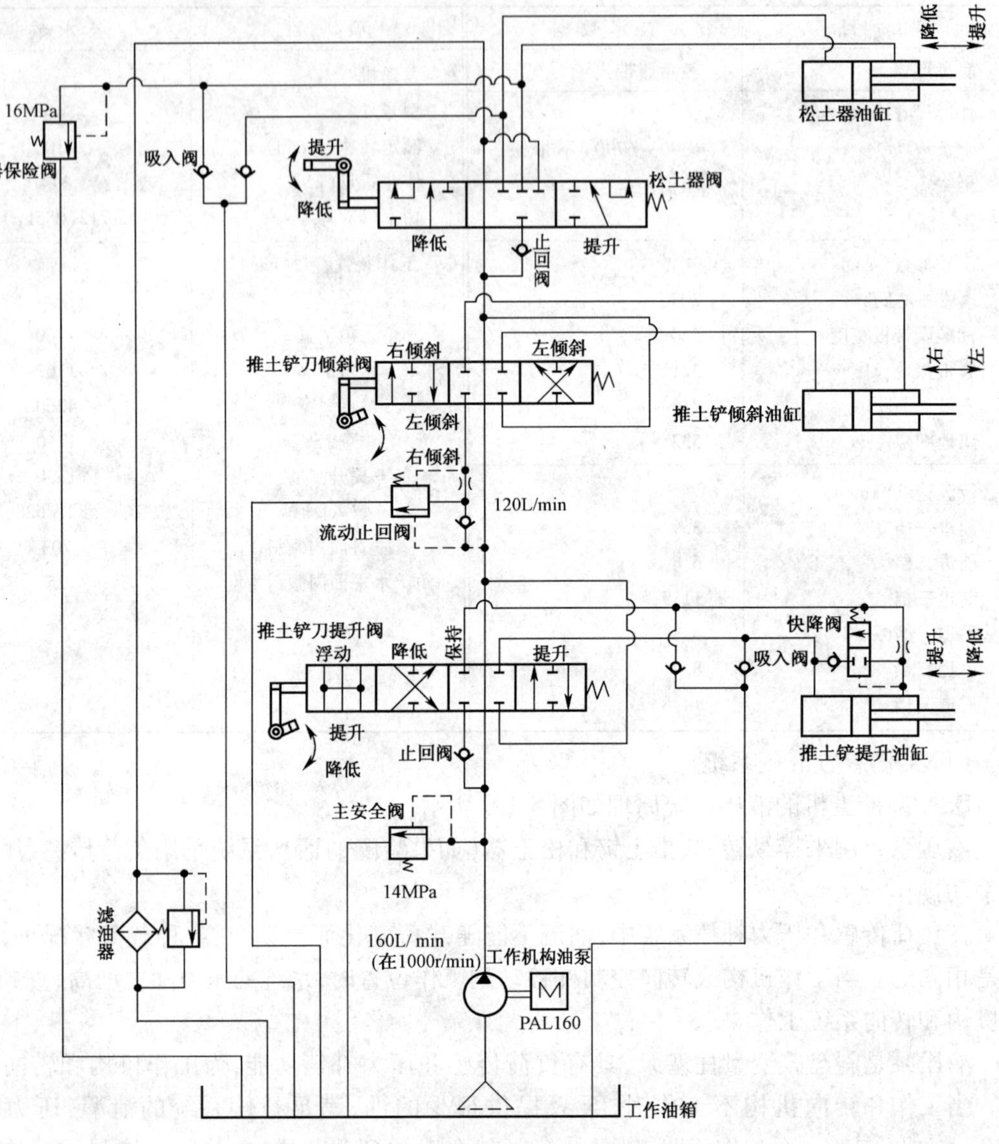

图 5-1-8　D8N 型推土机液压系统原理图

系统的油压才升高。

转向控制阀比工作控制阀优先,这样可以确保任何时候推土机都能以全速转向,而不管工作机构情况如何。但是,安装在转向控制阀上有一个载荷优先阀,使得在各种转向工况下,推土铲升降控制阀都能得到压力油。

当操作推土铲升降控制阀提升油缸时,有两个快降阀可以感觉到活塞杆小腔的油流并将其流动到大腔,以便需要时使推土铲快速下降。提升油缸也设有旁通阀,防止在活塞杆行程末端产生高压。

所有的控制阀都用连杆直接连在阀芯上,用手动操作。转向控制阀有 3 个工作位置:右转向、中位(直线行走)、左转向。松土器升降阀有 3 个工作位置:提升、保持、下降。松土器倾斜控制阀有 3 个工作位置:内倾、不动、外倾。推土铲升降控制阀有 4 个工作位置:提升、保持、下降和浮动位置。推土铲倾斜控制阀也有 3 个工作位置:左倾斜、保持、右倾斜。

转向马达是定量柱塞马达,用来驱动差速转向齿轮。

阀用来控制转向马达的速度,以使从变速箱和履带传来的外部转矩不能脱离操作者的控制而驱动马达。

(2)动力传动液压系统

动力传动液压系统如图 5-1-9 所示。

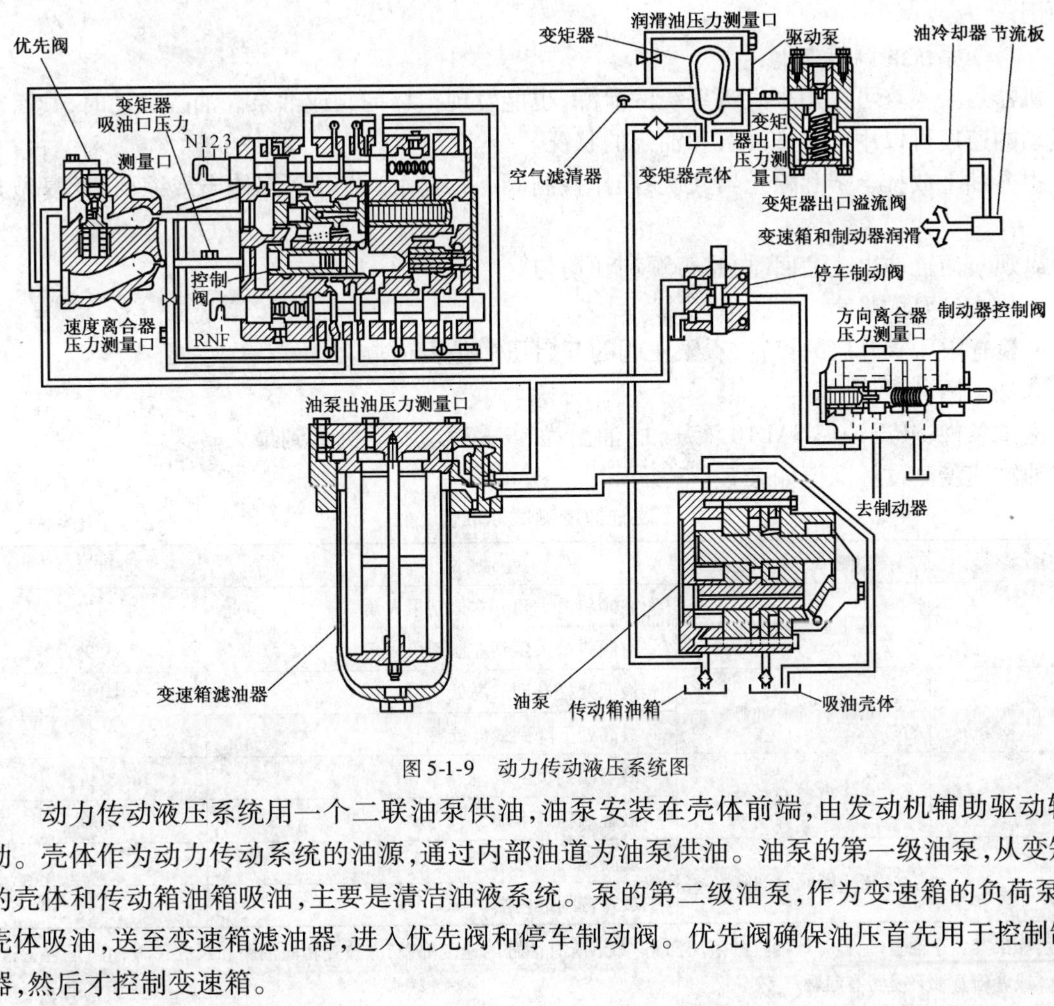

图 5-1-9　动力传动液压系统图

动力传动液压系统用一个二联油泵供油,油泵安装在壳体前端,由发动机辅助驱动轴驱动。壳体作为动力传动系统的油源,通过内部油道为油泵供油。油泵的第一级油泵,从变矩器的壳体和传动箱油箱吸油,主要是清洁油液系统。泵的第二级油泵,作为变速箱的负荷泵,从壳体吸油,送至变速箱滤油器,进入优先阀和停车制动阀。优先阀确保油压首先用于控制制动器,然后才控制变速箱。

3)检测和调整

机器突然动作或者压力油突然释放可能造成人身或设备损坏,为防止事故发生,在检测和调整之前必须做好以下几点:

(1)把机器移到一个平整光洁的位置,无关的人员及设备移走,把工作装置放到地面上。

(2)只允许一个操作人员在机器上,其他人员远离机器。

(3)操纵停车制动阀,这样转向系统不能动,以免发动机起动时,造成机器运动。

(4)关闭发动机。

(5)释放液压系统的压力。

(6)松开液压油箱上的充气帽,释放油箱压力。

(7)在松开液压接头、软管以前,确信管路没有压力。

①检测程序:

在确定液压系统的故障以前,首先做视觉检查。如果还有些问题不能确定,可以使机器运转起来再检查,仍然不能完全确定时,才用仪器测试。故障确定下来以后,再进行故障分析和诊断。因为一个故障可能是由多种原因引起的,所以必须彻底检查和测试,才能确定真正的故障原因。

②液压系统的调整如下:

机器运转检查可以用来发现系统的泄漏,也能发现损坏的阀或油泵。油缸运动时,其活塞杆运动的速度可以用来检查油缸和油泵的状况。

提升和下放推土铲和松土器几次,操作控制阀,直到倾斜油缸全部伸出或缩回,反复做几次。

a. 观察油缸伸出或缩回时,是否顺利和均匀。

b. 检查油泵的噪声。

c. 检查限压阀开启的声音,看限压阀的开启压力是否正常。

③缸速测试:

测试条件:液压油为 SAE10 液压油,油温为 65 ±3℃,发动机调到最大转速。

油缸速度测试标准值如表 5-1-5 所示。

油缸速度测试标准值

表 5-1-5

序　号	测试对象	测试内容	速度(s)
1	推土铲倾斜油缸	左倾斜最大角到右倾斜最大角	3.7
		右倾斜最大角到左倾斜最大角	3.9
2	推土铲提升油缸	最低处提升到最高处	4.1
		最高处下降到最低处	7.1
3	松土器提升油缸	最下端到最上端	3.9
		最上端到最下端	4.7
4	松土器倾斜油缸	最内端到最外端	4.7
		最外端到最内端	5.9

注:如果某一个油缸慢,检查该油缸的液压回路;如果所有油缸的速度都慢,应检查转向油路和泵的信号油路是否正常,或者检查油泵是否有问题。

④转向操作测试:

a. 转向直径测试。把推土机开到一个平整而且干硬的开阔地带,保证履带状况和接地良好,发动机以最大转速运转,把所有工作机构都处于全升位置,然后再回到中位,释放停车制动,变速箱调到"第 1 速前进"位置,把转向控制阀调到"全速左转向"位置,转 360°,然后使推土机停止,把工作机构放到地面上,关闭发动机。

测量转向直径 A,如图 5-1-10 所示。转向直径 A 应在 1.8 ~ 2.3m 之间;重复上述动作,进行右转向测试，A 应在4.9～6.0m之间。

b.链轮转速测试。该测试一般在推土机修理或重新装配调试以后才需要进行。

把推土机移到一个平整而且干硬的开阔地带，把工作机构放到地面上，把终端传动装置从履带上拆开，确保转向系统的油路和泄漏都已正确调整，在两个终端传动装置上做上标记，以便计算其转数。

发动机以最高转速运转，变速箱处于中位，释放停车制动阀，转向控制杆在"全速左转向"位置。

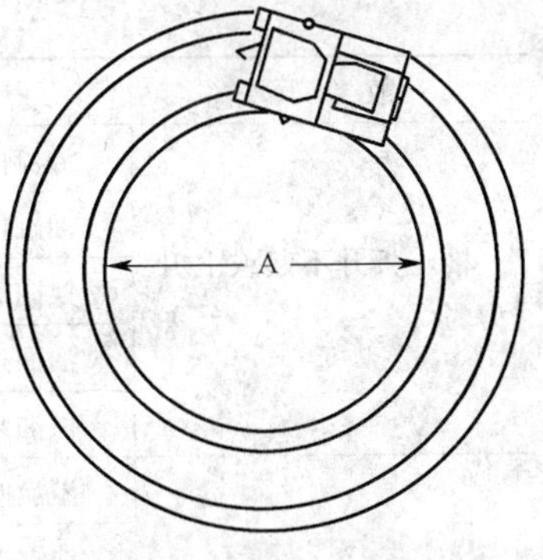

图5-1-10　转向直径测试

用秒表计时1min，测量左、右两边链轮的转数。假如"前进"一侧记为正数，则"后退"一侧记为负数。左、右驱动轮之间的转速差应为：21.0±1.1r/min，其转速之和应为±3.5r/min。

例如：左驱动轮转速：+11.5r/min，右驱动轮转速：-9.5r/min，左、右驱动轮的转速差为：±21.0r/min，左、右驱动轮的转速之和为：+2.0r/min。

如果所测数值不在规定的误差之内，应检查操作阀、油泵、转向马达、平衡阀和系统的泄漏等因素，然后进行分析，重新调试。

c.油泵负荷压力测试。油泵的负荷压力是已知值，可以测试，包括低压背压测试、高压测试、空载压力测试和油泵负荷测试：

低压背压测试。发动机在最低转速运转，停车制动阀在"ON"位置，所有制动阀杆都在中位。用压力表测试，背压值应为：3MPa左右，低于2.1MPa或高于3.7MPa都视为不正常，需要重新检查。

高压测试。发动机以最高转速运转，释放停车制动阀，转向手柄在中位，压力表读数应为（制动器制动）：38±0.55MPa。如果该数值不正确，应调整压力切换阀。

空载压力测试。发动机以最大转速运转，停车制动阀在"ON"位置，变速箱处于中位。把推土铲控制阀从中位扳到全升位置，测出压力差值，该值即为空载压力，也是油泵的负载压力与控制阀的信号压力差值。该值应为：2.1MPa±75kPa。如果该数值不正确，应调整补偿阀。如果空载压力正常，压差设定值应为2.1MPa±70kPa。

油泵负荷测试。该测试是最后测试，以确定油泵或补偿阀是否损坏，应该在补偿阀和主溢流阀已经检查和调整正确以后进行。该测试用Caterpillar专用测试仪进行，需要将信号油路、油泵回油、工作油路连接起来，再操作推土铲，从仪器上读数。具体操作见操作手册。

限压阀的压力测试。限压阀安装在每个工作装置的控制阀上，控制着每个工作回路的最大压力，其设定值如表5-1-6所列。

工作回路压力设定值　　表5-1-6

序　号	回路名称	限压阀设定值(MPa)
1	推土铲提升回路	24.20±0.86
2	推土倾斜回路	17.225±0.69
3	松土器提升回路	22.75±0.86

4）故障诊断与排除见表5-1-7所列。

液压系统的故障与排除　　表 5-1-7

故　障	故障原因	排除方法
推土板升不起或上升力弱	溢流阀压力调节不符合要求	调整压力到要求值
	油缸内泄	检查或更换油缸组件
	换向阀卡紧或内泄	检查或更换阀组件
	油面过低、进油滤油器堵塞	加足油，清洗滤油器
	供油泵有毛病	检查或更换泵
松土器升降不起或上升力弱	溢流阀压力调节不符合要求	见上栏故障的排除方法
	油缸内泄	
	换向阀卡紧或内泄	
	油面过低、进油滤油器堵塞	
	供油泵有毛病	
	单向阀泄漏	检查单向阀芯与阀座磨损情况，单向阀弹簧是否疲劳、变形等
推土板垂直倾斜动作无力	见故障第一栏	见故障第一栏排除方法
推土机自由下落量大	油缸内泄漏	更换组件
	控制阀内泄漏	
操作杆沉重	操作杆机构有毛病	检查、调整、更换不合格零件；清洗阀件；检查液压油清洁度
	控制阀阀芯卡紧（制造、安装问题、污物问题）	
液力变矩器及补偿系统有毛病，如液力变矩器无力，动力换档失灵，油温过高等	液力变矩器无力	
	液力油量不足 调压不当 背压不足	检查变矩器油质量（是否误用液压传动用油）、用量，检查变矩器调压阀、背压阀及其调定压力值
	动力换档失灵	
	快回阀、减压阀、动力变速阀、换向阀出现卡死、内泄漏 油污染严重	检查阀卡死原因并作相应排除，过滤或更换液力油
	油温升高过大	检查冷却器是否有毛病，检查液力油质量品牌
转向不灵活	转向器有毛病	检查转向器、阀件、弹簧以及油液质量，并作相应排除措施
	转向阀阀芯卡死或内泄过大	
	转向离合器内弹簧失灵	
	油污染严重	

四、故障分析与排除

推土机液压系统常见故障与排除方法如表 5-1-8 所列。

液压系统常见的故障及其排除方法　　表 5-1-8

序　号	故 障 现 象	故 障 原 因	排 除 方 法
1	主离合器打滑	主离合器调整不当,不能压紧 摩擦片磨损过度 干式摩擦片沾油 主离合器弹簧性能减弱	重新调整 超过原厚度 1/2 时,应更换 清洗,更换油封 进行修复或更换
2	主离合器分离不彻底	钢片翘曲,飞轮表面不平或离合器间隙过大等 前轴承卡死,轴承缺油烧毁而咬死 安装不当,钢片总成或分离拨叉装反 压脚调整不当或磨损严重 轴头螺母松动	更换、修复或调整 更换新轴承,定期加油 重新安装 重新调整或更换压脚 紧固
3	主离合器接合不上	调整盘调整过量,摩擦片间隙过小 操纵杆调整不当,助力器不能与活塞随动	回松调整盘,调整间隙 调整操纵杆系统,检查助力器
4	主离合器油池油温高	主离合器打滑 油池加油过多 齿轮泵工作不正常	调整 放出多余的油 检修齿轮泵
5	主离合器操纵费力	油池油量不足 机油滤网堵塞,助力器来油困难 助力器油路泄漏	加油 清洗滤清器 修复
6	主离合器发抖	离合器套不圆度太大 调整圈固定螺栓松动	修复 紧固螺栓
7	主离合器分离后联轴器久转不停或停下太慢	制动器调整不当 制动摩擦片有油污 制动摩擦片磨损严重	重行调整 清洗 更换
8	主离合器接合时卡住	前固定螺母松动 离合器导向销松动 压脚磨损	紧固固定螺母 修复或更换 修复或更换
9	液力变矩器过热（TY320 型）	风扇皮带松弛 发动机水温过高 油冷却器阻塞 齿轮泵磨损导致油循环不足	更换皮带 参阅发动机部分 清洗或更换 更换齿轮泵
10	推土机突然熄火,主离合器分不开	助力器失灵,助力器背部形成真空	操纵手柄,往复运动滑阀,逐渐清除真空,即可分离
11	变速器挂档或摘档困难	联锁机构调整不当 离合器分离不彻底 小制动器摩擦片严重磨损 齿轮损坏 花键磨损产生台肩	重新调整 将离合器操纵杆推到底或调整间隙 更换 修圆齿端,严重时更换 修复使用,严重时更换

续上表

序号	故障现象	故障原因	排除方法
12	变速箱响声异常	轴承间隙过小 零件松动	更换轴承或重新装配 检查后紧固或更换
13	变速箱过热	油量不足 油质不佳 内部零件损坏	添加润滑油至规定油位 清洗后,重加符合规定的润滑油 更换
14	变速杆沉重	润滑油过厚(特别在冬天) 拨叉轴弯曲	更换润滑油 校正或更换
15	变速箱噪声大	润滑油不足或粘度太低	补充或调换
16	变速器齿轮难啮合	齿轮有杂物夹入 拨叉轴弯曲或磨损 齿轮的齿面或内圆角磨损 主离合器分不开	清除 更换 修理或更换 调整主离合器
17	变速杆挂档后不起步	液力变矩器和变速箱的油压不足 油管及接头未拧紧,混入空气或漏油 齿轮泵磨损或卡住 变速箱油量不足 变速箱滤清器滤芯堵塞	检查修理 检查拧紧 检查更换 添加到规定油量 清洗或更换
18	转向离合器打滑使推土机跑偏	被动片粘油 摩擦片磨损过大 弹簧失效 操纵杆与橡皮缓冲垫间有杂物 调整锁紧螺母松动	清洗并排除漏油 补加一片主动片或被动片,重新调整操纵杆行程或更换新片 更换 清除 调整、紧固
19	转向操纵杆拉到底,推土机不转弯	操纵杆顶端和助力器推杆之间的间隙太大 操纵杆的自由行程过大 分离机构调整不当 方向分离轴承损坏	调整 调整 调整分离机构的球面螺帽 更换
20	转向离合器操纵杆操纵费力	转向离合器操纵机构调整不当 助力器内机油不足 助力器内机油过稀 助力器内有污物	重新调整 补充或换油至规定值 更换机油 检查过滤网,清洗换油
21	未拉转向操纵杆时推土机跑偏	操纵杆无自由行程 转向离合器摩擦片沾油或磨损 离合器弹簧失效或折断 操纵杆与橡胶缓冲垫之间有杂物 制动器的制动锁锁住	调整 清洗或更换 更换 清除 扳开制动锁

续上表

序 号	故障现象	故障原因	排除方法
22	推土机不能转弯	制动带沾油或磨损过度 制动间隙过大 操纵杆自由行程太大 操纵机构各连接处间隙过大	清洗或更换 调整 调整 检查并更换已磨损的零件
23	拉右转向操纵杆时，推土机不向右转而停下	后桥轴轴向游动量过大 左边调整螺母未拧紧 后桥轴支承轴间隙过大	调整 旋紧调整螺母 调整左右支承轴承的间隙
24	制动器打滑或不起作用	摩擦片沾有油污 摩擦片磨损，露出铆钉头 踏板行程过大 转向离合器不能分离	清洗或更换 更换摩擦片 调整 调整离合器或加以修理
25	制动带过热	制动带调整过紧或制动带下部顶丝未调好	重新调整
26	差速齿轮有异响	大圆锥齿轮轴向游隙过大 圆锥齿轮副的啮合印痕和啮合间隙不正确 圆锥齿轮牙齿磨损、剥落或折断 大圆锥齿轮轴上的轴承严重磨损	调整 调整 成对更换齿轮 更换轴承
27	后桥箱发热	润滑油不足或质量不佳 圆锥齿轮啮合间隙或大圆锥齿轮轴向间隙过小 联接盘与轴承座不同心 转向离合器打滑 制动带打滑或调整过紧	添加润滑油或更换 调整 检查修理 调整或修理 调整或修理
28	驱动轮浮动油封漏油	接触面磨损或有缺口、裂纹 O 形密封圈老化变形 装配不当	更换或重新研磨 更换 重新装配
29	引导轮、支重轮、托链轮漏油	浮动油封摩擦面损坏或有裂纹 密封圈老化，失去弹性 装配不当 加油过量或轴端油堵松动	更换 更换 重新装配 按要求加油或拧紧油堵
30	引导轮、支重轮、托链轮磨损过大	三轮的中心不在一条直线上 台车架变形 台车架斜撑轴磨损 台车架斜撑轴承盖螺栓松动	校正 校正修理 调整油封 拧紧
31	履带经常脱出	履带太松 支重轮、引导轮或托链轮的凸缘磨损 三轮中心未对准	调整张力 修理或更换 调正或修理，校对中心

续上表

序　号	故障现象	故障原因	排除方法
32	履带张紧装置不能调整	油嘴锥面接触不良 密封环磨损或损坏 紧固螺栓松动	修理或更换 更换 调整并拧紧螺栓
33	履带板及履带销松动	履带板固定螺栓松动 锁紧履带销松动	紧固,扭矩为600~740N·m 拧紧
34	操纵杆在中间位置推土铲自动下降	制动带间隙大 操纵系统失灵	调整制动带 调整
35	操纵杆在下降位置推土铲不能下降	制动带间隙小 操作系统失灵 锥形离合器未与卷筒脱开	调整制动带 调整 调整间隙
36	操纵杆在上升位置,推土铲不能上升或上升慢	锥形离合器与卷筒锥面接触不良 锥形离合器沾油,卷筒打滑 制动带间隙小	调整离合器与卷筒间隙 清洗油污 调整制动带
37	操纵杆行程大	离合器滚轮架与操纵杆的位置不正确 锥形离合器与卷筒间隙过大	调整位置 调整间隙
38	推土铲不易切土	刀片切削边缘磨损	磨刃,翻面使用或更新
39	推土铲焊缝开裂	意外碰撞和超载	去掉开裂焊缝、校正重焊
40	制动盘过热	当离合器接合时制动器不能分离 主动鼓有油污 离合器不能完全分离,主动鼓产生摩擦而发热 卷扬筒轴承间隙过小	调整离合器和制动器操纵装置 清洗主动鼓 调整两鼓之间的间隙 调整轴承间隙
41	液压操纵系统油温过高	油量不足 油箱滤清器滤网堵塞 分配器上、下弹簧装反	添加液压油至规定值 清洗滤清器 重新装配
42	液压操纵系统作用慢或不起作用	油箱加油过多 油箱油太少 油路中吸入空气 油箱加油口盖通气孔堵塞 油泵油封损坏	放出过多的油 添加至规定油面 检查并拧紧从油箱到液压泵的油管接头 清洗通气孔及填料 更换油封
43	液压操纵系统耗油量增大	液压泵紧固螺栓松动 液压泵接合面处密封圈损坏 液压泵油封损坏 分配器螺栓松动或垫片损坏 分配器操纵手柄球形密封圈损坏 分配器油管接头密封圈损坏 液压缸活塞杆唇形密封圈破损 液压缸输油管密封圈损坏 液压缸导向套密封圈损坏	拧紧螺栓 更换密封圈 更换油封 拧紧螺栓或更换垫片 更换密封圈 更换密封圈 更换唇形密封圈 更换密封圈 更换密封圈

续上表

序号	故障现象	故障原因	排除方法
44	推土铲不能提升或提升很慢(液压操纵)	油箱中油量不足 液压泵未接通 油温过低或过高(低于30℃或高于70℃) 油路中吸入空气 分配器回油阀卡住,或阀的配合面上沾有油污 安全阀漏油或开闭压力过低 液压泵密封圈损坏 液压泵磨损过重	加油至规定油面 将液压泵分离接合杠杆置于接合位置 使油温处于正常 检查并拧紧管路接头 用木棒轻敲回油阀盖或取出回油阀清洗阀座,重新装回 检查、调整压力 更换密封圈 适当调整或更换新泵
45	推土铲提升时有跳动或不能保持提升位置(液压操纵)	油箱油温不足 油温过高(超过70℃) 油路内有空气 液压缸活塞密封圈损坏 分配器滑阀、壳体磨损 操纵阀杆间隙过大 操纵阀卡住	添加至规定油面 冷却至30~40℃ 排除空气,拧紧管接头 更换密封圈 更换分配器 修理调整 修理阀

五、推土机液压系统的维护

1. 使用要求

(1)按设计规定和工作要求,合理使用工作压力和工作流量。

(2)按厂家使用说明书要求选用液压油或液压传动油。在油注入油箱时必须过滤。使用中定期取样化验。

(3)工程机械液压油工作温度不得超过60℃,一般控制在50℃左右;液力油工作温度不得超过120℃,一般控制在90℃左右。

(4)电磁阀使用时,保证电压稳定,其波动值不应超过额定电压的5%~15%。

(5)发生液压系统某部位故障时,要及时停机处理。

(6)注意定期检查润滑管路及其元件,润滑油量是否充足。

(7)检查蓄能器充气及油气混合情况。

(8)经常注意紧固管接头、法兰盘。密封件、高压软管要定期检查及更换。

(9)主要液压件要进行定期性能测试及定期维修、更换。

2. 维护

(1)熟悉液压设备系统工作原理、主要液压件的作用。

(2)重点对液压系统的工作压力、流量、温度进行观察。

(3)开动设备前注意油箱油位、电磁阀是否处于原始状态。

(4)冬季在开机工作前,要使液压泵空运转一会儿,使油箱内油温升高。

(5)保持设备清洁,防止灰尘、金属磨粒、棉纱等杂质进入油箱。

(6)保证经常性定检及定期维护内容的进行,让故障排除在萌芽状态。

(7)液压工程机械检修重点与检修项目的维护检修周期,见表5-1-9。

维护检修周期表 表5-1-9

检修重点与项目	维护、检修、周期	检修方法与检修目的
泵的声音异常	1次/日	听检。检查油中混入空气和滤网堵塞情况,检查异常磨损等
泵的吸入真空度	1次/3个月	靠近吸油口安装真空计,检查滤网堵塞情况
泵壳温度	1次/3个月	检查内部机件的异常磨耗,检查轴承是否烧坏等
泵的输出压力	1次/3个月	检查异常磨耗
联轴器声音异常	1次/1个月	听检。检查异常磨耗和定心的变化
清除过滤网的附着物	1次/3个月	用溶剂冲洗,或从内侧吹风清除
液压马达的声音异常	1次/3个月	听检。检查异常磨耗等
各个压力计指示情况	1次/6个月	查明各机件工作不正常情况和异常磨耗等,压力表指针的异常摆动也要检查校正
液压执行部件的运动速度	1次/6个月	查明各工作部件的动作不良情况和异常磨耗引起的内部漏油增大情况等
轴承温度	1次/6个月	轴承的异常磨损
蓄能器的封入压力	1次/3个月	如压力不足,应用肥皂水检查
压力表、温度计和计时器等的校正	1次/年	与标准仪表作比较校正
胶管类检查	1次/6个月	查明破损情况
各元件、管道及密封件	1次/3个月	检查各密封处的密封状态
液压泵的轴封、液压缸活塞杆的密封、漏油情况	1次/6个月	检查各密封处的密封状态
各元件安装螺栓和管道支承松动情况	1次/6个月	检查振动特别大的装置更为重要
全部液压设备	1次/年	各元件及执行部件拆卸、清洗、冲洗管道
工作油液一般性能和油的污染状况	1次/3个月	如不合标准,应予以更换
油温	1次/日	超出规定值应立即查明原因进行修理
油箱内油面位置	1次/月	油面低于标记时应加油,并查明漏油处所
测定电源电压	1次/3个月	因电压有异常变动,会烧坏电气元件和电磁阀,还有可能导致绝缘不良等

课题二　装载机液压液力系统分析和常见故障诊断

一、液压系统特点

装载机在作业过程中，升降动臂、转动铲斗、整机转向和换向变速等动作需协同配合、频繁变换，驾驶员操作的劳动强度相当大，一般均采用液压系统来实现。液压系统性能的优劣对装载机的生产率、经济性和使用寿命有很大影响，因而有下述要求：

(1)工作性能好，能合理利用功率，保证装载机具有较高的生产率。作业过程平稳、有力、准确，各项动作相互协调，系统效率高，应力求减少系统发热量，保证系统正常工作温度不超过80℃。

(2)可靠性高，寿命长。装载机作业载荷变化大，伴随冲击和振动，因而要求系统有比较完善的安全装置，并能经受较大的冲击。要特别注意防尘和密封。

(3)操作性能好，操作动作简单、轻便。装载机每一作业循环机构动作很多，都需驾驶员操纵，应能降低驾驶员操作疲劳程度。

(4)系统要简单可靠，易于安装，维修和保养。

二、液压系统型式

(1)装载机转斗油缸滑阀和动臂油缸滑阀之间的油路连接方式有并联，串联和串并联3种。

现代轮式装载机的换向阀多采用串并联连接。即各阀的进油是串联的，回油是并联的。

(2)工作装置液压系统常与动力转向液压系统组成组合式油路。按系统中油泵数目可分为单泵和多泵系统两种。

①单泵系统。由一个液压泵供给动力转向和工作装置。

②多泵系统。由工作装置液压泵、转向泵和辅助泵组成两个液压回路。工作装置液压回路和转向液压回路，而这两个回路是通过辅助泵联系起来的，它通过流量控制阀把油流分配给转向或工作油路。

大中型装载机为了更合理利用功率，缩短作业循环时间，提高生产率，目前多采用多泵系统。

三、典型液压系统分析

1. ZL50 型装载机

ZL50 型是国产中型轮式装载机，其市场保有量较大。该机液压系统如图 5-2-1 所示。

1)液压系统主要元件的作用

在系统中，动力元件为两个并联的 CB-G 型齿轮泵。齿轮泵是工作主泵、辅助泵、转向泵。执行元件是一对动臂液压缸、一对转斗液压缸、一对转向液压缸。控制调节元件有换向阀和压力控制阀。

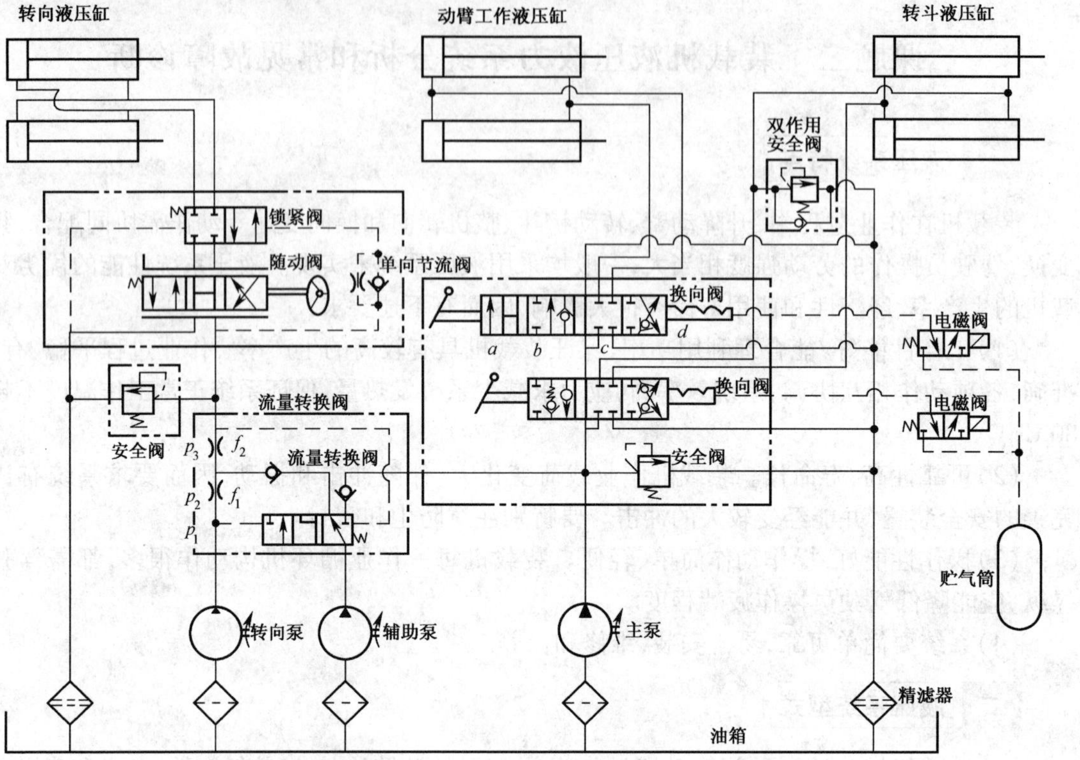

图 5-2-1　ZL50 型装载机液压系统图

换向阀:四位六通换向阀、三位六通换向阀。四位六通换向阀控制动臂动作,三位六通换向阀控制斗杆动作。

流量转换阀的作用是从辅助泵补充转向泵所减少的流量供给转向油路,以保证转向油路的流量稳定。随动阀用来控制转向液压缸动作。

压力控制阀:安全阀控制工作装置系统的工作压力,防止过载,其调定压力为 15MPa。

双作用安全阀:防止转斗液压缸过载或产生真空,起到缓冲补油作用,其调定过载压力为 8MPa。安全阀:控制转向系统工作压力,调定压力为 10MPa。

2)液压系统工作原理分析

ZL50 型装载机液压系统包括工作装置系统和转向系统。工作装置系统又包括动臂升降液压缸工作回路和转斗液压缸工作回路,两者构成串并联回路(互锁回路)。转斗液压缸换向阀一离开中位即切断去动臂液压缸换向阀的油路。欲使动臂液压缸动作必须使转斗液压缸换向阀回复中位。因此动臂与铲斗不能进行复合动作,所以各液压缸推力较大。这是装载机广泛采用的液压系统形式。

根据装载机作业要求,液压系统应完成下述工作循环:铲斗翻转收起(铲装),动臂提升锁紧(转运),铲斗前倾(卸载),动臂下降。

(1)铲斗收起与前倾

铲斗的收起与前倾由转斗液压缸工作回路实现。操纵换向阀处于右位,油液流动路线是:

进油路:泵→换向阀右位→转斗液压缸大腔

回油路:转斗液压缸小腔→换向阀右位→精滤器→油箱

此时,转斗液压缸活塞杆伸出,通过摇臂斗杆带动铲斗翻转收起铲装。

操纵换向阀处于左位,泵来油经换向阀左位进入转斗液压缸小腔,活塞杆缩回,通过摇臂斗杆推动铲斗前倾卸载。

操纵换向阀处于中位,转斗液压缸进、出油口被封闭,依靠换向阀的锁紧作用铲斗停留固定在某一位置。

在转斗液压缸的小腔油路中还设有双作用安全阀。在动臂升降过程中，转斗的连杆机构由于动作不协调而受到某种程度的干涉，即在提升动臂时转斗液压缸的活塞杆有被拉出的趋势，而在动臂下降时活塞杆又被强制顶回。这时换向阀处于中位，油路不通。为了防止液压缸过载或产生真空，双作用安全阀可起到缓冲补油作用。当小腔受到干涉压力超过调定压力8MPa时，便可从过载阀释放部分压力油回油箱，使液压缸得到缓冲。当产生真空时，可由单向阀从油箱吸油补空。应当指出，铲斗液压缸的大腔也应该设置双作用安全阀，使液压缸大小腔的缓冲和补油彼此协调得更为合理。如在活塞被向外拉出小腔受压释放部分压力油时，活塞向前移动，大腔就要产生真空。若在大腔油路上也设有双作用安全阀就可以及时补油。

(2)动臂升降

动臂的升降由动臂液压缸工作回路实现。操纵换向阀处于 d 位时油液流动路线是:

进油路:泵→换向阀中位→换向阀 d 位→动臂液压缸大腔

回油路:动臂液压缸小腔→换向阀 d 位→精滤器→油箱

此时动臂液压缸的活塞伸出,推动动臂上升。

动臂提升到转运位置时操纵换向阀处于 c 位,动臂液压缸的进、出油口被封闭,依靠换向阀的锁紧作用使动臂固定以便转运。

铲斗前倾卸载后,操纵换向阀处于 b 位。这时油的流动路线是:

进油路:泵 →换向阀中位→换向阀 b 位→动臂液压缸小腔

回油路:动臂液压缸大腔→换向阀 b 位→精滤器→油箱

此时动臂液压缸的活塞杆缩回,带动动臂下降。

操纵换向阀处于 a 位,动臂液压缸处于浮动状态,以便在坚硬地面上铲取物料或进行铲推作业。此时动臂能随地面状态自由浮动,提高作业效能。此外,还能实现空斗迅速下降,并且在发动机熄火的情况下亦能降下铲斗。

装载机动臂要求具有较快的升降速度和良好的低速微调性能。液压缸的进油由主泵和辅助泵并联供油,流量总和最大可达320L/min。动臂处于升和降状态时可控制换向阀阀口开度的大小进行节流调速,并通过加速踏板的配合,达到低速微调。

(3)自动限位装置

为了提高生产率和避免液压缸活塞杆伸缩到极限位置造成安全阀频繁启闭,在工作装置和换向阀上装有自动回位装置,以实现工作中铲斗自动放平。在动臂后铰点和转斗液压缸处装有自动限位行程开关。当动臂举升到最高位置或铲斗随动臂下降到与停机面正好水平的位置时,行程开关碰到触点,电磁阀通电。气压系统接通气路,贮气筒内的压缩空气进入换向阀的端部松开弹跳定位钢球。阀杆便在弹簧作用下回至中位,液压缸停止动作。当行程开关脱开触点时电磁阀断电而回位，关闭进气通道，阀体内的压缩空气从放气孔排出。

(4)装载机铰接车架折腰转向

装载机铰接车架折腰转向由转向液压缸工作回路实现。装载机作业周期短，动作要灵活，这一特点就决定它转向频繁。同时，随着装载机日趋大型化，完全依靠人力转向是很困难的，甚至是无法实现的。为了减轻作业劳动强度，提高生产率，目前轮式装载机基本上都采用液压转向。装载机要求具有稳定的转向速度，也就是要求进入转向液压缸的油液流量恒定。转向液压缸的油液主要来自转向泵，在发动机额定转速(1600r/min)下流量为77L/min。当发动机受其他负荷的影响转速下降时，就会影响转向速度的稳定性。这时需要从辅助泵通过流量转换阀补入转向泵所减少的流量，以保证转向油路的流量稳定。当流量转换阀在相应位置时，也可将辅助泵剩余的压力油供给工作装置油路，以加快动臂液压缸和转斗液压缸的动作速度，缩短作业循环时间和提高生产率。

2. ZL100 型装载机

ZL100 型轮式装载机是柳州工程机械厂开发的大型轮式装载机。该机斗容量为 $5m^3$，发动机功率 264 600W。整个液压系统由 3 个 CB—G 型齿轮泵(工作主泵、辅助泵和转向泵)驱动，它们共同组成工作装置回路和转向回路。工作主泵在其额定转速为 2200r/min 时的流量为 320L/min，工作压力为 $160kg/cm^2$，辅助泵和转向泵组成双联齿轮泵，当额定转速为 2000r/min时，油泵流量分别为 300L/min。辅助泵通过流量控制阀，根据发动机转速变化而自行把油部分或全部供给转向油路，剩余的油则输送给工作油路。

装载机在作业循环中各不同工序所需的作业油泵功率和牵引功率是不同的，在铲掘工况要求有尽可能多的牵引功率用来产生插入力，此时工作装置的动作虽要求有较大油压力，但流量要求不大，当铲斗装满料后，则要求铲斗能以较高速度举升，以便缩短循环时间，此时动臂提升油缸作用力并不大(油压不高)，但要求提供足够的流量。为了满足这些要求，更合理地利用功率，本系统采用一压力转换阀，它随系统中油压的变化自动切换辅助泵油路，以改变供给工作装置的流量。

压力转换阀在系统压力低于 12MPa 时，该阀处于系统图中所示位置，辅助泵与工作泵同时向工作装置系统供油，加快工作装置的作业速度；当系统压力超过 12MPa 时，压力转换阀切断辅助泵向工作装置供油的道路，使之卸荷，这样就能把功率转移到牵引功率上去，用以产生更大的插入力，达到轻载低压大流量和重载高压小流量的目的。

本系统多路换向阀采用先导阀液控高压大容量的主阀，由主阀和先导阀两部分组成。控制油路和工作油路采用同一油源，改善了液压系统的工作性能，减轻了驾驶员操作强度。

先导阀为手动换向阀，其工作油口输出的压力油控制主阀阀杆的动作。先导阀由双联换向阀组成串并联油路(优先油路)，保证转斗油路优先于动臂油路。先导阀体内设有调节压力为 18.5MPa 的过载阀，起缓冲液压冲击，保护元件的作用，当连杆机构运动发生干涉时(例如动臂提升，转斗油缸活塞杆被拉出时)，也能及时泄油。

主阀是两联阀，分别控制装载机的动臂和转斗油缸动作，每联换向阀有两根阀杆，每根阀杆控制一个工作油口。

当操纵先导阀阀杆，例如搬动转斗阀杆至右边位置，压力控制油即进入主阀转斗阀杆上腔

(图5-2-2中为阀杆左端),经节流孔流至油缸工作油口 A,由于压力油流动所产生的节流作用,使阀杆上腔油压大于工作油口 A 的油压。这部分压力控制油的流量越大,阀杆上、下腔的压差就越大,当流经阀杆的控制流量大到一定程度时,阀杆便在压差作用下,克服对中弹簧力向下移动,使 A 口与 P 腔相通,液压泵来的油通过 P-A 通道进入转斗油缸的大腔。与此同时,转斗油缸小腔的油由 B 口经阀杆节流阻尼孔进入阀杆上腔,再经先导阀回油箱。由于节流作用,使阀杆上腔油压低于下腔油压,此压差增大到一定值时,便使阀杆上移,将 B 口与 O 腔相通,大量液压油即由 B 口直接回油箱。

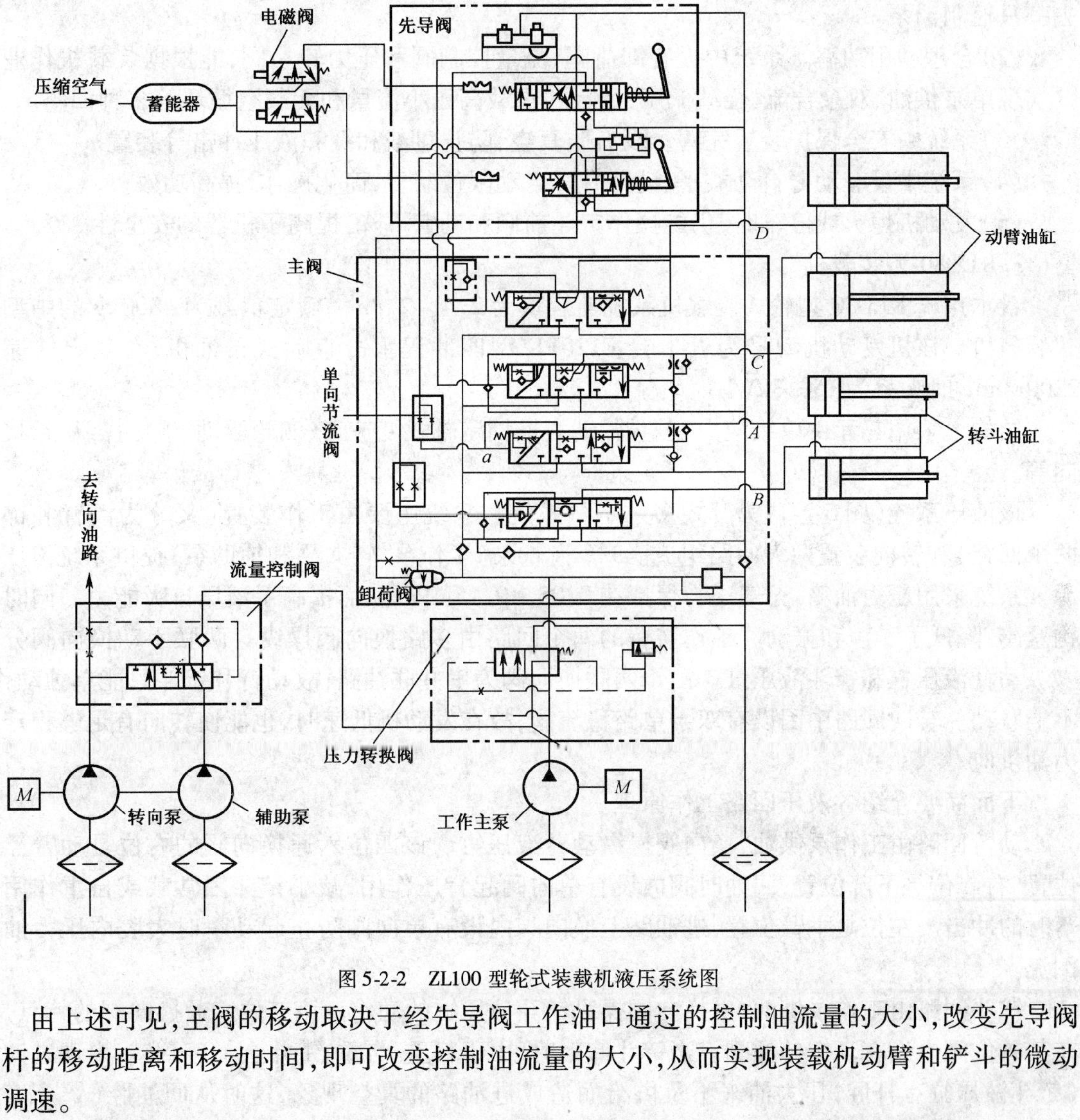

图5-2-2　ZL100型轮式装载机液压系统图

由上述可见,主阀的移动取决于经先导阀工作油口通过的控制油流量的大小,改变先导阀阀杆的移动距离和移动时间,即可改变控制油流量的大小,从而实现装载机动臂和铲斗的微动与调速。

该系统设有卸荷阀,当工作装置不动作时,先导阀两阀杆均处于中位(图示位置),油泵来的油通过卸荷阀的阻尼孔,经先导阀回油箱,油流经阻尼孔产生节流作用,造成卸荷阀左右腔的压力差,克服弹簧力,推动卸荷阀杆向左移动,接通回油路,使系统处于低压(0.1～0.2MPa)空循环运转。

在先导阀至主阀的控制油路上设有单向节流阀，使主阀向下移动的动作较快，以便快速向油缸工作油口供给压力油，主阀向上移动则由于节流孔的作用，动作较慢以减少液压冲击，增加了执行元件的稳定性。

在此装载机的工作装置和液压系统中装有滑阀自动复位装置（图 5-2-2 中的电磁阀），以实现作业中铲斗自动放平和动臂升降的自动限位。

综上所述，ZL100 型装载机具有比较完善的液压系统，它的特点是：

(1)先导控制油路，操纵轻便，具有良好的调速、微动性能；先导阀和主阀为同一油源，省去一只控制油泵。

(2)合理利用功率。系统中设有卸荷阀、流量控制阀和压力转换阀，能根据装载机作业工况实现单泵供油、双泵合流、轻载低压大流量、重载高压小流量和无载空循环等多种回路。

(3)系统中安全保护装置完善。设有防真空，防止过载和缓和液压冲击等装置。

(4)系统中设有动臂自动放平、动臂升降自动限位装置，简化操作，提高功效。

(5)发动机熄火或停车时，仍能操作铲斗前倾和动臂下降，提高了机器的安全性。

3. KLD80 型装载机

日本川崎 KLD80 型轮式装载机系统斗容量为 2.4～2.8m^3、额定负载为 4800kg 的中型轮式装载机。该机发动机型号为五十铃 E120PK 型四冲程水冷直喷式柴油机，在额定转速为 2200r/min 时功率为 150.7kW。

结构上采用三元件单级液力变矩器、动力换档定轴式变速箱、四轮驱动、液压操纵、铰接转向等。

该液压系统（图 5-2-3）为开式多泵定量系统。系统主要由工作装置（又分为动臂和铲斗两个回路）和转向装置两大回路组成。3 个齿轮泵（工作泵、转向泵和辅助泵）提供系统液压能源。系统采用压力油箱，充气压力保持在 0.05～0.15MPa，从而提高了液压自吸能力。同时结构紧凑，降低了噪声和振动。工作装置的两个回路由多路换向阀操纵。两联手动换向阀分别操纵动臂液压缸和铲斗液压缸。由于两联换向阀为串并联油路，故动臂和铲斗只能单独动作，不能联动。转向回路中因设有双泵单路稳流阀，故在发动机低速时，也能使转向有足够稳定压力油供应。

下面简要介绍各液压回路工作原理。

动臂回路由工作泵供油，换向阀操纵动臂液压缸。该四位六通换向阀的右位是动臂浮动位置，右二位是下降位置，回油时阀内设有单向阀起背压作用，减小铲斗因常载或自重作用下落时的冲击。左位是举臂位置，进油路上换向阀内设有单向阀防止起动瞬时大腔内压力油的倒流。

铲斗回路由工作泵供油，由换向阀操纵铲斗液压缸的动作。该三位六通换向阀的特点是，在其右位阀内设有真空补油阀。当铲斗卸料时，由于料重、自重，铲斗会加速翻转，出现进油腔（铲斗液压缸有杆腔）压力油来不及供给而造成进油路的真空现象，这时从回油腔（铲斗液压缸无杆腔）返回的部分液压油通过单向阀向进油腔补油。铲斗回路在液压缸和换向阀之间设有两个过载阀，起安全保护作用，其调定压力为 21MPa。进油时，溢流阀调定压力为 17.5MPa。上述动臂、铲斗工作装置回路，主要由工作泵供油，但在中速、高速工作时，辅助泵将部分地或全部地补充供油，以满足工作装置机构速度的流量需要。

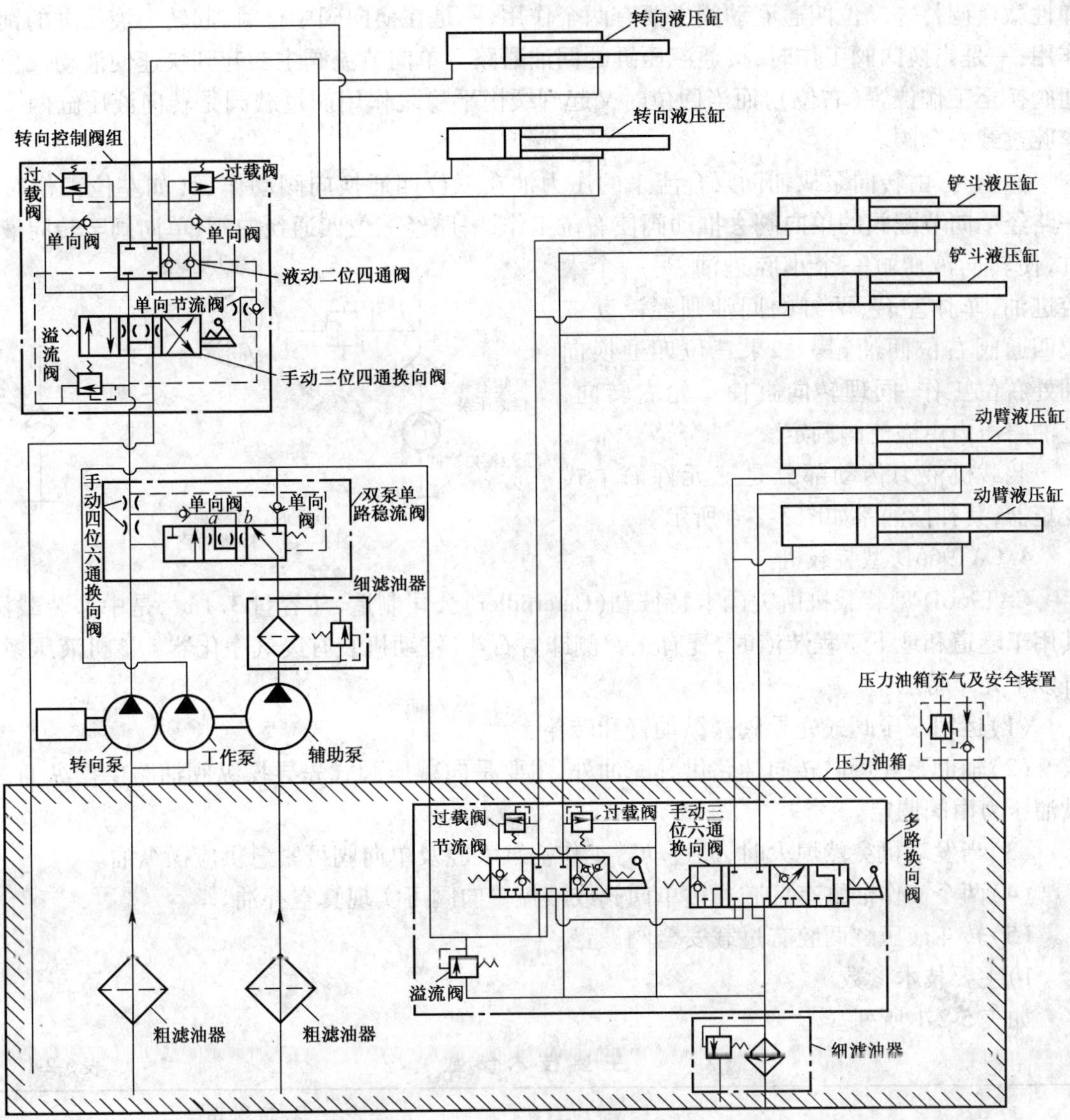

图 5-2-3　KLD80 型装载机液压系统图

转向回路主要由转向泵、辅助泵、稳流阀、转向控制阀组、转向液压缸组成。

转向回路主要由转向泵供油。为防止发动机转速变化，保证低速时转向性能有稳定地工作，在回路中设有稳流阀，使辅助泵可通过该阀向转向回路提供全部或部分压力油，补充转向泵所供压力油之不足。该稳流阀为双泵单路稳流阀。

转向操纵控制阀组主要由溢流阀、三位四通手动换向阀、二位四通换向阀、单向阀、过载阀组成。

三位四通手动换向阀由转向盘操纵。例如转向盘右转时，阀杆左移，使阀右位工作；同理转向盘左转，阀杆右移，使阀左位工作。具有节流阻尼作用的 H 型滑阀机能与过载阀配合，保证在直线行驶时，两侧车轮遇到不平衡阻力时转向机构能随路面不同阻力情况而作适应性的弹性微量调整。二位四通液动阀主要有两个作用,一是在换向阀中位时,起转向液压缸的锁紧作用;一是当换向阀工作时,接通液压缸的回油通路。单向节流阀主要起到快速使液动二位四通阀换至工作位置(右位),而当回位时又起到缓慢平稳之作用。过载阀是转向液压缸两个工作腔过载安全阀。

操纵时,由转向泵或辅助泵合流来的压力油在三位四通换向阀动作后(如左位工作时),一路经单向节配阀的单向阀去推动阀使右位工作;一路经三位四通换向阀、单向阀至转向液压缸,使转向液压缸一个小腔进油,另一个大腔进油,车体左转,两缸的回油则经液动二位四通阀右位回油箱。如果三位四通换向阀处右位工作,同理转向缸使车轮右转向,进油路压力由溢流阀调定。

装载机液力传动部分是三元件简单式变矩器,其补偿油路如图 5-2-4 所示。

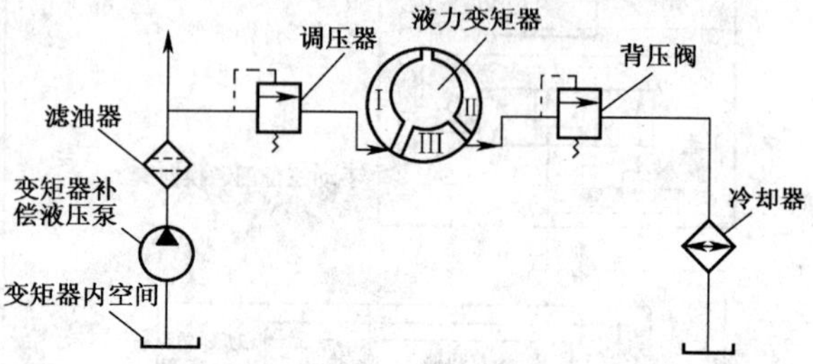

图 5-2-4　补偿油路

4. CAT966D 型装载机

CAT966D 型装载机由美国卡特彼勒(Caterpiller)公司制造,斗容量 3.1m^3,是中型装载机,其用于隧道和地下工程装渣时,配有正铲侧卸岩石斗,发动机装有废气净化器。该机液压系统有以下几个特点:

(1)运用减压阀式先导阀操纵动臂和转斗。

(2)辅助泵除可向转向油路供补充油外,主要是向减压阀式先导操纵阀油路供操纵油,操纵油压力由阀调定。

(3)当发动机突然熄火时,通过动臂工作油缸大腔及单向阀可紧急供应操纵油。

(4)两个工作油缸有杆腔通过单向阀或液控单向阀可实现真空补油。

(5)转斗液压缸两腔有过载安全阀设置。

1)主要技术参数

如表 5-2-1 所列。

主要技术参数　　表 5-2-1

项　目	技术数据
外形尺寸(长×宽×高)(mm×mm×mm)	正卸:8510×3200×5835 侧卸:8510×3200×6810
铲斗容量(m^3) 标准铲斗 三向铲斗	 3.1 2.7
铲斗宽度(mm)	3080
质量(kg) 工作质量 前桥荷重 后桥荷重	 21500 10300 11200
最小转弯半径(mm)	6706
离地间隙(mm)	451

续上表

项　　目	技 术 数 据
卸载高度(mm) 正卸 侧卸	 2680 3890
行走速度(km/h) 前进一档 前进二档 前进三档 前进四档 后退一档 后退二档 后退三档 后退四档	 0～6.6 0～11.7 0～20.3 0～34.3 0～7.5 0～13.2 0～22.8 0～38.1
牵引力(N)	15900
最大爬坡能力(°)	30
转向角度(°)	左、右各35
传动系统 液力变矩器 变速箱	 液力变矩器为单级单相式 变速箱为单手柄控制行星式动力换档变速箱
制动器 行车制动 停车制动	四轮采用气液驱动蹄式脚制动 采用机械作用蹄式手制动器。装在传动输出轴上，也可作为紧急制动器
转向液压系统 转向叶片泵 转向油缸(缸数×缸径×行程)	调压阀调定压力：18.9MPa 流量：186L/min(转速2100r/min，油压6.9MPa) 2×101mm×597mm
工作装置液压系统 主液压泵流量 主调压阀调定压力 先导泵流量 先导油路调压阀调定压力 提升油缸(缸数×缸径×行程) 倾斜油缸(缸数×缸径×行程)	 307L/min(转速2100r/min，油压6.9MPa) 18.9MPa 20.8L/min(转速2100r/min，油压6.9MPa) 2.4MPa 2×177.8mm×759mm 1×209.6mm×535mm

2)工作原理

CAT966D型装载机工作装置液压系统的工作原理如图5-2-5所示，该液压系统为反转六连杆机构工作装置的液压控制系统。

CAT966D型装载机工作装置液压系统采用先导式液压控制系统，由工作装置主油路系统和先导油路系统组成。主油路多路换向阀由先导油路系统控制，操纵十分轻便。

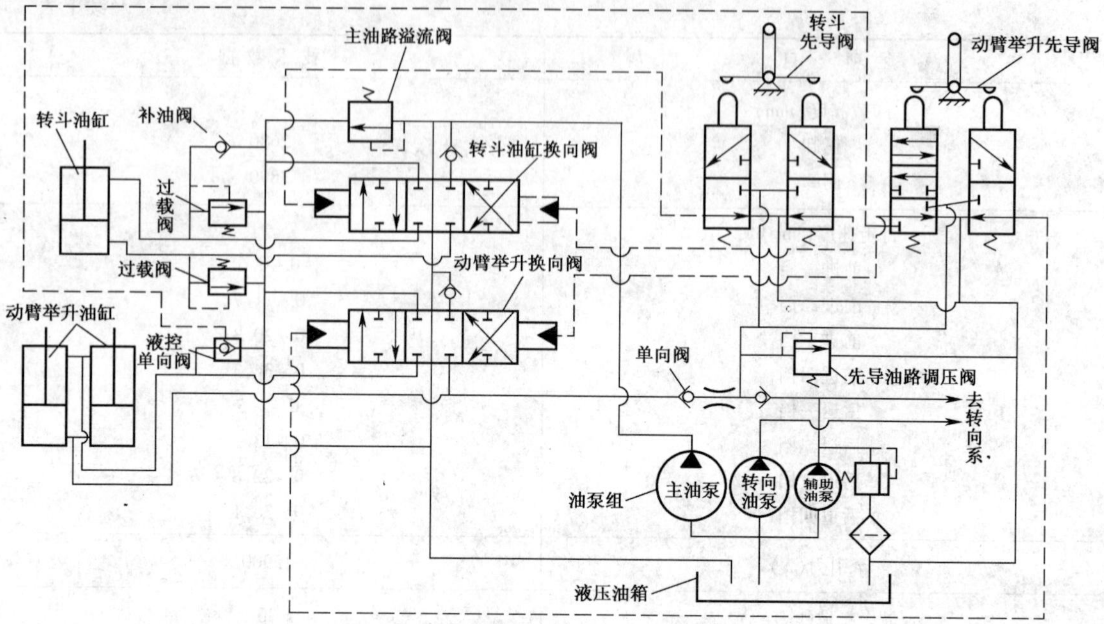

图 5-2-5　CAT966D 型装载机液压系统图

先导控制油路是一个低压油路,由先导油泵(辅助油泵)供油,由提升先导手动操纵阀和转斗先导手动操纵阀分别控制提升油缸换向阀和转斗油缸换向阀的阀杆(亦称主阀芯)向左或向右移动,改变工作油缸多路换向阀的工作位置,使工作油缸处于相应的工作状态,以实现铲斗升降、转斗或处于闭锁工况。

先导控制油路建立的多路换向控制阀阀杆的推移压力为二次压力,该压力与先导阀手柄的行程成比例。先导阀手柄行程大,控制油路的二次压力也大,主阀芯的位移量也相应增大。先导阀手柄不仅可以改变主阀芯的位移方向,而且其手柄行程与主阀芯的位移量成正比变化。因工作装置多路换向阀(或称主阀)主阀芯的面积大于先导阀阀芯的面积,故可实现操纵力放大,减轻驾驶员的劳动强度。通过合理选择和调整主阀芯复位弹簧的刚度,还可实现主阀芯的行程放大,有利于提高主控制回路的速度微调性能。

在先导控制回路上设有先导油路减压阀。在动臂提升油缸无杆腔与先导油路的连接管路上设有单向阀,在发动机突然熄火的情况下先导油泵无法向先导控制油路提供压力油时,提升油缸在动臂和铲斗的自重作用下,无杆腔的液压油可通过单向阀向先导控制油路供油,同样可以操纵提升先导阀和转斗先导阀,使铲斗下落,还可实现铲斗前倾或后转。

在转斗油缸的两腔油路上分别设有两个安全阀,当转斗油缸过载时,两腔的压力油可分别通过安全阀直接卸荷回油箱。

当铲斗前倾卸料速度过快时,转斗油缸的活塞杆收缩运动加快,有杆腔可能出现供油不足,此时,可通过补油阀直接从油箱向转斗油缸有杆腔补油,避免气穴现象的产生,消除机械振动和液压噪声。同理,工作装置的左右动臂提升油缸在铲斗快速下降时,也可通过液控单向阀直接从油箱向提升油缸补充供油,防止油缸内形成局部真空,影响系统正常工作。

CAT966D 型装载机的工作装置设有两组自动限位机构,分别控制铲斗的最高提升位置和铲斗最佳切削角的位置。

自动限位机构设在先导操纵杆的下方，通过动臂油缸提升定位传感器和转斗油缸定位传感器的无触点开关，自动实现铲斗限位。当定位传感器的无触点开关闭合时，对应的定位电磁铁即通电，限位连杆机构产生少许位移，铲斗回转定位器或提升定位器与支承滚子之间出现间隙，在先导阀回位弹簧的作用下，先导阀操纵杆即可从回转或提升位置自动回到中立位置，停止铲斗回转或提升。

由此可见，CAT966D 型装载机工作装置液压系统的特点是：有两个独立的油路系统，即主油路系统和先导油路系统。主油路系统采用互锁油路，并受先导油路系统控制（如图 5-2-4 所示）。

3）系统检测标准（如表 5-2-2 和 5-2-3 所示）

工作装置液压系统检测数据　　表 5-2-2

<table>
<tr><th colspan="2">项　目</th><th colspan="2">检 测 条 件</th><th>标 准 值</th></tr>
<tr><td rowspan="4">提升油缸</td><td rowspan="3">提升油缸沉降量</td><td rowspan="3">油缸至少伸出过 5 次之后才能测量活塞杆的沉降量，同时需检查油温
把铲斗提升到最大高度，并使手柄移到中立位置，发动机熄火。测量油缸收缩的行程和时间</td><td>油温 38 ±3℃，时间 5min</td><td>13.00mm</td></tr>
<tr><td>油温 49 ±3℃，时间 2.7min</td><td>13.00mm</td></tr>
<tr><td>油温 66 ±3℃，时间 1.7min</td><td>13.00mm</td></tr>
<tr><td>提升油缸移动速度</td><td colspan="2">发动机高速空转，将动臂反复进行升起与降落，使液压油的温度增高。液压系统必须使用 SAE10 油，油温达到 65 ±3℃，空斗。提升动臂从地面至动臂定位器，测量时间</td><td>7.0 ±0.9s</td></tr>
<tr><td rowspan="4">转斗油缸</td><td rowspan="3">转斗油缸的沉降量</td><td rowspan="3">油缸至少伸出 5 次之后才能测量活塞杆的收缩量，同时需检查油温。将铲斗提升至最大高度，并把提升手柄移到中立位置，接通转斗油缸，使铲斗达到装载角度约 180°，并把转斗手柄移至中立位置，发动机熄火</td><td>油温 38 ±3℃，时间 5min</td><td>19mm</td></tr>
<tr><td>油温 38 ±3℃，时间 2.7min</td><td>19mm</td></tr>
<tr><td>油温 66 ±3℃，时间 1.7min</td><td>19mm</td></tr>
<tr><td>转斗油缸移动速度</td><td colspan="2">铲斗在最大高度，空斗，油温 65 ±3℃，转斗从完全后倾至完全下倾翻，测量时间</td><td>2.8 ±0.5s</td></tr>
<tr><td>控制油路</td><td>先导泵油压</td><td colspan="2">发动机高速空转，油温在正常工作温度，测压力</td><td>2520kPa</td></tr>
<tr><td rowspan="3">安全阀</td><td>主安全阀</td><td colspan="2">起动发动机，将动臂升到顶，使发动机高速空转，将手柄移到提升位置，观察压力表的最高读数</td><td>19 000 ±340 kPa</td></tr>
<tr><td>转斗油缸有杆端安全阀</td><td colspan="2">起动发动机并升起动臂，使动臂与地面平行。转斗手柄移至卸载位置，铲斗完全向下翻转时释放转斗手柄。发动机高速空转，将提升手柄移到提升位置。观察压力表的最大读数</td><td>17 200 ±340 kPa</td></tr>
<tr><td>转斗油缸无杆端安全阀</td><td colspan="2">用电动液压泵作为动力源，观察压力表读数</td><td>20 700 ±340 kPa</td></tr>
</table>

测试条件　　表 5-2-3

项　目	测试条件	压力(kPa)	流量(L/min)
工作机构泵	发动机转速 2200r/min 泵转速 2090 r/min 油 SAE10W,油温 65℃	690	325
	发动机转速 1100r/min 泵转速 1046 r/min 油 SAE10W,油温 65℃	690	167
		6900	140
转向泵	发动机转速 2200r/min 泵转速 2092 r/min 油 SAE10W,油温 65℃	690	95
		6900	83
	发动机转速 1100r/min 泵转速 1046 r/min 油 SAE10W,油温 65℃	690	95
		6900	83
先导泵	发动机转速 2200r/min 泵转速 2092 r/min 油 SAE10W,油温 65℃	690	19
		6900	18
	发动机转速 1100r/min 泵转速 1046 r/min 油 SAE10W,油温 65℃	690	10
		6900	9.8

项目		初始压力(kPa)	流量(L/min)	备　注
零件号	名称			
—	先导溢流阀	2 520 ±340	最小	—
3G4459	主安全阀	19 000 $^{+500}_{-200}$	303 ±4	转动螺栓半圈,改变压力 1720 kPa
3G4111	安全阀	17 200 ±340	38 ±4	—
3G4110	安全阀	20 700 ±340	38 ±4	—
4T4751	安全阀	12 400 ±340	38 ±4	—
9J4841	安全阀	25 400 $^{+1300}_{-100}$	19 ±2	—
4T4162	安全阀	12 400 ±400	38 ±4	—
4T2742	安全阀	20 700 ±400	38 ±4	—
4T2764	安全阀	26 000 ±400	38 ±4	—

四、液压系统故障的分析与排除

1. 工作装置液压系统故障判断与排除

1)故障现象

转斗无力,容易掉斗或铲斗上飘。

原因分析:如果只是铲斗容易掉斗或上飘,而动臂提升正常,则故障不在工作齿轮泵,是在分配阀中的转斗缸操纵阀杆及转斗缸处,而且多数是由于转斗缸活塞上的单向阀未能“关死”,转斗缸上、下腔相通,或转斗缸活塞上的油封破损所造成。如转斗滑阀与阀体的配合阀隙超过 0.035mm,泄漏量太大,压力上不去,也会造成此故障。

排除方法:拆卸转斗缸,检查活塞上的单向阀,使其“关死”或更换活塞上的油封或者更换分配阀。

2)故障现象

动臂提升无力,或提升速度太慢。

原因分析:

(1)如果只是动臂提升无力,转斗时不掉斗,则工作泵不必检查,故障发生在工作分配阀的动臂操纵杆配合部分,或是由于动臂液压缸活塞油封破损。

(2)如果铲斗翻转及动臂提升同时无力,则故障常为齿轮泵烧伤严重或漏油严重,或工作阀的调压阀门没有“关死”,或是压力调节不当,或调节弹簧损坏。

排除方法:

(1)更换液压缸活塞油封、检查动臂阀杆与阀体的配合阀隙是否超过0.035mm,必要时更换分配阀。

(2)检查工作齿轮泵是否烧伤、检查液压泵驱动轴上的骨架油封是否损坏、检查分配阀的调压阀是否损坏,必要时更换已损坏的零部件。

3)故障现象

工作齿轮泵泵体爆裂,端面漏油。

原因分析:工作分配阀中的调压阀或溢流阀卡死,系统油路处在封闭状态,系统压力无限升高,最后导致齿轮泵泵体爆裂。操作人员没有按说明书要求操作,擅自调整压力,使系统压力超过规定值也容易造成泵体爆断。根据实践经验:顺时针转动调压阀的调压螺栓一周,系统压力大约可提高3.0~4.0MPa,反之可降低3.0~4.0MPa。工作齿轮泵内部由于长期承受高压,使前、后两个泵盖及泵体的连接螺栓受拉力变长,造成松动漏油。此外,泵盖或泵体有径向裂纹,泵盖与泵体之间的“O”形密封圈破损,也会造成漏油。

排除方法:应经常拆洗分配阀的调压阀,保证调压阀工作正常、移动灵活。应定期约6个月检查齿轮泵的泵盖与泵体的连接螺栓是否松动。有时,由于螺栓孔的深度较浅,螺栓无法拧紧,此时应把螺栓相应车短。另外,两侧板的消压槽应安装在齿轮泵的高压腔,以免齿轮泵产生“困油”,造成齿轮泵泵体炸裂。

4)故障现象

转斗缸出现拔缸现象,拉杆弯曲变形,转斗缸销轴的关节轴承容易碎裂,转斗缸活塞的锁紧螺母连接被拉坏。

原因分析:当提升动臂到一定高度,铲斗处在向下翻转极限位置时,转斗缸活塞杆的外伸长度最短,动臂的限位点与铲斗底面接触,如果继续提升动臂,此时转斗缸两端的支撑点和摇臂支撑的相对位置却要随动臂的继续提升而发生变化(即产生机械干涉),这就迫使转斗缸活塞杆外伸。由于在动臂提升过程中,转斗缸的前后腔处在封闭状态,活塞杆外拉必然会引起前腔压力跨增,打开通往后腔的单向溢流阀门,液压油从前腔流到后腔。前腔压力立即下降,活塞杆向外伸出,即"拔缸"现象。

由此现象可知,如果活塞内的单向阀门“卡死”(打不开),当动臂上升时,转斗缸前腔由于运动干涉会产生困油,拉杆受到极大的压力;活塞锁紧螺母的连接也受到极大的拉力影响;销轴处的关节轴承同时受到拉力的作用等。如果干涉严重,上述故障的可能性是存在的。

铲斗满斗时，因操作不当，装载机前进时碰撞到坚固的障碍物，障碍物反作用于铲斗的反力通过铲斗对拉杆施加压力；再由于摇臂的杠杆原理，转斗缸的活塞杆受到向外伸长的拉力，如果此时活塞内的单向阀门无法打开（或来不及排油于后腔），则造成转斗缸前腔困油，前腔的压力急剧增大，造成转斗拉杆的弯曲变形、转斗缸销轴处关节轴承的破损和转斗缸活塞的锁紧螺母容易脱牙等故障。

排除方法：操作者在高处卸斗作用后，一定要先收斗，然后下降动臂，这样可减少因刚性连接产生干涉或碰撞障碍物产生刚性反作用冲击力。

5）故障现象

动臂在提升时，有时会出现先是下降，然后再上升的“点头”现象。

原因分析：工作分配阀的动臂操纵阀是采用负封闭，在换向过程的某一短时间内将会出现进、回油口与工作油口相通的浮动状态。当操纵动臂换向阀以提升动臂时，因有动臂及铲斗的自重作用，必然会使动臂先下降，即“点头”现象。待负封闭段过后，进、回油与工作油口的浮动状态结束，动臂即可上升。此现象不会引起其他的系统故障。

2. 转向液压系统故障判断与排除

1）故障现象

转向时转向机出现一侧轻一侧重。

原因分析：

（1）当转向盘转动时，通过转向杆带动转向阀芯上下滑动而打开或关闭阀门。此时，需克服安装在阀体上下两端面各 4 只柱塞对其施加的复位弹簧的压力，如弹簧压力不均或柱塞与阀体相应滑动孔的配合尺寸不同或一端卡死，则必然反应到转向盘转动力矩的大小，也会反应到左、右转向的轻重不同。

（2）转向缸一腔油封损坏，另一腔完好，则必定转向时一侧轻另一侧重。

排除方法：

（1）检查柱塞与阀体孔的配合阀隙，使之控制在 0.03 ~ 0.04mm 之间，检查 8 只弹簧的弹性及长度应一致，且不应断裂或塑性变形。

（2）应检查更换转向缸某一腔的损坏件。

2）故障现象

突然无转向或转向太重。

原因分析：突然无转向是指转向盘可转动，但装载机不会随着转向盘的转动而转动，这是由于：

（1）转向盘与转向杆的连接键损坏，转向盘无法带动转向杆转动。

（2）随动杆总成内的弹簧弯曲变形、断裂或弹簧太短，无法起随动的作用。

（3）转向轴端部的锁紧螺母损坏或脱落，齿条螺母无法带动主阀芯上下移动。

转向太重是由于液压转向助力系统中的液压元件损坏，如转向泵烧损、效率过低、转向缸油封损坏，特别是恒流阀的调压阀门无法封闭关死，系统压力上不去，都会产生转向偏重现象。装在转向阀体内的进油单向阀，如果弹簧损坏，使单向阀门打不开使高压油进不去，转向也会偏重。

排除方法：首先检查恒流阀的调压阀芯与阀座接触是否均匀；再检查其他液压元件的密封情况。

3)故障现象

机油从转向盘或方向机套管中部冲出来。

原因分析:安装在转向阀内的骨架油封破损,机油会沿转向杆向上冒出。

排除方法:拆下方向机总成,更换骨架油封。

4)故障现象

方向机飘动严重(空行程太大)。

原因分析:

(1)方向机的转向杆端部的螺栓连接由于长期受拉力作用而变长,造成螺母与其连接间松动。

(2)随动杆与焊接在前车架上的球头铰接处,由于长期转动磨损,使得铰接配合阀间隙过大。

(3)扇形齿轮与齿条的喷合阀间隙由于长期的啮合磨损,使其啮合阀间隙过大。

排除方法:根据实际磨损或变形的阀隙情况加以消除,重新调整。

五、装载机的维护

1.每日(每10h)检查维护

如表5-2-4所列。

检查维护内容　　表5-2-4

检查部位	内　　容
发动机	检查发动机油位 检查燃油量 检查冷却水量 检查风扇皮带拉力 检查空气滤清器的指示器 检查各紧固部位
液压变矩器及变速器	检查油量(变矩器用) 检查离合器工作情况,有无噪声异常现象 检查各紧固部位
行驶轮	检查轮胎气压情况
转向装置	检查转向盘间隙 检查各处紧固件
制动装置	检查油量、工作情况及漏油等异常现象 气缸的排放
电器装置	检查蓄电池的液容量 检查电路配线
装卸装置	加油 检查工作油箱油量(液压油) 检查各处坚固件 检查各部位的损坏、漏油情况
车身装置	加油(润滑油) 检查各处紧固件 检查各处有否变形、断裂情况 检查磨损件

2. 清理、检查、调整及更换时间

如表 5-2-5 所列。

作业内容及运转时间　　表 5-2-5

部　位	作业内容及运转时间
发动机	更换机油(每 200h) 更换滤油器滤芯(每 200h) 清理离心式滤油器(每 300h) 检查清理燃油过滤器滤芯(每 300h) 更换燃油滤油器滤芯(每 600h) 清理供油泵滤油器(每 1200h) 清理燃油箱内部(每 600h) 清理通气孔(每 300h) 清理散热器片(每 100h) 更换冷却水(每 600h) 清理发动机冷却系统内部(每 1200h) 清理空气滤清器滤芯(每 100h) 更换空气滤清器滤芯(每 1200h) 紧固气缸盖螺栓(每 1200h) 检查喷嘴喷射压力(每 300h) 检查、调整气门间隙(每 1200h) 检查发动机压缩压力(每 1200h) 检查发电机起动器(每 600h)
液力变矩器变速器	更换液力变矩器油(每 600h) 更换进油路滤油器滤芯(每 600h)
行走装置	驱动轴加油(每 100h) 检查各处紧固件(50h 检查第一次,每 100h 再检查一次) 检查差速器和末端齿轮油量(每 300h) 更换差速器和末端齿轮油(每 1200h) 检查车轮螺母松动(每 100h)
转向装置	检查齿轮箱油量(每 300h) 更换齿轮箱油(每 1200h) 转向纵拉杆加油(每 100h)
制动装置	检查盘形制动器衬垫的磨损(每 50h) 检查盘形制动器安装螺栓的松动(每 100h) 检查软管管道的漏油、损伤和安装状况(每 100h) 空气主控器加油(每 600h) 更换制动油(每 1200h) 拆修空气主控器(每 1200h)
装卸装置	换油(每 1200h) 更换回油滤油器滤芯(每 1200h) 定位器加油(每 100h)
车体装置	悬挂装置加油(每 100h)
电器装置	测定蓄电池电解液密度(每 300h)

3. 定期更换的安全部件

表 5-2-6 所列零件对保证作业和行车安全是非常重要的,因此在到达使用期限时必须注意更换成新零件。另外,即使在使用年限内,发现有个别异常现象时,也要更换新的零件,不要因为过分考虑经济问题,而忽略长期性及安全性作业。

定期更换的安全部件　　表 5-2-6

序号	定期更换部件	更 换 时 间	序号	定期更换部件	更 换 时 间
1	制动器软管	每一年	4	空气主控器油封类	每一年
2	转向装置用软管	每两年	5	盘形制动器油封类	每两年
3	转向油缸用油分类	每两年	6	燃油软管	每两年

课题三　平地机液压液力系统分析和常见故障诊断

自行式平地机是一种多用途的铲土运输机械，主要用于土方工程中场地整形和平地作业。平地机工作装置操作控制灵活，通过改变铲刀的作业方位或更换工作装置可方便的用来进行开挖边沟、回填、修边坡、推松土、除雪等作业，对级配要求不高的路面基层稳定土也可用平地机来拌和。因此，平地机用途十分广泛，是路基路面施工不可缺少的作业机械。

一、液压系统特点

平地机在作业过程中，作业行驶速度较高，空行程时间只占作业时间的15%左右，有效作业时间明显高于装载机和推土机，是一种高效率的土方施工作业机械。因此，对平地机液压系统的要求也有所不同：

(1)平稳的流速，有利于驾驶员掌握扳动手柄的时间与执行元件的移动距离之间的稳定比例关系，使操作有较好的可预测性，便于操作精度控制。

(2)较大的流量，以提高元件的执行速度，使动作响应及时。

(3)能量损失要小，能实现复合动作。

二、液压系统型式

(1)按泵的类型分为定量系统和变量系统。

(2)按泵的个数(指主要工作泵)分为单泵和双泵系统。

(3)按回路分为单回路和双回路。

(4)按工作装置液压系统与转向液压系统的关系分为独立式和混合式。

三、典型液压系统分析

1. PY180 型平地机

PYl80 型平地机是我国天津工程机械厂引进外国技术生产的新型平地机。它的主要工作装置是回转铲刀，此外还有松土耙、前推土板和重型松土器等。

1)液压系统工作原理

PYl80 平地机的液压系统由工作装置回路、转向回路和制动回路等组成。

液压系统工作原理见图 5-3-1。该液压系统为开式多泵定量系统，液压油箱为压力油箱。

(1)工作装置液压回路

该回路由左、右铲刀升降液压缸、前轮倾斜液压缸、铲刀摆动液压缸、铲刀引出液压缸、铲刀角度变换液压缸、铲刀回转液压马达、前推土板升降液压缸、后松土器升降液压缸等液压回路组成。各液压回路的液压油由双联齿轮泵供给。其中铲刀升降液压缸、铲刀摆动液压缸、前

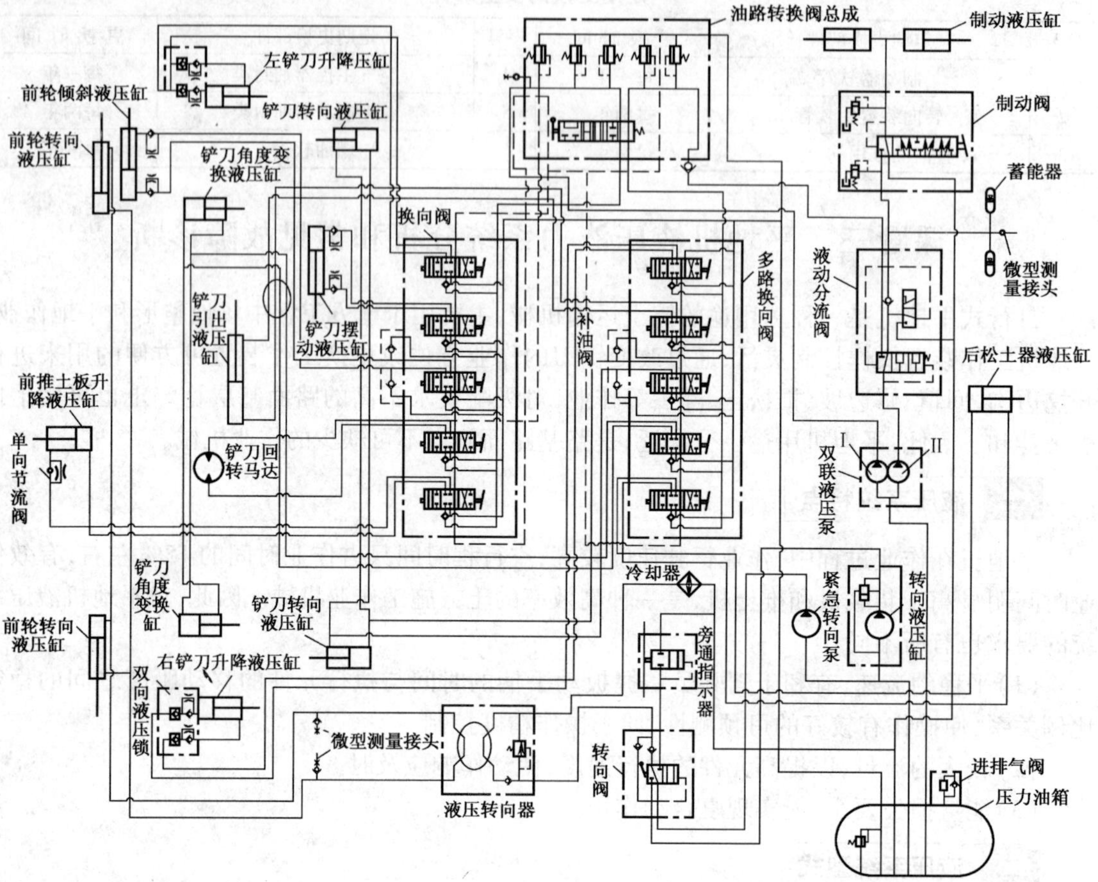

图 5-3-1　PY180 平地机液压系统

轮倾斜液压缸、铲刀回转马达、前推土板液压缸等由液压泵经转换阀、多路换向阀分别供给铲刀升降液压缸、铲刀引出液压缸、铲刀转向液压缸、铲刀角度变换液压缸、松土器液压缸等由液压泵Ⅱ经换向阀、多路换向阀分别供给。双联液压泵分别向两个独立的工作液压回路(工作装置及制动回路)供油(如图 5-3-1 所示位置),但通过液动分流阀和转换阀可以实现合流供油。当油路换向阀处于液压系统图示位置时,双联液压泵所形成的双回路可分别独立工作,平地机的工作装置可通过操纵对应的手动换向阀改变和调整其工作位置。

双回路液压系统可以同时工作,也可以单独工作。调节铲刀升降位置时,则应采用双回路同时工作,这样可以保证左右铲刀升降油缸同步移动,提高工作效率。

为了提高工作装置的运动速度,可将油路转换阀置于左位工作,此时可将双联液压泵的双液压回路合为一个回路,也称合流回路。系统合流后,流量提高一倍,工作装置的运动速度也可提高一倍,进一步缩短了平地机的辅助工作时间,有利于提高平地机的生产率。在铲刀左右升降油缸上设有双向液压锁,可以防止牵引架后端悬挂重量和地面反作用垂直载荷冲击引起闭锁油缸产生位移。为实现前推土板平稳下降和铲刀左右平稳摆动,在前推土板油缸的下腔(有杆腔)和铲刀摆动油缸的上下腔均设有单向节流阀,控制回油速度,确保推土板和铲刀双向运动无惯性冲击。在前轮倾斜油缸的两腔设有两个单向节流阀,可实现前轮平稳倾斜。为防止前轮倾斜失稳,在前轮倾斜换向操纵阀上还设有两个单向补油阀,当倾斜油缸供油不足时,可通过单向补油阀从压力油箱中补充供油,以防止气蚀造成前轮抖动,确保平地机行驶和转向的安全。为满足左右铰接回转油缸对铰接转向和前后机架定位的要求,在铰接转向换向阀的回油道上设有补油阀,当系统供油不足时可直接从压力油箱中补油,可实现平地机稳定铰接转向和可靠定位。

在平地机各种工作装置的并联液压回路中,由于铲刀左右升降油缸的两端均装有液压锁,故铲刀升降油缸的进油腔的液压油在油缸活塞到达极限位置时,不可能倒流回油箱。其他工作装置油缸和铲刀回转油马达均未设置双向液压锁,为防止各工作装置液压油或液压马达进油腔的液压油出现倒流现象。同时避免换向阀进入中位时发生油流倒流,故在后松土器、铲刀铲土角变换、铰接转向、铲刀引出、前推土板、铲刀摆动、前轮倾斜和铲刀回转诸回路中,负封闭式换向操纵阀的进油口均设有单向阀。

PYl80 平地机采用的油箱为封闭式压力油箱。压力油箱上装有进排气阀,可控制油箱内的压力保持在 0.07MPa 的低压状态下工作,有助于工作装置油泵和转向油泵正常吸油。进排气阀还可根据压力油箱压力的变化适时进入空气量,或排出多余气压。封闭式压力油箱可防止气蚀现象的产生,防止液压油污染,减少液压系统故障,延长液压元件使用寿命。

(2)转向液压回路

PYl80 平地机的转向液压系统由转向泵、紧急转向泵、转向阀、液压转向器、转向油缸、冷却器、旁通指示阀和封闭式压力油箱等主要液压元件组成。平地机转向时,由转向泵提供的压力油经转向阀,以稳定的流量进入液压转向器。然后进入前桥左右转向油缸的不同的工作腔,推动左右前轮的转向节臂,偏转车轮,实现左右转向。左右转向节用横拉杆连接,形成前桥转向梯形,可近似满足转向时前轮纯滚动对左右偏转角的要求。

转向器安全阀(在液压转向器内),可保护转向液压系统的安全。当系统过载,系统油压超过 15MPa 时,安全阀即开启卸荷。当转向油泵出现故障无法提供压力油时,转向阀则自动接通紧急转向泵,由紧急转向泵提供的压力油即可进入前轮转向系统,确保系统正常工作。紧急转向泵由变速箱输出轴驱动,只要平地机处于行驶状态,紧急转向泵即可正常运转。当转向泵或紧急转向泵发生故障时,旁通指示阀接通,监控指示灯即显示信号,用以提醒驾驶操作人员。

(3)制动液压回路

制动回路由泵、分流阀、制动阀及制动缸组成。通过操作制动阀(右位),可向制动阀大腔供油,使制动缸伸出,从而实现制动。制动为单作用液压缸,当制动阀处于左位时(图示位置),制动缸回油,制动缸缩回,制动解除。制动阀为手动五位三通阀,进油、回油均有二位,以保证制动的平稳和可靠性。

(4)液力变矩器

①结构原理:

PYl80 平地机采用了型号为 YJ-37504 的 123 型液力变矩器,向心滑轮式,单级三相,刚性闭锁。

液力变矩器除有工作装置外,还有辅助装置。工作装置的核心部件是泵轮、涡轮和导轮这三个工作轮。泵轮通过罩壳与输入轴连接,由泵轮和罩壳组成封闭容积,涡轮和导轮在该容积内,涡轮和输入轴连接,两个导轮分别装在各自的单向轮上。变矩器整个封闭容积内充满着一定压力的工作油液,其最低压力由背压阀调定,约为 0.25 ~0.28MPa。为了供给一定压力的工作油液及散发油液的热量，变矩器设置了压力补偿系统和冷却系统。

在泵轮的作用下，油液在泵轮流道内作离心运动，泵轮入口处内线的叶片背面压力最低。当最低压力达到空气分高压时，会产生气蚀，不仅破坏该处的金属表面，同时产生振动与噪声，降低传递效率，甚至破坏变矩器正常工作。因此，在变矩器入口内缘处应补充一定压力，其值为0.4～0.6MPa，由溢流阀调定；同时变矩器在传送能量过程中有一定损失，其结果导致油液温度升高。工作油液控制在40%～120%范围内，可保证系统正常工作，在补充工作油液的同时。替换出一部分热油，经散热器冷却。

PY180液力变矩器带刚性闭锁，利用闭锁的办法将发动机动力输出部件与变矩器输出轴直接联接，以提高高速工况的传递效率。闭锁式变矩器既发挥了变矩器的变矩性及自动适应性，同时又发挥了机械传递效率高的特点。为了保证闭锁可靠，系统设置了顺序阀，其压力大小调定为1.5～1.7MPa。操纵变矩器闭锁而设的操纵阀通常工作于左位，闭锁油腔同油箱相通，闭锁离合器分离，闭锁阀工作于右位。高压油进入闭锁油腔，闭锁离合器结合，完成闭锁。

②工作要求：

a.变矩器进口压力应大于出口压力，大小分别为：0.4～0.6MPa，0.25～0.28MPa，以保证变矩器内热油能及时被替换并冷却，否则会导致变矩器高温，加速密封件损坏出现漏油。

b.变矩器出口压力不应过高。如果出口压力超过规定值，会导致变矩器腔内压力过高，造成工作油密封失效，漏油。

c.变矩器闭锁压力不应太低，大小为1.5～1.7MPa。否则，当机械使用闭锁行驶时，会出现闭锁离合器滑转，产生大量附加热量，产生高温，加速密封件损坏，导致漏油。

d.变矩器闭锁压力不易过高，否则会导致闭锁油腔压力过高，容易损坏密封件，导致漏油。

e.变矩器闭锁操纵阀应工作可靠，否则解除离合器后，闭锁腔内压力不能完全泄压，使闭锁离合器分离彻底，出现滑转，导致油温升高，损坏密封件，出现漏油。

f.必须使工作油散热器内、外保持清洁，管路畅通，散热良好。

由此可以看出，液力变矩器一旦出现漏油故障，不能盲目更换密封件，应首先分析产生漏油故障的原因，然后再根据具体情况分别加以处理。

2）故障分析与排除方法

平地机液压系统主要由传动系统、作业及转向液压系统、制动系统、作业装置和机架等组成，下面介绍其主要部分的故障排除方法。

（1）传动系统及液压操纵系统

①当变矩器操纵压力及出口压力过低时，应检查油位是否过低；操纵压力阀或出口压力阀是否在打开的位置上卡住了；操纵泵是否损坏等。然后针对故障情况给以排除。

②变速箱若换档困难，一般是由于主变速箱中制动器间隙不合适而造成的，应重新加以调整。要注意：分离盘平面到离合器摩擦盘的距离应为52mm左右，且分离盘平面的端面跳动量不得超过0.2mm，单向推力轴承到分离盘之间的距离应为2.5mm。

（2）制动系统

①若系统的气压不足，一般是由于气泵损坏、调压阀调整螺栓松动或气路漏气等原因造成的，应分别看情况给以排除。

②如系统气压正常但制动失灵，则应先查看油是否加足，再检查制动油有否混入空气、制

动蹄片表面有无油污，然后根据情况进行排除。如制动蹄片与制动鼓之间间隙太大也能造成制动失灵，此时可将调整螺栓拧紧，然后再松 3/4 ~ 1 圈即可。

(3)作业及转向液压系统

①如作业和转向系统均无动作，则先查看液压油位是否在油尺的中位偏上，然后检查液压泵是否已损坏。

②如多路阀有动作而无转向时，则清洗优先阀。

③如操纵阀中任意一个阀上的所有动作都慢，则应清洗过载阀或更换损坏的“O”形圈。

④当铲刀升降液压缸提升慢或自动下降时，可更换双向液压锁。

⑤当转向沉重时，应首先清洗优先阀，清洗后如仍无好转，则需更换转向器。

(4)液力变矩器漏油

平地机的液力变矩器，在使用过程中出现漏油现象时，不仅浪费油料、污染环境，而且还会降低机械效率，严重时迫使机械停机。

PY180 平地机液力变矩器漏油故障产生的原因及排除框图见图 5-3-2 所示。

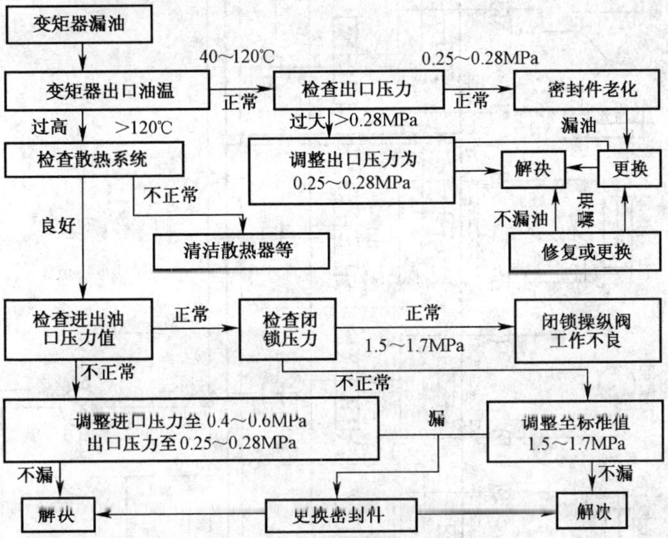

图 5-3-2　平地机液力变矩器漏油故障排除框图

在使用、修复 PY180 液力变矩器时，应注意以下几点：

①应首先了解、掌握 PY180 液力传动系统工作原理，掌握系统中各个部件的功用。

②严格按驾驶操作规程操作，注意观看油温、压力等仪表，发现异常立即停机，待查明原因修复之后方可继续使用。

③变矩器系统中的各种压力阀，不能随意调整，确实需要调整时，必须在技术人员的指导下进行。

④拆卸变矩器过程中，一定要保持变矩器内外的清洁。

⑤解决变矩器漏油故障时，除更换密封组件外，还必须根据情况对系统有关部件进行调整、修复，必要时进行更换。

⑥更换、添加工作油液时，一定要注意油液品质牌号，并保持油液的清洁。

2. 美国卡特彼勒(Caterpiller)G 系列平地机

图 5-3-3 是卡特彼勒 G 系列平地机的一种液压系统。该系统采用中高压开式系统，执行

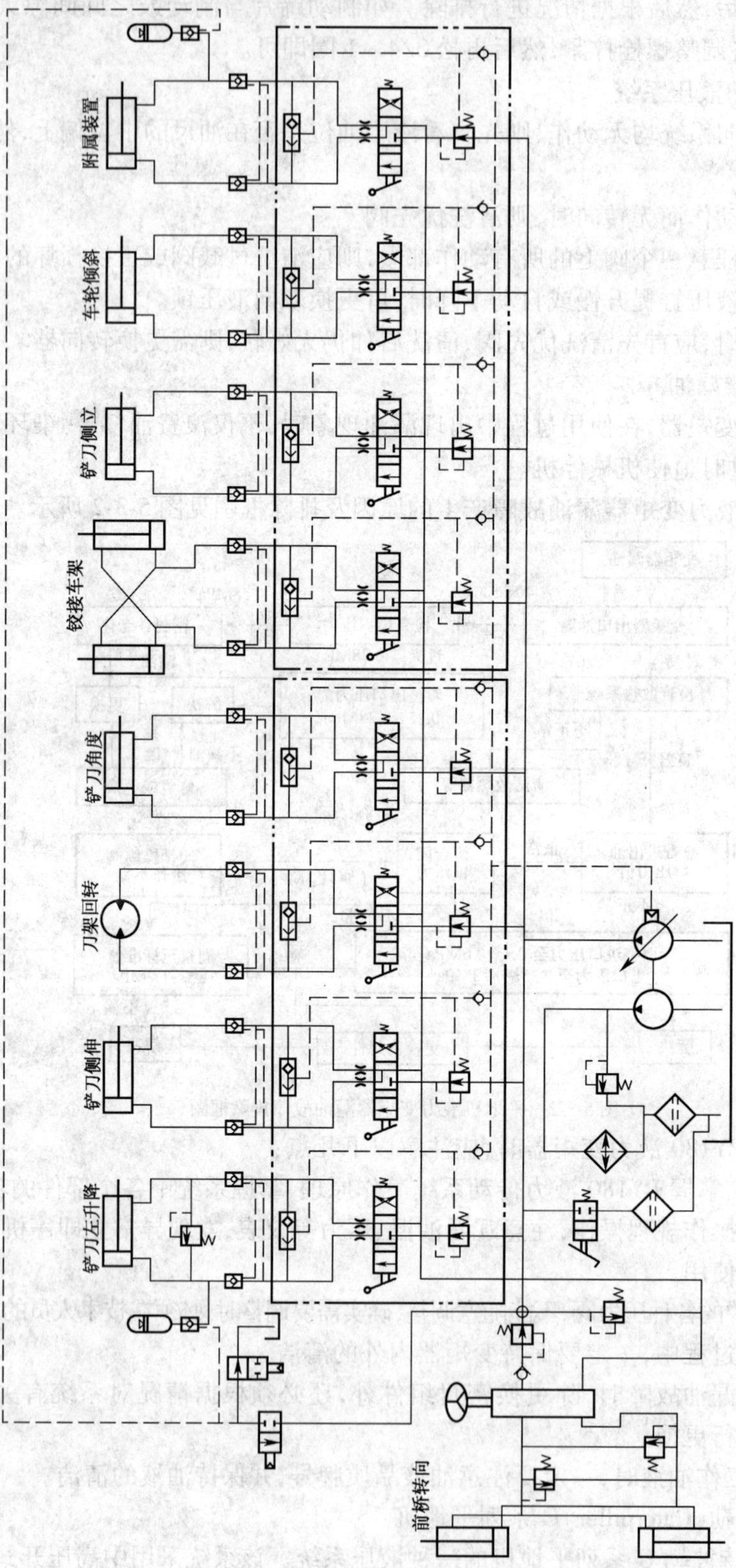

图 5-3-3　美国卡特彼勒 G 系列平地机液压系统图

元件并联供油。系统中主要有一个双级压力变量轴向柱塞泵，一个专供冷却油用的辅助泵，两组具有流量控制的换向阀组（阀组内根据执行元件的多少，每组可配置4个左右的换向阀），一个全液压转向器以及溢流阀、卸荷阀、减压阀等组成。

下面对系统中主要元件及其工作原理加以介绍。

1）双级压力变量液压泵

G系列内，双级液压泵是一个轴向柱塞斜盘泵，一般大排量的（131mL/r以上）均装在大型平地机上。变量泵的变量控制是依靠补偿控制器来实现，补偿器（图5-3-4）由减压阀、伺服阀和压力升档自动控制器3部分组成。

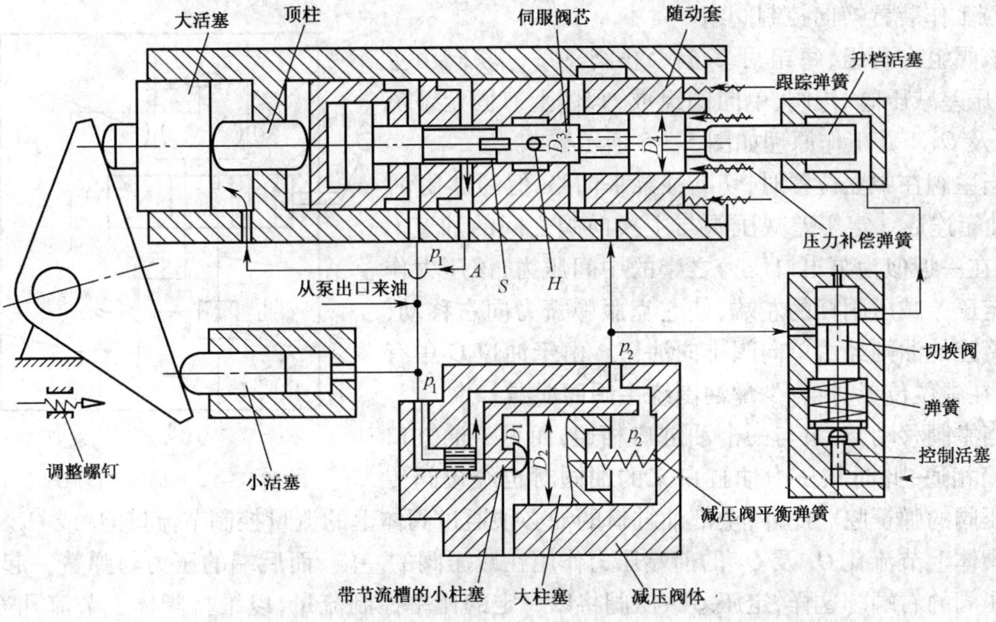

图5-3-4　变量泵补偿控制器

减压阀部分实际上是一个定比减压阀。p_2 比 p_1 小很多，但与 p_1 成比例地减小变化。因此，p_2 可代替 p_1 去控制变量机构，以减小平衡弹簧的尺寸。

液压伺服部分：伺服阀由随动套、阀芯、大活塞、压力补偿弹簧、跟踪弹簧等组成。大活塞腔中的油压力产生一种使斜盘角度和排量增大的推力。随动套在跟踪弹簧推动下，通过顶柱及大活塞压向斜盘。阀芯上有一面积差，大直径 D_4 环面上作用着减压阀来的 p_2 压力油，该油压力与压力补偿弹簧相平衡。

大活塞腔随阀芯与随动套相对位置的不同，可与泵出口相通或通过泵壳与油箱相通。

压力补偿弹簧、跟踪弹簧有一定顶紧力，使斜盘处在全排量位置上。当压力达到13MPa时，压力上升到能克服压力补偿弹簧、跟踪弹簧的预紧力，阀芯向右移动，切断大活塞腔与泵的通路，同时通过槽 S 接通中心小孔 H，油经阀芯上的油道排出。于是在小活塞上的油压力推动斜盘转动，减少泵的排量，直至最小。此最小流量可以补偿泵的内泄漏，维持15MPa低压力级的待用压力，并冷却和润滑油泵。

最小流量可由螺钉调整。

工作装置工作时，若油缸上负荷减小，则泵的输出压力也减少，同样 p_2 也减小，阀芯左移，

使 p_1 压力油与大柱塞腔连通，推动斜盘增大摆角，增大泵的流量。

压力升档自动控制机构部分：该机构由切换阀、弹簧、控制活塞及升档活塞组成。

当工作装置控制阀起作用时，代表最大工作装置负荷的信号压力经过管路而作用到控制活塞上，并产生一种力试图去压缩弹簧。当信号压力达到克服弹簧的顶紧力时，切换阀移动，并把 p_2 压力油接到升档活塞处，这就相当于减少了阀芯上 D_3 与 D_4 的面积差，使 p_2 只有在比第一级变量起始压力高的压力时，才能使泵变量。

不管哪一个工作装置上的负荷压力达到 15MPa 时，都会发生上述升档过程。在压力达到 20MPa 以前，泵保持最大排量，其后随压力的继续升高，泵的排量减少。

2）工作装置换向控制阀组

该阀组有两组，每组可多至六联阀。每一联阀由主阀、定压差减压阀、梭阀、单向阀组成，阀体上有固定节流孔 O_1 及 O_2。其工作原理如图 5-3-5 所示。

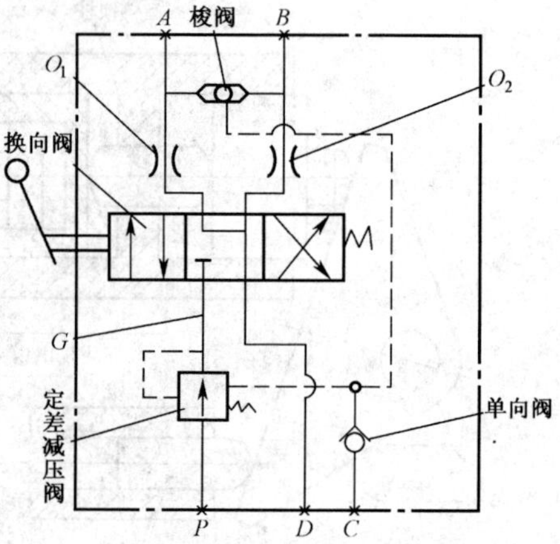

图 5-3-5 换向阀工作原理

当主阀在中立位置时，切断油泵来油路，但油缸孔 A、B 与油箱连通。定压差减压阀与主换向阀之间的油道 G 中，存在一近似为泵出口压力之半的中间压力，该压力作用在定压差减压阀杆的左端，使它克服弹簧力向右移动，而弹簧腔的油则经由单向阀排向油箱。由于油道 G 中有压力，在中位位置时，有少量油围绕主阀而泄漏。

当主阀移动，油泵与一个油缸口相通，而另一油缸口与油箱相通，此时从压力油缸口来的油同时也经梭阀传至减压阀的弹簧腔。此外，全部油缸口的油必须通过阀体上的流量控制节流口 O_1 或 O_2。

阀体上节流孔 O_1 及 O_2 的前端压力作用在减压阀的左端，而后端的压力与弹簧一起作用在减压阀的右端。这样，定压差减压阀将以一定的比率控制流量，以维持阀体上节流孔 O_1 或 O_2 两端压降不变，以保持不变的最大流量流过节流孔。

若要获得较小的流量，则应移动主阀杆，以产生一个附加的节流阻力。

G 系列平地机要求油缸伸缩速度相等，这靠节流孔 O_1 及 O_2 的大小来保证，因为油缸大小腔的面积比为 1.5∶1，因此节流孔 O_1 及 O_2 通道面积也应保持同样的比例。

阀体中单向阀的作用是：当控制阀操作时，通过梭阀把 A、B 中高压腔的油送到油泵升档活塞处（即进入图 5-3-4 升移控制阀油道中去），供泵压力升级用。由图 5-3-3 可见，当各阀均工作时，只有压力最高的油路上之单向阀打开，使油通到升档机构中去。

G 系列平地机所用各阀的基本流量范围为 28.4～114L/min。

3）锁阀

G 系列上用的锁阀有 3 种类型：

（1）基本型。只包含一个双路液控单向阀，它适用于工作装置的重力没有显著影响的地方。

（2）具有两个单向节流阀的锁阀。此节流阀位于锁阀与工作装置控制阀之间的油路上，适用于重力负荷有影响的场合（如铲刀侧立油缸、铰接车架及附属装置等回路处），当油缸排出的油流经节流孔时，产生液压阻力，以平衡重力负荷。

(3)带有节流阀与溢流阀的锁阀。安装在左提升油缸处,此油缸由于连杆机构杠杆臂拉动活塞杆时,向外的拉力会引起油缸小腔压力高于系统压力,当压力达到28MPa时,溢流阀开启,活塞杆被拉出,直到活塞杆上拉力不足以保持溢流阀开启时为止。

4)铲刀缓冲回路

该回路作用原理如图5-3-6所示。当铲刀遇到障碍并产生冲击时,可把电器开关处在"开"的位置,于是常闭电磁二位二通阀开启,常开电磁二位二通阀关闭,液压泵来油(压力近似为15MPa)通向双液控单向阀(液压锁)的控制活塞处,并打开液压锁,液压缸大腔与蓄能器接通,铲刀缸的液压冲击被蓄能器吸收。蓄能器中氮气的充气压力为2.1MPa。

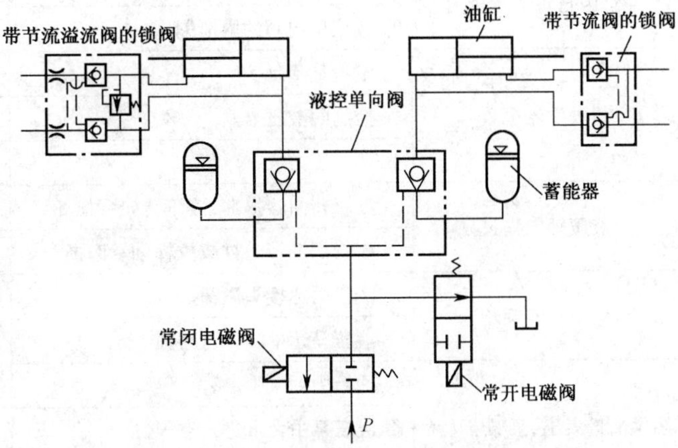

图5-3-6　铲刀缓冲液压回路

5)转向机构液压回路

平地机前桥转向由奥比托全液压转向器完成。转向压力由组合阀中的减压阀来提供。转向压力一般为15MPa左右。回路中设有两个溢流阀作双向过载及补油阀用。

四、液压系统故障与排除

液压系统故障与排除可参见表5-3-1。

自行式液压平地机常见故障与排除方法　　表5-3-1

故　障	故障原因分析	排 除 方 法
作业装置操纵失灵,不能选定位置	操纵杆不能回中位	回位弹簧太软或折断。更新
	油泵的故障	更换油泵
	工作油量不够	增调适当油量
	进油管堵塞或破损	检修或更换
	调压阀压力不正确或不能保持	检修或更换
执行元件动作缓慢	油泵的流量不够	更换泵组件
	调节压力低	调整调节压力
执行元件动作不稳,如铲刀颤动等	引起气穴现象	清洗吸油滤油器;工作油不够时作适量补充
	油泵吸进空气	检查油口,不能吸进空气
	导向间隙过大	更换磨导板衬套
平整刀片振动厉害	油缸吸进空气	排除空气
	引起气穴	清洗吸油滤油器;工作油不够时作适量补充
	油泵内吸进空气	排除空气
	调节压力低	调节到规定的压力

续上表

故　障	故障原因分析	排 除 方 法
油缸因自重下落量大	油缸内泄漏	更换活塞密封或油缸组件
	液控单向阀的内泄漏多	更换阀零件
驾驶手轮沉重	泵流量不足	补充工作油至油面线;更换泵组件
	控制阀液压卡紧	换阀组件
	调节压力低	调整到调节压力
液压轴向失灵	液压转向器损坏;液压转向泵损坏	检查损坏情况进行修理或更换
	前轮摆振转向缸或拉杆轴承磨损	更换新轴承或相应的球锁
铲刀不能旋转	液压马达接头渗漏	更换密封件
	液压马达中零件有磨损	
泵供油量太小,泵噪音太大	油箱中油太少	加足油
	液压泵中大量进入空气	排除空气,紧固进油管与泵接头
	液压泵有毛病	检查或更换泵
油温过高	油位太低	加足油
	冷却器积垢或堵塞	清除洗清,维修冷却器
	过长时间使用高档或低档	变换不同档次行驶速度
	变矩器有故障	按变矩器结构及补偿油路进行维修,检查调压阀

五、液压系统的维护

1. 液压系统的正确使用

1)液压油的正确使用

按液压油的合理使用要求执行。

2)正确执行操作规程

要正确执行液压机械操作规程,防止操作粗暴和随意操作。

3)液压系统低温起动时注意预热

低温时,开始工作前应预热,使油温逐渐升高后再开始工作。预热时不得用明火直接加热,否则易损坏橡胶件。

2. 液压系统的维护

液压系统的维护可分三个阶段进行:日常检查维护、定期检查维护和综合检查修理。

1)日常检查维护

日常检查是减少液压系统故障最重要的环节,正常工作时每天均应检查。检查的主要内容有:各连结处有无漏油现象、油箱油量是否充足,管道有否变形或损伤;紧固件和管接头有无松脱;油温是否合适;泵和马达的温度状况是否正常及有无不正常噪声;滤油器有否堵塞及系统中空气是否排尽等。

日常检查还包括对液压泵起动前后、运转和停止时的情况进行检查。

(1)泵起动前检查、油箱油量及油温检查

一般来说，最好在0℃以上起动；冬季，气温低于0℃以下时必须按照要求小心起动，必要时加温起动。当温度低于10℃时应使其在无负荷下运转20min以上。泵应在卸荷状态下起动，并检查压力表是否正常。

(2)泵起动过程中的检查

用间歇法或点动法逐渐起动液压泵，使油温逐渐上升。在液压泵运转灵活后再进入正常运转。在起动过程中如发现泵无输出，应立即停止运转检查原因。泵起动后要注意检查噪声，如噪声过大，则要查明原因，排除后方可进行正常工作。

(3)系统工作过程中的检查

在系统稳定工况下除随时注意油量、油温、压力、噪声等变化外，还要注意查看液压缸、液压马达、换向阀、溢流阀的工作情况。注意整个系统有无漏油和松动。

2)定期检查维护

为保持液压系统正常工作，提高其寿命与可靠性，必须进行定期检查维护，以便早日发现潜在故障及时排除或修复。

定期检查维护的内容主要有：测试泵的压力和流量；检验液压油污染情况；清洗或更换滤油器；检查油箱内脏污情况，定期清洗；测试液压缸的沉降量和工作速度；检查活塞杆有无损伤；检查多路阀的操纵性能；检查液压马达的转矩大小；检查管道、胶管有无损伤及各部分紧固螺母的松动程度，定期紧固；检查密封件老化、磨损程度(密封件的使用寿命一般为一年半左右)。

定期检查维护时应注意不要盲目拆卸各类元件，不能任意解体；不能把不同牌号的油混合使用；更换管类辅件必须在油压消失后进行。

液压系统的检查周期及方法见表5-3-2。

液压系统维修检测的周期与方法　　表5-3-2

检 测 项 目	检测周期	检测方法与内容
液压泵噪声	1天(或每班)	听检(或用声级计)检查进入空气，滤芯(或滤网)堵塞，异常磨损等
泵的吸入真空度	3个月	靠近吸油口安装真空表检查滤芯(或滤网)堵塞情况
泵壳体温度	3个月	手感和电阻式温度计检查内部有无零件的磨损、轴承烧坏等
泵的出口压力	2个月	压力表检查油泵磨损
联轴器噪声	1个月	听检及千分表检查异常磨损、同心度的变化
吸油滤油器的附着物	3个月	用溶剂冲洗或从内侧吹风清除
液压马达噪声	3个月	听检(或声级计)检查液压马达内部异常磨损
各压力表指示情况	5个月	检查并校正压力表指针的异常摆动，查明有关元件不正常磨损的情况
执行机构运动速度	6个月	查明各工作元件动作是否正常及磨损引起的内泄漏程度
轴承的温度	6个月	轴承异常磨损
蓄能器的充气压力	3个月	如压力不足，用乳化液检查有无泄漏
压力表、温度计的指示误差	1年	与标准仪表比较，并校正
电磁阀及溢流阀噪声	5个月	听检或声级计检查其阀芯运动情况，有无堵塞、损伤

续上表

检 测 项 目	检测周期	检测方法与内容
泄漏	1天(或每班)	观察与手摸检查各接头、密封部位,有无渗漏现象,特别是泵轴及油缸活塞杆与导向套处
振动	6个月	听检与视察各元件、管件支承安装螺栓及联轴器等处的松动情况
全部液压系统	1年	各元件拆卸、清洗、维修,管道、油箱冲洗
油管(重点是胶管)	6个月	观察软管的破损
油温	1天	温度计检查油管中油液的温度
油箱中的沉淀水	3个月	拔出油箱排水塞进行检查
电气系统的绝缘阻抗	1年	检查其额定值是否低。对电机、电磁阀限位开关,压力继电器等逐项检查
电源电压测量	3个月	电压波动较大,会使电磁阀等电气元件烧坏

3)综合检查修理

综合检查修理如同一台整机的全面检修(大修),内容比较全面。部件、零部件、管件及其他辅助装置等都要一一拆卸分解检查。分别鉴定各元件的磨损情况、精度及性能,重新估算寿命。根据检查鉴定进行必要的修理或更换。

课题四 振动压路机液压系统分析和常见故障诊断

随着液压技术的不断发展和液压元件可靠性的不断提高,振动压路机的传动系统已逐渐采用全液压传动技术。这一技术的应用,不仅大大减轻了操作人员的工作强度,而且使整机性能有了很大提高。如可实现无级变速的行走驱动,换向加速度减小使换向更为柔和、轻松。由于在振动压路机上采用了全液压传动技术,因而为振动压实的自动控制和推广“机－电－液”一体化技术奠定了良好基础。

一、液压系统特点

(1)泵和马达因容量大、体积小,在位置布置上比较方便,空间上具有合理选择的余地。

(2)由于电气和液压的联合作用,使液压振动系统的操作控制更加方便。

(3)液压马达易于实现正反转,通过和振动压路机液压装置的配合,可以实现不同的激振力和振幅的组合。控制马达的转速,即可实现不同的工作频率,以满足不同铺层材料的压实要求。

(4)液压马达与振动轴直接连接传动,随振动轮一起振动。而压力软管和油液具有良好的吸振作用,可有效地保护液压振动系统中的各元件。

(5)铰接式振动压路机,液压软管是仅次于电线的不妨碍铰接传动的柔性传动连接装置。

二、液压系统型式

(1)阀控制开式液压系统。该系统适宜于中压,一般额定压力在16MPa以下,实际工作压力在12MPa左右。系统压力低,使元件容易选取,也容易防止泄漏,使系统的可靠性得到了提高。

(2)泵控制闭式液压系统。该系统工作压力较高,称为高压小流量系统,这为整机的结构设计提供了有利条件,也减少了各种泄漏和拆装的困难,提高了效率和可靠性。

三、典型液压系统分析

1. SP-60D/PD型振动压路机

SP-60D/PD型铰接式振动压路机是美国英格索兰公司生产的一种大型全液压振动压路机,主要用于矿山、堤坝、机场和高速公路等大型路基工程的压实作业。

1)主要技术参数(表5-4-1)

主要技术参数　　表5-4-1

项　　目	技术数据	项　　目	技术数据
重量运输质量(kg)	18008	转向角度(°)	±40
工作质量(kg)	19323	碾滚摆动角(°)	±15
轮距(mm)	1811	激振力(kN)	4560.8
轴距(mm)	3695	碾滚总作用力(kN)	3778.5
最小转弯半径(碾滚外侧)(m)	7	振动频率(Hz)	25
车速(km/h)		振幅(mm)	3
前进Ⅰ档	0~7	最大爬坡能力	46%
前进Ⅱ档	0~10.5	额定功率(kW)	154
后退Ⅰ档	0~7	额定转速(r/min)	1950
后退Ⅱ档	0~10.5	轮胎规格(in×in)	23.5×25
发动机型号	6V-71N		

2)液压系统工作原理

该机为静液压驱动,其液压系统如图5-4-1所示,可分为液压驱动行走回路、液压驱动振动回路和液压转向回路。

(1)液压驱动行走回路

该回路是由一个变量轴向柱塞泵和两个并联的定量轴向柱塞马达组成的闭式容积调速回路。该回路可以实现前进、后退、停车及作业速度的无级调速。

驱动泵为美国森特(SundStrand)公司24系列变量泵,排量为118.6cm^3/r,转速为2370r/min,最高工作压力为35MPa。前桥驱动马达为美国森特公司23系列定量马达,排量为89.1cm^3/r,调整压力为35.1MPa,碾碳驱动马达也为美国森特公司23系列定量马达,安全阀

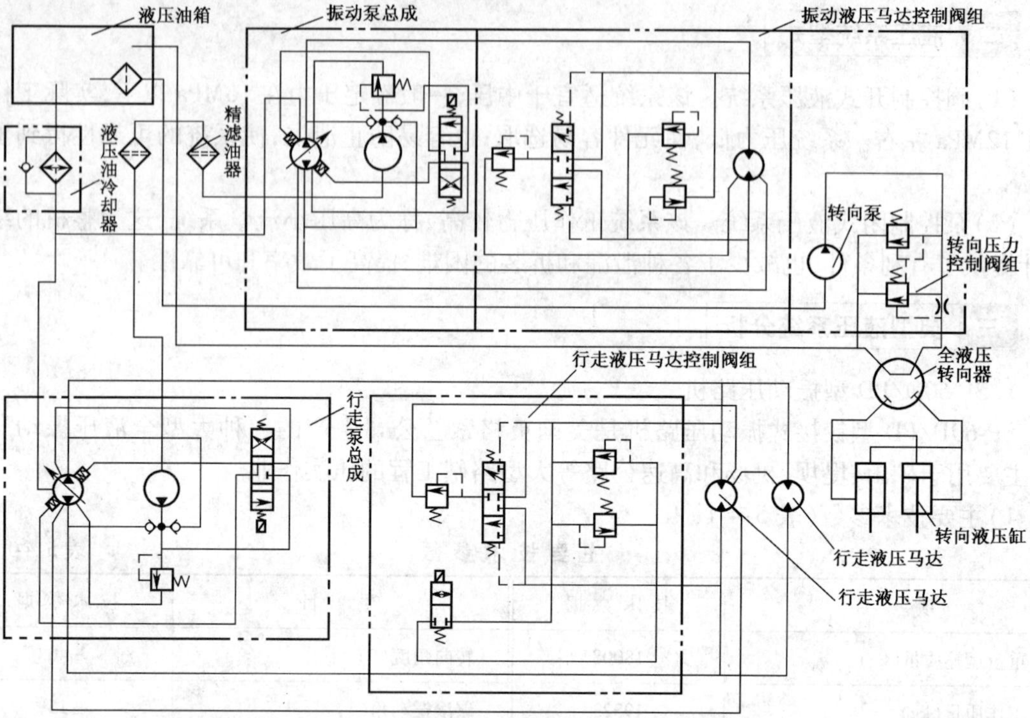

图 5-4-1　SP-60D/PD 型振动压路机液压系统图

调速压力为 35.1MPa。驱动泵安装在分动箱左侧，由发动机经分动箱带动。碾碳驱动马达和前桥驱动马达是并联的，因此两个马达同时由一个控制阀组控制。液压驱动系统工作压力在平地工作时为4.2～9.8MPa，爬坡20%坡度时为14.0～28.1MPa，变量泵调节装置由辅助泵通过三位四通电磁阀供油。辅助泵同时也可向主泵油路供油。前桥驱动马达经二级变速器、差速机构和轮边减速器而驱动前轮胎。碾碳驱动马达经行星减速器驱动碾碳。在前桥马达上装有过载溢流阀，以实现安全保护和液压缓冲制动。二位二通电磁阀实现驱动轮的制动。三位三通液动换向阀组实现低压油路冷却。

(2)液压振动回路

该回路是由变量轴向柱塞泵和定量马达组成的闭式容积调速回路，可以实现碾碳振动频率的无级调节。同时也可根据行车方向，改变泵输出液流的方向，从而改变起振偏心块的旋转方向，使其与行车方向一致以获得最佳压实效果。振动马达直接带动主动挠性轴，然后通过挠性轴再带动振动偏心块，偏心块在高速转动下产生离心力，由其离心力(最大 272kN)使碾碳产生振动。振动泵为森特公司 21 系列变量泵，排量为 51.6cm^3/r，转速为 2730 r/min，最高工作压力为 35MPa。振动马达为森特公司 23 系列定量马达，排量为 89.1cm^3/r，调整压力为 35.15MPa。液压回路工作原理基本与行走液压回路相同。

(3)转向液压回路

该回路主要是由转向泵、全液压转向器和转向油缸组成的开式回路。

全液压动力转向具有转向轮结构紧凑等特点，转向器可随驾驶室一起旋转 180°以适应多操纵位置的需要。当发动机熄火，转向泵不供油时，仍能实现手动转向。此压路机可实现

±40°的转向，同时碾磙还可以相对前桥倾斜±15°，以适应不平路面作业的需要。转向泵为齿轮泵，流量为45.42L/min，转速为2730r/min，调节压力为15.82MPa。转向液压缸内径为101.6cm，行程260mm。该回路装有过载阀以防止系统过载，并装有溢流阀、节流阀以保持回路流量基本恒定。该回路工作压力为0～12.3MPa。

2.YZC12型振动压路机

YZC12型振动压路机是三一重工集团最新研制的双钢轮串联式重型振动压路机。该机属于我国振动压路机标准型中的重型双钢轮压路机，适用于高等级公路及铁路路基、机场、大坝、码头等高标准工程的压实工作，尤其对路面、次基层的压实效果优良。

YZC12型双钢轮振动式压路机采用全液压传动、双轮驱动、双轮振动、自行式结构。

1）YZC12型压路机主要液压元件的结构特点

（1）行驶泵、振动泵、转向泵

型号：A4VGT1HWDL1/32R + A4VG40EZDL1/32R

行驶泵手动伺服变量，带零位锁定开关，另装紧急制动二位二通电磁阀，不带补油泵。有安全阀及压力截断阀，行驶泵与振动泵通轴串联。转向泵为齿轮泵，由柴油机辅助轴驱动，齿轮泵排量19mL/r，其回油参与闭式回路，作为补油的一部分。

（2）行驶驱动为高速方案

型号：A6VE55 + GFT17。

行走液压马达为变量马达，由减速机带动停车制动器。

（3）制动马达，前后串联由振动泵控制实现高频低幅、低频高幅，由振动开关阀控制实现钢轮双振、单振。

（4）转向采用全液压转向器，开心无路感形式，优先阀优先转向，同时作为蟹行阀油源。

（5）蟹行阀，中位卸荷，带双向液压锁，手动控制压路机蟹行。

2）YZC12型振动压路机液压系统分析

YZC12型压路机液压系统包括行走液压系统、振动液压系统、转向液压系统、蟹形液压系统四大部分。通过分动箱输出动力，以驱动行走液压泵、转向液压泵、振动液压泵工作，如图5-4-2所示。

（1）振动液压系统

振动液压系统是由变量柱塞泵、两个定量马达、补油泵及相关元件构成的闭式液压系统。两定量马达采用串联连接，通过振动开关以实现前轮单振、后轮单振及前后轮同时振动。振动泵开关电磁阀（三位四通）控制变量泵斜盘的方向。由于变量泵斜盘两边调定的倾角不同，使变量泵输出的流量也不相同，因而使马达的转速也不相同，从而可使振动压路机获得29Hz和35Hz两个振动频率。振动马达是定量柱塞式马达。由于系统工作的需要，在振动液压泵的后端盖上安装有集成块，同时还可实现压路机的起振、停振并使压路机可得两个不同的振幅值。阀块中的两个高压溢流阀为控制系统压力而设，起安全保护作用（在行驶系统中亦然）。补油泵的作用有三个方面，一方面向行走泵、振动泵的各自油路补油，另一方面提供给两个变量泵斜盘作为油缸的液压油，再者提供制动系统放松制动用油。通常情况下，进入变量泵斜盘工作油缸的流量很小，故都在进油路中安装有节流阀，以控制进入变量活塞之流量。振动泵—马达闭式系统补油压力的大小，由补油溢流阀调定。梭阀的功用是在主油路之间建立一个低压通

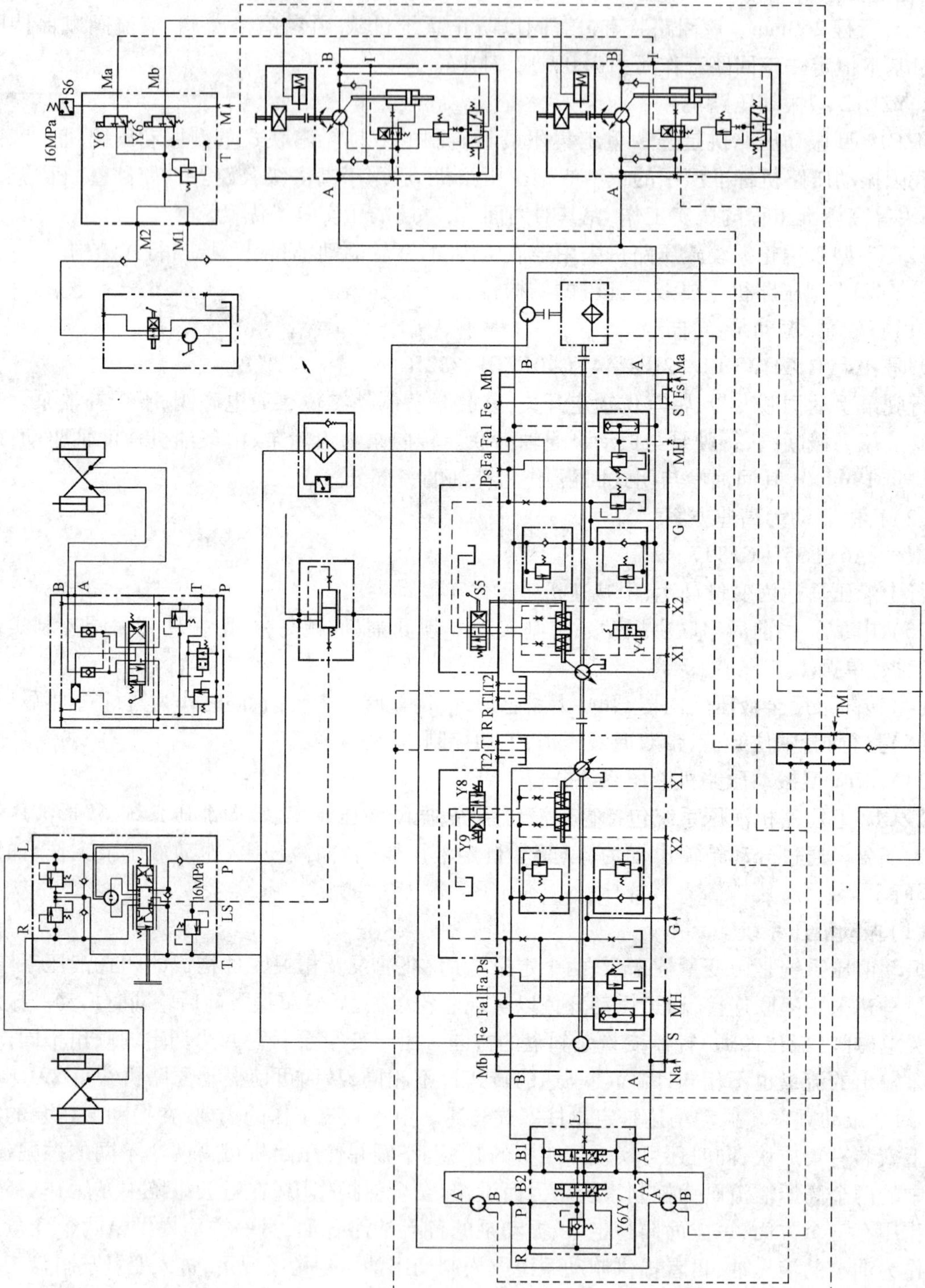

图 5-4-2　YZCl2 型振动压路机液压系统原理图

路，在工作过程中，通过引向梭阀端部的高压油，推动梭阀阀芯向一边移动，使低压回路经低压溢流阀与油箱的油路相通，以便使补入的多余的油液流向油箱，这样闭式环流中的油流能不断地得到更新。从低压溢流阀流出的油通过液压马达后端盖，进入马达壳体，然后流经变量泵壳体回到油箱，这样依次通过每个液压元件，以达到冷却的目的，再者系统内磨损杂质可通过梭阀进入油箱。通过梭阀的流量不能太大，也不能太小，太大系统效率降低，太小起不到冷却作用。振动系统工作压力决定于负载。

（2）行走液压系统

YZC12 压路机行走液压系统，由行走变量泵、行走变量马达构成的闭式变量泵—变量马达系统组成。系统中两个行走马达并联连接，马达减速器输出轴制动缸制动油源是由左端振动补油泵提供，并由两位三通电磁阀控制，手动泵主要用于停车时松开制动，便于压路机故障拖动。前后轮行走驱动马达的方向与转速由行走泵手动伺服阀控制，并可方便地实现无级调速，以满足压路机的压实作业工况。紧急行走制动是由液压伺服制动，辅以机械制动。当按下紧急制动按钮后，二位二通电磁阀处于上位工作，变量泵斜盘作用油缸，立即回归零位，产生液压制动。值得注意的是，非紧急状态，严禁使用紧急制动，特别是在快速行驶状态，更不要将紧急制动当成停车制动来用。至于行驶液压系统中有关的元件在振动液压系统中已有讲述，故在此不再重复。

（3）负载传感转向液压系统

图 5-4-2 的转向系统为负载传感器和优先阀组成的转向系统。由发动机另一输出轴中连接的转向泵的压力油经优先阀通道进入全液压转向器进油口，当压路机方向盘不转时，转向器处于中位，通往转向缸的油路不通。通道中油压 p 升高，这个升高的压力作为优先阀的控制压力克服优先阀阀芯弹簧压力，使阀芯左移，从而使转向泵的压力油通过通道进入补油泵供油油路工作。当方向盘动作后，优先阀出口的油液进入计量马达，使优先阀两端的压差减少，优先阀回到左工作位，从而增大通道，增加进入转向系统的流量，转向系统回油与补油泵油路会合，进入补油泵工作油路，一旦方向盘再次停止转动，转阀又处于图示中位，液压泵供油的绝大部分又流向补油回路。这就是负载传感液压转向系统，也是 YZC12 型振动压路机的突出技术特征之一。

（4）蟹形液压系统

手动阀中位时，P 口压力油经二位二通液压阀的右位直接进入回油路，蟹行控制缸液压锁双向锁紧，前后振动轮无轴向位移。与常规压路机无异，当手动阀处于左位工作时，P 口压力油首先进入梭阀作为二位二通液动阀左腔的控制压力，使二位二通阀右移，处于断开位置，其次 P 口压力油打开左液压锁，进入其中一蟹形作用油缸有杆腔与另一油缸的无杆腔，同时 P 口压力油作为控制压力油使另一油缸液压锁开启，两作用缸相应位工作腔油液回油，使压路机前后钢轮相对于中间位置，轴向相对移动 15cm，进行压路机的蟹形压实作业，当手动阀处于右工作位时，钢轮相对于前一个工作位反向移动，进行压实作业，这是 YZC12 型压路机另一个重要的技术特征。

四、液压系统故障分析与排除

1. 轴向柱塞泵故障及排除方法

轴向柱塞泵常见的故障有：排油量不足，执行机构动作缓慢，输出油液压力不足或压力脉动较大，噪声过大，泄露，液压泵发热，变量机构失灵，泵轴不能转动等。产生这些故障的原因及排除方法如表5-4-2所示。

轴向柱塞泵故障及排除方法 表5-4-2

故障现象	产生原因	排除方法
排油量不足。执行机构动作缓慢	吸油管及滤油器堵塞或阻力太大 油箱油面过低 泵体内没充满油，有残存空气 柱塞与缸孔或配油盘与缸体间隙磨损 柱塞回程不够或不能回程，引起缸体与配油盘间失去密封，系中心弹簧断裂所致 变量机构失灵，达不到工作要求 油温不当或液压泵吸气，造成内泄漏或吸油困难	排除油管堵塞，清洗滤油器 检查油量，适当加油 排除泵内空气（向泵内灌油即排气） 更换柱塞，修磨配油盘与缸体的接触面，保证接触良好 检查中心弹簧加以更换 检查变量机构；看变量活塞及变量头是否灵活，并纠正其调整误差 根据温升实际情况，选择合适的油液，紧固可能漏气的连接处
压力不足或压力脉动较大	吸油口堵塞或通道较小 油温较高，油液粘度下降，泄漏增加 缸体与配油盘之间磨损，柱塞与缸孔之间磨损，内泄漏过大 变量机构偏角太小，流量过小 中心弹簧疲劳，内泄漏增加 变量机构不协调（如伺服活塞与变量活塞失调，使脉动增大）	清除堵塞现象，加大通油截面 控制油温，更换粘度较大的油液 修复缸体与配油盘接触面，更换柱塞，严重者应送厂返修 调大变量机构的偏角 更换中心弹簧 若偶尔脉动，可更换新油；经常脉动，可能是配合件研伤或别劲，应拆下研修
噪声过大	泵内有空气 轴承装配不当，或单边磨损或损伤 滤油器被堵塞，吸油困难 油液不干净 油液粘度过大，吸油阻力大 油液的液面过低或液压泵吸空导致噪声 泵与电机安装不同心使泵增加了径向载荷 管路振动 柱塞与滑靴球头连接严重松动或脱落	排除空气，检查可能进入空气的部位 检查轴承损坏情况，及时更换 清洗滤油器 抽样检查，更换干净的油液 更换粘度较小的油液 按油标高度注油，并检查密封 重新调整，使其在允差范围内 采取隔离消振措施 检查修理或更换组件

续上表

故障现象	产生原因	排除方法
内部泄漏	缸体与配油盘间磨损 中心弹簧损坏,使缸体与配油盘间失去密封性 轴向间隙过大 柱塞与缸孔间磨损 油液粘度过低,导致内泄	修整接触面 更换中心弹簧 调整轴向间隙,使其符合规定 更换柱塞,重新配研 更换粘度适当的油液
外部泄漏	传动轴上的密封损坏 各接合面及管接头的螺栓及螺母未拧紧,密封损坏	更换密封圈 紧固并检查密封性,以便更换密封
液压泵发热	内部漏损较大 液压泵吸气严重 有关相对运动的配合接触面有磨损,例如:缸体与配油盘,滑靴与斜盘 油液粘度过高,油箱容量过小或转速过高	检查和研修有关密封配合面 检查有关密封部位,严加密封 修整或更换磨损件,如配油盘、油靴等 更换油液,增大油箱或增设冷却装置,或降低转速
变量机构失灵	在控制油路上出现堵塞 变量头与变量壳体磨损 伺服活塞、变量活塞以及弹簧芯轴卡死 控制油道上的单向阀弹簧卡死	净化油,必要时冲洗 修刮配研或更换 机械卡死时,研磨各运动件,更换油液 更换弹簧
泵不能转动(卡死)	柱塞与缸孔卡死,系油脏或油温变化或高温粘连所致 滑靴脱落,系柱塞卡死拉脱或有负载起动拉脱 柱塞球头折断,系柱塞卡死或有负载起动扭断	油脏换油;油温太低时更换粘度小的油,或用刮刀刮去粘连金属,配研 更换或重新装配滑靴 更换

2. 轴向柱塞马达液压故障诊断

轴向柱塞马达常见故障有:输出转速低、输出转矩低、内外泄漏、异常声响等。产生这些故障的原因及排除方法如表 5-4-3 所列。

3. 换向阀液压故障诊断

换向阀常见的故障有：不换向；控制执行机构换向时，执行机构运动的速度比要求的速度更低；干式电磁铁推杆处漏油；湿式电磁铁吸合释放过于缓慢；板式换向阀结合面渗漏油；电磁铁过热或烧坏；换向不灵；换向有冲击和噪声等。换向阀故障及排除的方法如表 5-4-4 所示。

柱塞马达常见故障及排除方法　　表 5-4-3

故障现象	产生原因	排除方法
转速低,转矩小	液压泵供油量不足: 电机转速不够 吸油滤清器滤网堵塞 油箱中油量不足或管径过小造成吸油困难 密封不严,有泄漏,空气进入内部 油的粘度过大 液压泵轴向及径向间隙过大,泄漏量大,容积效率低	设法改善供油: 找出原因,进行调整 清洗或更换滤芯 加足油量,适当加大管径,使吸油通畅 拧紧有关接头,适当加大管径,使吸油通畅 选择粘度小的油液 适当修复液压泵
	液压泵输入油压不足: 液压泵效率太低 溢流阀调整压力不足或发生故障 管道细长,阻力太大 油温较高,粘度下降,内部泄漏增加	设法提高油压: 检查液压泵故障,并加以排除 检查溢流阀故障,并加以排除,重新调高压力 适当加大管径,并调整其布置 检查油温升高原因,更换粘度较高的油
	液压马达各结合面有严重泄漏	拧紧各结合面连接螺栓,并检查其密封性能
	液压马达内部零件磨损,泄漏严重	检查其损伤部位,并修磨或更换零件
泄漏	内部泄漏: 配油盘与缸体端面磨损,轴向间隙过大 弹簧疲劳 柱塞与缸孔磨损严重	排除内泄: 修磨缸体及配油盘端面 更换弹簧 研磨缸孔体,重配柱塞
	外部泄漏: 轴端密封不良或密封圈损坏 结合面及管接头的螺栓松动或没有拧紧	排除外泄: 更换密封圈 将有关连接部位的螺栓及管接头拧紧
异常声响	轴承装配不良或磨损 密封不严,有空气进入内部 油被污染,有气泡混入 联轴器不同心 油的粘度过大 液压马达的径向尺寸严重磨损 外界振动的影响	重装或更换 检查有关进气部位的密封,并将各连接处加以紧固 更换清洁油液 校正同心 更换粘度较小的油液 修磨缸孔,重配柱塞 采取隔离外界振动源措施(加隔离罩)

换向阀常见故障及排除方法　　表 5-4-4

故障现象	产生原因	排除方法
不换向	滑阀卡住：	检查滑阀：
	滑阀(阀芯)与阀体配合间隙过小，阀芯在孔中容易被卡住不能动作或动作不灵	检查间隙情况，研修或更换阀芯
	阀芯(或阀体)碰伤，油液被污染，颗粒污物卡住，产生轴向液压卡紧现象	检查、修磨或重配阀芯。必要时，更换新油
	阀芯集合形状超差，阀芯与阀孔装配不同心，产生轴向液压卡紧现象	检查、修正几何偏差及同心度
	阀体安装变形及阀芯弯曲变形，使阀芯卡住不动	重新安装紧固，检修阀体及阀芯
	电磁铁故障	检查并修复
	电源电压太低造成电磁铁推力不足，推不动阀芯	检测电源电压，使之符合要求(应在规定电压的 +10% ~ -15% 的范围内)
	交流电磁铁，因滑阀卡住，铁心吸不到底而烧毁	排除滑阀卡住故障后，更换电磁铁
	漏磁、吸力不足，推不动阀芯	检查漏磁原因，更换电磁铁
	液动换向阀控制油路有故障：	排除液动换向阀控制油路的故障：
	液动控制油压力太小，推不动阀芯	提高控制压力，检查弹簧是否过硬，必要时更换
	液动换向阀上的节流阀关闭或堵塞	检查调节、清洗节流口
	液动滑阀两端泄口没有接回油箱或泄油管堵塞	检查，并接回油箱，清洗回油管道使之通畅
	弹簧折断、漏装、太软都不能使滑阀换向或复位	检查、更换或补装
	电磁换向阀专用油口没有接回油箱或泄油管路背压太高，造成阀芯“闷死”不能正常工作	检查、并接回油箱，降低管路背压
	电磁换向阀因垂直安装受阀芯衔铁等零件重力影响造成换向不正常	电磁换向阀的轴线必须按水平方向安装
执行机构运动速度比要求的更慢	换向推杆长期撞击而磨损变短，或衔铁接触点磨损，阀芯行程不足，开口及流量变小	更换推杆或电磁铁
干式电磁换向阀推杆处渗漏油	推杆处密封圈磨损过大而泄漏	更换密封圈
	电磁滑阀两端泄油(回油)腔背压过大而向推杆处渗漏油	检查若背压过高则分别单独接回油箱
湿式电磁铁吸合释放过于迟缓	电磁铁后端有个密封螺钉，初装时后腔存在空气，当油液进入衔铁腔内时，如后腔空气释放不掉，将压缩形成阻尼，造成动作缓慢	初用时先拧开密封螺钉，待油充满后，再拧紧密封

续上表

故障现象	产生原因	排除方法
板式连接的换向阀接合面渗油	安装螺钉拧的太松	拧紧螺钉
	安装底板表面加工精度差	安装底板表面应磨削加工,保证其精度
	底面密封圈老化或不起密封作用	更换密封圈
	螺钉材料不符,有拉伸变形	按要求更换紧固螺钉
电磁铁过热或烧毁	电源电压比规定电压高引起线圈发热	检查电源电压使之符合要求(应在规定电压的 +10% ~ +15% 的范围内)
	电磁线圈绝缘不良	更换电磁铁
	换向频繁造成线圈过热	改用湿式直流电磁铁
	电线焊接不好,接触不良	检查并重新装配
	电磁铁心与滑阀轴线不同心	拆卸重新装配
	推杆过长与电磁铁行程配合不当,电磁铁铁心不能吸合,使电流过大而线圈过热,烧毁	修整推杆
	干式电磁铁进油液而烧毁线圈	检查、排除推杆处渗油故障或更换密封圈
换向不灵	油液混入污物,卡住滑阀	清洗滑阀、换油
	弹簧力太小或太大	更换合适的弹簧
	电磁铁铁心接触部位有污物	清除污物
	滑阀与阀体间隙过小或过大	配研滑阀或更换滑阀
	电磁换向阀的推杆磨损后长度不够或行程不对,使阀芯移动过小,都会引起换向不灵或不到位	检查并修复,必要时可换推杆
换向冲击与噪声	液动换向阀滑阀移动速度太快,产生冲击	调小液动阀上的单向节流阀节流口,减慢滑阀移动速度即可
	液动换向阀上的单向节流阀阀芯与孔配合间隙过大,单向阀弹簧漏装,阻力失效,产生冲击声	检查、修整(修复)到合理间隙,补装弹簧
	电磁铁的铁心接触面不平或接触不良	清除异物,并修理电磁铁的铁心
	液压冲击声(由于压差很大的两个回路瞬时接通),使配管及其他元件振动而形成的噪声	控制两回路的压力差,严重时,可用湿式交流或带缓冲的换向阀
	滑阀时卡时动或局部摩擦力过大	研修或更换滑阀
	固定电磁铁的螺栓松动而产生振动	紧固螺栓,并加防松垫圈
	电磁换向阀推杆过长或过短	修整或更换推杆
	电磁铁吸力过大或不能吸合	检查或更换

4. 溢流阀液压故障诊断

溢流阀常见的故障有:振动与噪声;调节压力升不起来或无压力,调节失效;调节压力降不下来,调整无效;压力波动和泄露等。产生溢流阀液压故障原因及排除方法,如表5-4-5所示。

溢流阀常见故障及排除方法 表5-4-5

故障现象	产生原因	排除方法
振动与噪声(产生尖叫声)	流体噪声: 溢流阀溢流后的气穴气蚀噪声和涡流及剪切流体噪声 溢流阀卸荷时的压力波冲击声 先导阀和主滑阀因受压力分布不均引起的高频噪声 回油管路中有空气 回油管路中背压过大 溢流阀内控压区进入了空气 流量超过了允许值	检查、处理: 是设计上的问题,应更换溢流阀 增加卸荷时间,将控制卸荷换向阀慢慢打开或关闭 修复导阀及主阀以提高其几何精度,增大回油管径,选用较软的主阀弹簧和适当粘度的油液 检查、密封并排气 增大回油管径,单独设置回油管 检查、密封并排气 选用与流量匹配的溢流阀
	机械噪声: 滑阀和阀孔配合过紧或过松引起的噪声 调压弹簧太软或弯曲变形产生噪声 调压螺母松动 锥阀磨损 与系统其他元件产生共振发出噪声	检查、处理: 修复 更换调压弹簧 拧紧 研磨或配研 诊断处理系统振动和噪声
系统压力起不来或无压力(压力表显示值几乎为零)调整无效	先导式溢流阀卸荷口堵塞未堵上,控制油无压力,故系统无压 溢流阀遥控口接通的遥控油路被打开,控制油接回油箱,故系统无压 先导式溢流阀的阻尼孔被污物堵塞,溢流阀卸荷系统几乎无压 漏装锥阀或钢球或调压弹簧 阀被污物卡住在全开位置上 液压泵无压力 系统元件或管道破坏大量泄油	将卸荷口堵塞堵上,并严加密封 检查遥控油路,将控制油回油箱的油路关闭 清洗阻尼孔,更换油液 补装 清洗 诊断处理液压泵故障 检查、修复或更换
系统压力过大,调不下来	主阀至先导阀的控制油路被堵塞,先导阀无控制压力油,无法控制压力 先导阀回油的内泄油口被污物堵塞,先导阀不能控制压力 阻尼孔磨损过大,主阀芯两端油压力平衡,滑阀打不开 油液污染,滑阀被卡在关闭位置上	检查控制油路,使之接通 清洗先导阀的内泄油口 可将不锈钢薄片压入阻尼孔内或细软金属丝插入孔内,将阻尼孔堵一部分 清洗滑阀及阀孔,更换油液

续上表

故障现象	产生原因	排除方法
系统压力提不高且调整无效	先导式溢流阀遥控口渗油或密封不良	检查先导式溢流阀遥控口渗油、滴油现象,应严加密封
	先导式溢流阀遥控油路的控制阀及管道渗油或密封不良	检查遥控油路渗漏或内泄的原因,严加密封
	滑阀严重内泄,溢流阀内泄溢流,当压力尚未达到溢流阀调定值,而回油口有回油	检修,铰孔,修整或更换滑阀,进行配研
	油液污染滑阀卡住	清洗滑阀及阀孔,更换油液
	锥阀或钢球与阀座配合不良,有内泄漏	配研锥阀和阀座,更换钢球或锥阀,或轻轻敲打两下,使之密合
	阻尼孔半堵塞,造成先导阀控制流量很小。造成压力上升很慢或压力不再上升	清洗阻尼孔,更换油液
压力波动(压力表显示值波动或跳动)	调压的控制阀芯弹簧太软或弯曲变形不能维持稳定的工作压力	按控压范围更换合适压力级的弹簧
	锥阀或钢球与阀座配合不良,系污物卡住或磨损造成内泄时大时小,致使压力时高时低	配研锥阀和阀座,更换钢球或锥阀,清洗阀,还可将锥阀或钢球放在阀座上,隔着木版轻轻敲打两下,使之密合
	油液污染,致使主阀上的阻尼也时堵时通,造成压力时高时低	清洗主阀阻尼孔,必要时更换油液
	滑阀动作不灵活,系滑阀拉伤或弯曲变形或被污物卡住或有椭圆,或阀体孔碰伤及有椭圆等	检修或更换滑阀,修整阀体孔或滑阀使其椭圆度小于5μm
	溢流阀遥控接通的换向阀控制失控或遥控口及换向阀时多时少地泄漏	诊断、检修换向阀的故障,对溢流阀遥控口及换向阀和管路段均应严加密封
泄漏	内泄漏:表现为压力波动和噪声增加: 锥阀或钢球与阀座接触不良,一般系磨损或被污物卡住 滑阀与阀体配合间隙过大	检查处理: 清洗,研磨锥阀,研配阀座或更换钢球 更换滑阀芯
	外泄漏: 管接头松脱或密封不良 有关结合面上的密封不良或失效	检查密封: 拧紧管接头或更换密封圈 修整接合面,更换密封件

5. 转向缸液压故障诊断

转向缸液压故障多种多样,在实际使用中经常出现的故障主要是推力不足或动作失灵。爬行、泄漏、液压冲击及振动等。转向缸常见的故障与排除方法如表5-4-6所示。

转向缸常见故障及排除方法　　表 5-4-6

故障现象	产生原因	排除方法
爬行	压力表示值正常或稍偏低,液压缸两端爬行,并伴有噪声,系缸内及管道存有空气所致 压力表显示值偏低,油箱无气泡或有少许气泡,爬行逐渐加重也属轻微爬行,系液压缸某处形成负压吸气所致	设置排气装置。若无排气装置,可开动液压系统以最大行程往复数次,强制排除空气。并对系统及管道进行密封,不得漏油进气找出液压缸形成负压处加以密封,不得进气,并排气即可
	压力表显示值较低,液压缸无力,油箱起泡,排气无效,为液压泵吸气所致	诊断液压泵及吸油管段吸气故障后,并排气即可
	压力表显示值正常或偏高,活塞杆表面发白有吱吱响声,为密封圈压得太紧所致	调整密封圈,使其不松不紧,保证活塞杆能来回用手拉动,但不得有泄漏
	压力表显示值偏高,液压缸两端爬行现象逐渐加重,系活塞杆不同心所致	两者装在一起,放在 V 形铁块上校正,使不同心度在 0.04mm 以内,否则换新活塞
	压力表显示值偏高,爬行部位规律性很强,活塞杆局部发白,为活塞杆不直(有弯曲)所致	单个或连同活塞放在 V 型铁块上,用压力机校直和用千分表校正调直
	压力表显示值偏高,爬行部位规律性很强,运动部件伴有抖动,导向装置表面发白,系导轨或滑块夹得太紧或液压缸不平所致	调整导轨或滑块的压紧块(条)的松紧度,既要保证运动部件的精度,又要滑动阻力减小。若调整无效,应检查液压缸与导轨的平行度,并修刮接触面加以校正
	两活塞杆两端螺母旋得太紧,致使液压缸与运动部件别劲	调整松紧度,保持活塞杆处于自然状态
	压力表显示值正常,运动部件(工作台)有轻微摆动或振动,或导轨表面发白,系润滑不良所致	检查润滑油的压力和流量,并重新调整。否则应检查油孔是否堵塞及油液粘度是否太大或无润滑性能,必要时应及时换油
	压力表显示值时高时低,爬行规律性很强,系液压缸内壁或活塞表面拉伤,局部磨损严重或腐蚀等所致	镗缸内孔,重配活塞
	压力表显示值很低,升压很慢或难以达到,系液压缸内泄漏严重所致	应更换活塞上的密封圈(已老化损坏)
冲击	液压缸上未设缓冲装置,运动速度过快时,造成冲击	调整换向时间,降低液压缸运动速度,否则增设缓冲装置
	缓冲装置中的柱塞和孔的间隙过大而严重泄漏,节流阀不起作用	更换缓冲柱塞或在孔中镶套,使间隙达到规定要求,并检查节流阀
	端头缓冲的单向阀反向严重泄漏,缓冲不起作用	修理、研配单向阀与阀座,或更换

续上表

故障现象	产生原因	排除方法
推力不足，速度下降，工作不稳定	缸与活塞因磨损造成配合间隙过大，或活塞上的密封圈因装配和磨损致伤或老化损坏而失去密封作用，从而严重内泄	密封圈老化而严重内泄，液压缸几乎不走，应及时更换密封圈。若间隙过大，应在活塞上车几道槽装上密封圈或更换活塞
	液压缸工作段磨损不均匀，造成局部几何形状误差，致使局部段高低压腔密封性不良而内泄	镗磨修复缸孔径，重新配置活塞
	缸端活塞杆密封圈压得太紧或活塞杆弯曲，使摩擦力或阻力增加而别劲	调整活塞杆密封圈压紧度（以不漏油为准），校直活塞杆
	油液污染严重，污物进入滑动部位而使阻力增大，致使速度下降、工作不稳	更换油液
	油温过高，粘度降低，泄漏增加致使液压缸速度减慢	检查油温升高的原因，采用散热和冷却措施
	为提高液压缸速度采用的蓄能器的压力或容量不足	蓄能器容量不足时更换，压力不足可充气压
	溢流阀压力调低了或溢流阀控压区泄漏，造成系统压力低，致使推力不足	按推力要求调整溢流阀压力值，检查溢流阀压力值，检查溢流阀是否内泄，进行修理或更换
	液压缸内有空气，致使液压缸工作不稳定	按进气爬行故障处理
	液压泵供油不足，造成液压缸速度下降，工作不稳定	检查液压泵，或流量调节阀，并诊断和排除故障
外泄漏	活塞杆密封圈密封不严，系活塞杆表面损伤或密封圈损伤或老化所致	检查活塞杆有无损伤，并加以修复，密封圈磨损或老化应更换
	管接头密封不严而泄漏	检查密封圈及接触面有无伤痕，并加以更换或修复
	缸盖处密封不严，系加工精度不高或密封圈老化所致	检查接触面加工精度及密封圈老化情况，及时更换或修整
	由于排气不良，使气体绝热压缩造成局部高温而损坏密封圈导致泄漏	增设排气装置，及时排气
	缓冲装置处因加工精度不高或密封圈老化导致泄漏	检查密封圈老化情况和接触面加工精度，及时更换或修整
内泄漏	缸孔和活塞因磨损致使配合间隙增大超差，造成高低压腔互通内泄	活塞磨损严重，应镗缸孔，将活塞车细并车几道槽装上密封圈密封或新配活塞
	活塞上的密封圈磨伤或老化致使密封破坏造成高低压腔互通严重内泄	密封圈磨伤或老化，应及时更换
	活塞与缸筒安装不同心或承受偏心负荷，使活塞倾斜或偏磨造成内泄	检查缸筒与活塞与缸盖活塞杆孔的同心度，并修整对中
	缸孔径加工直线性差或局部磨损造成局部腰鼓形导致局部内泄	镗缸孔，重配活塞

续上表

故障现象	产生原因	排除方法
声响与噪声	滑动面的油膜破坏或压力过高，造成润滑不良，导致滑动金属表面的摩擦声响	停车检查，防止滑动面的烧结，加强润滑
	滑动面的油膜破坏或密封圈的刮削过大，导致密封圈处出现异常响声	加强润滑，若密封圈刮削过大则用砂纸或砂布轻轻打磨唇边，或调整密封圈压紧度，以消除异常声响
	活塞运动到液压缸端头时，特别是立式液压缸，活塞下行到端头终点时，发生抖动和很大的噪声，系活塞下部空气绝热压缩所致	将活塞慢慢运动，往复数次，每次均走到顶端，以排除缸内气体，即可消除此严重的噪声，还可防止密封圈烧伤

6. 密封元件常见液压故障

密封元件常见液压故障与排除方法如表5-4-7所示。

密封元件常见液压故障　　表5-4-7

故障现象	产生原因	排除方法
挤出间隙	压力过高	调低压力；设置支撑环或挡圈
	间隙过大	检修或更换
	沟槽等尺寸不合适	检修或更换
	放入状态不良	重新安装或检修更换
老化开裂	温度过高	检查油温，严重摩擦过热（润滑不良或配合人紧）及时检修或更换
	存放和使用时间太长，自然老化变质	检修或更换
	低温硬化	查明原因，加强润滑
扭曲	横向（侧向）负载作用所置	采用挡圈加以消除
表面磨损与损伤	密封配合表面运动摩擦损伤	检查油液杂质，配合表面加工质量和密封圈质量，及时检修或更换
	装配时切破损坏	检修或更换
	润滑不良造成磨损	查明原因，加强润滑
膨胀（发泡）	与液压油不相容	更换液压油或密封圈
	被溶剂溶解	严防与溶剂（如汽油、煤油等）接触
	液压油老化	更换液压油
损坏粘着、变形	压力过高、负载过大、工作条件不良	增设支撑环和挡圈
	密封件质量太差	检查密封件质量
	润滑不良	加强润滑
	安装不良	重新安装或检修更换
收缩	与油液不相容	更换液压油或密封圈
	时效硬化或闭置干燥收缩	更换

7. 滤油器常见故障

滤油器常见液压故障与排除方法如表5-4-8所示。

滤油器常见故障与排除方法　　表 5-4-8

故障现象	产生原因	排除方法
滤油器滤芯变形（大多数发生在网式、烧结式滤油器）	如果滤油器本身强度不高并有严重堵塞，通油孔隙大幅度减少，阻力大大增加，在相当大的压差作用下，滤芯就会变形，甚至压坏（有时滤油器的骨架一起损坏）	更换强度较高的骨架或过滤油液或更换新液
烧结式滤油器滤芯掉粒	烧结式滤油器的滤芯质量不符合要求	更换滤芯，装配前应对滤芯进行检查，其要求为： 在 10g 加速度振动下，滤芯不掉粒 在 21MPa 的压力作用下，为期 1h 不应有脱粒现象 用手摇泵做冲击载荷试验，在加速为 10MPa/s 的情况下，滤芯无损坏现象
网式滤油器金属网与骨架脱焊	安装在高压泵进口处的网式滤油器容易出现这种现象，其原因是锡铅焊条熔点为 183℃，而滤油器进口温度已达到 117℃，焊条强度大大降低，因此在高压油液的冲击下，发生脱焊	将锡铅焊料改为高熔点的银镉焊料

8. 蓄能器常见故障

蓄能器常见液压故障与排除方法如表 5-4-9 所示。

蓄能器故障与排除　　表 5-4-9

故障现象	产生原因	排除方法
蓄能器供油不均	活塞或气囊运动阻力不均	检查活塞密封圈或阻碍气囊运动的原因及时排除
充气压力充不起来	气瓶内无氮气或气压不足 气阀泄气 气囊或蓄能器盖向外泄气	应更换氮气瓶的阻塞或漏气的附件 修理或更换已损零件 固紧密封或更换已损零件
蓄能器供油压力太低	充气压力不足 蓄能器漏气，使充气压力不足	及时充气，达到规定充气压力 固紧密封或更换已损零件
蓄能器供油量不足	充气压力不足 系统工作压力范围小且压力过高 蓄能器容量选小了	及时充气，达到规定充气压力 调整系统 重选蓄能器容量
蓄能器不供油	充气压力太低 蓄能器内部泄油 液压系统工作压力范围小，压力过高	及时充气，达到规定充气压力 检查活塞密封圈及气囊泄油原因及时修理或更换 进行系统调整
系统工作不稳	充气压力不足 蓄能器漏气 活塞或气囊运动阻力不均	及时充气，达到规定的充气压力 紧固密封或更换已损零件 检查受阻原因及时排除

9. 冷却器常见故障

冷却器常见液压故障与排除方法如表 5-4-10 所示。

冷却器故障与排除　　表 5-4-10

故障现象	产生原因	排除方法
油中进水	水冷式冷却器的水管破裂漏水	及时检查进行焊补
冷却效果差	水管堵塞或散热片上有污物粘附,冷却效果降低 冷却水量或风量不足 冷却水温过高	及时清理,恢复冷却能力 调大水量或风量 检测温度,设置降温装置

10. 全液压转向器和阀块常见故障

全液压转向器常见的液压故障有:漏油、转向沉重、转向失灵、方向盘不能自动回正、不能进行人力转向等,产生这些故障的原因及排除方法如表 5-4-11 所示。

转向器和阀块的故障及排除方法　　表 5-4-11

故障现象	产生原因	排除方法
漏油: 阀体定子及后盖结合面漏油 阀块与转向器结合面漏油 安全阀调节螺栓处漏油 转向器螺栓漏油	密封圈损坏 结合面之间夹有脏物 紧固螺栓刚度不够 垫圈不平	更换 清除脏物 更换螺栓 磨平或更换垫圈
转向沉重: 慢转方向盘时轻,快转方向盘时重 快转与慢转方向盘均沉重,并且转向无力 空负荷或轻负荷时转向轻,增加负荷时转向重 油中有泡沫,发出不规则的响声,方向盘转动而转向油缸时而动时而不动	泵供油量不足 转向器内钢球单向阀失效 溢流阀调定压力低于工作压力或被脏物卡住 转向系统中有空气,油箱油面太低,油液粘度太大	检查泵是否正常,否则,更换或修理 如钢球丢失,则装入 ϕ8 钢球,如有脏物卡住,应清洗,如顶杆变形,需校正或更换 调整溢流阀调定压力或清洗溢流阀 排除空气,并检查吸油管是否漏气,或加油(应使用推荐液压油)
转向失灵: 方向盘不能自动回中,中间位置压降增加 压力振摆明显增加,甚至不能转动方向盘 方向盘自转或左右摆动 车辆跑偏或转动方向盘时,转向油缸不动或缓动	弹簧片折断 拨销折断或变形,联动轴开口折断或变形 转子与联动轴相互间位置装错 双向缓冲阀失灵,弹簧失效或钢球被脏物卡住	更换 更换拨销及联动轴,严禁用其他东西代替 驱动轴上 A 齿应对正转子的一个齿根 更换弹簧或清洗双向缓冲阀
方向盘不能自动回中: 中间位置时压力降增加或方向盘停止转动时,转向器不卸荷(车辆跑偏)	弹簧片折断,转向轴轴向顶住阀芯 转向轴轴线与阀轴线同轴度误差过大 转向轴转动阻力太大	针对故障发生原因进行排除
不能进入人力转向: 动力转向时,转向油缸活塞到极端位置,驾驶员无明显的终点感。人力转向时,方向盘转动,转向油缸不动	转子与定子的径向间隙或轴向间隙过大	更换转子与定子

五、压路机的维护

为保证压路机经常处于优良的技术状态，高效可靠地工作，延长其使用寿命，驾驶员和机务人员必须仔细阅读和认真执行本技术保养规范。

(1)压路机的技术保养一般分为日常保养、周期性保养和一次性保养(故障处理)。

(2)周期技术保养所定周期与发动机使用说明书中的保养周期完全一样。

(3)有关发动机的保养请按发动机说明书执行。

(4)周期保养中的时间系指从发动机运转开始计算。

(5)压路机在经过1200h周期保养后，就转入下一个新的周期保养，依此不断循环。

1. 日常技术保养

(1)清洁压路机：清除压路机表面堆积的泥土和粘砂；清除发动机、液压元件和各部件表面上的尘土油垢。注意切莫将污物弄进各加油口和空气滤清器内。

(2)检查压路机各零部件的连接和紧固情况，特别要注意检查减振块是否在正常压缩状态下工作，轴承座与振动轮的连接螺栓、驱动轮的轮辋连接螺栓是否松动或断裂，对松动或断裂者予以紧固或更换。

(3)检查和排除压路机各部位的渗漏油现象。

(4)检查发动机的机油、燃油及液压油油量并按规定加入新油至规定的油标指示刻度。

(5)向各润滑嘴(除振动轮十字轴承外)加注钙基润滑脂。

(6)检查洒水系统喷嘴、接头和过滤器。

(7)检查和排除振动轮透气塞堵塞现象。

2. 周期性技术保养

1)压路机50h磨合后的技术保养

在投入使用之前，压路机应进行50h试运行，否则不得投入正式使用。进行50h磨合运行时，应按发动机使用说明书中有关规定进行。磨合试运转结束后，须按以下规定进行技术保养：

(1)重复日常技术保养的全部项目。

(2)更换柴油机机油。热车时放尽旧机油，然后注入新机油，经短期运行后检查机油油位是否在规定高度。

(3)更换后桥润滑油。热车时放尽旧润滑油，然后注入新润滑油(YZl8C型)。

(4)更换振动轮润滑油。热车时放尽旧润滑油，然后注入新润滑油。

(5)更换前驱减速机润滑油。热车时放尽旧润滑油，然后注入新润滑油。

(6)清洗机油滤清器。

(7)清洗柴油滤清器。

(8)检查液压油油位，加液压油至规定量。

(9)检查发动机冷却液水位，加冷却液至规定量。

(10)检查减振块是否有裂纹，如裂纹长度大于15mm，必须更换。

(11)检查振动轮、后桥及液压系统是否有渗漏现象，有则必须消除。

(12)柴油机每工作50h,必须清理空气滤清器一次。

(13)检查洒水系统喷嘴、接头和过滤器。

2)压路机每工作100h技术保养

(1)重复日常技术保养的全部项目。

(2)按发动机使用说明书中100h技术保养项目进行柴油机的保养。

(3)检查和调整压路机振动器。

3)压路机工作200h技术保养

(1)重复100h技术保养全部项目。

(2)按发动机使用说明书中200h技术保养项目进行柴油机的保养。

(3)后桥各部位进行油位检查或加油保养(YZ18C型)。

4)压路机每工作600h技术保养

(1)重复200h技术保养的全部项目。

(2)按发动机使用说明书中200h技术保养项目进行柴油机的保养。

(3)检查减振块的弹性,对变形大已破裂缺损的予以更换。

(4)检查后桥、车架、振动轮等各重要部件的焊接处有无裂纹,传动件有无变形。如有则必须予以解决。

(5)检查振动开关、操纵监控装置的电气线路是否正常。如有损坏则需立即修复。

(6)更换振动轮润滑油。

(7)给振动轮轴承加注MobiluxEP2润滑脂。

5)压路机每工作1200h的技术保养

(1)重复600h技术保养全部项目。

(2)按发动机使用说明书中600h技术保养项目进行柴油机的保养。

(3)更换液压油滤清器的滤芯。

(4)检查压路机振动频率,必要时进行调整。

(5)对YZ18C型压路机检查后桥的技术状态,并按其说明书所述进行保养。

除以上介绍的周期性技术保养外,压路机在每年的冬季需进行大保养,即对压路机进行一次全面检查,并更换振动轮内润滑油。

6)振动轮润滑油的更换

将压路机停在水平地面上,使振动轮两个油口之一位于轮轴的正下方,拧开螺塞放尽旧油。然后,将压路机稍许移动,使振动轮两个油口之一转至轮轴的正上方,拧开另一个螺塞,从正上方的油口注入规定牌号的润滑油(约11.5L),直至另一个油口溢油为止。最后,将油口螺塞擦净并重新装上、拧紧,换油完毕。

注意振动轮润滑油的更换必须在热车的情况下进行。

7)振动轮十字轴承润滑脂的加注

将十字轴承加注油脂嘴清洗干净,然后一边加注油脂,一边开动压路机,直至加到规定的油脂量为止。

3.长期停放的技术保养

如果压路机停放3个月不使用,应按下列要求保养:

(1)按发动机使用说明书要求作长期停放的技术保养,作防锈处理。

(2)将压路机内外表面清洗干净,有条件时应停放在库房里,露天停放应选在通风处,用帆布盖好。

(3)平行垫起前车架,调整垫块厚度,直至减振块完全不产生剪切、变形为止。

(4)用中心铰接架固定装置将前后车架固定在一起。

(5)对压路机各润滑点加注新油或润滑脂。

课题五　全液压挖掘机液压系统分析和常见故障诊断

挖掘机是70%的土石方开挖的主要机械设备,包括有各种类型与功能的挖掘机。单斗挖掘机不仅作土石方的挖掘工作,而且通过工作装置的更换,还可以用作起重、装载、抓取、打桩、钻孔等多种作业。它在各种工程施工中已经成为首要机械化施工设备之一。

单斗液压挖掘机由工作装置、回转机构和行走机构3大部分组成。工作装置包括动臂、斗杆以及根据施工需要而可以更换的各种换装设备,如正铲、反铲、装载斗及抓斗等。

一、WY160型液压挖掘机

1. 对液压系统的要求

与装载机相似,在作业过程中,升降动臂、铲斗翻转、工作装置回转等动作需协同配合、频繁变换,驾驶员操作的劳动强度相当大,一般均采用液压系统来实现。液压系统性能的优劣对挖掘机的生产率、经济性和使用寿命有很大影响。对液压系统要求如下:

(1)工作性能好,能合理利用功率,保证挖掘机具有较高的生产率。作业过程平稳、有力、准确,各项动作相互协调,系统效率高,应力求减少系统发热量,保证系统正常工作温度不超过80℃。

(2)可靠性高,寿命长。挖掘机作业载荷变化大,伴随冲击和振动,因而要求系统有比较完善的安全装置,并能经受较大的冲击。要特别注意防尘和密封。

(3)操作性能好,操作动作简单、轻便。

(4)系统要简单可靠,易于安装,维修和保养。

2. 液压系统的选型

WY160型挖掘机液压系统为双泵双回路总功率变量系统,如图5-5-1所示。

双泵有各自的调节器,两调节器之间采用液压连系,液压泵工作时始终保持两台泵的摆角相等,输出流量也就相等。

液压泵输出的压力油通过多路换向阀组I供给斗杆缸、回转马达和左行走马达外,还通过合流阀向动臂或铲斗缸供油,以加快起升或挖掘速度;另一液压泵输出的压力油通过多路换向阀组II供给右行走马达、动臂缸、铲斗缸和开斗缸。

3. 液压系统分析

主要技术性能参数

正铲斗容量	1.6m^3
液压泵型号	2ZBZ140

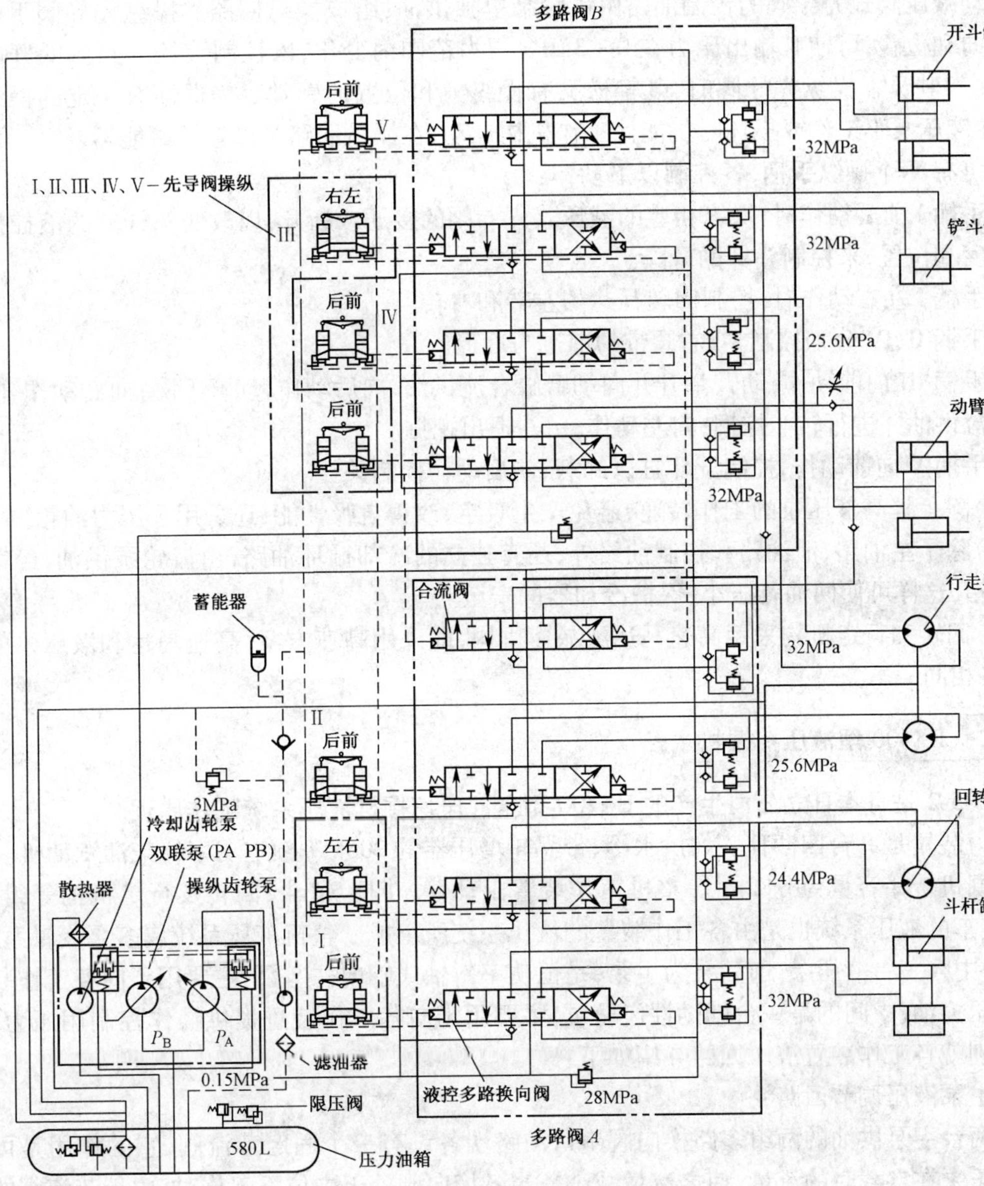

图 5-5-1　WY160 挖掘机液压系统图

系统工作压力　　28MPa

最大排量　　2×140mL/r

回转液压马达型号　　ZM732

最大排量　　140mL/r

行走液压马达型号　　ZM732

最大排量　　2×140mL/r

WY160 型挖掘机液压系统具有以下特点：

(1)多路换向阀采用手动减压阀式先导阀操纵。

手动减压阀式先导阀的控制油路由齿轮泵单独供油，组成操纵回路。操纵先导阀手柄在不同方向和位置，可使其输出压力在0～3MPa压力范围内变化，以控制液控多路阀的开度和换向，使驾驶员在操纵先导阀时，既轻松又有操纵力和位置的感觉。为保证有一定的操纵压力，并在液压泵不工作或损坏时仍能使工作机构运动，在操纵回路中设置了蓄能器。

本机有V个操纵手柄，各控制以下动作：

①手柄I前后动作时，操纵相应的减压式先导阀的接通或断开，以改变斗杆缸的液控换向阀的开度和位置，来控制斗杆的升降。

②手柄I左右动作时，控制回转马达的左转和右转。

③手柄II、IV分别控制左、右履带的前进与后退。

④手柄III向前动作，动臂举升并向动臂缸合流供油；向后动作，动臂下降；向右动作，向铲斗缸合流供油并进行转斗挖掘；向左动作，铲斗退出挖掘。

⑤手柄V向前动作，控制开斗缸以卸载，向后动作控制关斗。

(2)除了提高液压泵的工作转速，避免产生吸空，改善自吸性能，还采用了压力油箱。

(3)除了主油路、泄油路和控制油路外，还有独立的冷却循环油路，由齿轮泵供油，经散热器回油箱，这样可使回油背压小，保护冷却器的安全。

(4)回转和行走机构采用高速马达配减速机构，即采用高速方案，高速马达和液压泵的型号、规格相同。

二、EX400型液压挖掘机

图5-5-2是日本日立公司生产的EX400型全液压挖掘机液压系统工作原理图。

动力装置是一台四冲程、六缸、水冷、带涡轮增压器的206kW额定功率的柴油发动机。

挖掘机铲斗容量为1.82m^3。整机工作装置由动臂、斗杆、铲斗、回转及行走机构等组成。因此，整车的液压系统也是由各工作装置的液压系统所组成。整机液压系统属多泵变量系统。泵组22中含三台液压泵，前后泵为主泵，是恒功率斜轴式轴向柱塞泵，主要用于向各工作装置回路供压力油；中间的是一台辅助性齿轮泵，主要用于向各工作装置提供操作控制用压力油。下面分别就各工作装置液压回路介绍如下：

1. 主泵液压调节回路

由两台主泵供油的两组多路换向阀出口油路端各设有一个固定节流阀，它的作用是可以调节液压泵在空载时的流量，使之流量减小。当各换向阀处于中位不工作时，由于节流阀的节流作用，阀前压力增大，此增大的压力油反馈进入变量泵控制调节缸内，推动调节缸移动，使斜轴泵倾斜角变小，从而减少了该泵的输出流量。

只有当多路阀内任一换向阀工作时，节流阀前后压差增加不大，不影响或不改变泵斜轴斜倾角，从而使泵输出流量增加，以满足挖掘机各工况的速度要求。

2. 动臂液压回路

动臂的动作由换向阀26、46联合供油，液动换向阀的控制由手动减压阀式远控操纵阀30控制，其控制油由辅助泵(齿轮泵)供给。当阀30向左操纵时，从辅助泵来的操纵压力油经单向阀32到达阀30及阀26的左端、阀46的右端，使阀26左位工作，阀46右位工作。从前泵来的液压油经换向阀46到达A点，从后泵来的压力油经换向阀26到达B点，共同流入动臂的

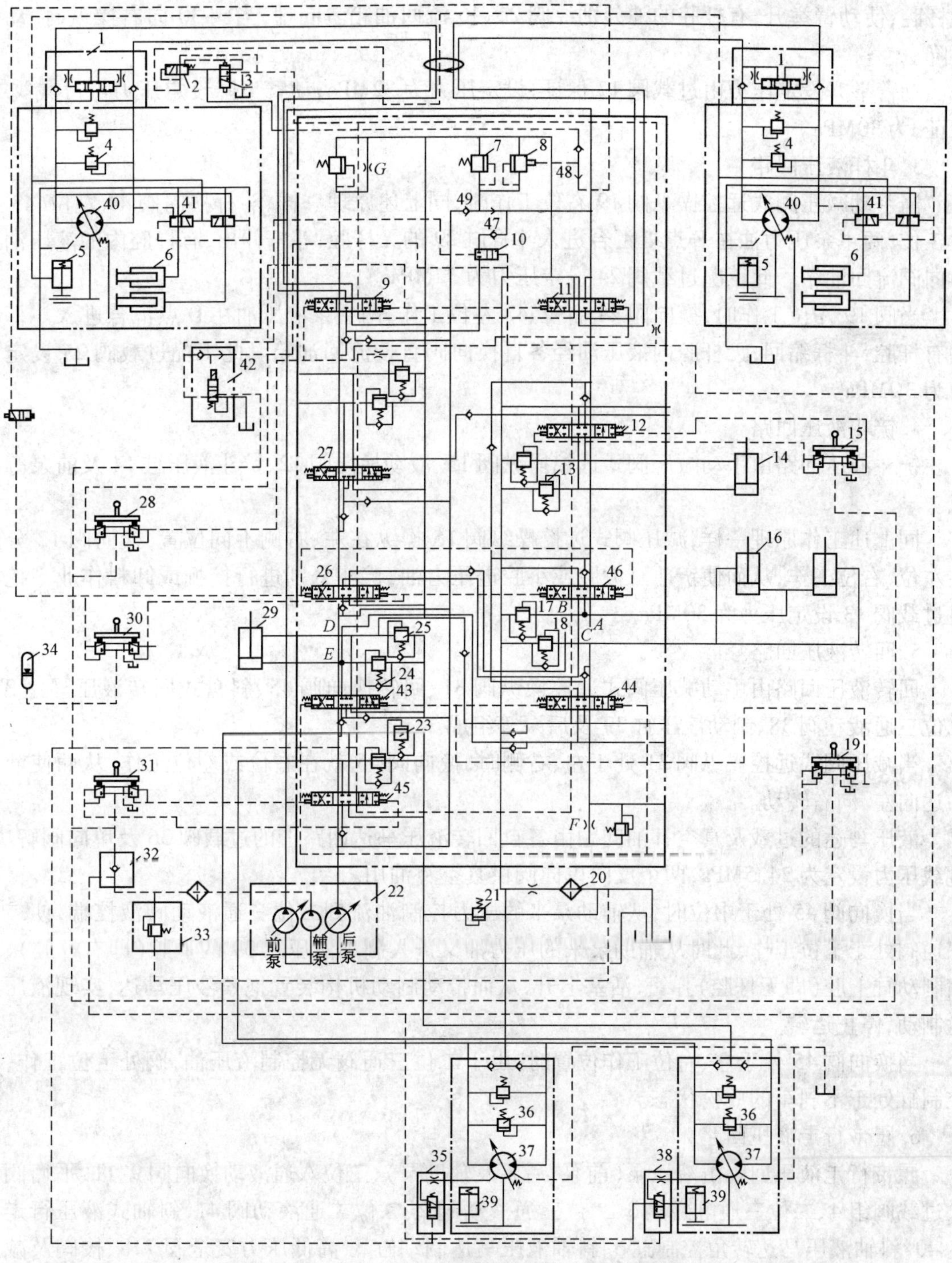

图 5-5-2　EX400 型全液压挖掘机液压系统工作原理图

1-平衡阀；2-二位三通液动阀；3-二位三通电磁阀；4、36-过载阀；5、39-刹车制动缸；6-斜轴倾转活塞；7-高压主安全阀；8-低压主安全阀；9、11、26、44、46-液控三位八通换向阀；10-液压开关液动阀；12-液控三位八通换向阀；13、17、18、23、24、25-过载补油阀；14-铲斗液压缸；15、19、28、30、31-减压阀式远程操纵阀；16-动臂液压缸；20-油温冷却器；21-背压阀；22-泵组（前泵、后泵、辅助泵）；27-三位九通液动阀；29-斗杆缸；32、47-单向阀；33-溢流阀；34-蓄能器；35、38-制动阀；37、40-回转液压马达；41-速度调节阀；42-电液阀；43-液控三位十通阀；45-液控三位八通阀（回转）；48、49-梭阀无杆腔,使动臂举升,有杆腔的油分别经阀26、46流回油箱。同理,当阀30向右操纵时,动臂下降。

动臂举升设定压力由过载阀17保证,设定压力为32MPa;动臂下降设定压力由过载阀18保证,为30MPa。

3. 斗杆液压回路

当手动减压阀式远控操纵阀19右位工作时,同上述原理一样,斗杆换向阀44左位、43右位工作,两主泵压力油在E点处汇合进入斗杆缸29的无杆腔,斗杆伸出,有杆腔内的液压油经换向阀流回油箱。此工况过载阀24设定压力为32MPa。

当阀19左位工作时,换向阀44右位、43左位工作,两主泵液压油在D点汇合进入斗杆缸的有杆腔,斗杆缩回;无杆腔内液压油经各自换向阀直接流回油箱。此工况过载阀25设定压力为30MPa。

4. 铲斗液压回路

铲斗液压回路由手动减压阀式远控操纵阀15、液动换向阀12、铲斗液压缸14及前泵等组成。

同上述工作原理一样,减压阀式远控操纵阀15操纵在左、右侧不同位置,换向阀12分别在左位、右位工作,从而使铲斗缸大腔或小腔进压力油,铲斗分别进行挖掘或卸料作业。挖掘时过载阀13设定压力为30MPa。

5. 回转液压回路

回转液压回路由手动减压阀式远控操纵阀31、回转换向阀45、斜盘式回转液压马达37、二位三通液动阀38、制动液压缸39及后泵等组成。

当减压阀式远控操纵阀31处于左、右侧时,换向阀45就在右位或左位工作,从而使液压马达向左、向右转动。

液压马达的过载及真空补油问题由各自回转液压马达回路上的过载阀36及单向阀解决。过载压力设定为24.5MPa,两个反向单向阀供真空补油用。

当换向阀45处于中位时,从辅助泵来的压力控制油流到二位三通液动阀液控端,使二位三通阀处于下位工作,此时从辅助泵来的压力油又进入制动液压缸39的下腔(即有杆腔),压缩制动缸上腔(即无杆腔)弹簧,活塞上升,从而带动制动机构装置抱紧液压马达,实现液压马达制动,停止运转。

当换向阀45处于左、右位工作位置时,由于二位三通阀无控制液压油,阀处上位工作,车控制缸处于不刹车的放松状态。

6. 履带行走液压回路

履带行走液压回路由液压泵(前泵、后泵及辅助泵)、三位八通液动换向阀9、11、平衡阀组1、过载阀组4、二位三通电磁阀3、二位三通液动阀2、二位二通液动阀41、斜轴式液压行走马达40、斜轴液压马达转角控制缸6、斜轴液压马达制动缸5、高低压力安全阀7、8、梭阀及减压阀式手动远控操纵阀28等组成。

当操纵手动减压阀式远控操纵阀28处于左、右不同位置时,液动换向阀9、11也同时处于右、左不同工作位置,由后泵、前泵来的压力油经液动换向阀到达左、右行走液压马达,驱动履带朝前或朝后运动。

液压回路中，为了限速、平衡、调速、制动等要求，设立了较多的控制阀或阀组，其简要工作原理及作用介绍如下：

为了使行走马达能实现限速、真空补油，设有液压平衡阀组1（含单向阀及液控三位四通平衡阀）；为了能选择回路压力，设有二位三通电磁阀3，以便通过梭阀能实现选择高压安全阀7及低压安全阀8的控制；为了能实现制动液压马达及控制斜轴液压马达的倾斜转角，回路中设置了二位三通液控阀41、制动缸5及斜轴转角控制缸6。

整车液压系统内的许多回路，可以实现合流复合操作。主要是：

(1)动臂回路与斗杆回路的合流复合操作；

(2)回转回路与行走回路的合流复合操作；

(3)动臂回路与行走回路的合流复合操作；

(4)斗杆回路与行走回路的合流复合操作；

(5)铲斗回路与行走回路的合流复合操作。

动臂回路与斗杆回路的合流复合动作是通过阀30、19左位，以实现动臂、斗杆的上举及外伸；回转回路与行走回路的合流复合动作是通过阀31的操作，使阀45处左、右工作位后，再操纵阀42为上位，使阀10左端卸荷，则可使二位二通液动阀10右位工作，从而使既要供回转回路，又要供左行走液压马达的负荷较大的后泵得到了由前泵通过阀47来的补充流量；动臂回路与行走回路的合流复合动作、斗杆回路与行走回路的合流复合动作以及铲斗回路与行走回路的合流复合动作其基本工作原理与上述相同。

三、日本HD1800型液压挖掘机

图5-5-3是日本生产的HD1800型全液压挖掘机液压系统图。

该系统是开式多泵系统。主液压回路是双泵双回路。

液压泵组1包括两台轴向柱塞恒功率变量液压泵和一台齿轮液压泵。前者为工作主泵、后者为操纵用泵。两个主泵P_1、P_2分别向多路换向阀2、3控制的各工作回路供液压油。多路换向阀2、3均各有四联三位六通液控换向阀，由减压阀式先导操纵阀手动操纵。操纵压力油由泵P_3供给，通过减压阀式先导操纵阀后，除　部分供操纵换向阀外，另　部分进入泵组调节器，作为以外控指令油压调节相应的主泵进行恒功率变量。两个恒功率变量主泵对两组换向阀回路实行分功率调节。工作回路除用恒功率变量泵与定量马达（或液压缸）组成容积调速外，尚有恒功率泵与改变换向阀开口大小组成的容积节流调速和由动臂液压缸进行双泵合流的有级调速。这样，调速范围大，低速性能好，功率利用合理，从而效率较高。

本机液压系统主要由以下各回路组成：分功率变量泵组调节回路、减压阀式先导阀操纵控制回路、回转回路、行走回路、动臂回路、斗杆回路及铲斗回路。液压泵P_1和P_2，其正常工作压力为21MPa（转速2354r/min），由溢流阀23、24调定。P_1泵驱动左行走液压马达20、斗杆液压缸12和回转液压马达7；P_2泵驱动右行走液压马达8、动臂液压缸9、10和铲斗液压缸11。各多路阀内的换向阀为并联方式。下面分别简要地介绍一下各液压回路。

1.分功率变量泵组调节回路

调节变量泵P_1、P_2的调节器分别是31、32。它们由三种不同控制指令进行调节：

(1)减压阀式先导阀用来操纵油压力，为外控指令。

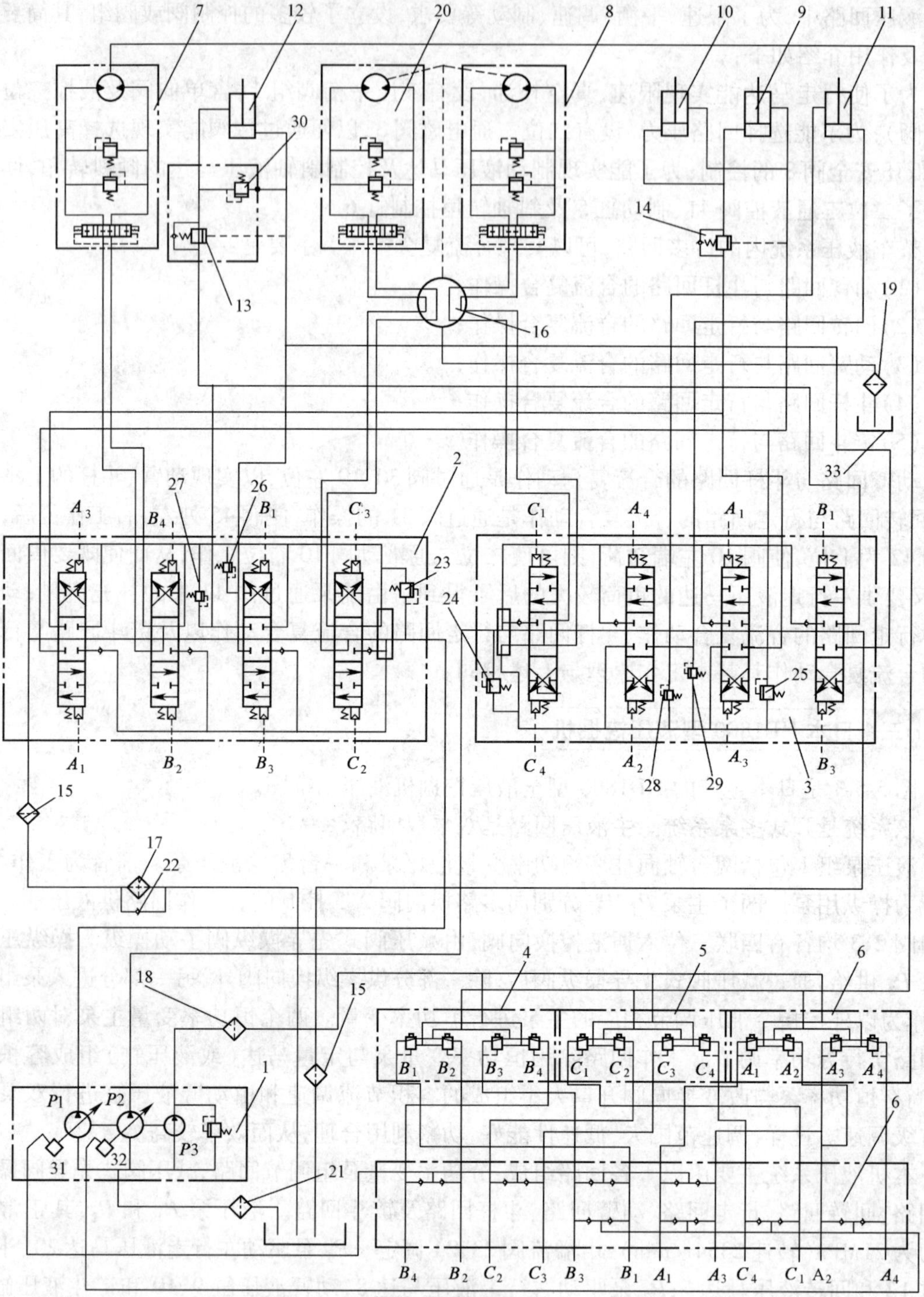

图 5-5-3 日本 HD1800 型液压挖掘机液压原理图

1-液压泵组；2、3-多路换向阀；4、5、6-减压阀式先导操纵阀；7-回转液压马达；8、20-行走液压马达组；9、10-动臂液压缸；11-铲斗液压缸；12-斗缸液压缸；13、14-平衡阀；15、18、19、21-滤油器；16-中心回转接头；17-冷却器；22-单向阀；23、24-溢流阀；25、26、27、28、29、30-过载安全阀；31、32-调节器；33-压力油箱

(2)由泵自身输出的工作油压力为内控指令;

(3)由上述两者指令组成的复合指令。

无论那种指令都是不同程度地使液压主泵斜盘的两个控制液压缸 5、6 产生相应动作(图 5-5-3),从而使斜盘转角改变,以达到流量调节目的。

现以一个工作主泵 P_1 的调节器为例说明调节器的工作原理。

1)以液压泵自身输出油压力为控制指令(内控指令)

调节器尚未工作时,其内的伺服阀 1、2、控制液压缸 5、6 及斜盘 *MN* 所处位置如图5-5-4所示。

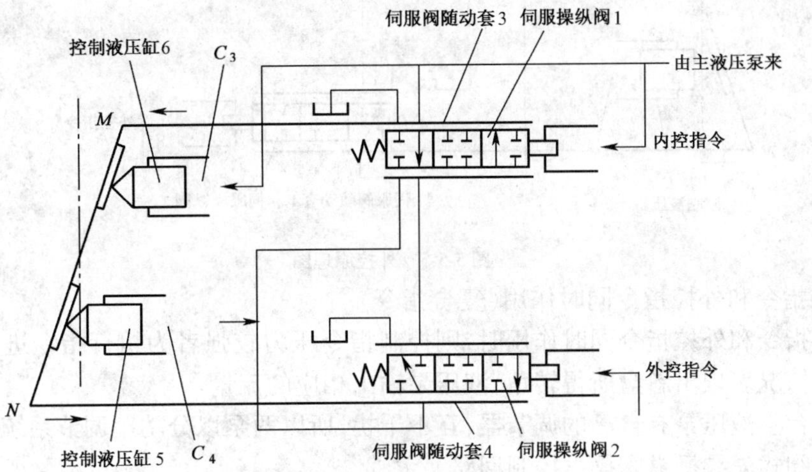

图 5-5-4 内控原理图

设液压泵调节器 31 内仅由液压泵自身来控制油(内控指令)而无减压阀式先导阀来的外控制油(外控指令):

当液压泵工作时,由液压泵自身来的压力油(内控指令)进入调节器伺服阀 1 的右端控制腔时,液压力增大到足以克服伺服阀 1 左端弹簧的弹簧力后,伺服阀 1 阀芯向左移,伺服阀 1 处右位工作。与此同时,因伺服阀开始时无控制指令进入,故伺服阀 2 仍处在左位。因控制液压缸 5 卸压、控制液压缸 6 内始终有由液压泵 1 来的压力油,故主泵 1 斜盘 *MN* 将在控制液压缸 6 的推动下向倾斜角减小方向移动,液压泵流量随之减少。随着斜盘 *MN* 的动作,由机械反馈带动伺服阀套 3 也向左移,伺服阀 1 又处中位。与此同时,伺服阀套 4 向右移,伺服阀 2 处右位,液压控制缸 5 卸压通道中断,斜盘停止转动,斜盘转角也就固定在某一相应的值上。只是当液压泵来的内控指令变化时,调节器才会如上述工作过程一样,重新变化调节到一个新的平衡位置值。压力与流量成恒功率关系变化调节。

2)以操纵减压阀式先导操纵阀来的压力油为控制指令(外控指令)

设液压泵工作时泵内自身控制油很弱,主要是减压阀式先导操纵阀来油(外控指令)操纵时,如图 5-5-5 所示。

当伺服阀 2 右端接入由先导阀操作系统回路来的外控指令而伺服阀 1 几乎没有内控指令时,同前述动作原理一样。伺服阀 2 阀芯左移,阀处右位工作,伺服阀 1 仍处左位工作。这时,两个液压控制缸 5、6 同时有压力油作用着,因存在控制液压缸有效面积差别,斜盘 MN 的倾角向增大方向动作，并且是随着外控指令值的增大（减小）而增大（减小），从而使液压泵的输出流量也增大（减小）。

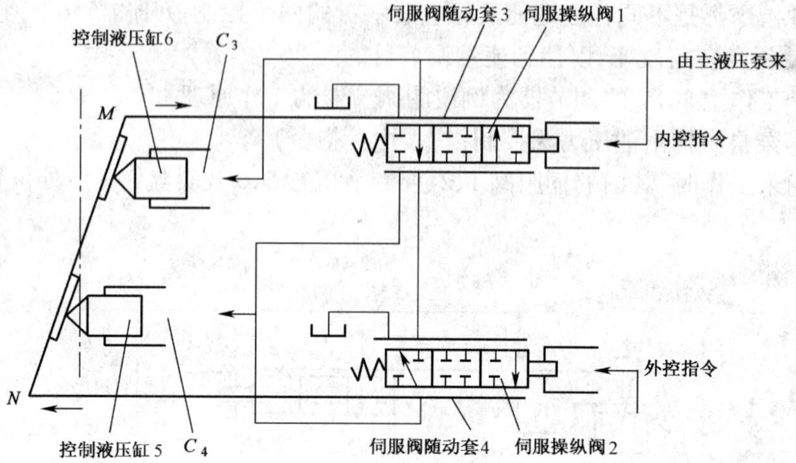

图 5-5-5　外控原理图

3）内控指令和外控指令同时作用（复合指令）

当内控指令和外控指令同时作用时，则控制指令压力较强者为执行指令进行工作。这时按上述两种情况表现出斜盘所得转角，液压泵输出相应的流量。

由于两台主液压泵有自己的调节器，互不干扰，所以两泵以分功率调节系统供油。

2. 减压阀式先导操纵阀操纵控制回路

控制回路由 P_3 泵供油，工作压力由 P_3 泵出口处的溢流阀 1 调定为 2.5MPa。

从控制泵 P_3 输出的压力油，经过滤油器 18，并联进入 3 个减压阀式先导阀 4、5、6。阀 4 控制斗杆（合流控制）和回转液压回路，单手柄四方位操纵，分别控制两个工作装置的正反工作状态。阀 6 控制动臂（合流控制）和铲斗液压回路，操作同上；阀 5 由两个手柄进行操纵，每个手柄有前、后两个操纵位置，分别是控制左、右行走液压回路。

3. 回转回路

回转油路 7 由主泵 P_1 供油，由多路阀组 2 中的 B_4—B_2 联换向阀控制换向，由减压阀式先导阀 4 进行液控操作。回转液压马达是一台曲轴连杆式低速大转矩马达，工作压力 18MPa，转矩为 1920N·m。

回转制动阀包括过载阀和制动阀两部分。过载阀调定压力为 18MPa，制动阀具有以下几点主要作用，见图 5-5-6。

（1）平稳起动作用。

由于制动阀的两端控制油路上，均设有单向节流阀，故使起动平稳无冲击。

（2）限速、补油作用。

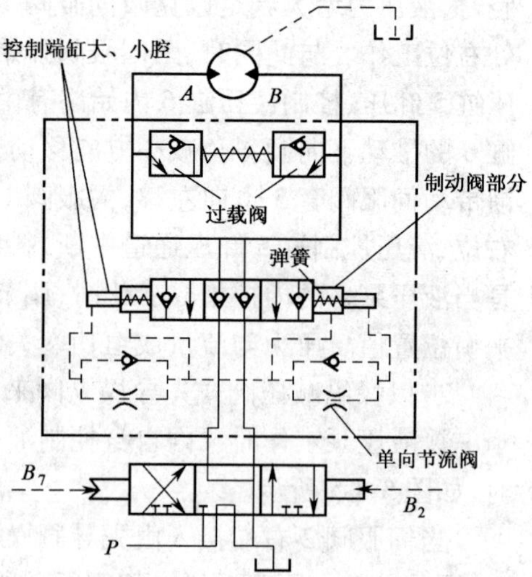

图 5-5-6　回转制动阀工作原理图

当液压马达在任何情况下有失速现象时，由于液压泵对液压马达进油腔的供油不及时，制动阀将因液控端压力不足而向中位移动，从而使液压马达回油量逐渐减小，起到限速作用；在极限情况下，失速严重时，液压马达制动阀可完全回到中位，使回路切断，马达停止旋转。这时进油端将会出现负压现象，则可通过中位单向阀进行补油。

(3)制动、锁紧作用。

液压马达在制动时，由于液压泵来的进油中断（换向阀处中位时），制动阀回中位。此时中位的两个单向阀将对液压马达起到可靠的锁定作用。

4. 左右行走回路

左、右行走机构的回路 20、8 完全相同。但分别由 P_1 泵、P_2 泵供油，由多路换向阀 2 的 C_3-C_2联换向阀和多路换向阀 3 的 C_1-C_4 联换向阀控制换向。液压马达为轴向柱塞式，通过减速器驱动履带行走。工作压力调定为 21MPa。液压回路中的制动阀与回转回路制动阀相似，仅过载调定压力较回转回路的 18MPa 高一些，调定值为 25MPa。

5. 动臂回路

两动臂液压缸 9、10 由两个多路换向阀组中的 A_1-A_3 换向阀控制换向，由于动臂是双液压缸驱动，要求驱动功率较大，故采用双泵合流供油。两动臂液压缸为刚性同步，即两液压缸与动臂相连，靠连接刚度实现强行同步。回路中设有一平衡阀 14，用以制动及限制动臂下降速度，防止动臂失速。阀 25 为过载阀，调定压力为 25MPa，与平衡阀 14 配合，防止因动臂带着负载下降突然受阻时液压缸有杆腔内压力超载而出现的损坏液压元件或破坏管路的现象发生。如图 5-5-7 所示，平衡阀内弹簧的调定压力为 23.5MPa。

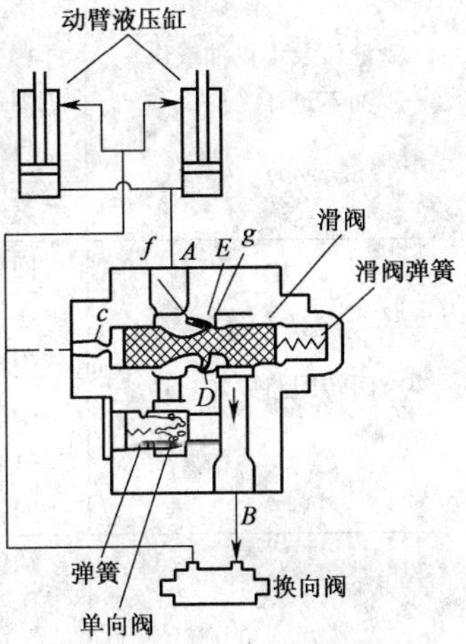

图 5-5-7　平衡限速阀原理图

当动臂下降时，在一般控制压力下，平衡阀凸台 D 半开，动臂液压缸无杆腔回油可经 f、g、B 回油。若发生上述动臂液压缸上腔压力急增，当进入控制口 C 的油压作用力也大于滑阀弹簧调定的 23.5MPa 时，凸台 D 将 g 口关闭，动臂液压缸下腔回油口关闭，动臂下降动作停止，从而保护了液压回路的安全。在这同时，进油路上的油压力必定达到或超过阀 25 调定的 25MPa 压力，阀 25 过载溢流，从而起到动臂下降时进油路的安全保护作用。

6. 斗杆回路

斗杆液压缸 12 也是由两个多路换向阀中的 B_1-B_3 联换向阀进行方向控制的。由于斗杆动作频繁，而且要承担一定挖掘力。因此，斗杆液压缸也是双泵合流供油，以满足速度和驱动功率的要求。在斗杆液压缸小腔进油路上设有平衡阀 13，其作用是防止斗杆伸出时，因有铲斗、铲斗内物料及斗杆自重等负载的同向作用而产生的失速现象。平衡阀内又设有过载阀 30，其作用是防止斗杆在中位时因铲斗的动作对斗杆的影响，如造成斗杆液压缸有杆腔内过载时可卸荷、无杆腔内为负压时可补油。阀 30 的调定压力为 25MPa。

7. 铲斗回路

铲斗液压缸 11 由液压泵 P_2 供油，并由多路换向阀 3 的 A_4-A_2 联换向控制阀。换向阀可保证液压缸在不工作时的闭锁要求。在换向阀压力油出口处均设有安全阀。

8. HD1800 型挖掘机的故障与排除

本机液压系统常见故障现象，故障产生的原因及排除方法，见表5-5-1、表5-5-2。

液压系统常见故障现象、故障原因及排除方法　表5-5-1

故障现象	故障原因	排除方法
减压阀先导式操作系统失灵	减压阀式先导操纵阀故障： 手柄、压盘、钢球、推杆、导杆调压弹簧磨损、变形、折断； 回位弹簧变形、折断； 液压油污染造成阀内及油口卡死，泄露及堵塞	检查减压阀式先导阀；检查液压油油温及油液质量
	减压阀式先导操纵阀与主液控阀连接油管油路松动、进气、泄露油及"别劲"	
	油粘度不合适或油温过高	
液压泵不供油或供油不足	两台分功率调节变量泵中有一台出现故障： 主泵内零件磨损； 调节器失灵； 因油温过高或油液内杂质使泵运转失灵； 自控、互控、远控油路油管堵塞	视故障情况进行检修。若换新泵，则两台泵同时更换。检查油温、油液质量，过滤或更新液压油
	泵组内定量泵（齿轮泵）出现故障	
回转回路故障	回转动作失灵或速度过慢： 压力值调节过低； 主换向阀内泄严重； 制动阀失灵； 过载阀失灵； 回转液压马达损坏	检查回转液压回路各元件及油液质量，并进行检修或更换
动臂回路故障	动臂举不起来或速度过慢： 压力值调定过低； 主换向阀内泄严重； 平衡阀故障； 动臂油缸内泄； 合流管路出现故障，无合流流量	检查动臂液压回路各元件及油液质量，并进行检修或更换
行走回转故障	左右行走不动或速度失调： 压力值调定不适当； 主换向阀内泄严重； 行走马达总成内（液压马达、过载补油阀、制动阀）故障	检查行走回路各液压元件及液压油质量，并进行检修或更换
斗杆回转故障	斗杆动作失灵或速度过慢： 调力值调定不当； 主换向阀内泄严重； 过载补油阀失灵； 合流管路出现故障，无合流流量	检查斗杆回转各液压元件及进行检修或更换
回转接头故障	出现有异常声音	检查回转接头，看看轴和转子之间或推力板附近是否滞塞，进行检修或更换

HD－1800 型挖掘机液压装备的目测、听闻、手触故障检查表　　表 5-5-2

检查项目	检查方法	故障鉴定	排　除
外观	目测	碰撞与破损,金属和涂料的锈蚀与脱落	如即刻影响使用,则予以修理,否则在周期检查时修复
油箱内液面油液	目测	过滤器积垢不能多,液面应在规定线上	积垢过多,查明原因,过滤或更换油液,加足油液
振动过大,异常噪音	接触,查看或听闻	应无异常	如超过正常状态,查明原因,并予以修理
温度升高	手触或用温度度测量	应正常	如超过正常要求,查明原因,并予以修理
压力	查看压力表	应正常,无波动	若波动过大,查明原因,予以检查、排除

一般要求液压元件尽可能少拆卸,只有在以下情况时,主要液压件才允许拆卸检修:

1)液压泵

(1)当泵在运转中,温度升高过多时。

(2)泵体发出异常声响时。

(3)泵的流量减少时。

2)液压缸

(1)密封装置的渗漏过大时。

(2)正常运转的反应过慢时。

(3)爬行现象严重时。

3)液压阀

(1)渗漏过大时。

(2)噪声、振动声及油温过高时。

(3)阀芯卡住导致故障时。

4)液压马达

(1)效率显著降低时。

(2)壳体温升过高时。

(3)内、外泄漏发生时。

课题六　稳定土拌和机液压系统分析和常见故障诊断

稳定土拌和机用于道路或机场等工程基层土壤的加固工作。通过它完成土壤混合料的制备(包括粉碎土壤、喷洒粘结料、混合料拌和和摊铺)。

铣刀式稳定土拌和机又称路铣机。它的关键设置是有一个铣削筒(又称转子),用于粉碎土壤、搅拌混合料,并使粘结料发生搅拌。铣削筒与机器纵轴垂直安装,在沿筒轴的长度方向上,安装有一定数量及角度的叶片铣头。铣筒带有外罩,罩内为粉碎土壤、喷洒粘结剂、搅拌混合料等的密闭工作腔。

稳定土拌和机按机组数、履带式或轮胎式、机械传动或液压传压传动、铣筒数量等分为许多种。下面简介两种型号(WBY210 和 MPH－100)的稳定土拌和机。

一、WBY210 型全液压稳定土拌和机

这种机型适用于道路、机场、货场等工程施工现场土壤稳定土的拌和作业。

主要技术参数:

柴油发动机型号	6135K-5
功率(kW)	117.6
工作装置型式	单转子后悬挂式
拌和深度(mm)	100～130
拌和宽度(mm)	2100
转子转速(r/min)	137、164
工作速度(km/h)	0～1
最高运动速度(km/h)	5.5
最大爬坡度(°)	20
主传动系统压力(MPa)	32
辅助传动系统压力(MPa)	14

该机采用了封闭式专用刀具拌和、转子滚切、粉碎、拌和的工作原理,通过切、撞、磨等作用实现均匀拌和的目的。拌和工作装置为后悬挂式,它由悬挂架、转子、浮动罩及升降机构等部件组成。

悬挂架与后机架相铰接,用来支撑转子并借助液压缸控制拌和深度或将转子提升到拌和机的运行状态。在左右悬挂侧板上附有链条减速机构。定量柱塞马达通过侧减速装置带动转子工作。

转子是直接拌和装置。在转子轴上焊有几个刀盘,每个刀盘上均匀布置安装有 4 把拌和刀,拌和刀在转子轴线方向上按螺旋线方式排列。随拌和材料的改变,选用相应的刀具。

浮动罩装置由吊架、罩壳和平衡杠杆组成。在非拌和状态时,罩壳随转子的升降而升降;在拌和状态时,罩壳不随转子拌和深度的变化而改变高低位置,始终浮动在地面上。浮动罩装置保证了转子拌和室有良好的密封性,同时也有利于被拌和材料的整平工作。平衡杠杆使浮动罩在浮动过程中相对轴线保持平移运动,借以防止在铺料不平或碰到障碍物时浮动罩与转子之间出现卡滞现象。

该机的液压系统如图 5-6-1 所示。

柴油发动机动力输出轴通过万向节传动轴与分动箱相连接,从而带动安装在分动变速器上的 5 个泵(2、3、28、26、35)工作。

该液压系统为多泵开式系统。分动变速器为一个有两档速度和 5 个动力输出的箱体。5 个液压泵中,其中有两台大流量的斜轴式定量柱塞泵 2 和 3,两台小流量的轴向手动变量柱塞泵 26、28 和一台齿轮泵 35。

该系统由转子驱动回路、行走回路以及控制回路等组成。

1. 转子驱动回路

由两台斜轴式定量柱塞泵 2 和 3、两个二位三通手动换向阀 6 和 7、两个溢流阀 4 和 29、一个过载保护安全阀 10 以及两台斜轴式定量马达 11 和 12 等组成。两台斜轴式定量泵排出的高压

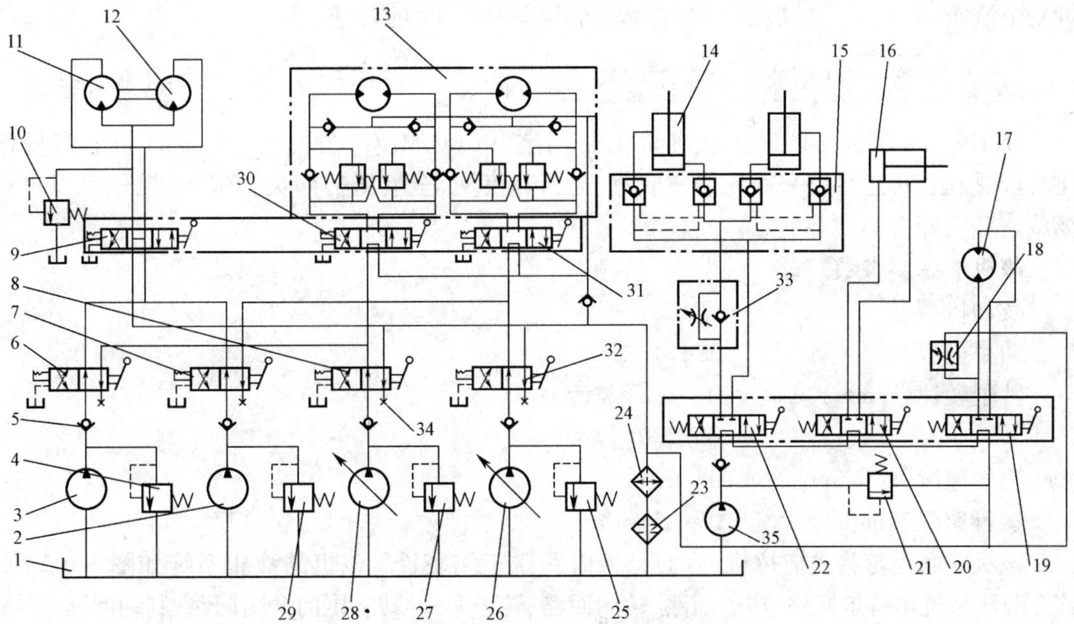

图 5-6-1　WBY210 稳定土拌和机液压系统图

1-液压油箱；2、3、35-定量泵；4、21、25、27、29-溢流阀；5-单向阀；6、7、8、32、34-合流阀；9、19、20、22、30、31-三位四通换向阀；10-过载阀；11、12-转子液压马达；13-行走液压马达；14-工作装置（转子）升降油缸；15-液压锁；16-尾门液压缸；17-风冷却液压马达；18-可变节流阀；23-精滤油器；24-液压油冷却器；26、28-变量泵；33-单向节流阀

油合流后经三位四通手动换向阀 9 驱动定量马达 11 和 12。当手动换向阀 9 处于中位时，压力油经过换向阀 9 再经过冷却器 24 和精滤油器 23 流回油箱。当手动换向阀 9 分别位于左、右位时，就驱动两个马达 11 和 12 正、反向旋转，从而带动转子工作。溢流阀 10 是防止转子过载，起安全保护作用，从一定程度上保证刀具的使用寿命。由于分动变速器有两个档位，相应的液压泵的流量也得到改变，因此转子的转速也可得到两档速度。二位四通手动阀 6 和 7 为合流阀。

2. 行走驱动回路

由两个手动变量柱塞泵 26 和 28、三位四通手动换向阀 30 和 31 以及内曲线液压马达 13 等组成。通过调节手动变量泵 26、28 的排量，其行走速度可实现无级变速。当换向阀 30 和 31 均在左、右位（阀 8 和 32 均在右位）时，就实现了整机的前进、后退。当换向阀 30、31 一个在中位、另一个不在中位时，即一个马达旋转，一个不旋转，就实现了拌和机的左（或右）转向。

各自的溢流阀 25、27 起过载保护作用。二位四通手动阀 34、32 为合流阀。

3. 控制回路

是由齿轮泵 35、多路换向阀 19、20、22、工作装置升降油缸 14、和尾门油缸 16 等组成的开式回路。

齿轮泵 35 排出的高压油通过组合阀分别控制工作装置液压缸 14 的升降、尾门液压缸 16 的开启以及风冷液压马达 17。当 19、20、22 三个换向阀均处于中位时，齿轮泵排出的高压油经过冷却器 24、滤油器 23 流回油箱。当手动换向阀 22 在左、右位时，高压油只控制工作装置液压缸 14 的升降，单向节流阀 33 的作用是控制升降速度。两个液压锁是为了保证工作装置保持其一定的升降速度，保证一定的拌和深度。当换向阀 20 处于左、右位时，就实现尾门液压缸的下降、上升。当换向阀 19 处于左、右位时，就只驱动风冷马达 17 运转，启用冷却液系统。

可变节流阀 18 的作用是根据气温情况调节控制马达 17 的转速。

二、MPH—100 型液压稳定土拌和机

MPH—100 型液压稳定土拌和机是德国宝马(BO-MAG)公司生产的。该机具有操作轻便,自动控制,行走系统采用轮胎式底盘,运行速度快,全液压转向灵活轻便,转子可以进行无级调速和无冲击换向等优点。

该机的主要参数

发动机型号	GMC8U—71
功率(kW)	223.4
转子转速(r/min)	0 ~ 135(破碎)
	0 ~ 270(拌和)
工作速度(m/min)	0 ~ 6.4
运行速度(km/h)	0 ~ 25

该机前面为轮胎式拖拉机,后面悬挂着路铣工作装置。该机的液压系统如图 5-6-2 所示。整个液压系统由行走回路、转子回路、转向回路、转子升降回路、尾门开闭回路、制动回路等构成。

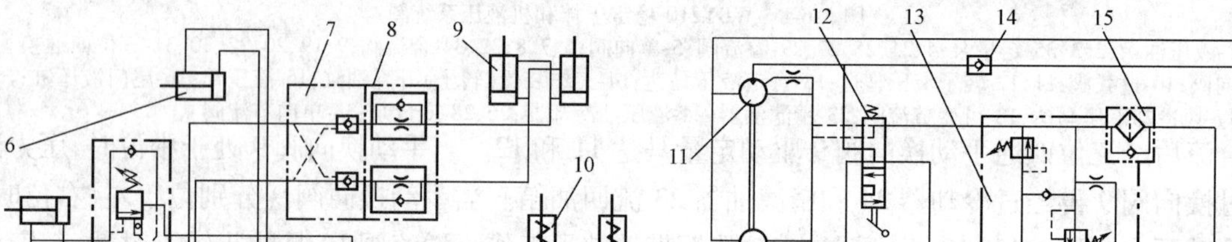

图 5-6-2 MPH—100 型液压稳定土拌和机液压系统图

1-转向液压缸;2、20、24-滤油器;3-多路换向阀;4-换向阀;5-转子升降液压缸控制阀;6-尾门液压缸;7-液压锁;8-单向节流阀;9-伸缩液压缸;10-制动油缸;11-转子液压马达;12-行走两档速度控制阀;13-过载阀;14-单向阀;15、19-过滤器;16-手动二位三通制动阀;17-行走液压泵总成;18-转子液压泵总成;21-二位四通电磁阀;22-行走液压马达总成;23-液压油箱;25-转向泵总成;26-转向器;27-冷却器;28-流量控制阀;29-滤油器;30-节流阀

1. 行走回路

由斜轴式变量泵(见泵组总成17)以及定量马达22等组成。主泵向定量马达22提供高压油以带动马达旋转,驱动行走机构行走。辅助泵一方面向主油路的低压管路提供一定的补偿油,另一方面向控制回路提供控制油。控制油通过液动二位三通阀和三位四通阀控制主泵的两个伺服油缸,使其斜盘倾角变化,从而达到控制主泵的输出流量和液流方向目的,实现无级变速和无冲击换向。节流阀的作用是调节进入控制油路的流量。二位二通液动阀的控制油是由转子泵总成18提供的。

2. 转子回路

该回路由一个变量泵18、两个转子马达11、过载阀13、单向阀14以及滤油器15等组成。

主油泵是通过手动两档速度阀12进入液压马达,驱动转子工作。

单向阀14起补油作用。当发动机突然停止工作或换向阀突然处于中位时,主泵不能向主油路提供压力油,由于转子的惯性作用,转子马达就暂时处于液压泵的工作状态,将进油路的油吸空,此时单向阀14打开,向进油路补油,以防止主进油路产生气蚀现象。

手动两档速度控制阀12可使转子得到两个速度:①破碎时为0~135r/min;②拌和时为0~270r/min。

滤油器15的作用是过滤主油路的工作油液中的杂质,使工作油始终维持在清洁状态,保证工作的顺利进行。

当转子遇到大的石块或其他障碍物时,主油路的进油路压力升高。此时高压油就打开单向阀,推动变量泵中的二位三通液动阀,使其处于右位工作,变量泵操纵油路卸荷,以保证转子的安全。

3. 转向回路

该回路通过一个辅助泵25提供压力油。通过全液压转向器26控制转向油缸1的动作,从而实现转向。全液压转向器为开式有反应型,驾驶员有一定的路感(通过方向盘感受到路面的变化)。

4. 控制回路

辅助泵25的另一部分油通过滤油器29、再经过流量控制阀28分别进入控制制动回路和尾门、转子升降回路。

手动阀16是控制制动油缸的,当阀芯位于左腔时,制动油缸工作、起制动作用;位于右腔时,工作油就通过手动阀回油,制动解除。

3个三位六通手动控制阀组3分别控制转子升降液压缸5的升降和尾门升降油缸6的升降,以及液压油缸9的伸缩动作。*C*阀控制转子的升降,从而控制拌和机的拌和深度。*B*阀控制尾门的开启。*A*阀控制油缸9的伸缩。

辅助泵25通过滤油器24从油箱中吸油。

转子回路、行走回路的回油和泄漏油通过油冷却器27,使油温不致过高,以保证系统的正常工作。

三、稳定土拌和机液压系统常见故障、故障原因及排除方法

稳定土拌和机液压系统常见故障及故障原因及排除方法,见表5-6-1

常见故障、故障原因及排除方法　　表 5-6-1

故障现象		故障原因	排除方法
行走液压回路	压油不足或无压油,使行走速度慢或不行走	主泵有故障; 操作泵及操作系统出现故障; 泵与动力源连接出现问题; 行走液压马达总成内出现严重泄漏; 节流阀堵塞,主泵变量系统失灵; 单向阀泄漏	检查动力源功率; 检查主泵及辅助泵; 检查操纵系统; 检查液压马达总成及单向阀磨损情况
	油温升高或过高	马达总成三位三通梭阀及卸荷阀出现故障; 冷却器出现故障	检查梭阀及冷却器
转子回转回路	转子回转无力或转速过低	调节后的压力值太低; 主泵变量调节系统失灵; 节流阀堵塞; 单向阀泄漏; 手动调速阀阀内故障	检查调压阀及变量调节系统; 检查单向阀磨损情况; 检查液压油污染情况
	振动、噪声严重	调整相应负荷; 过载补油阀失灵; 压力调节不适应; 回转马达故障; 回路内存在空气	检查外负荷; 检查过载补油阀; 检查液压马达; 排除回路中的空气
转向回路	转向不灵或不能转向	转向泵定压不适应; 节流阀堵塞; 液压转向器出现故障; 转向油缸泄漏严重	检查供油泵节流阀; 检查转向器; 检查液压缸; 进行维护与修理
转子升降回路	转子升降油缸动作不灵,或升降速度过慢	液压缸泄漏; 换向阀泄漏; 调压阀压力不适应,调压过低; 单向阀故障; 供油不足	检查回路内液压缸、液压阀的泄漏情况; 检查单向阀是否磨损或泄漏; 重新调压; 检查供油泵供油情况
	转子升降油缸停不住	液压锁、单向阀失灵; 液压缸本身存在内泄漏	检查液压锁、单向阀液压油缸泄漏情况
尾门回路	尾门油缸起闭不灵或速度过慢	供油不足; 调压过低; 尾门油缸及换向阀存在内泄漏	检查供油泵压力、溢流阀调压情况及液压缸、换向阀内泄情况

续上表

故障现象		故障原因	排除方法
制动回路	制动不灵或制动力不足	流量控制阀内压力调节过低； 二位三通阀存在内泄； 制动油缸内弹簧疲劳折断； 调速阀堵塞	检查回路内各元件是否损坏、内泄； 检查弹簧； 检查液压油及清除污染物
冷却回路	系统油温过高	冷却器或冷却回路失去作用： 冷却回路风冷液压马达损坏，造成风量不足； 回路供油泵来油流量不足； 换向阀内泄严重； 冷却器堵塞或损坏； 调速阀堵塞	检查回路内各液压元件，进行维修或更换； 检查冷却器是否堵塞损坏，进行维修或更换
液压油污染变质		使用了质量不合格的液压油； 使用了粘度不适合的液压油； 液压油长期使用、从未过滤或更换； 不断进入灰尘、泥沙及其他杂物； 使用温度过高，导致氧化变质； 进入水份及空气，产生气蚀等； 过滤器堵塞	检查液压油质量； 定期过滤液压油； 定期清洗过滤器； 更换液压油

课题七　沥青混凝土摊铺机液压系统分析和常见故障诊断

沥青混凝土摊铺机是用来铺筑沥青混凝土路面的专用机械。其功用是将拌制好的沥青混合料按照路基或路面的设计要求以一定的厚度、平整度迅速均匀地摊铺在已平整好的路基上，并给予初步捣实和整平。沥青混凝土摊铺机也用来进行路基层的摊铺作业。

沥青混凝土摊铺机的类型较多，有履带式、轮胎式和机械式、液压式等。沥青混凝土摊铺机大致结构基本相同，主要由料斗、链式输送器、螺旋摊铺器、振动—振捣装置、熨平装置、行驶系统和发动机等组成。

早期的沥青混凝土摊铺机以机械传动为主，如西安筑路机械厂生产的 LT6 型摊铺机，镇江路面机械厂生产的 LT—4500 型摊铺机等。随着技术的不断发展，特别是液压元件制造技术的提高，全液压沥青混凝土摊铺机逐渐替代了机械式摊铺机，尤其是摊铺宽度 4.5m 以上的摊铺机。

全液压沥青混凝土摊铺机一般配用大功率、高性能水冷柴油机。如 ABG325 型摊铺机采用德国 Deutz 公司的 BF6M1013 型水冷柴油发动机，其功率为 171kW；西安筑路机械厂研制开发的 LT1200 型摊铺机，采用 Deutz 公司原装 DB6M1013C 型发动机，功率为 156kW。

全液压沥青混凝土摊铺机行驶系统一般采用恒速控制技术，履带两侧的轴向柱塞马达可在一定速度范围内调节，能在行驶中直接换档，驱动变量泵一般带有限压装置，以防液压系统过热。预置速度可通过转动控制电位计在有限的变化范围内选定。

行驶和平滑曲线转向是由安装在链轮箱入口处的传感器来保证的，由传感器来测定每侧履带的行驶速度，这些被测值将与控制电位计中的预置值进行比较，通过新型电控系统纠正预置值与实际值之间的偏差，即使在遇到极大冲击的情况下亦能保持按预定的速度和转角行驶，克服了摊铺过程中因发动机转速变化、液压元件容积效率变化以及履带滑转率变化等因素导致的摊铺速度不稳定。

各液压回路的连续压力使用值及尖峰压力值的合理设计使得其液压系统工作稳定、可靠；先进的机电一体化设备、电控液压回路，使各执行元件的动作有机地联系起来，进行协调和精确控制；全液压沥青混凝土摊铺机设有故障报警诊断装置，能对电气故障报警，对行走电控系统电气故障部位进行识别。

一、LTU4 型沥青混凝土摊铺机

1. 系统概述

我国自行仿美研制的斗容量为 4t 的 LTU4 型全液压沥青混凝土摊铺机。

该机是由机架、工作装置、履带行走装置、液压系统、电气系统、发电机及机械传动系统、顶推轮、操纵系统等部分组成。

(1)工作装置包括：料斗、斗门、螺旋分料器、熨平装置（含厚度调整机构、路拱调整机构、振动器、延伸熨平板）。

(2)履带行走装置包括：三级链轮减速器、履带、轮组。

(3)液压系统由液压泵、各种阀、液压缸、液压马达、散热器、滤清器、油箱、管路等组成。

(4)电气系统包括：蓄电池、电流表、发电机、起动机等。

(5)机械传动系统包括：三组皮带传动及张紧装置等。

其中工作装置及履带行走装置全部为液压传动。

图 5-7-1 为该机液压系统图。该液压系统为开式多泵系统。除行走回路采用变量泵系统外，其余回路（工作装置回路、螺旋分料器的振动熨平回路）为定量泵系统。

行走手动换向阀 5 可操纵整机的前进、后退、转弯及停止；两个液压马达 7 和液压马达 8 分别是用来带动两台螺旋分料器和熨平板振动工作的；伸缩液压缸 11 供延伸熨平板加大摊铺宽度用；提升液压缸 13 可将熨平板升起或下落；料斗液压缸 14 可合拢料斗使物料形成料堆；液压缸 12 为左、右料斗闸门油缸，用来调节闸门的开闭程度以改变物料的流动。本机还装有两个合流换向阀 15，可有效地增加行走转移速度。

本液压系统压力为 12.5MPa，合流行走速度可达 1.2km/h。爬坡时，若柱塞泵吸油不足，可打开位置较高的小油箱 20 开关，补充供油。

2. LTU4 沥青土混凝土摊铺机故障排除及维修

LTU4 沥青土混凝土摊铺机故障排除及维修，见表 5-7-1、表 5-7-2。

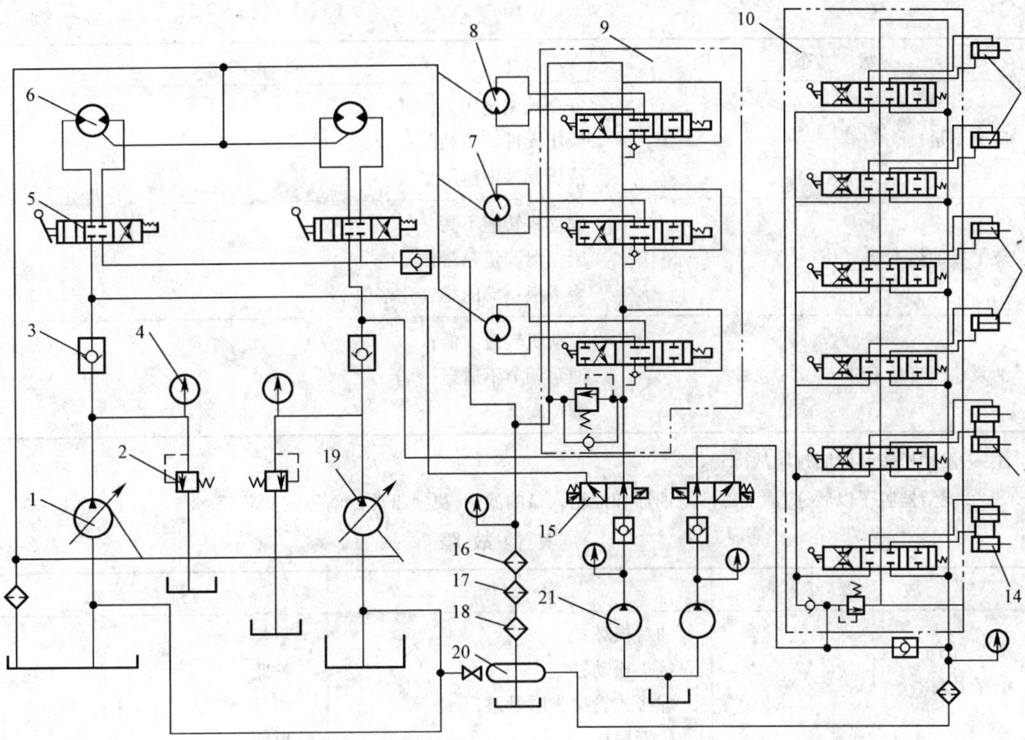

图 5-7-1　LTU4 型全液压履带式沥青混凝土摊铺机

1、19-变量液压泵；2-安全阀；3-单向阀；4-压力表；5-手动换向阀；6、7、8-液压马达；9、10-多路换向阀；11-熨平板伸缩液压缸；12-料斗门液压缸；13-熨平板升降液压缸；14-料斗液压缸；15-电磁阀；16-粗滤网；17-纸质滤油器；18-液压油冷却器；20-小液压油箱；21-定量液压泵

LTU4 沥青土混凝土摊铺机故障排除及维修整机部分　　表 5-7-1

状　态	可 能 原 因
发动机运转不正常	按发动机使用说明书寻找原因，并排除
直线行驶操作困难，出现跑偏现象（出现时允许在低速无负荷状态下 50m 跑偏 0.5m）	操纵杆没有向前或向后推到位； 操纵杆双联控制受阻； 履带没有校直； 两履带张紧程度不一； 由于橡胶轮上有柴油，而使驱动橡胶轮在履带内圈打滑； 动力传输链条被拉断； 传送系统皮带打滑； 松软和不规则路面也会引起跑偏
行驶速度慢或动力损失太大（行驶速度 0～18.4m）	发动机没有在额定转速下工作； 胶轮上有柴油，而使其在履带内圈打滑； 驱动油马达磨损过量，内泄漏严重； 油泵输出的流量不够
液压油缸或马达外泄漏严重或管接头漏油	密封元件损坏或装配时没有放正密封件

续上表

状　态	可能原因
压力不足	安全阀调定压力偏低； 液压元件磨损超限； 液压元件内泄漏太大
熨平板加热不够	发动机转速不高 废气泄漏量超量； 熨平板一端的排气孔堵住
油泵输出流量不够	发动机转速太低； 油泵调节不适当； 油位太低

注：①发动机按其说明排除故障；

②滤清器脏了以后，应清洗磁性滤油器和油箱入口的滤网，更换纸质滤清器的滤芯等。

其他故障　　表5-7-2

故　障	原　因	排除方法
油路泄漏	油封损坏； 接头松动； 焊接式管接头质量差； 软管损坏	更换； 拧紧； 焊好； 更换
噪声严重	油箱内油量不足； 管路中空气未排除干净； 油粘度过高或油温过低； 滤油器堵塞； 吸油路堵塞	加满油箱； 打开小油箱排气塞，排尽空气； 更换适当粘度的油液； 清洗滤清器或更换滤芯； 清洗油管
油温高（环境温度不高于35℃，接近满负荷工况下连续工作4h，系统油温不超过80℃）	油箱内油量不足； 油被污染； 安全阀调定压力不适当； 环境温度过高	加满油箱； 用干净的油更换； 调定正确压力； 冷却
油压过低	安全阀开启压力过低； 系统泄漏严重； 油泵损坏	调节； 消除； 更换
油中起泡沫	油位低； 空气进入输油管路； 油的型号不对	加满油箱； 排除； 更换正确型号

技术维护规程：

1）维护须知：

（1）液压油采用YC—N46（原牌号兰稠30—1或上稠30—1），大油箱容量约100L，小油箱容量约10L。

（2）滤油器：一个磁性滤油器；两个纸质滤油器（ZU—A63X10，$p=1.6\text{MPa}$，$Q=63\text{L/min}$，

过滤精度 10μm)。

(3)润滑油及润滑脂:

①发动机按其说明选用;

②链轮减速器先用30号齿轮油,标号 HL—30,加入量以淹没第二级链传动被动链轮为准,大约3.2kg。

③所有轴承润滑脂选用4号钙基润滑脂,标号 ZG—4。

(4)动力调节链条的调节:

①用千斤顶顶起机器,使履带离开地面,并用木材固定支撑,以防发生事故。

②松开前橡胶轮轴轴承座螺栓,使链条上部和下部重量相等。

③调整链条调节螺栓,使链条平稳张紧,并使上、下重量相等。

④测量左右履带前橡胶轮轴到前框架距离,相差不应超过6mm。

⑤紧固轴承座和拧紧调节螺栓的锁紧螺母。

⑥调节履带和链条时,要同时兼顾履带和链条张紧程度适当。

(5)检查液压油油位和更换滤油器时,应在液压油冷却后进行,以免热油溢出。

(6)三角皮带的张紧程度,按《沥青混凝土摊铺机技术条件》(JT 3125—87)检查和调节。

2)维护规程(表5-7-3)

(1)例行维护(每班进行见表5-7-3)

例行维护　　表5-7-3

作业部分	作业项目	要求及说明
柴油机	检查柴油、润滑油、冷却水等的存量	不足时应添加
	检查燃油箱滤杯、沉淀杯是否有积污或水分	必要时清洗干净
	清除空气滤清器内的积尘	必要时清洗并更换池内的机油
	检查各处是否有漏油、漏气、漏水现象	无渗漏
	检查蓄电池电解液液面高度	应保持高出极板5~10mm,不足时加添电解液
	检查各连接件及紧固件是否有松动现象	松动件要紧固,对于新机械应在使用30h后对气缸盖紧固螺母及排气管等受热螺母重新拧紧一次
	清除柴油机及其附属件外部的泥垢、灰尘及油污	整洁
	注意观察、检听柴油机的运转状态	应起动容易、运转正常无异响
操纵行走及工作部分	检查机器的操纵及履带橡胶轮有无油污	操纵有效及无油污
	检查料斗的倾斜情况	能平稳上下、倾斜
	检查螺旋分料器的转动	转动平稳、无异响
	检查熨平板的提升和下落	平稳提升和下降
	检查熨平板的伸缩	能均匀平稳连续伸缩至最大宽度
	检查熨平板的振动	能顺利起振

续上表

作业部分	作业项目	要求及说明
传动系统	检查三角皮带张紧度	用手指下压一根带的中点，其挠曲量为10～15mm为宜
液压系统	检查大小油箱油量及4个压力表读数	油量正常工作时压力表读数小于或等于10MPa
	检查各接头部位是否有漏油现象	无渗漏
	查橡胶管是否有磨破现象	无破损，必要时更换
整机	除去履带上和料斗、螺旋分料器、顶推滚表面及熨平板底面的沥青等杂物	必要时用柴油清除
	清洁所有与沥青混合料接触的零件表面	清洁
	除去堆积在熨平板排气孔的沥青混合料	机械排除
	检查各部分连接螺栓是否松动	紧固

（2）一级维护（每200h进行，见表5-7-4）

一级维护　　表5-7-4

作业部分	作业项目	要求及说明
柴油机	完成例保全部项目	不足时应添加
柴油机	更换机油（新机在工作60h后进行）。清洗润滑系（拆洗机油集滤器、机油滤清器、更换机油滤芯）	如环境差、负荷重，可累计100h后进行本项作业
	清洗燃油滤清器（必要时更换滤芯）、空气滤清器及燃油输油泵滤网	同上
	检查风扇皮带张紧度	必要时调整，用大拇指压住皮带中间，挠曲量达10～15mm为合格
	检查蓄电池电解液密度或电压	电解液密度（20°时）应为：1.28～1.29 g/cm^3，如低于1.18 g/cm^3 应充电
	检查调整气门间隙及减压间隙	在冷车状态下，进、排气间隙分别为：0.3～0.35mm，0.35～0.40mm
	向水泵轴承、喷油泵及调速器内等处添加润滑剂	油脂或润滑油
	检查各处保险装置是否完好（包括连杆保险铁丝）	完好
履带	检查履带张紧度	左右履带前部橡胶轮轴到前框架距离相等，要同时兼顾履带链条张紧度适当
液压油箱	检查大、小油箱油量	在规定范围内
链轮减速器	检查油面高度	在规定范围内
滤油器（液压油）	清洗网式滤油器、磁性滤油器，更换纸质滤油器滤芯	注意保证液压油的清洁
前推辊轴承	轴承润滑	油枪压油15次
螺旋分料器	轴承润滑	油枪压油15次
柱塞泵前支撑轴承	轴承润滑	油枪压油15次
熨平板	伸缩件润滑	表面涂以足够润滑剂
	厚度调整丝杆和下部轴承润滑	丝杆涂抹，轴承压注润滑剂

(3)二级维护(每600h进行,见表5-7-5)

二 级 维 护

表5-7-5

作业部分	作业项目	要求及说明
	完成一级维护全部项目	
柴油机	检查气门密封性	用煤油试,要求无渗漏。必要时研磨
	清除燃烧室、活塞、活塞环等处的积炭	去除积炭
	拆下喷油器检查喷油压力和雾化质量	喷油压力为12.3MPa,必要时调整
	检查调整喷油提前角	喷油提前角为上止点前16°±2°
	更换喷油泵及调速器内机油	夏季为HC—14,冬季为HC—11或HC—8柴油机油
	清除进排气系统及曲轴箱通风系统的沉积物	去除积炭和灰尘
	检查水泵水封部件的密封性	必要时更换水封
	检查冷却水水套中的水垢层厚度	超过1mm时提前清理
	检查电器设备及其线路工作的可靠性	发现烧损给予清理或更新
链轮减速器	检查箱内润滑油的高度	应符合规定的要求
履带传动橡胶轮	检查橡胶轮是否脱胶及有无脏物	清除脏物,必要时更换橡胶轮
传动三角带	检查三角带是否失效或破损	必要时每组三角带同时更换
液压油冷却器	清洗外表污垢及检查有无渗漏	清洁消除渗漏
整机	清除灰尘和机件上的油污及沥青粘结物	清洁

(4)三级维护(每1800h进行,见表5-7-6)

三 级 维 护

表5-7-6

作业部分	作业项目	要求及说明
	完成二级维护全部项目	
柴油机	清洗冷却水水箱中的水垢	用配制的专用清洗剂按规范进行
	更换空气滤清器滤芯	更换新滤芯
	整机解体	用柴油清洗全部零件,去除油污、积炭及锈层等
	检测主要易损件(包括活塞环、缸套连杆轴瓦、主轴瓦等)的磨损情况	必要时调整、修理或更新
	装配前用煤油检查气门密封性	密封环带宽度符合要求,光滑连续,保证无渗漏
	检查润滑系、冷却系各处的密封可靠性	必要时修理或更换零件
	解体清洗起动机和发电机	检查、润滑、调整

续上表

作业部分	作业项目	要求及说明
液压系统	去除橡胶管外部的油污和沥青粘结物	必要时更新
	清洁全部油管接头	去除油污
	换油	
	清洁全部操作阀、溢流阀和单向阀的外部表面	用柴油清洗
	清洁全部油泵、液压马达外部表面	去除油污
	检查全部管接头处是否泄漏	无泄漏
	检查各工作油缸有无渗漏	必要时更换密封件
	检查系统调定压力值	机上4个压力表安全阀溢流时均应指示10MPa
蓄电池	拆卸检查蓄电池	清洗、充电,必要时更换或修复损坏件
熨平板	除去熨平板上所有部件的油污及沥青粘结物	清洁
行走系统	检查机械行走直线度	无负荷状态下行走50m,准许跑偏0.5m
整机	检查各部件连接螺栓及零件的完整性	紧固、配齐零件

(5)润滑周期表(见表5-7-7)

周　期　表　　表5-7-7

部件名称	润滑周期
前推滚轴承	30～60h,每个润滑点油枪压油10次
螺旋分料器轴承	30～60h,每个润滑点油枪压油10次
柱塞泵前支承轴承	30～60h,每个润滑点油枪压油10次
厚度调整丝杆	60～100h涂润滑脂
厚度调整丝杆下部轴承	60～100h,每个润滑点油枪压油10次
链轮减速器	250h,检查补充30号齿轮油
液压油箱	每班检查补充YC－N46,YC－N68抗磨液压油,1800h换油

注:有关发动机的润滑见295型柴油机说明书。

(6)大修主要技术要求(见表5-7-8)

主要技术要求　　表5-7-8

修理部件	技术要求
柴油机	按苏州动力机械厂295B柴油机规定进行
机械传动部分	更换三角皮带
	更换柱塞泵前支撑内的轴承
	更换其他损坏件
链轮减速器	打开清洗,检查出磨损件和损坏件并予以更换
	换油,重新加入30号齿轮油,加入量以淹没第二级链传动被动轮链条为准,大约3.2kg

续上表

修理部件	技术要求
履带总成	清洗全部零件上的沥青粘结料
	对脱胶的及磨损过量的橡胶轮进行更换
	更换其他损坏件
螺旋分料器	更换螺旋分料器
	清洗螺旋分料器的支撑、检查内部轴承
液压系统	清洗软管及硬管，损坏者更换
	清洗全部操纵阀、溢流阀、单向阀
	清洗冷却器和全部油管接头
	清洗滤油器、更换滤油器滤芯
	检查全部泵和马达，损坏轻者修整，严重者更新
	检测全部操纵阀、溢流阀、单向阀并进行复位安装和调试，对损坏者修复或更新
	更换全部液压油，加注清洁液压油总量为110L
	检查全部液压泵、液压马达和液压油缸，应无渗漏现象
	系统压力均调整为10MPa
料斗底板	检查底板磨损状况，必要时更换
机架	清除沥青粘结物和油污
	除锈
	整理外形
	检查全部焊缝，不应有裂缝
	重新喷漆
熨平板	清除板上沥青粘结物
	除锈
	整理外形
	刨平底平面，加焊和底平面大小相同、厚5mm的钢板
	重新调整和喷漆
蓄电池	拆卸检查蓄电池，根据具体情况修复或更新
电器线路	接通蓄电池到柴油机线路
	接通回油滤油器报警器线路
	其他

二、TITAN411 型沥青混凝土摊铺机

1. 主要性能参数

TITAN411 型沥青混凝土摊铺机是德国 ABG 公司生产的，该机主要性能参数如下：

摊铺宽度（m）	2.5～9
最大摊铺厚度（cm）	30
最大摊铺速度（m/min）	54
最大行驶速度（km/h）	3.24
料斗容量（t）	13

2. 液压系统分析

该机的液压系统是一个多泵多回路系统，按其功能不同可分为以下几个回路：

行走液压回路、振捣液压回路、自动调平回路、料斗臂折放回路、给料闸门开度控制液压回路、牵引侧臂提升液压回路和供料液压回路等。整机液压系统图如图 5-7-2 所示。现将其各液压回路工作原理介绍如下：

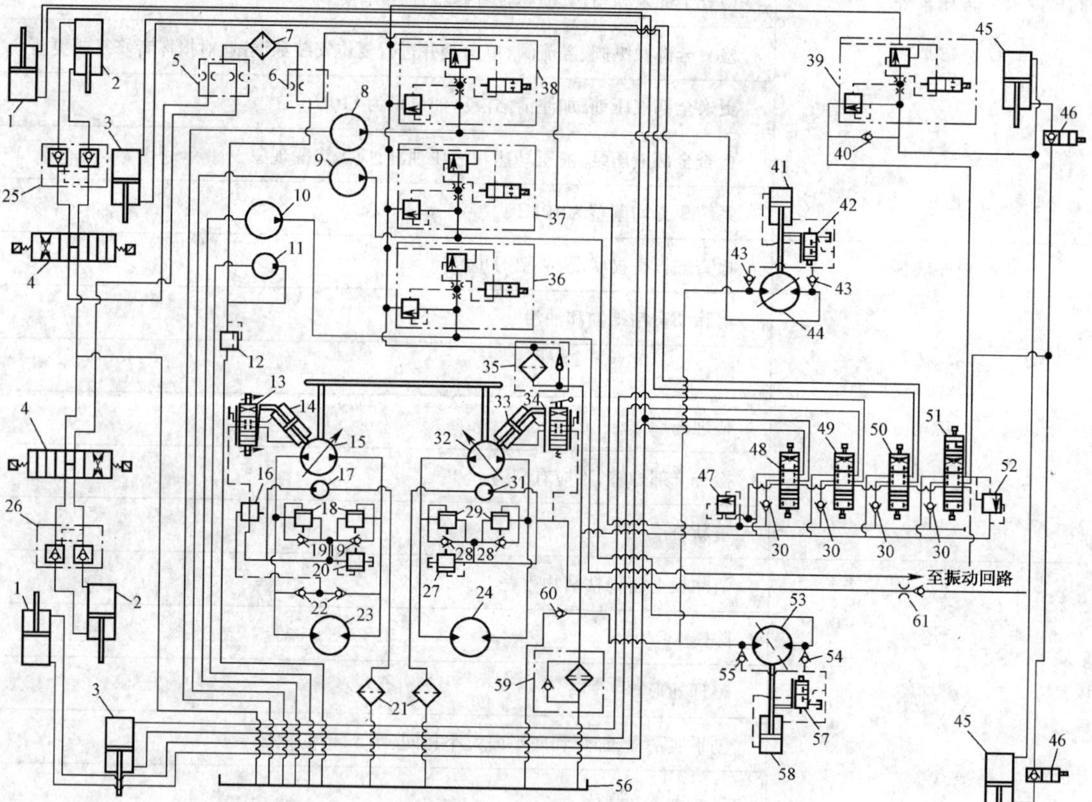

图 5-7-2　TITAN411 型沥青混凝土摊铺机液压系统图

1-斗臂折放油缸；2-自动找平油缸；3-闸门开度控制油缸；4、48、49、50、51-电磁换向阀；5、6-分流阀；7、21-滤清器；8、9、10、11、15、17、31、32-液压泵；12、20、27、35、47、52-溢流阀；13、42、57-比例伺服控制阀；14、33、41、58-伺服控制油缸；16-减压阀；18、29-过载补油阀；19、28、30、40、43、54、55、60-单向阀；22-梭阀；23、24、44、53-液压马达；25、26-液压锁；34-手动伺服换向阀；36、37、38、39-两级调压阀；45-侧臂升降液压油缸；46-电磁阀；56-液压油箱；59-滤油器阀组；61-补油阀

1）行走液压回路

该回路是变量泵闭式回路。主要由变量泵32、液压马达24、过载补油阀组（由过载阀29、单向阀28组成）、手动伺服阀34、伺服油缸33和溢流阀27组成。

操作手动伺服控制阀34，使伺服油缸33的上腔或下腔进油，改变变量泵斜盘的倾角，从而使变量泵32的流量和流向都可改变，实现定量液压马达24的转速和转向的改变，使摊铺机行驶速度和行驶方向可变。

2）振捣回路

振捣回路和行走回路类似，也是变量泵闭式回路。主要由变量泵15、振捣液压马达23、过载补油阀组（由溢流阀18、单向阀19组成）、减压阀16、比例伺服电磁阀13和伺服油缸14等组成。

此回路分析与行走回路基本相同。所不同的是，变量泵15流量和流向的控制采用比例伺服控制，使振捣液压马达23的转速（即振捣棒的振动速度）与行走液压马达24（即摊铺作业速度）相适应。此外，通过对液压马达的调速，可使之适用于任何厚度的混合料的摊铺，并与熨平板上的不同振动频率相适应，使摊铺层达到最佳振实效果。

从系统图上还可看出，变量泵一起动，就有一部分压力油推开单向阀作用到减压阀16上，使得从定量泵17泵出的油经减压阀16后再经比例伺服控制阀13，并由伺服阀根据不同情况决定伺服油缸14的哪一腔进油，达到改变变量泵15的流量和流向的目的，从而改变振捣速度。

3）自动找平液压回路

液压回路是开式、单泵、定量并联系统回路。主要由定量泵11，溢流阀12，稳流阀6，分流阀5，电磁换向阀4，液压锁25、26，自动找平油缸2组成。

当路基不平时，路基平整度的变化由传感器感应后转化成电信号，使电磁换向阀4的某一端电磁阀通电，从而使其在左位或右位工作。此时，从定量泵11来的压力油依次经过稳流阀6、滤清器7、分流阀5、电磁换向阀4、液压锁25，进入自动调平油缸2的下腔或上腔，实现自动找平。由于此回路中设有稳流阀6和分流阀5，使得此回路中的调平稳定，能实现两个调平油缸2的同步动作，且整平精度高。回路的压力由溢流阀12调定。

4）料斗臂折放液压回路

该回路也是开式、单泵、定量并联系统回路。主要由定量泵11，稳流阀6、单向阀30，电磁换向阀48，溢流阀47和料斗折放油缸1组成。

操纵电磁换向阀48，从稳流阀6来的压力油推开单向换阀30，经过电磁换向阀48到达料斗臂折放油缸1，使两个料斗臂能够在电磁换向阀48的操纵下同步折放。回油经电磁阀48和精滤器阀组59到油箱。此回路压力（以及闸门开度压力）由溢流阀47调定。溢流阀47的调定压力低于溢流阀12的调定压力。单向阀30的作用是防止电磁阀48换向时回油。

5）给料闸门开度控制液压回路

该回路的两个给料门油缸分别可由电磁换向阀49、50控制。该回路主要由定量泵11，稳流阀6，换向阀49、50，单向阀30和给料门控制油缸3等组成。

操纵电磁换向阀49（50），使阀在某一阀位工作，此时从稳流阀来的压力油推开单向阀

30,进入电磁换向阀49(50)后到达给料闸门开度控制油缸3使其工作,控制给料闸门开度,改变到摊铺机螺旋铺料器的供料量。由于两电磁换向阀49、50采用的是并联方式,故两闸门开度油缸3只能单独动作,而不能同时运作,从而使得摊铺机螺旋摊铺器的供料尽量安全、合理。

6)牵引侧臂提升液压回路

该回路是开式并联回路。主要由液压泵11、31,电磁换向阀51,单向阀30、40,两级安全调压阀39,电磁阀46,侧臂提升油缸45,溢流阀52和补油阀61等组成。

当电磁控制阀51下位工作时,从稳流阀6来的液压油顺次经单向阀30,电磁换向阀51,电磁阀46的左位,到达侧臂提升油缸45的下腔,使侧臂下降,回油经两级调压阀39(缸45工作时,二位二通电磁阀为右位工作,起二级调压作用;缸45不工作时,二位二通电磁阀左位泄油)回油。当电磁换向阀51上面第一位(靠近中位的工作位)工作时,从稳流阀6来的压力油依次经单向阀30,电磁换向阀51,单向阀40到达侧臂提升油缸45的上腔,使侧臂上升;回油经电磁阀46右位和电磁换向阀51回油箱;当摊铺机摊铺作业时,电磁换向阀51位于上面第二位时,此时,侧臂提升油缸处于浮动状态,熨平板有可能上下移动;当提升油缸45中的压力不太高时,经两级调压阀39的上面一个溢流阀回油(两个阻尼孔起稳流作用);当提升油缸45中的压力较高时,高压油又打开两级调压阀39的下面一个溢流阀回油。电磁阀46的作用是:锁定侧臂,使之与自动找平油缸2相适应,从而达到更高的摊铺精度。

液压泵31除供手动伺服操作阀操作控制油外,通过补油阀(节流单向阀)61还为本油路提供提升辅助补油用。

7)螺旋供料液压回路

该回路是定量开式并联回路。由定量泵8、9、螺旋器液压马达44、53、单向阀43、54、55、60、伺服控制油缸41、58、两级调压阀37、38和比例伺服控制阀42、57等组成。

摊铺机前物料的多少,经传感器感应后以电信号的形式传给电磁比例伺服控制阀42(或57),使其在某一位工作,从而改变液压马达44(或53)斜盘倾角,使液压马达向某边分配物料。在进油路上旁接的两级调压阀37、38的作用是:根据各工况的不同,使回路中有不同的工作压力,可节省动力,降低油温。

3.液压系统故障的检查

液压系统常见的故障有滚筒不回转、马达的输出轴正反向或单向不工作、搬动泵的控制手柄时系统反应慢,泵的控制手柄对中(回到中立位置)困难,工作时系统温度高于90℃等。

1)滚筒不回转

(1)检查液压泵,是否是液压泵故障。如果是泵内零件有损坏,需要更换泵组件;如果是双向变量泵控制部分有故障,必要时需更换。

(2)检查液压马达,是否是液压马达有毛病,特别是液压马达的轴易损坏。如果是液压马达轴损坏需更换。

2)马达的正反转都不工作

(1)检查液压油箱的油面是否过低。如果过低,补充同标号的油液到油标处。

(2)检查排量控制装置的连杆和外部操纵机构是否损坏。如果有,应修理或更换。

(3)检查补油压力是否正常。

如果控制手柄在中立状态时过低,或中立状态和工作状态都低,那么应检查补油溢流阀是否损坏,或阀芯上是否有杂物,检查滤清器是否堵塞,检查补油泵是否损坏。如果有,应修理或更换。

如果工作状态过低,那么检查补油压力阀是否损坏或阀芯内是否有杂物。如果有,应修理、更换或清除。

(4)检查系统压力是否正常。如果过低,应检查高压安全阀、排量控制阀是否损坏。如果有,应修理或更换。如果上述检查都没有问题,则需要更换泵或马达。

3)马达只有正转(或反转)单向工作

检查排量控制连杆和外部操纵连杆、高压安全阀、补油阀、排量控制阀、梭形阀是否损坏,如果有,需修理或更换。如果上述检查都没有问题,则需更换泵和马达。

4)系统响应缓慢

(1)检查补油压力是否正常:

如果工作状态时油压力过低,应检查补油溢流阀是否损坏,若损坏时,应予修理或更换。

如果中立状态时油压力过低或中立状态和工作状态油压力都低,应检查补油溢流阀是否损坏,检查滤清器是否堵塞,检查补油泵是否损坏,如果损坏,应修理或更换。

(2)应检查排量控制阀是否损坏,如果损坏,应修理或更换。

(3)如果上述检查都没有问题,则需要更换泵或马达。

5)系统发热(温度高于90℃)

(1)检查液压油箱的油面是否过低,如果过低,需补充同标号的油液到油标处。

(2)检查冷却器是否工作,如果没有工作,需关闭旁通阀使其工作。

(3)检查滤清器是否堵塞,如果堵塞,需更换。

(4)检查系统压力是否正常,如果过高,需减少机械载荷。

(5)如果上述检查都没有问题,则需要更换泵或马达

6)泵的控制手柄不能对中或对中困难

(1)检查排量控制连杆或外部操纵连杆是否损坏,如果损坏,应修理或更换。

(2)检查排量控制阀是否损坏,如果损坏,需修理或更换。

(3)如果上述检查都没有问题,则应更换泵。

4.液压系统故障排除的操作方法及注意事项:

在进行拆卸工作时,首先清理拆卸部位的外表面,防止拆卸时杂物进入系统。然后做好标记,便于装配。在取下零部件时,一定要保护好其裸露的外表面,防止划伤和损坏。无论是新的元件,还是修理后旧的元件,清理对保证系统及其各元件的使用寿命是十分重要的。装配前,必须将内腔及所有零部件的化学物质和机械颗粒清洗干净,清洗时要用干净的溶剂(一般使用90号汽油),对零部件进行清洗,然后用干净的空气吹干。在清洁干净的环境下进行装配。

在装配过程中,一定要注意系统的清洁,防止零件及杂物进入系统中。

1)检查控制连杆

首先将泵的控制手柄与外部操纵机构脱离,这时应注意控制手柄是否处在中立位置,若不在中位,松开控制手柄的锁紧螺母,将手柄调到中立位置,再拧紧螺母。用手慢慢的转动手柄到两侧最大工作位置,再放开,观看系统工作是否正常。如果正常,说明系统没有问题,如果系统工作不正常,则控制阀可能有问题。

卸去9个六角螺栓,转动移开控制阀,检查连杆、销轴、螺母、挡簧和"O"型密封圈,是否有漏装、损坏、堵塞或其他异物。如果没有问题,按顺序装好。

2)检查滤油器

首先放出油箱内的液压油,卸去滤清器端盖的螺栓,将滤清器抽出,检查滤芯外部是否有杂质。如果有,换上与原来型号相同、过滤精度一样的滤芯(若是可以清洗,请按有关说明清洗)。如果没有问题,按顺序装好。

3)检查补油溢流阀

该阀安装在补油泵的壳体上,如果控制手柄处于中立位置时,补油压力小于1.2MPa,向前或向后补油压力都正常,就应检查补油溢流阀,卸下六角螺塞取出弹簧、阀芯、调整垫片,检查各元件是否损坏或有无异物卡住。损坏时,应修理或更换,有异物要清除干净。如果没有问题,按顺序装好。如果装好后补油压力还低,可增厚调整垫片,提高补油压力,使之达到规定数值。

4)检查补油阀

补油阀有两个,均为球形单向阀,安装在泵壳体的后端盖上。

首先拆下补油泵,然后拆下补油阀总成,用力推动阀中的钢球,检查阀弹簧情况,钢球推离阀座时,应感受到不大的阻力。当撤消推力时,弹簧应使钢球复位。同时检查阀内是否有异物。如果故障是发生在系统的一侧时,最好的检查方法是将两个补油阀总成交换位置安装,看看系统的故障是否随之改变到系统的另一侧,如果改变了,那么对应的补油阀一定有问题应更换此阀。如果没有问题,按顺序装好。

5)检查补油压力阀

该阀安装在马达阀块上,如果泵的控制手柄在中位时,补油压力正常,而向前或向后补油压力小于1.0MPa时,就应检查补油压力阀。方法是:

卸去六角螺塞,取出弹簧、阀芯、调整垫片,检查各元件是否损坏或有异物卡住。有损坏时,应修理或更换,有异物要清除干净。如果没有问题,按顺序装好。如果装好后补油压力还低,可增厚调整垫片,提高补油压力,使之达到规定数值。

注意:补油压力阀的设定值,必须低于补油溢流阀的设定值,否则冷却回路不能正常工作。

6)检查梭形阀

梭形阀是一个由弹簧对中的三位三通滑阀,安装在马达阀上。

卸下两个六角螺塞,取出弹簧、垫圈、阀芯、"O"型密封圈和支撑垫片;检查各元件是否损坏或有异物卡住。有损坏时,应修理或更换,有异物要清除干净。如果没有问题,按顺序装好。零件的安装位置在阀块的两侧是可以互换的。

注意:阀芯与阀体(马达阀块)孔是选配的,如果要更换,应一同更换,切不可单独更换其中的任何一个。

7)检查高压安全阀

它有两个,是先导式锥阀总成,安装在马达阀块上。

当故障出现在系统的一侧时,最好的方法是将两个阀总成交换位置安装,看看系统的故障是否随之改变到另一侧,如果改变了,那么对应的高压安全阀一定有问题,应更换此阀。如果没有问题,按顺序装好。

8)检查补油压力值

在泵体的补油压力测量口上,安装一块量程为4.0MPa的防振压力表。

(1)检查控制手柄处于中立位置时的补油压力,一般在1.2~1.4MPa之间,过高或过低都不合适。如果过高或过低,应检查或调节安装在补油泵上的补油溢流阀(详见补油溢流阀)。

(2)检查系统工作状态时的补油压力,一般在1.0~1.2MPa之间,过高或过低都不合适。

如果过高或过低,应检查或调节安装在马达阀块上的补油压力阀(详见补油压力阀)。

9)检查系统的工作压力值

在马达阀块的系统压力测量口上,安装两块量程为60MPa的防振压力表。

随着载荷的增加,系统的压力也逐渐升高。美国萨沃—桑斯川特公司的22系列泵和马达的额定压力为34.5MPa,最高压力可达41.4MPa。如果系统的压力过高,应适当减少载荷和调整或更换外部机械传动部分。

10)检查冷却器

安装在水箱体内,当液压油箱内出现油水混合现象时,应检查冷却器的无缝钢管是否渗漏。将水箱体两封头外部的橡胶弯管拆下,向水箱内注满水,加压1.2MPa,保压3h,检查无缝钢管内是否有水渗出。如果没有问题,再检查空气滤清器处是否损坏,有损坏时,应修理或更换。如果没有问题,安顺序装好。

11)检查真空表

当系统处于正常工作状态,真空表的读数若大于0.03MPa,应检查滤清器内的滤芯是否堵塞或吸油管路是否畅通(详见滤清器)。

12)检查旁通阀

当液压油需要冷却时,检查旁通阀是否关闭,当液压油不需要冷却时,检查旁通阀是否打开。

13)检查液压管路及接头

检查液压管路及接头,是否有渗漏或损坏。若有,需修理或更换。

14)泵和马达的更换

如果在进行完上述的检查和调节后,仍不能排除系统的故障,则要更换泵和马达。在一般情况下,泵和马达最好同时更换,因为系统内任何故障的发生,很有可能造成油液的污染。系统污染后,泵和马达都会有不同程度的损坏。若只换其中一件,即使系统能正常工作,那也是暂时的,维持不了多久还会再发生同样的故障。因此,还是同时更换的好。

为便于维修人员熟练地掌握泵和马达的维修方法,泵的拆卸及装配程序及注意事项,见表5-7-9。

泵的拆卸、装配程序及注意事项　　表 5-7-9

序　号	操作程序及注意事项
1	使用的专用工具:7 号轴用弹性挡圈拆装钳、套筒扳手、轴承拆卸器(普通的需要改制)、深度游标卡尺
2	将泵轴向上放置,卸下装在泵轴端部的卡簧,然后卸下铝密封座(静密封环),它靠“O”型密封圈的摩擦力固定在前端盖上,用两把螺丝刀向轴端方向,轻轻地撬出密封座,直到“O”型密封圈脱落,取下密封座。铜密封环(动密封环)也是靠“O”型圈固定在泵轴上的,小心取下密封环 注意:铜密封环极易损坏,从轴上取下时,只能用手沿轴向轻轻取出,不能与轴相碰
3	将泵体水平放置,在补油泵壳体和泵端盖上做出标记,以便于装配。卸下补油泵后端成矩形分布的四根螺栓,取下补油泵总成及垫片,做好标记。用转向套筒扳手取出补油阀,由于补油阀是组合件,最好整体更换,不要拆散 注意:不要拆卸补油泵后盖上的项部和底部圆弧处的两个螺栓
4	若只检查补油安全阀,可卸下六角螺栓、弹簧阀芯和垫片,如果需更换零件,那么补油溢流阀必须重新调定 调定的方法是:增减垫片厚度,使补油压力值在 1.2 - 1.4MPa 之间
5	卸下 9 个六角螺栓,将排量控制装置从泵体上拿起,直到露出连杆和连杆销的开口销,拆下开口销和连接销。建议在开口销的销孔中穿上铁丝,以防万一开口销掉进泵时,不容易取出
6	卸下后端盖的 8 个六角螺栓,但要在呈对角线的位置上留 2 个螺栓,然后交替松开。在内部弹簧的作用下,后端盖与泵体将逐渐分开,直到完全脱离取下后端盖与配流盘,再从缸体上取下支承盘和定位环 注意:如果配流盘与后端盖分离开,就要用手先将配流盘固定在后端盖上,然后一同取下来
7	用轴承拆卸器卡勾,拉住轴承内环,再用一个垫块保护泵轴端部,将轴承卸下来。由缸体中心孔中取出支承套、缸体弹簧和垫圈,用手托住轴的后部从泵壳内取出缸体总成,再从缸体中取下柱塞和滑靴回程板,球面支承
8	将泵体前端向上放置,卸下前端盖螺栓,取下前端盖、垫片
9	卸下 4 个六角螺栓,取下定位圈,在伺服柱塞上划一条线,以标记缸体对泵壳体的高度,然后夹住柱塞缸体头部的扁面拧松,取出伺服柱塞缸体,拆下柱塞及弹簧等
10	在泵体两侧面的侧面盖上做好标记,卸下 6 个六角螺栓,取出侧端盖、垫片、“O”型密封圈、轴承,再从泵壳中取出斜盘
11	检查拆下的零部件,是否损坏,清洗后准备组装
12	首先将斜盘、推盘装入泵壳内,再将反馈连杆向前装入,使连杆伸出壳体上的大孔,以便于与排量控制装置连接

续上表

序　　号	操作程序及注意事项
13	按泵体两侧对应标记,安装轴承、侧端盖、垫片、"O"型密封圈、拧紧螺栓 注意:必须保证斜盘在侧端盖轴向上没有间隙存在,但斜盘又能自由的摆动。如果有间隙可用垫片进行调整
14	将伺服柱塞装好后旋入缸体,并将缸体旋入泵壳体,按照拆卸时做好的标记,调整缸体到原来的位置 注意:如果伺服弹簧更换过,螺栓、尼龙垫也要更换
15	检查斜盘中否在中立位置,也就是说在原水平放置时的角度应为零 检查方法:测量泵体后端盖平面到止推盘平面的距离差要小于0.025mm 测量方法:用深度游标卡尺,卡在泵体后端盖的平面上,另一点要在与泵体两侧端盖轴线成直角的止推盘的外边缘上,测出距离值。在止推盘的另一侧也做同样的测量,将距离值做比较。如果距离差超出0.025mm则按下列步骤进行调整: 松开伺服缸体,用手摆动斜盘来感觉伺服缸体内弹簧力的大小,直到作用在斜盘上的弹簧力消失; 旋入伺服缸体,直到斜盘刚好受到柱塞弹簧的作用力; 按上述测量方法重新测量,直到距离差小于0.025mm
16	调整伺服缸体后,装上定位环
17	取下止推盘,将泵体前端向上放置,把泵轴和轴承组合好后,穿过斜盘中心孔装入泵体,把轴承面轻轻靠在斜盘中心孔的边上。如果有的零件更换了,那么必须检查轴向间隙,轴向间隙0.15~0.4mm,若需调整间隙,拆下这些零件,在前端盖的轴承外环座与前端盖之间加垫片 注意:定位销是否放入前端盖,并使其安装孔与泵体一致
18	使泵体的排量控制装置的孔向上,在止推盘上涂上干净的液压油,并把其装在斜盘上; 装入球面支承,将回程板、柱塞和滑靴装在缸体上; 装入缸体总成,此时,必须将球面支承与缸体的花键相对应排列,两缺齿处一定要对正。转动缸体,再使泵轴的花键缺齿处与之对正,用干净的液压油润滑止推盘、滑靴和柱塞,然后握住泵轴的外端部,以支承盘的定位销为参照物,从泵体排量控制部分的大孔中可以看见轴和球面支承的缺齿处在同一位置上; 将缸体总成对正轴的花键推上,再将泵体垂直放置,把缸体弹簧和垫圈装入缸体的中心孔内; 装上轴承,轴承要紧压在轴肩上并保证装配间隙,涂上干净的润滑油。将定位销装在缸体上,定位环装在支承盘的内孔中,把支承盘上的定位槽与定位销对正,并把缸体的中心孔与定位环对称,装上支承盘,涂上干净的液压油; 将轴承外环座圈、定位销装在后端盖上,在其表面上涂上干净的液压油。再将定位槽对正定位销,并对正中心孔,然后把配流盘装在后端盖上,将垫片装在泵体上,最后将"O"型密封圈放到与后端盖相对的泵壳体的孔上; 安上后端盖,先在成对角线的位置上,拧上两个螺栓,交替地拧紧它们,直到后端盖紧贴在泵壳上,然后再装上其他螺栓并拧紧 注意:安装后端盖和配流盘时,要对准垫片和装配孔,并拿住配流盘,不要让它掉下来。如果配流盘更换了,必须检查配流盘是否与原配流盘的槽孔一致

续上表

序 号	操作程序及注意事项
19	先将“O”型密封圈涂上液压油，小心地旋入后端盖，防止“O”型密封圈被螺纹损坏，安装后阀端部要低于后端盖的端面。在安装补油阀时，要使垫片与后端盖的位置对正，不要让垫片把补油溢流阀的油孔堵塞。将补油泵总成装好，旋转补油泵轴，使其与主油泵轴上的槽口对正，装上补油泵总成，拧紧4个螺栓 注意：保证定位销的正确安装，防止垫片错位，堵塞油孔
20	安装排量控制装置时，先将连接销的头部朝向泵的中心一侧，滑动地插入斜盘的连接孔内，装好平垫开口销。在泵体孔上装好垫片，同时将节流孔垫片和“O”型密封圈装在排量控制装置上，一同装在泵体上，拧紧9个螺栓 注意：此时一定不要使零件掉入泵壳体内
21	将泵体前部朝上放置，安装油封总成。先将“O”型密封圈装在铜密封环和铝密封环上，然后将6个弹簧装在泵轴上包一块软塑料，再将铜密封环沿泵轴轻轻地旋入泵壳体中，此时，只能用手安装，不能施加机械外力。把固定密封环装在铝密封座上，并把密封环上的开口对准铝密封座上的定位销。然后滑动地旋入泵体，使其紧贴在铜密封环上，由于有6个弹簧的作用，铝密封座会起出泵轴的卡簧槽，因此先把卡簧的一侧先装入卡簧槽，再慢慢地推卡簧的中部及另一侧，使其克服弹簧力后进入卡簧槽
22	至此，泵的拆卸、装配全过程完毕，应特别注意： 拆卸时，各零件一定不要碰伤； 装配时，一定要注意清洁、润滑

三、SA125型履带式沥青混凝土摊铺机

SA125型履带式沥青混凝土摊铺机是由美国BARBER—GREEN公司生产的产品。整机液压系统由以下几个相互独立的液压回路组成：行走液压回路，供料液压回路和坡度控制及振动成形等液压回路。

行走液压回路采用双向变量泵、双向变量马达来控制摊铺机行走方向和速度，马达斜盘倾角有18°和7°两位置，可适用于不同的调速范围。

供料回路有左右两个供料输送系统分别向两个螺旋布料器输送沥青混和料。供料器和螺旋摊铺器均由同一液压马达通过机械传动来驱动，且设有两套装置来调节供料量，都有开关控制和自动控制。供料器只能向一个方向输送物料，而螺旋摊铺器则可向两个方向输送物料。

坡度控制采用自动控制，控制精度较高，振动成型采用熨平板成型装置。沥青摊铺机整车液压系统，见图5-7-3所示。

现将其液压系统的回路工作原理介绍如下。

1. 行走液压回路

该回路是闭式多泵变量回路。其主要由行走变量泵1，定量泵2，单向阀3、12，溢流阀4、6、13，过载阀7，液控换向阀5，行走液压马达8和电磁换向阀10、11等组成。

行走变量泵1的压力油直接驱动行走马达8，使其旋转，使摊铺机行走。此时行走泵出口

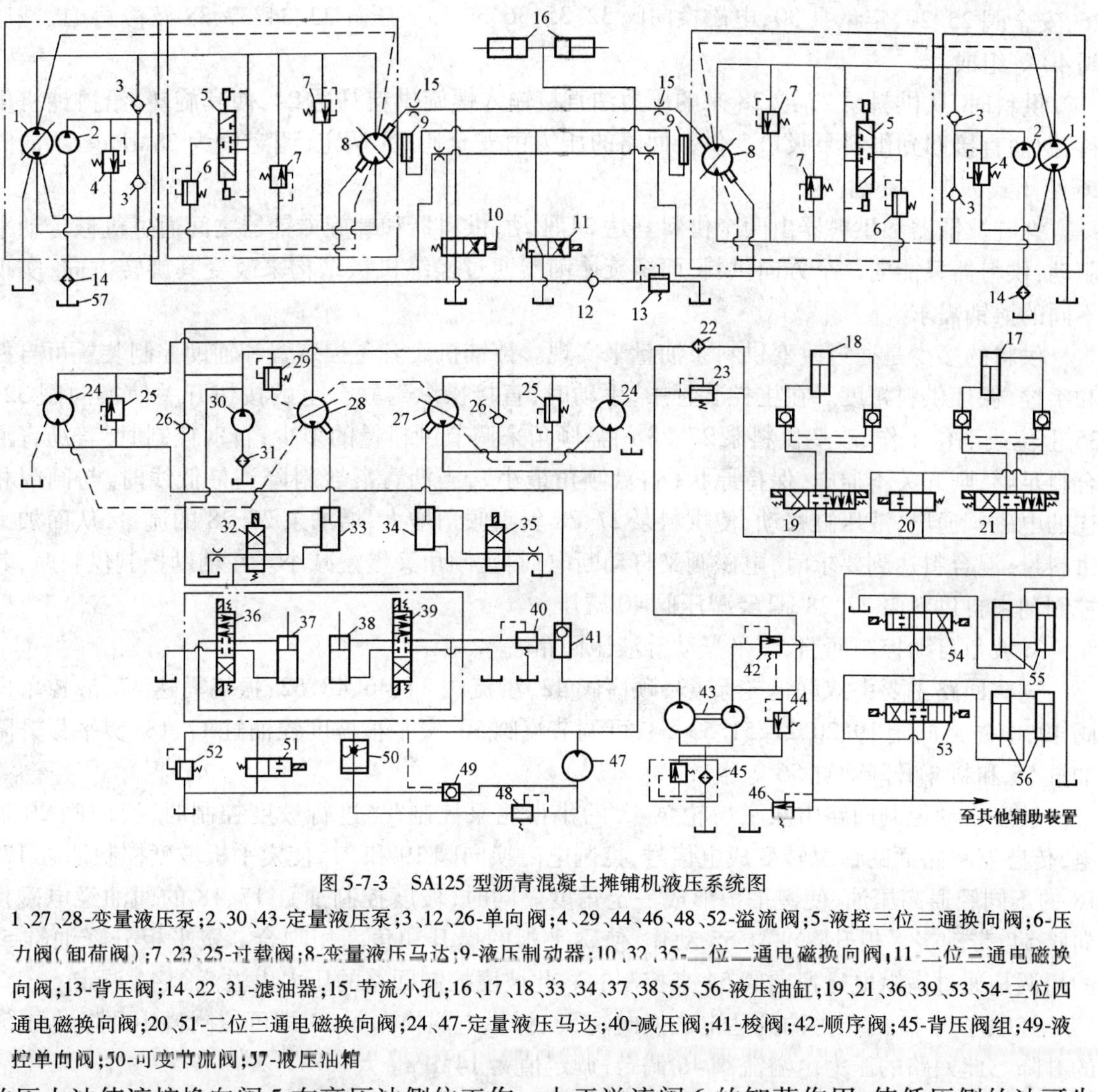

图 5-7-3 SA125 型沥青混凝土摊铺机液压系统图

1、27、28-变量液压泵；2、30、43-定量液压泵；3、12、26-单向阀；4、29、44、46、48、52-溢流阀；5-液控三位三通换向阀；6-压力阀(卸荷阀)；7、23、25-过载阀；8-变量液压马达；9-液压制动器；10、32、35-二位二通电磁换向阀；11-二位三通电磁换向阀；13-背压阀；14、22、31-滤油器；15-节流小孔；16、17、18、33、34、37、38、55、56-液压油缸；19、21、36、39、53、54-三位四通电磁换向阀；20、51-二位三通电磁换向阀；24、47-定量液压马达；40-减压阀；41-梭阀；42-顺序阀；45-背压阀组；49-液控单向阀；50-可变节流阀；57-液压油箱

的压力油使液控换向阀 5 在高压油侧位工作。由于溢流阀 6 的卸荷作用，使低压侧的油可先去冷却行走马达 8 和行走泵 1 后，再流回油箱。溢流阀 6 的调定压力较溢流阀 4(辅助泵 2 控制压力)低。整个闭式回路压力由溢流阀 7 调定，调定值为 38.5MPa。

操纵电磁换向阀 10 可控制行走马达斜盘的倾角，使其在 18°或 7°倾角位置工作，满足不同工况的要求。在通往行走马达斜盘伺服缸油路上设有节流口，使马达斜盘倾角变化缓慢，从而使摊铺机行驶速度变化不剧烈。

定量泵 2(作辅助供油泵用)通过单向阀 3 给闭式回路补油的同时，为控制马达斜盘倾角和常闭式制动器 9 提供控制压力油，以及通过单向阀 12 推动履带张紧油缸 16，使履带张紧。张紧力由溢流阀 13 控制，溢流阀 13 的调定压力为 21MPa。定量泵 2 压力由溢流阀 4 调定，调定压力为 1.4MPa。

2. 螺旋供料液压回路

供料液压回路是多泵变量并联回路。主要由供料泵 27、28，螺旋供料液压马达 24，单向阀

26，安全阀25、29，定量泵30，电磁换向阀32、35、36、39和液压缸33、34、37、38及梭阀41、减压阀40等组成。

供料时，从供料泵27或28来的压力油直接输入螺旋供料马达24，使其旋转，给摊铺机供料，回油直接回到供料泵吸口。供料回路的压力由安全阀25调定，调定值为28MPa。单向阀26给闭式回油路补油。

螺旋摊铺器和供料器由两个供料马达24驱动，供料器和螺旋摊铺器之间通过机械传动来驱动，供料器只能向一个方向供料，而螺旋摊铺器通过操纵机械结构来改变其旋转方向，实现不同的摊铺需求。

供料的多少是通过改变供料泵油量来实现。摊铺机设有主控装置和辅助控制装置可自控和手控，保证供料精度。在主控装置中，手动时，直接操纵驾驶台上的按钮开关使换向阀32、35上位或下位工作，改变供料泵27、28斜盘倾角来调节供料量的多少；自动控制时，若沥青混合料足够，则开关不通电，保持原状（斜盘倾角最小），当沥青混合料降到最低线时，与闸门相连的电磁阀通电，液压缸移动，使供料泵27、28斜盘倾角增大，增加泵27、28的流量，从而加大供料量，混合料达到要求时，电磁阀又自动断电，斜盘倾角又慢慢减小。在辅助控制供料时，其控制油来自供料泵27、28，且经减压阀40减压。

3.坡角自动控制回路、熨平振动等液压回路

这些回路主要由双联齿轮泵43，顺序阀42，溢流阀44、46、48、52，振捣马达47，液控单向阀49，电磁换向阀19、20、21、51、53、54，可调节流阀50，熨平板坡度控油缸17、18，熨平板升降油缸55和料斗升降油缸56等组成。

坡度自动控制回路由双联齿轮泵43的小齿轮泵控制，当进行坡度控制时，换向阀20通电，传感器将路面的情况转变成电信号，控制电磁换向阀19和21，使熨平板坡度控制油缸17、18的不同腔通高压油，使熨平板形成一定角度。同时，坡度控制油缸17、18的回油经电磁换向阀54，带动熨平板升降油缸55动作，使熨平板的提升和角度相吻合。熨平板升降油缸55的粗调是通过操纵电磁换向阀54来控制的。此坡度控制回路的压力由溢流阀44调定。

经顺序阀42的压力油到达电磁换向阀53，操纵电磁换向阀53即可控制料斗升降油缸56的升降。此回路的压力由溢流阀46调定，调定值为14MPa。

熨平板振动由双联齿轮泵43的大齿轮泵驱动振动马达47来实现。当电磁阀51通电时，振动马达起振，振动马达的转速由调速阀50控制。此振动回路压力由溢流阀52调定。

四、沥青摊铺机的维修及故障排除

1.沥青摊铺机的维护及使用调整技术

完善的维修和正确的使用、调整是降低施工设备操作费用，保证施工质量和延长机器使用寿命的关键，这对于沥青摊铺设备尤为重要。因为一旦摊铺设备停车或失灵，施工现场的很多其他作业都会受到影响。

下面主要介绍维修要求内容和调整技术。

1）预检步骤

摊铺作业开始以前，对整个机械应按下列步骤进行检查。为了防止部件损坏和突然停机，这种检查至少每周进行一次：

(1)检查发动机冷却系统液面高度。

(2)检查发动机润滑油液面高度。

(3)检查泵传动箱油面高度。

(4)检查液压油箱液面高度。

(5)检查蓄电池电解液液面高度。

(6)检查制动器主油缸液面高度。

(7)检查驱动轮胎压力。

(8)调整运输机输送带的张紧度。

(9)检查输送机的拉杆、链条、链轮或胶带有无严重磨损。

(10)检查螺旋输送机的间隙调整是否正确。

(11)检查螺旋输送机有无严重磨损。

(12)检查整台摊铺机按照制造厂制定的规范进行润滑的情况。

(13)检查所有机械功能是否正常。

(14)检查发动机离合器调整是否正确。

(15)检查发动机转数(空转或满载)。

(16)检查发动机运转是否平稳、协调。

(17)检查发动机风扇皮带的松紧度。

(18)检查发动机安装螺栓的松紧度。

(19)检查传动系统、轴和其他机械传动部件安装螺栓的松紧度。

(20)检查车轮滑板螺母的松紧度。

(21)检查所有液压管路和接头的松紧度。

(22)检查手动制动器调整是否正确。

2)每日清洗程序

摊铺机部件上堆积摊铺材料会造成操作困难及部件过早损坏,为此须确保设备清洁。

将摊铺机退离新铺的路面层,以防残余的溶剂妨碍摊铺作业的连续性。将刮板或熨平板升起,由前向后用喷洗器清洗或刮刀刮除。每日清洗程序如下:

(1)进料辊:注意清洗,保持转动自如。

(2)底卸槽和漏料口:注意由顶向下清洗四壁。清洗底卸槽时,不得开动输送机;在发动机运转时,不得站在底卸槽内。

(3)输送机:运行时,须彻底喷洗每根链条或拉杆若干次,进行充分清洁;对于道路展宽机,应从运行胶带上刮除多余的材料,注意不要浸泡胶带;不要让脏物或物料集结在胶带下面的托辊上,脏污的托辊会加速胶带的磨损,托辊很难清理,但要尽力去做。

(4)外围:提升漏料槽,清除所有多余物料。

(5)输送机后传动链轮:边运转边清洗,保持链轮的自清洁功能。

(6)螺旋输送机:边运行边刮洗。

(7)刮板:刮除机架和刮板上的所有粘结物料;充分清理刮板顶面和底面;润滑振动器轴承。

(8)边板:拆卸并清理,保持上下正确滑动,内表面清洁。

(9)液压刮板:能外伸,应全面清洁,特别是起配合作用的滑板表面;润滑滑道。

(10)熨平板和道路展宽机:全面清洁熨平板表面和底缘。

3)定期维修的要点

(1)建立正规维修计划,包括填写维修记录,防止异常磨损造成重大损失。

(2)在摊铺机温升时润滑机械,保证润滑达到所有关键部位。物料处理区的所有轴承宜每天清洗,并趁有温热时润滑,清除操作过程中进入轴承中的任何物料。

(3)定期检查通向轴承的润滑脂管路,确保轴承不损坏。

(4)储备常用的易磨损备件,供定期或紧急更换。

(5)摊铺机上修理费用最高的是输送机链条。为此可将整条输送机链条翻转使用,以延长链条的使用寿命,额外增加摊铺作业时数。

(6)道路展宽机上的输送机的胶带应保持正确的张紧度和跨距,以取得最大的使用寿命。

(7)检查胶带输送机、螺旋输送机和行走部分传动链和传动皮带。传动皮带要求保持一定的张紧度。

(8)在磨损深入到螺旋输送机螺旋片主要材质之前,螺旋输送机宜重新进行材质处理。如果螺旋片磨损严重,可将其中严重磨损的螺旋片更换。

(9)检查漏料斗铰链有无磨损,必要时进行更换。

(10)定期检查熨平板有无磨损的零件。同时参考制造厂的摊铺操作说明书,正确使用熨平板,使熨平板取得最长的使用寿命:

①最好是正确使用熨平板,保持熨平板整体均匀磨损。实际上熨平板中心磨损较轻。

②熨平板未预热到接近摊铺材料的温度,摊铺材料容易在刮板上粘结,这就会影响摊铺工作正常进行。

③如果熨平板板前端左右严重磨损,熨平板就借助其刮板摊铺。

④如果熨平板后部左右严重磨损,熨平板则会借助其尾部摊铺。

⑤如果熨平板刮板严重扭曲,则说明熨平板预热过分。

⑥熨平板预热后,应立即润滑振动器轴承,补偿从轴承中流出的润滑脂。

(11)定期检查电子元件,了解其功能是否正确。不用时,可拆卸的部件,如控制箱、传感器等,要妥善保管,以防损坏。

(12)按规定检查链轨系统,看有无磨损部件。按正常的时间维护链轨系统,维护地点应离开作业现场。更换所有在摊铺过程中有可能发生故障的零件。

(13)要特别注意防止污物在维护时进入液压系统,灰尘或水分混入液压系统是液压元件发生故障的主要原因。

(14)不要过分润滑离合器。

(15)在装有熨平板汽油预热装置和冲洗系统的摊铺机上,定期排放积水和污物。

(16)在装有压缩空气系统的摊铺机上,定期排放积水和污物。

4)长期停放的保管

摊铺沥青的工作结束后,摊铺机长期停放不用时,建议遵守下列摊铺机维护程序,确保重新使用时工作性能可靠。

(1)彻底清洗整台摊铺机,清洗所有摊铺材料。

(2)将油箱注满燃油。

(3)排放发动机曲轴箱中用过的润滑油,更换机油的滤清器,并用推荐的润滑油注满发动机曲轴箱。

(4)排放液压油箱,更换主液压管路过滤器,用推荐的液压油注满油箱。

(5)卸下蓄电池,充电并妥善保管。

(6)卸下座位,放在干燥的地方保管。

(7)按操作说明书列出的规程,润滑整台摊铺机。

(8)全面检查摊铺机零部件有无磨损或损坏,按需要更换或修理。

5)摊铺机胶带输送机的调整

正确调整摊铺机两个输送机,可保证输送机、链轮和轴具有最长的使用寿命。正确调整的胶带输送机离地面有一定的空间高度,可防止拖碰障碍物。链条不得过紧,链条应有足够的垂度,这样通过链轮时才不致发生滞阻。移动导轮轴和摊铺机漏料斗前端下面的轴承组,即可对胶带输送机进行调整。

为了调整输送机,须将前端料斗闸门升起,并将漏斗一端升起,拧松输送机导轮轴支座的固定螺钉,锁紧螺母。采用调整螺钉,将导轮轴后移,使胶带输送机链条与地面的间距至少为70mm。注意调整胶带输送机两边相等,保证输送机顺利运转。调整结束后将轴承螺钉重新拧紧,并将锁紧螺母锁定在调整螺钉上。

对于新装的胶带输送机需要在摊铺机过程中作几次调整以使链条行走顺利。

6)螺旋输送机和胶带输送机传动链的调整

螺旋输送机的转子与器壁之间应有少量的径向间隙,约需20mm,以防止启动和停车时产生振动和碰撞。这个间隙通过手动和旋转螺旋输送机即可检查。

胶带输送机传动链条宜保持少量垂度。在很多摊铺机上,胶带输送机与螺旋输送机由同一链条传动。但在某些摊铺机上,胶带输送机传动链条是单独安装的,位于每个输送机的后端外部。

正确调整这些链条极为重要,因为这样可保证摊铺机供料系统顺利工作,并防止链条损伤。

7)输送机胶带的调整

输送机胶带必须正确调整,以保证正常工作,防止过早磨损。正确调整后,输送机胶带在负荷下不会打滑,但是不得张紧到胶带接头拉断的程度,调整正确的胶带会在空载下徐徐向前运动,而在负荷下会徐徐向后运动。胶带不得运动过快,以防止边缘磨损。

注意:为了保证胶带在输送机的中心位置,应将拉紧螺栓均匀紧固。调整新胶带时,多从卸料端开始,以便最终调整可随着摊铺在尾轴端进行。输送机胶带多在最初运送二、三次热混合料以后拉紧,拉紧度需作粗、精调整。胶带的张紧、对准或损坏情况应作定期检查。

新胶带安装后,需要作短时跑合,调整4个拉紧螺栓,将胶带保持平而不紧的状态。

大约作业80h以后,要进行二次拉紧。将螺栓放松,解除拉力,但保持胶带平而不紧的状态,直至胶带在正常负荷下不再打滑。

积垢层的清除器和氯丁橡胶刮板的使用,可大大减少漏失和防止材料在胶带上的堆积。胶带刮板可调,与胶带保持接触,但对胶带不产生任何压力。

如果胶带调整和清洁不当,可显著缩短胶带寿命。每天清理是保证输送机胶带最长使用寿命的主要环节。

8)行走轮驱动链的调整

摊铺机行走轮驱动链的正确调整是取得光洁平整铺层表面的先决条件,同时也是防止各种驱动系部件承受震动载荷损坏的主要措施。驱动链的垂度大约调整到20mm内。

行走轮驱动链在制动过程中的调整是为了补偿链条的跑合。调整以后需做不定期检查。

9)熨平板的调整

熨平板的磨损取决于在摊铺过程中熨平板调整的好坏。熨平板调整得好,摊铺层施工质量好,且熨平板使用寿命长。相反,熨平板调整得不好,摊铺层施工质量就差,且熨平板出现过早磨损。

摊铺层的厚度取决于熨平板升或降的位置、熨平板的底面对摊铺机行走路面的平行度。

摊铺层厚度可由作用于熨平板上的摊铺速度、迎角大小、材料落差3个因素决定。

在摊铺作业中,如果上述3个因素中有一个改变,则摊铺层的厚度、质量和结构就会受到影响。

(1)摊铺速度

摊铺速度任何失调都会影响路面质量。速度变化频繁,忽高忽低,如果不改变迎角,则会对路面摊铺造成缺陷。增加速度会减少对路面摊铺的厚度、减低速度会增加厚度。

摊铺速度最好是以用完生产的沥青混合料为宜,即不要在摊铺机前积压大量运输车辆,也不要使摊铺机停工待料。任何摊铺作业的最佳摊铺速度应与摊铺材料的供给速度相匹配,以求摊铺机的作业时间利用率接近100%。

(2)迎角

即熨平板底面和道路坡面之间的角度。自由浮动的熨平板本身可升可降,直至底面与其行走的路面(坡面)平行,控制这个角度可以控制摊铺层的厚度,比如摊铺层的厚度为25mm,熨平板底面距原路的高度为25mm以上,并与地面(坡面)平行。当迎角确定后,其他因素保持不变,熨平板即保持这一平均高度,刮去较凸部位,填平较凹部位,形成平滑路面。增加迎角,可增加路面摊铺层厚度,反之可减小路面摊铺层厚度。

人工操纵入土深度调节杆可使熨平板部件产生转动,从而改变熨平板相对侧臂的位置和坡度。在装有自动接头匹配器或坡度控制机的摊铺机上,路面摊铺层的厚度通过升降熨平板拉杆在摊铺过程中进行控制。入土深度调节杆如果采用自动控制,在最初设定后可不再调整。

极为重要的是保持熨平板横向的迎角。如熨平板板面扭曲,不仅形成不了优质路面,并且会使熨平板加速磨损。

(3)物料落差

落差是指直接掉落在熨平板前端的物料量。物料由螺旋输送器沿熨平板全宽送入。控制物料的恒定落差是最重要的,因为占90%的摊铺缺陷是由不能保持恒定物料量造成的。

物料的恒定落差不仅要沿熨平板全宽保持相等的落料深度,同时还要在温度、骨料混配和搅抖工序上保持一致。

物料落在熨平板下面,便成为最终路面层的一部分,如果物料向上返回螺旋输送器,则供料继续摊铺。摊铺部位可发生剪切线,干扰摊铺料的均匀输送,造成路面摊铺质量低劣。

向螺旋输送器供料过多，会造成各种路面缺陷，诸如起皱，螺旋器印痕，长、短波纹等。不仅摊铺质量恶劣，各零件部件由于螺旋输送器出料孔拥有大量压实材料而迅速磨损。

向螺旋输送机送料过多或落料波动也会严重恶化摊铺质量。针对具体摊铺条件，设定投料闸门的高度，选择螺旋输送器速度，可以正确地设定螺旋输送器的自动关停时间，以确保摊铺质量和速度，摊铺机螺旋运输器和熨平板总成的最长使用寿命。随着熨平板宽度的增加，投料闸门开口宜相应减小，防止物料在熨平板中心部位过多堆积，影响物料在其他部位的摊铺。最佳料门开口的设定需要有一定的经验。调整不当会造成螺旋器吃料过多或不足。

凸面的调整：很多摊铺作业要求在路面形成一个拱面。后低刮板可调整，以便在路面上形成最终凸面。前高刮板应相对后低刮板进行调整，在熨平板下面形成固定的物料流，在熨平板全宽的上面形成致密的面层结构，在整个熨平板上面形成均匀的重量分布。

2. 沥青摊铺机液压系统的故障排除

沥青摊铺机液压系统出现故障大部分是由于对系统中各液压回路使用操作不当、维护不良，液压油过脏及设计制造安装不佳等原因引起的。由于故障不尽相同，现将液压系统中一般常见故障的分析与排除方法列表，见表 5-7-10。

沥青混凝土摊铺机常见液压系统故障及排除方法　　表 5-7-10

故　障	故障原因分析	故障排除方法
定量泵故障	侧板严重磨损（齿轮泵、叶片泵），配流盘不正常磨损（柱塞泵），齿轮、泵壳异常磨损（齿轮泵），泵轴磨损（齿轮泵）； 气穴； 轴承破损、柱塞滑靴破损； 密封不好； 侧板与齿轮，侧板与转子叶片，柱塞缸滑靴斜盘烧坏； 齿轮泵的铝制泵壳，使用初期出现铝粉不是故障。如连续出现大的铝片，为异常现象	更换泵组件或由生产厂进行性能检查后更换有关零件。工作油中的污物引起严重磨损的事例很多，要注意； 适当降低泵的转速； 更换泵组件； 更换密封件； 更换元件； 金属粉末增多，更换泵组件
变量泵故障	柱塞滑靴磨损，配流盘严重磨损或咬死； 伺服油缸不正常或供给泵流量不足； 负荷压力不够； 柱塞滑靴破损，弹簧断损，联轴器破损； 密封不好； 配流盘烧坏，柱塞烧坏； 配流盘柱塞滑靴异常磨损	更换泵零件，补偿装置、伺服油缸因污物卡住引起的事故很多，对污物多的工作油应予以更换，更换有关零件时，要进行清洗
泵压力脉动大	泵出口压力与溢流阀、配管等产生共振； 冲击压力高	互换溢流阀及改变所配管路的直径及长度，消除共振因素
泵的供给压力不够	泵高速运动时不能得到规定的流量，最高速度缓慢； 高速运动时泵噪声大； 闭合回路中液压马达噪声大	增压泵供调压用的调压阀调节至规定值； 闭合回路低侧调压阀，压力上升到规定值

续上表

故　障	故障原因分析	故障排除方法
油缸有故障	活塞端盖密封不良； 活塞杆密封不良； 因异物损伤油缸内壁	更换密封或油缸组件
液压马达有故障	轴折断、花键轴磨损，侧板、齿轮、轴烧坏——齿轮泵； 柱塞烧坏，配流盘烧坏，滑靴破损——斜盘式柱塞马达；轴承接头破裂——斜轴式柱塞马达；轴承破损、滑靴与曲轴烧坏——径向柱塞马达； 阀配流不好——多作用马达； 侧板、齿轮、主轴烧坏——齿轮马达； 柱塞滑靴、曲轴烧坏——径向马达； 配流盘异常磨损、滑动副烧坏、卡死，柱塞滑靴破损，有爬行、抖动、振动现象——齿轮马达； 叶片马达低速时有爬行和振动现象，动作不稳定属正常情况	更换马达组件，按生产单位规定的规格更换弹簧、轴等； 仅仅轴承破损时，更换合适型号的轴承； 更换马达组件或与阀同步调整
系统压力低	先导溢流阀调节压力降低或溢流阀工作不良，控制供给泵工作不良	调节控制压力，调节溢流阀。更换溢流阀或供给泵，升高到规定压力值
溢流阀的压力调节不当	调节压力过低； 调节压力过高； 泵一起动就是负荷状态	升到规定压力； 降至规定压力； 泵起动时卸荷，溢流阀调节至“0”压力
背压高	遥控阀的回路管路阻塞控制阀的回油阻塞； 回油滤清器阻塞	清除油污，清洗回油滤清器
溢流阀有故障	主溢流阀(即安全阀)被异物卡住或弹簧折断； 溢流阀被污物卡住或弹簧折断； 溢流阀的调节压力下降或弹簧变形； 溢流阀弹簧变形； 溢流阀阀芯变形或阀座变形	拆开清洗或更换弹簧； 溢流阀不能复位或不能调压时，要分解检查，更换弹簧； 更换阀组件
溢流阀过载，溢流阀有故障	阀被异物卡住； 阀调节压力过高，易引起阀卡死； 弹簧折断； 溢流流速声音的大小会因各过载溢流阀而有差异； 调节压力不符合要求	拆开检查、清洗换油； 检查过载溢流阀调节压力，达到规定值； 拆开清洗或更换弹簧； 更换阀组件； 调节阀的调节压力至规定值

续上表

故　障	故障原因分析	故障排除方法
手动式换向阀有故障	阀体与滑阀滑动副弄伤或磨损； 因阀的流体附着与液压卡紧，往往使微动控制变难，阀本身的微动控制也有所差异； 单向阀动作不正常； 阀安装螺钉压得过紧，工作油中异物卡住阀芯； 液压卡紧； 液压密封不良	更换阀零件，更换阀芯； 如是污物卡住，要更换液压油，换阀； 清洗阀； 安装螺钉不应过紧，按规定夹紧力矩均匀拧紧螺钉，更换液压油； 调节溢流阀的调节压力至规定值，换阀； 换密封件
电磁阀有故障	电磁阀烧坏。由于异物卡死阀芯不能运动而引起，或由于受潮，线圈绝缘不良以及换向频率过高时引起电磁阀线圈烧坏； 滑阀卡住或弹簧复位力不够回到中间位置； 滑阀的配合间隙大； 活塞（推杆）密封漏油，使电磁铁绝缘不良	异物卡死阀芯的情况出现较多。在拆洗电磁阀的同时，要清洗滤清器并换油，查明烧坏的原因，并更换电磁铁； 拆洗电磁阀，清洗滤清器，换油； 更换阀的零件，使用间隙小的电磁阀时，要注意液压油中杂质的影响； 更换密封
背压阀、液控单向阀故障	阀芯或控制活塞卡住或配合过紧； 弹簧折断或变形； 滑阀磨损（间隙大）——背压阀， 锥阀或阀座不密合——液控单向阀； 液控单向阀的泄压有故障； 背压阀工作不正常，滑阀卡住，缓冲过大	更换阀芯组件或阀芯，更换控制活塞； 更换弹簧； 更换； 更换阀组件或泄压缓冲机构； 更换阀组件
减压阀、流量控制阀、单向阀故障	减压阀、流量控制阀（带压力补偿）的滑阀卡死或安装有问题，如安装过紧； 单向阀弹簧变形或阀芯与阀座之间有污物存在； 流量控制阀（压力补偿阀）动作不良，减压阀压力低； 单向阀（截止阀）工作不正常	更换阀组件，按规定力矩拧紧安装螺钉； 拆洗，弹簧折断时更换； 更换流量控制阀零件，调整调节压力； 拆开清洗
油缸活塞损坏，配管管类夹板松动	活塞密封破损，活塞控制不正常或活塞破损； 由于泵的脉动压力往往引起管路的共鸣振动； 管道弯曲部分受压力作用产生力，招致法兰焊接部分的割裂和联管螺母的松动	更换活塞密封，更换活塞杆或油缸组件； 拧紧管路夹板； 如果拧紧管路夹板还不行时，移动管夹的位置或增设管路夹板，改变管路长度更好； 增加管路夹板夹紧力； 增设管道夹板

续上表

故　障	故障原因分析	故障排除方法
金属管接头、软管等有故障	工作箱内有配管的管子开裂，以及阀配管内的密封不良而产生外漏，难以分清与判断不明而被忽略； 低压管（吸油管）软管夹板松动而进气，并产生噪声； 接头焊缝断裂，管接头螺母松动，“O”型圈密封不好而泄漏	管破裂时要及时更换； 密封不良时，更换密封件； 管夹板紧固； 变形的软管夹板要更换； 更换不合格零件
异物堵塞管路或吸油软管破损	检修及清洗油箱时往往会将棉纱遗忘在油箱内，造成吸油管路堵塞。吸油软管老化导致破损； 拆开管子时，用纱布堵住管口，纱布容易进入管路，将吸油滤清器堵塞。管子再接通时吸收性能变坏； 特别是低温启起时，吸油管容易弄破	检查液压油箱、进油滤网； 检查液压油泵； 检查回油滤清器； 加热工作后才启动，要间接加热，避免直接加热； 采用耐低温的液压油
油冷却器堵塞或漏油	油冷却器穿孔漏油； 油冷却器堵塞	更换油冷却器； 用压缩空气或用水洗空冷却式冷却器
冷却器风量或水量不足	空冷式因风扇松动而使风扇转速降低	张紧风扇皮带
液压油滤清器堵塞	吸油滤清器堵塞； 管路回油滤清器堵塞； 由于滤清器堵塞而使滤清器破损	清洗油箱，清洗滤清器滤网、滤芯； 吸油滤清器被油泥封住，说明液压油劣化变质，应更换； 对金属网多层板，烧结式滤清器铜丝网可进行清扫；对纸质滤清器可更换滤芯； 清洗或更换滤清器
密封油箱压力升高	油缸的伸缩产生密封油箱油面的升降，或由于气温、油温的变化引起油箱内压力变化，油箱压力升高会产生低密封件位置的漏油	油箱内油量应按规定加入，气温、油温升高时，打开加油口，减压
加压油箱压力不当	采用柱塞泵时，泵吸油的吸入压力即充填压力为 0.05 ~ 0.15MPa。为此液压油箱采用密封式压力油箱。如吸入压力低时，泵不能充分吸油，而发生气穴，致使噪声增加	调节液压油箱的气动压力阀，上升到规定的压力

续上表

故　　障	故障原因分析	故障排除方法
液压油箱油量过多或过少	上述吸入压力过高时,低压油路会产生漏油; 封闭油箱内油量过多,使油箱内压力上升(油缸的伸缩而使油升降,也使压力上升),严重进油箱膨胀变形	调整压力调节阀,降至规定的压力; 油泵在液压油不充足的条件下运转后,要检查泵是否产生不正常现象。如果必要更换泵组件,按制造厂要求补充油液至规定油面; 油量过多,则应使油箱工作油面降至规定的高度
没有使用合适的液压油	使用了粘度高的液压油,油面低时吸油困难。同时因油的粘性阻力大,油温也容易升高。另外,泵的噪声增大,使用消泡性差的油时,由于气泡的绝热压缩液压油变质,使油温上升; 液压油粘度低时,由阀间隙产生的泄漏增加,产生液压元件滑动副的早期磨损。叶片泵、柱塞泵(马达)不可使用无添加剂透平油	更换液压油
液压油污染、变质	在高温曝晒下,液压油变质速度加快。变质后粘度粘大,更易使油温上升生成油泥造成滤清器堵塞或破损; 变质后的液压油无润滑能力,因而使液压元件滑动部分的磨损加剧	更换液压油,清洗滤清器
液压油中混有污物水分等	工作中的污物带进阀产配合间隙内,使阀卡住不动,往往使溢流阀不能开启; 液压油中的水分易引起气穴,另外,使润滑性能降低; 液压油中的土、砂、金属及水分加快液压元件滑动部分的磨损和堵塞阀孔	更换液压油,查明污物侵入途径(如密封不良),污物多时要进行清洗;阀动作不正常时应进行清洗; 金属屑增多时,检查马达、油缸; 细微污物多时,应进行清洗
主回路管内排气不良	主回路配管内积存有空气; 主回路内积存的空气过多时,会出现类似的现象。即使是小量空气,泵和马达的脉动压力也增大,往往出现配管振动及产生泵和马达的噪声	启动泵,回路内的油液全部循环,各执行元件运转5~10min。容易积存空气的位置,稍稍松动管接头,启动泵进行排气(空气积存在上部,上部液压油不能循环到的位置应特别注意)按上面方法进行
泵执行元件排气不良	在泵比油箱液面高时,泵容易吸进空气,更换泵组件时要注意。尤其是叶片泵,不仅没有流量排出,而且成为烧损的原因; 正反转频繁的液压马达往往难以排气,制动时发出噪声。更换组件后泵启动2~3min后噪声还不能减小时,要考虑其他原因	泵及配管内注油再运转,对柱塞泵,要在泵内注满油后再运转;干运转往往导致轴承破损等事故,必须特别注意,更换泵零件后,单作用油缸和垂直安装的油缸难以排掉空气,要另想办法(如灌油); 液压马达向一个方向运转2~3min进行排气

续上表

故　障	故障原因分析	故障排除方法
控制管路排气不良	遥控阀和平衡阀的控制配管内因无油循环，难以排气。要特别注意配管的拆卸和安装时从控制管路进油处侵入的空气	控制管路末端管接头稍稍松动，然后加压，让液压油和气体一起排出； 漏油的一些地方，也是容易进气的地方，因此要拧紧接头，防止漏油
液压油中空气泡增多	液压油中混入空气，停机时空气泡积存于配管，执行元件排气不良时，同样会出现更多的气泡； 液压油中含有气泡时噪声增加； 液压油中的小气泡妨碍热传导，另一方面，还会因绝热压缩发热，温度升高； 气温、油温过低； 气温、油温过高	检查工作油量是否过小，尤其要注意液压油箱在倾斜厉害的状况下长时间使用时，油面应比油泵吸油管口高7cm以上，要考虑使用条件； 检查泵密封情况是否良好，吸油管管夹是否松动，必要时紧固； 使用消泡性好的液压油； 暖机加温； 停机冷却至合适的油温

五、维护保养

1.液压系统

(1)检查系统本身的密封情况、异响、液压缸与活塞的磨损及卡住、管路的损坏、皮带的张紧度、安全阀的工作情况，并采取必要的措施。

(2)检查液压油的油量、油温和脏污情况。

油量一般要每天检查一次，必要时给予添加。如发现油量减少很快，应检查漏油情况。如发现油量突然增加，有可能是混入水分或其他油，应查出其原因，并采取相应防治措施。

机械运转1h后，油温应达到60～70℃，超过80℃时，应检查系统中的各部分通风冷却情况是否工作正常。

新机械的液压油第一次使用时，工作125h更换一次（主要针对机械初次磨损），以后每2000h换油，保持液压油性能，但每年至少更换一次。

(3)对配有电磁阀等电气设备的液压系统，要注意避免雨水及露水等侵入电磁阀，以防其生锈或失效。

(4)检查、调整系统各部分的压力。

(5)每班工作结束之后，必须认真清除各个液压马达、液压油缸处可能粘附的沥青，防止次班起动时因过载出故障。

(6)油泵分动齿轮箱的润滑油初次使用，工作125h更换1次，随后每工作1500h换油，但每年至少更换1次。

2.熨平装置

(1)定期检查牵引大臂与熨平板主机架连接的连接销以及牵引铰销的磨损情况。如松动过大应扩铰销孔，换配新销，并在确保无松动后，注足润滑脂，否则熨平板工作迎角不能得到保证。

(2)检查熨平装置的各铰销、连接销和安装螺栓等都应该无松动,保持熨平板安装正确,确保熨平板的工作迎角在摊铺过程中不会自动改变,破坏其力系的平衡,影响铺层的厚度均匀和表面平整。

(3)防止熨平板承受外来碰撞、振捣梁的异常振动或对底板加热过度引起变形(一般的允许变形值在1mm以内)。当出现整体变形时,可以通过调整拱调节装置来校正。如果仍不能将变动校正,可在主机架和熨平板之间的隙缝里填塞垫片来予以校正。

(4)调整好振捣梁与熨平板的相对位置(下端面离熨平板底面的距离和它与熨平板之间的间隙)。用增减振捣梁偏心轴座下面的调整垫片,使之符合该机型说明书中的规定值的方法进行调整。施工时要注意振捣梁的工作速度及其底面的磨损情况,避免铺层产生裂缝、拉沟。

(5)检查熨平装置的滤清器,如受污染应立即更换滤芯。

3. 整机维护

(1)在摊铺工作之前,应在料斗内侧,板链输送器,螺旋输送器,熨平板等部位喷轻油(柴油),防止粘料。

(2)每天工作完毕,在摊铺机冷却前将粘着的混合料除掉,喷洒轻油,用浸油布将熨平器上导向和擦干净。

(3)每月清扫一次滑板部位,然后涂上一层薄薄的干油。

(4)每月向路拱控制器和调整螺栓部分补充一次黄油。

(5)摊铺器长期停用时,液压延伸熨平板应全部缩回,伸缩导管应涂油保护。

课题八　水泥混凝土摊铺机液压系统分析和常见故障诊断

水泥混凝土路面与沥青混凝土路面相比较,具有原材料来源有保证、路面承载能力大、防滑性能好、寿命长等优点,所以近年来在我国得到了快速的发展。

机械化施工水泥混凝土公路路面的摊铺设备,目前分为两类:一类是自二次世界大战期间使用至今的轨道式摊铺机;另一类是20世纪60年代以后逐渐发展起来的滑模式摊铺机。轨道式摊铺机又称摊铺列车,施工时,布料、整平夯实及表面精整三大机械部分均在道路两侧预先架好的钢轨道上运行;滑模式摊铺机则属于集计算机、自动控制、精密机械制造及现代高等级公路工程技术于一体的一次性完成布料、振动、整平及精整等工序的现代化新型水泥混凝土摊铺机。下面分别将它们的液压传动系统介绍如下。

一、轨道式水泥混凝土摊铺机

轨道式水泥混凝土摊铺机种类繁多,而且液压系统也是各不相同,下面分别以国内的HTG4500型和美国的Curbmaster型为例分别介绍。

1. HTG4500型轨道式摊铺机

HTG4500型轨道式摊铺机由长沙筑路机械厂消化吸收了德国沃格勒公司的同类产品,经适当改进后研制的产品。HTG4500型轨道式水泥摊铺机的一些主要技术参数如下:

动力:风冷式柴油机2台(郑州柴油机厂)。

第一台柴油机功率:14.2kW　　　　额定转速:1800r/min;

第二台柴油机功率:15.5kW　　　　额定转速:1800r/min。

最大摊铺厚度:300mm。

摊铺宽度:3~4.5m。

行走速度:第一台机组:19.5m/min。

第二台机组:0.41~19.5m/min,有8个档位。

机重:共8t,其中第2台机组3t,第1、3台机组各2t。

生产率:450m³/天(以摊铺宽度为4.5m计算)。

摊铺精度:3m以内误差≤3~5mm。

HTG4500型轨道式水泥混凝土摊铺机由3台机组构成:

第1台为分料机,此机使用自己的动力,单独作业;

第2台为夯实机;

第3台为抹平机,为浮式悬挂在第2台机上,并使用第2台机的动力。施工时,3台机组顺序排列,依次完成分料、夯实、整平、抹光等工序。

此机行走机构采用机械传动,发动机输出动力,经过变速器、传动轴后,最后由一链条机构带动行走钢轮。

(1)分料机上的主梁为一可伸缩的钢套结构。人工调节主梁两端的螺杆机构可改变主梁长度,达到改变摊铺宽度的目的。分料器为刮板式分料器。

(2)夯实机上的振捣梁,通过连杆和上方主梁上的凸轮相连,发动机带动主梁旋转,振捣梁在凸轮机构作用下起振。振捣梁的振幅可调,频率不可调,恒定为40r/min。在振捣梁的前面有一个控制虚方(即:未经振实的混凝土)高度的刮板。

(3)抹平机为一斜角式抹平机,斜角为10°。抹平板前面的微振梁由液压马达带动,其振幅和频率均可调。此机无专门的调拱装置,路拱是靠两次摊铺路面时形成。

HTG4500型为中小型水泥混凝土摊铺机,工作压力不太高。其液压部分采用中压系统。齿轮泵的调整压力为160MPa。

第1台(分料)机的液压系统:

该机的液压系统组成如图5-8-1所示。

在这个单泵定量系统中有2个回路,即支腿升降回路和刮板摊铺器旋转控制回路。机架为马鞍形的,支腿油缸有2个,分别布置在轨道一侧的两个鞍腿之间。通过支腿油缸的伸缩使鞍腿分开或收拢,机架也就相应地降低或升高。

在两种情况下需要调节机架高低:一种是调节摊铺器的高度;另一种是需要重复摊铺路面时,抬起机架倒行。刮板式摊铺机有两个自由度,横

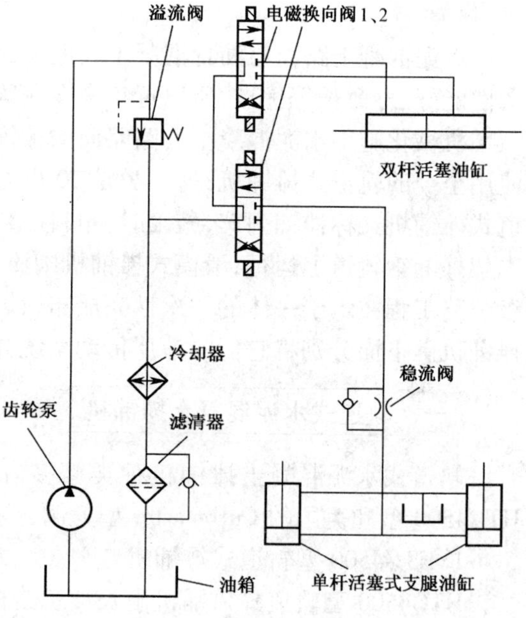

图5-8-1　HTG4500型水泥混凝土摊铺机第1台机(分料机)液压系统图

向移动和绕自身轴线旋转。在此机中，横向移动是通过机械传动实现的，而旋转运动则是由双向油缸带动与刮板相连的齿轮齿条机构实现的。当刮板横向移动到一端终点时，由人工控制离合器实现转向。

刮板摊铺机旋转控制回路主要组成有：齿轮泵、溢流阀、三位四通电磁换向阀1、双杆活塞油缸等。系统的压力由溢流阀调定。液压油经液压油泵出来后，经换向阀1直接进入双杆活塞油缸。双杆活塞油缸工作时，缸套不动，而是缸轴来回移动带动齿轮也来回移动。电磁换向阀1控制油缸的换向，实现刮板反向旋转摊铺。电磁换向阀1与油缸是连动的，比如，接通换向阀1上的电源，换向阀1打到下位，油缸右腔进高压油，缸轴左移。当移动到左顶端时，阀1上的电源被换向，于是换向阀1又打到图中上位的位置；油缸的左腔进油，缸轴右移，当缸轴移动到右顶端时，换向阀1又自动换向。如此不断循环，实现摊铺机的连续作业。

支腿升降控制回路主要组成有：齿轮泵、溢流阀、三位四通电磁换向阀、稳流阀和支腿油缸、油箱等。回路压力由溢流阀调定。液压油从泵出来后，经换向阀2和稳流阀后，进入支腿油缸。在此回路中，支腿油缸是单作用油缸。当需要抬高机架时，电磁换向阀2打到图中上位，高压油进入油缸大腔，推动活塞上行，支腿合拢，机架上升；需要降低机架时，换向阀2打到下位，回路处于卸荷状态。在机重作用下，推动活塞下行，支腿油缸大腔的油回到油箱。两支腿油缸并联，可使两边支腿动作一致。

此回路的另外一个重要元件是稳流阀（即单向节流阀），该阀起到限流降压的作用。它由固定式节流阀和单向阀并联组成，安装在支腿油缸的进油口处。当支腿油缸进油时，节流阀限制了进入油缸的最大流量，机架上升缓慢平稳，这样可精确调节控制机架高度。下降机架时，油缸下腔出来的油经单向阀回油，故下降迅速，节省时间。

支腿升降控制回路和摊铺器旋转控制回路是串联在一起的，故两回路能同时工作。

第2（夯实）、3（抹光）台机组液压系统（图5-8-2）：

此系统是双泵系统，共有4个回路：夯实机支腿升降控制回路、微振梁振动回路、抹平机支腿升降控制回路、抹平板移动控制回路。前两个回路共用泵1，后两个回路共用泵2。

HTG4500型水泥摊铺机第2、3台机的液压系统如图5-8-2所示，下面就各回路分别作介绍。双泵出口压力分别由溢流阀调定，并由压力表14监控。在泵1系统中的两个工作回路（夯实机支腿升降控制回路和微振梁振动回路）不同时工作，由回路选择阀3（二位四通电磁换向阀）实现。当阀3打到左位，微振回路工作；当阀3打到右位，夯实

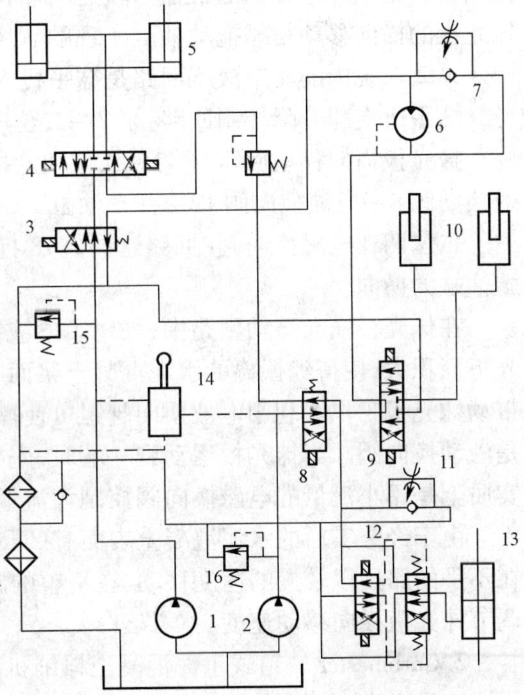

图5-8-2　HTG4500型水泥混凝土摊铺机第2、3台机（分料机）液压系统图

1、2-齿轮泵；3、8-二位四通电磁阀（回路选择阀）；4、9-三位四通电磁阀；5-支腿油缸；6-微振马达；7、11-单向节流阀；10-支腿油缸；12-电液换向阀组；13-拖动油缸；14-压力表检测开关；15、16-溢流阀

机支腿回路工作。

夯实机支腿升降控制回路:泵 1→二位四换向阀 3→三位四通换向阀 4→支腿油缸 5→油箱。

微振回路:泵 1→二位四通阀 3→单向节流阀 7→马达 6→油箱。

夯实机支腿升降回路:当三位四通换向阀 4 打到左位,支腿油缸大腔进油,机架上升;当换向阀 4 打到右位,支腿油缸小腔进油,机架下降。背压阀调定压力不高,其主要作用是限制支架升降速度,使支架升降平稳及避免发生撞击。

微振回路:在该回路中,液压马达带动抹光板前面的微振梁起振,使水泥混凝土得到进一步的压实。它要求振动不能过大,而且振幅和频率均可调,以期对不同塌落度的材料都有较好的振实效果。以上的要求在液压回路中由节流调速阀 7 来保证,调节节流阀 7 的流量,使液压马达回转速度改变,从而改变振动梁的振幅和频率。

抹平机支腿升降控制回路和抹光板的移动控制回路:HTG4500 型轨道式混凝土摊铺机采用斜角式抹光板来完成路面的精抹工作。用斜角式的一个好处是能消除路面的横向波纹,因为在前面的工序中,刮板、振动梁等工作装置均横向平行布置,施工时必然会留下横向波纹。由于斜角式抹光板布置与前面的工作装置不平行,所以能把前面工序留下的横向波纹消除掉。抹光板在施工时一方面随机器沿轨道向前移动,一方面又是斜移,因此其运动轨迹为锯齿形。抹光板的横向移动是靠拖动油缸实现的。

泵 2 系统中的两个液压回路是抹平机支腿升降回路和抹光板横向移动回路。

抹平机支腿升降控制回路:泵 2→二位四通换向阀 8→三位四通换向阀 9→支腿油缸 10;

抹光板横向移动回路:泵 2→二位四通换向阀 8→单向节流阀 11→油箱;或泵 2→二位四通换向阀 8→电液换向阀 12→拖动油缸 13→油箱。

二位四通电磁换向阀(回路选择阀)8 控制两回路阀的换向。三位四通电磁换向阀保证支腿油缸的换向。

在抹光板横向移动回路中,采用了电液换向阀组 12 来控制拖动油缸 13 的换向。由于抹光板面积大,使得经振捣的水泥混凝土浆面与板间有很大的吸附力,因此必须用很大的力才能带动抹光板工作。利用电液换向阀组可使操作轻便。在这个阀组中,前面是电磁先导阀,后面是液动换向阀。当抹光板运动到一端时,先导阀上的电路自动换向,使液动阀换位。因此阀组实质上是用小流量的电磁换向阀控制大流量液控换向阀实现换向。

由于经夯实后的水泥混凝土表面有凹凸不平的现象,故抹光板的横向移动速度可调,使其在不平的路段以较慢的速度移动,在平整的路段以较快的速度移动。回路中采用旁路节流来调节抹光板横向移动速度。

2. Curbmaster 轨道式水泥混凝土摊铺机

Curbmaster 轨道式水泥混凝土摊铺机是美国 Curbmaster 公司的产品。Curbmaster 轨道式水泥混凝土摊铺机是系列产品,共有 3 种,其技术参数如下:

摊铺宽度(m):3.04 ~ 4.87、3.65 ~ 6.09、4.57 ~ 7.62

机重(kg):8618、9072、9979

行走速度(m/min):0 ~ 6.09

最大摊铺厚度(cm):30

此机的施工流程为:摊铺→振捣→整平→(真空吸水)→抹光→拉毛→切缝,整套工作连续作业,施工速度快。

该机工作装置:

(1)摊铺器中螺旋式摊铺器:直径为30.4cm,配有15.2cm长的加宽件。

(2)振动整平板:振动频率40r/min,移动行程为15.2cm,振动整平板随着机器行走自动工作。

(3)振动器:排式振动,频率10 500r/min,也能随机器行走自动工作。

(4)抹光板:宽度为76.2cm,由弹簧浮式悬挂在主机上。

增加摊铺宽度是提高水泥混凝土摊铺机综合性能、扩大作业范围的重要手段。Curbmaster轨道式水泥混凝土摊铺机机架的加宽是由加宽油缸伸缩从而控制可伸缩机架的长度来实现的。而工作装置,如螺旋摊铺器、整平板,可以接上单位长度为15.2cm的加宽部分进行有级加宽。

工作装置的高度决定了摊铺厚度,因此工作装置高度调节相当重要。Curbmaster轨道式水泥混凝土摊铺机则有粗、细调节装置实行精确控制,先用支腿油缸使机架升降进行粗调,然后调节螺旋摊铺器、整平板、抹光板等的提升油缸进行精调,直到达到要求为止。

Curbmaster轨道式水泥混凝土摊铺机的一个特点是设有转向传感器,能控制摊铺机沿路面情况自行转弯。这样不但免除了转弯时轨道与车轮的不必要摩擦挤压,还避免了车轮打滑的现象,从而节省动力,又提高了路面的摊铺质量。

Curbmaster轨道式水泥混凝土摊铺机液压系统共有12个回路(图5-8-3)。它们分别是:行走回路、螺旋摊铺器运转及提升回路、整平板搓动及提升回路、振动棒振动及提升回路、搬动回路、压力清洗回路、支腿油缸控制回路、机架加宽回路、快速调拱回路等。全系统有三个定量泵,其中泵48为振动回路用定量泵驱动振动排起振,此泵压力最低。余下两泵组成一双级定量泵11。

除振动回路以外其余11个回路均由双级定量泵供油。二级出口压力为一级出口压力的两倍。为了平衡两出口的油压,在它们之间加了一个平衡阀。采用双级泵的目的就是为了增加泵出口的压力。

1)行走回路

图5-8-3中行走回路可按图5-8-4说明:

双级泵11的一级出油由溢流阀49调定压力。二位二通电磁阀50用于紧急卸荷用。机器行走速度是通过调速阀77调节进入行走马达的流量来实现调节的。采用调速阀取代节流阀大大增加了行走的稳定性。分流阀10的采用起稳流分流及达到同步的作用,使左右两轮在直线上行走时保持同速。换向阀54控制行走马达的转向。该机的转向由转向传感器控制。转向传感器通过改变左右马达的流量来实现摊铺机的自动转向。

2)螺旋摊铺器运转和提升回路

图5-8-3中的螺旋摊铺器运转回路可用图5-8-5来理解:螺旋摊铺器从中间分成左右两部分,并分别由液压马达5驱动。由分流阀10控制各液压马达同步运转。螺旋摊铺器两端各设有一个提升油缸37、64,从而组成螺旋摊铺器的提升回路,以控制螺旋摊铺器的工作高度。

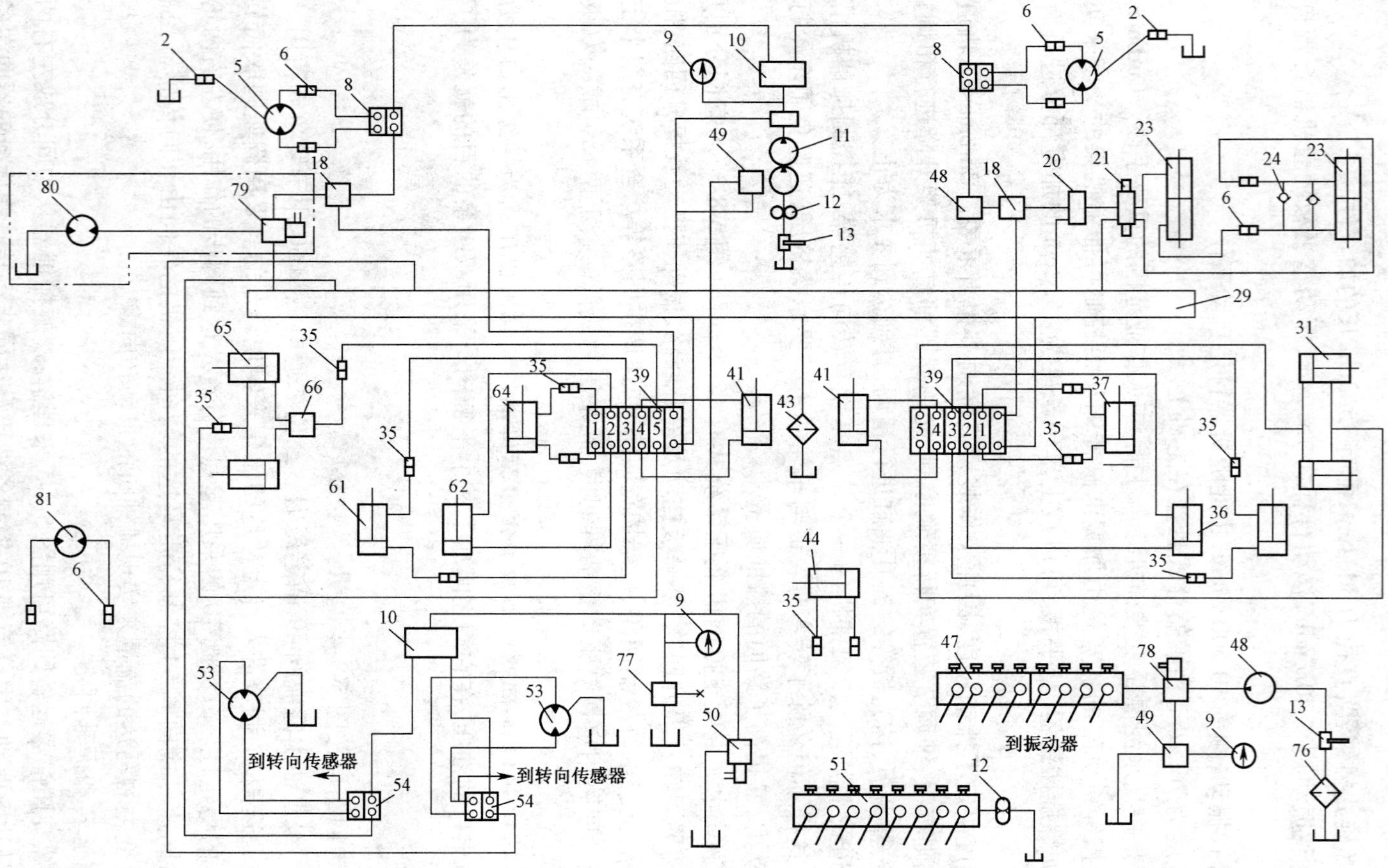

图 5-8-3　Curbmaster 轨道式水泥混凝土摊铺机液压系统图(部分图注)

2、6-快速接头;5-摊铺马达;8-换向阀;9-压力表;10-分流阀;11、48-泵;12、76-滤清器;13-单向球阀;17-管路;18-流量调节器;20-调速阀;21-换向阀;23-整平板驱动油缸;24-单向阀;29-回油总管;31-支腿油缸;35-快速接头;36、61-整平板(抹光板)提升油缸;37、64-螺旋摊铺器提升油缸;39-多路换向阀;41-振动器提升油缸;43-冷却器;44-加宽油缸;47-振动棒进油集流压力总管;49-溢流阀;50-电磁阀;51-振动棒回油集流总管;53-行走马达;54-换向阀;65-搬动油缸;66-分流阀;77-调速阀;78、79-电磁阀;80-压力水清洗机马达;81-调拱马达

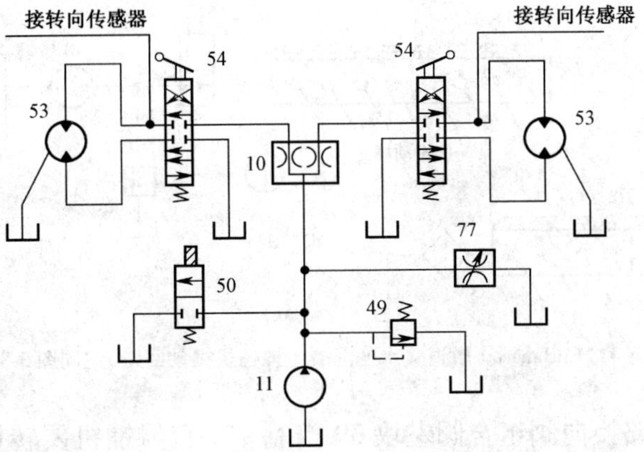

图 5-8-4　Curbmaster 轨道式水泥混凝土摊铺机行走液压系统图(注同图 5-8-3)

3)整平板搓动及提升回路

整平板在工作时由整平板驱动油缸 23 完成其搓动动作。图 5-8-3 中的搓动回路工作原理,如图 5-8-6 所示。

两油缸 23 串联在一起,均为浮动油缸,浮动油缸能随着路况的变化而自行调整动作速度。外界阻力大时,浮动油缸降低速度,反之增大速度。这样整平板在预整平时能在不平处减慢速度增加搓动时间,而在平整的路面则快速前进。整平板两端各有一对提升油缸 36、61 控制整平板的工作高度。

4)振动器振动及升降回路

图 5-8-3 中的振动回路工作原理示意如图 5-8-7 所示。

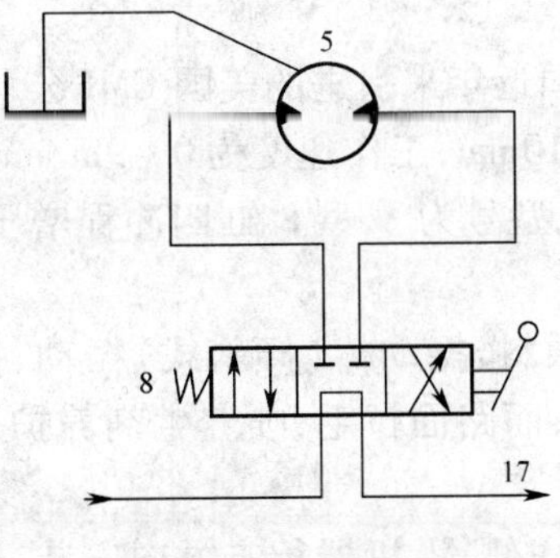

图 5-8-5　Curbmaster 轨道式水泥混凝土摊铺机螺旋摊铺器运转回路(注同图 5-8-3)

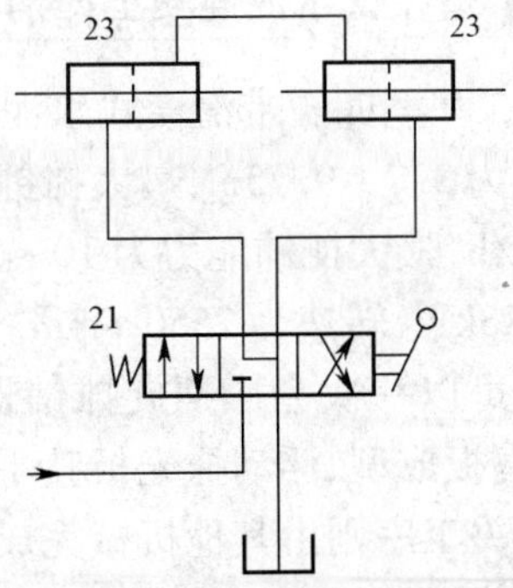

图 5-8-6　Curbmaster 轨道式水泥混凝土摊铺机整平板搓动回路(注同图 5-8-3)

振动棒起振是由泵 48 驱动的,由于振动棒为排式工作,所以压力油由振动棒集流压力总管 47 供给。回油也是通过集油总管 51 再回到油箱。振动棒内有液压马达及偏心振动块,高压油一经输入即可产生振动。振动棒均匀排挂在一个横梁上。通过调整振动提升油缸 41 可调节振动棒的插入深度。

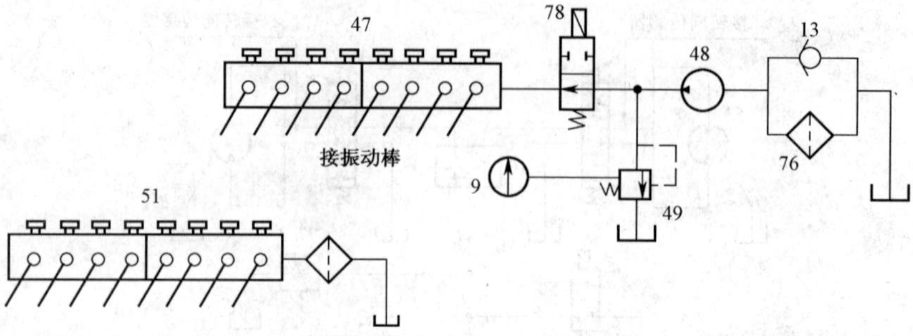

图 5-8-7　Curbmaster 轨道式水泥混凝土摊铺机振动回路(注同图 5-8-3)

5)其他回路

搬运油缸 65 受多路换向阀组合阀左块 39 控制。一旦摊铺机要转换工地时,调整搬运油缸动作使搬运轮胎着地,然后牵引车将摊铺机拖走,分流阀 66 将均分进入两个搬运油缸的流量。支架腿油缸控制机架的升降,由多路换向组合阀右块控制。

压力清洗机的作用是在摊铺机施工完毕后,液压马达 80 旋转带动清洗机产生高压水,对摊铺机进行清洗。液压马达 80 由电磁阀 79 控制。机架加宽油缸 44 一般不接入油路而处于游离状态,需要增加摊铺宽度时,把螺旋摊铺器提升油缸两边的快速接头接上加宽油缸 44 两边的快速接头 35 即可。

快速调拱回路。由于调拱是在摊铺机正式作业之前进行的,故调拱回路并不是常接在主油路中。调供马达 81 是双问马达,当摊铺机施工完毕或需要加长整平板时,需要使马达反转使工作装置恢复平面,以便装上加长件。

Curbmaster 轨道式水泥混凝土摊铺机的快速调拱只用于整平板及抹光板上,而螺旋摊铺器的拱度调节却是由手工完成的。

二、滑模式水泥混凝土摊铺机

SF－350 型四履带滑模式水泥混凝土摊铺机,是我国近年来引进的美国 CMI 公司的产品。摊铺宽度为 3.7～9.75m,最大摊铺水泥混凝土厚度为 610mm,工作速度为 0～9m/min,行走速度为 1km/h,最大摊铺能力为 10～21.5m^3/min。发动机型号为 V 型 8 缸四冲程增压柴油机,功率为 186kW,转速为 2550r/min。

该机可以一次完成螺旋摊铺器布料、进料控制板限料、振动棒(倾斜式)振动、捣实板捣实、成型模板成型、浮动抹光板整平、拖布精整平及吸水,而路面拉毛、喷养生剂养护及伸缩缝切割等有关工序则由其他机械完成。

滑模式摊铺机行走装置为四条履带,滑动模板在其内侧,沿机器行走方向安装;行走方向和路面摊铺高度,均靠路面两侧桩上拉紧的基准线控制自动调平装置(自动找平和自动转向传感器构成的自动控制系统装置)来进行。为确保水泥混凝土有良好的振压效果,液压振动器可集中或独立控制,也可变频及深度位置控制等。

整机液压系统可分为以下几个独立的系统或回路。

1.行走液压系统

行走液压系统如图 5-8-8 所示。

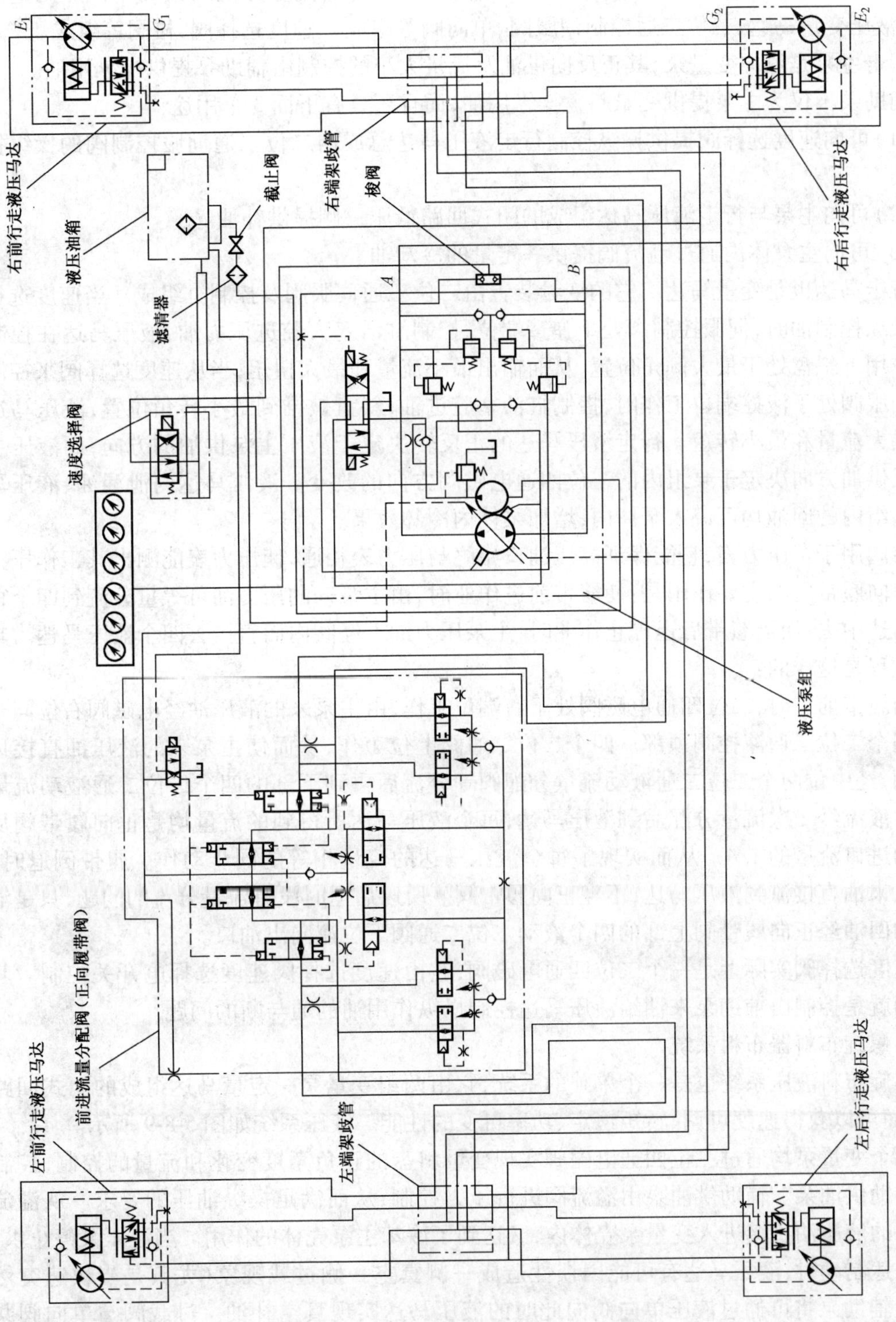

图5-8-8　行走液压系统图

系统主要由液压泵组(由行走变量泵、辅助定量泵、三位四通电磁阀、辅助泵溢流阀、单向节流阀、单向阀和过载阀等组成)、正向履带阀(即履带前进流量分配阀)、四个液压马达总成(均由液压变量马达、二位三通控制伺服阀、单向阀等组成)、速度选择阀、梭阀等组成。

行走主泵是双向变量泵,其正反向供油及流量大小的控制由辅助泵提供操纵用油。

辅助泵不仅为主泵提供变量斜盘操纵用油,而且还具有下面3个用途:

(1)可向速度选择阀提供操纵控制行走液压马达总成内二位三通伺服控制阀的操纵控制用油。

(2)可向主泵与行走液压马达组成的闭式回路低压一侧提供补油。

(3)可向主泵体内通过溢流阀提供一定量的冷却油。

行走马达也是变量马达。它的变量装置由二位三通伺服阀及控制缸组成。当速度选择阀不来操纵控制油时,伺服控制阀处于弹簧端位,控制缸活塞大腔进压力油,液压马达在控制缸弹簧作用下斜盘处于最大倾角位置,从而输出最小流量和最大扭矩;当从速度选择阀来控制油并使伺服阀处于液控端位工作时,控制缸活塞腔进油,斜盘被推到最小转角位置,液压马达可输出最大流量和最小转矩。行走液压马达的正反转决定于液压主泵供油的方向,而液压主泵的正反供油方向决定于泵组内的三位四通电磁阀方向的改变。液压马达内泄漏油、液压马达控制阀组内的回油均可流入泵体内,增加泵体内冷却效果。

梭阀用于接压力表,它能保证高压油口始终与压力表相通,使压力表能测出其工作压力。

正向履带阀的主要作用是:使履带前进作业时,由主泵来的压力油可等量分流到四个行走液压马达中去;而当履带后退停止作业时,主泵压力油不经阀内而直接去四个液压马达。具体工作过程是这样的:

当履带前进时,二位四通电磁阀处于右端位工作,由主泵来的液压油经电磁阀右位同时作用在四个二位二通液控阀顶部。四个二位二通阀上位工作,从而使主泵来的液压油直接顶开单向阀,经中位两个二位二通液动流量分配阀等分流后再到下部的四个二位二通液动流量分配阀。液流经二次流量分配后到液压马达,每个液压马达所得到的流量均是正向履带阀从主泵来油进口流量的1/4。从而实现了每个液压马达的流量相等的同步动作。履带倒退时,由于主泵来油直接流到液压马达,不经正向履带阀。所以后退时没有流量分流的问题,只是液压马达的回油经正向履带阀上部的四个液动二位二通阀下位流向出油口。

速度选择阀实际上是一个二位四通电磁阀,它由速度选择阀速度选择电开关控制。其主要作用就是控制由辅助泵来油给液压马达控制操纵作用油的通与断的问题。

2. 螺旋布料器布料系统

螺旋布料液压系统也是一个单独的系统,它由两组变量泵—定量马达组成的闭式回路组成,从而可以获得速度可调、转矩恒定、功率可变的性能。液压系统如图5-8-9所示。

两个变量泵均通过三位四通电磁阀实现变量斜盘的正负角度变化和流量的控制,控制油来自辅助供油泵。辅助供油泵由溢流阀进行压力控制,从而满足操纵油压的要求。从溢流阀溢出来的液压油直接进入变量泵壳体内,又达到了冷却主泵壳体的作用。当液压泵停止供油、液压马达制动时,液压马达有可能因惯性造成一侧真空一侧过载现象(尤其是当快速突然制动时),辅助泵将可通过液压单向阀向此时的液压马达实现真空补油。过载阀与单向阀共同起到对液压马达过载补油的作用。

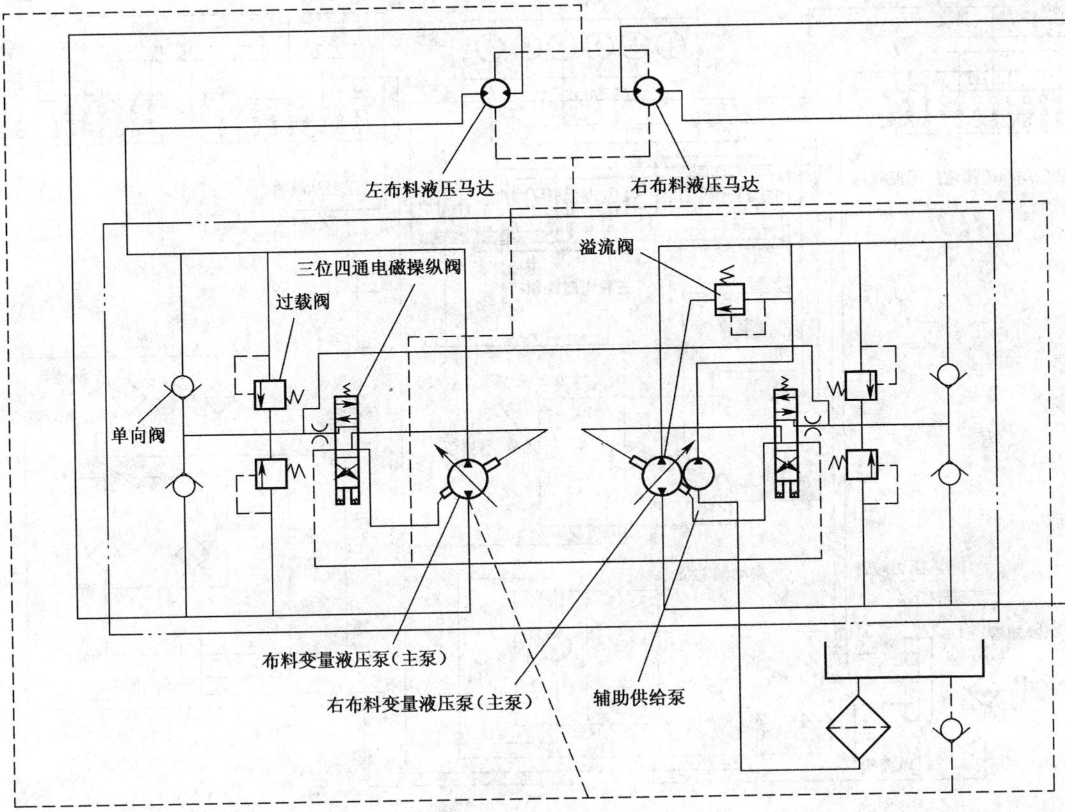

图 5-8-9　螺旋布料器液压系统图

由上可知，每个回路中的液压马达可以单独地正反转，两个回路液压马达的配合则可组成对水泥混凝土混合料的许多组合形式布料的要求。

3. 振动棒振动液压系统

滑模式摊铺机的混合料振实及获得一定的密实度要求是由若干个振动棒组成的振动装置完成的。由于施工中对不同性质的混凝土（材料、级配、水灰比、塌落度、干硬性等）要求经常在变化，所以它的振幅、频率也要求随时可调。

悬挂振动棒的支撑横梁也是通过液压油缸操作的，当操作者首先把支撑横梁调定到一个合适位置后，振动棒振动液压系统工作才有效。

振动棒振动液压系统主要由振动变量泵（主泵）、振动增压泵（辅助泵）、流量分配控制阀组、三联电磁阀组、电磁卸荷阀组、液压油冷却器及压力油歧管等组成，如图 5-8-10 所示。

振动变量泵从液压油箱经单向阀 1 或滤油器进油后，压力油直接进入压力歧管，再从压力歧管分配到系统的左、中、右流量分配控制阀组中去，每组流量分配控制阀都有 5 个独立的流量控制阀，每组流量分配控制阀就可接 10 个振动棒，图示有三组阀，总共可接 30 个可调频的振动棒供系统使用。由于振动变量泵是压力补偿变量泵，其压力补偿控制器可控制调节轴向柱塞泵斜盘向一个方向倾斜由零到最大的角度，在确保出口压力恒定的情况下，以供给系统需要的无级调速泵流量。

振动辅助泵又可称振动增压泵，主要是将从油箱吸入的液压油压入压力歧管后经冷却器

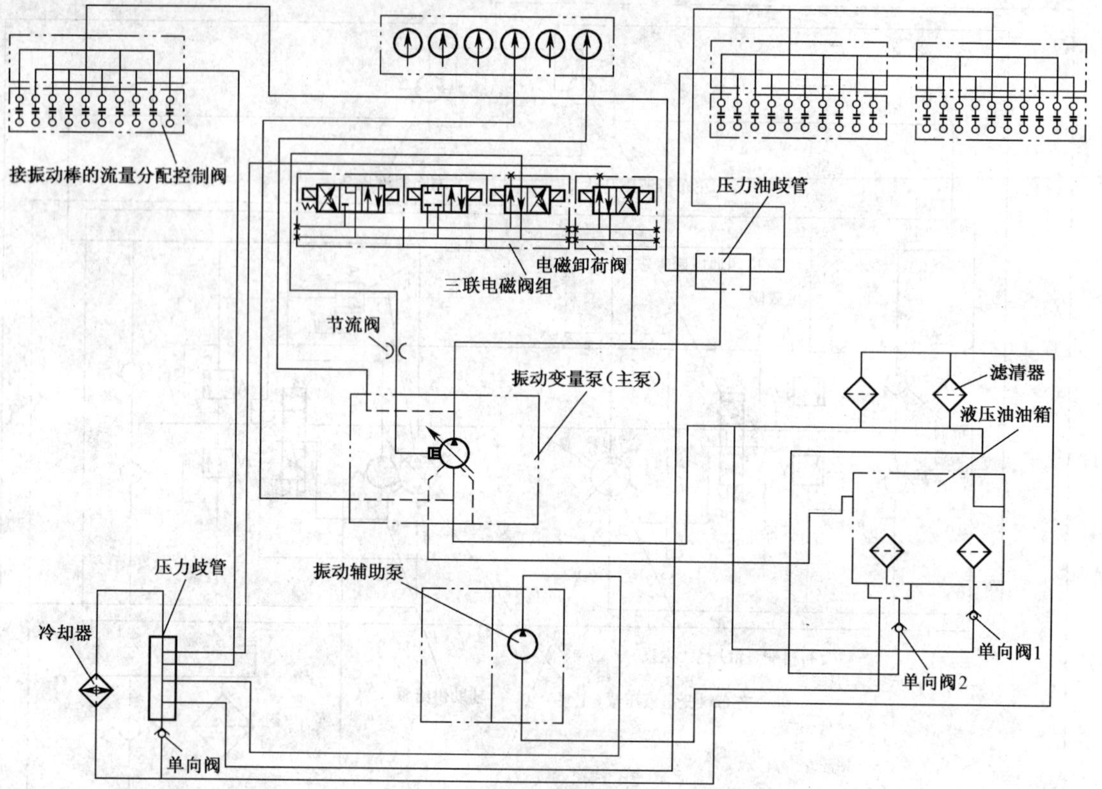

图 5-8-10　振动棒液压系统图

至滤清器，使经过一定加压及过滤过的压力油一路经单向阀 2 可重返液压油箱（相当于给液压油箱内的液压油加压），另一路可供变量主泵增压吸油，提高振动主泵的自吸效果。与振动辅助泵装在一起的还有行走辅助泵、捣实泵（图中未将该两个泵画出）。

二位四通电磁阀是一个卸荷阀，当内燃机起动时，主泵流量可通过同时接通电磁阀端电路的二位四通阀右位卸荷。发动机正常工作后，阀又回到左位，切断主泵的卸荷。

三联电磁阀组中右边的二位四通电磁阀是控制主泵压力补偿器进操纵控制油的阀。

从主泵来的液压油进入该阀右位（主泵供应起振压力油后，电磁阀端电磁线路自动通电，使右位工作），经节流阀节流减压成低压操作油，作压力补偿器操纵控制油用。

可见，振动棒振动流量的大小完全是通过自泵压力油随外负荷变化提供相适应的操纵控制油，从而达到泵斜盘角度相应的变化，使振动棒振动流量得到相应的保证。阀组 3 中左边的三位四通电磁阀是机架伸缩控制用阀，三联电磁阀组中中间的二位四通阀是供喷水清洗设备用阀。

4. 捣实液压系统

经振动棒振动过的水泥混凝土，尚需要经捣实梁捣实，以便把表面上的粗骨料压入混凝土中，然后再到下一个成型工序。

捣实工作原理是：当液压马达转动时，带动偏心轮运动，偏心轮把动力通过连杆机构、驱动棒、支撑杆等一系列机构设置，使捣实梁可作上下和左右运动，从而起到使混凝土进一步捣实的作用。

捣实液压系统主要由捣实液压泵、流量控制阀组和捣实液压马达等组成,其液压系统如图5-8-11所示。

当振捣作业开始时(二位三通电磁阀通电且左位工作),捣实液压泵(齿轮泵)从冷却油路(通过滤清器)和液压油箱(通过单向阀1)吸油后,将压力油压入控制阀组(经阀组内调速阀稳流后通过二位三通电磁阀)再进入捣实液压马达,液压马达旋转带动振动捣实梁工作,液压马达回油经回油歧管、液压油冷却器或旁通单向阀3、滤清器、单向阀2回到液压油箱。如果捣实马达尚不需要工作,二位三通电磁阀通常处右位,液压泵从二位三通阀右位卸荷。

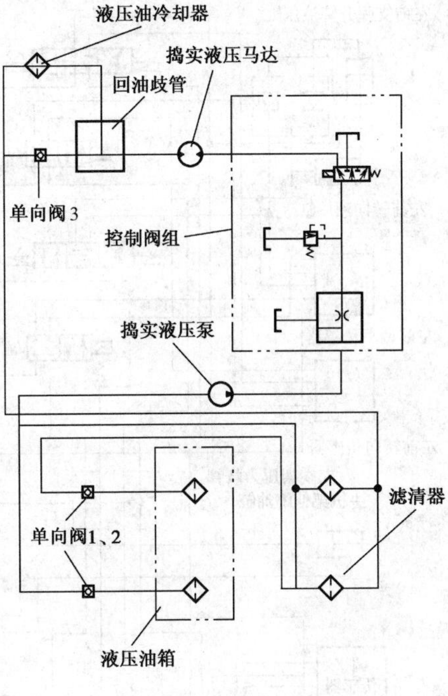

图5-8-11　捣实液压系统图

5. 辅助液压系统

辅助液压系统是由摊铺机主机架宽度伸缩回路、整机自动调平回路、整机自动转向回路、水喷洗回路及摊铺机摊铺控制装置各个回路(包括混合料进机高度控制、振捣棒提升、成型模板拱度调节及浮动盘控制等液压控制回路)等组成。系统供油是一台液压辅助系统泵(变量泵)提供,压力油由液压辅助系统泵出来经压力滤清器、压力歧管后流向各工作回路的。为清楚起见,下面将该辅助液压系统分为图5-8-12和图5-8-13来简要分析。

1)主机架伸缩、自动调平、自动转向、喷水等回路系统图

图5-8-12所示为主机架伸缩、自动调平、自动转向、喷水等回路组成的系统图。

(1)主机架伸缩液压回路

如图5-8-12所示,来自辅助系统泵的液压油经压力油滤清器、压力歧管到达电磁组合阀组的三位四通双向电磁阀,从而控制主机架两个并联的主机架伸缩液压缸的伸出或回缩的动作。

(2)水喷洗液压回路

如图5-8-12所示,来自辅助系统泵的压力油同样经压力油滤清器、压力歧管后到达电磁组合阀组的二位四通电磁阀,控制喷水液压马达旋转,使冲洗水带有一定压力而喷出。

(3)整机自动调平液压回路

摊铺机作业时,具有不管路基高低不平而使混凝土摊铺层保持在预定设计的高度上的功能。其工作原理是在4个行走机构的支腿升降油缸上分别安装有水平传感器(液压随动器),其上铰接有触杆,触杆的一端靠自重始终压紧在侧边路基上拉紧的钢丝绳上。当机器作业时因路基高低而下降、抬高时,触杆端(与压紧在钢丝绳端对应的偏心轴相接的触杆端)便会相应地升高、下降,从而使液压传感器(液压随动器)内阀芯移动,使泵来的高压油相应地只进入升降油缸的上腔、下腔。使机器又上升、下降。

如图5-8-12所示,调平液压系统液压回路由辅助系统泵、压力歧管、左、右端架歧管、调平电磁阀组(由一个三位四通双向电磁阀和一个二位四通单向电磁阀组成)、四个调平传感器

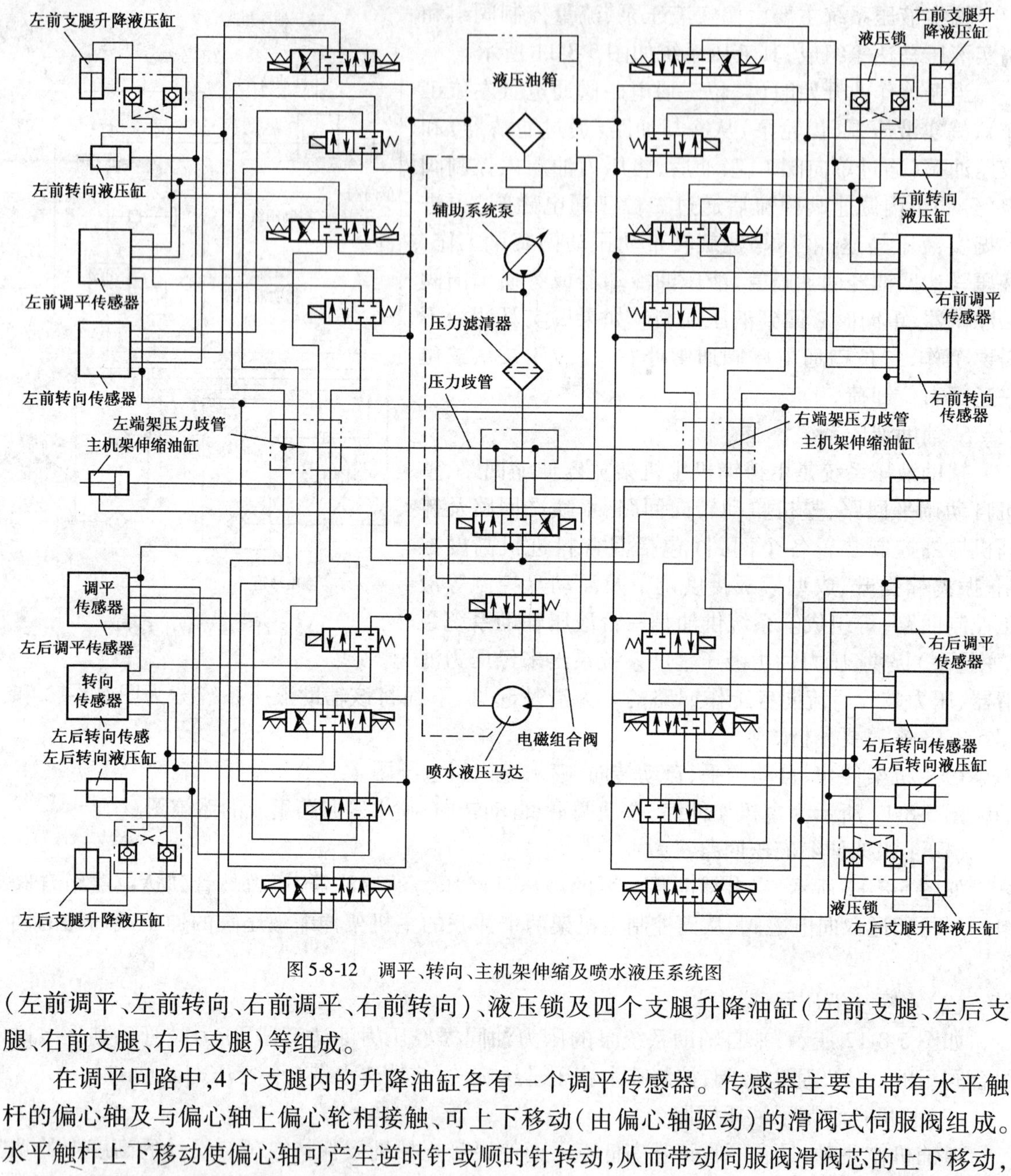

图 5-8-12　调平、转向、主机架伸缩及喷水液压系统图

（左前调平、左前转向、右前调平、右前转向）、液压锁及四个支腿升降油缸（左前支腿、左后支腿、右前支腿、右后支腿）等组成。

在调平回路中，4 个支腿内的升降油缸各有一个调平传感器。传感器主要由带有水平触杆的偏心轴及与偏心轴上偏心轮相接触、可上下移动（由偏心轴驱动）的滑阀式伺服阀组成。水平触杆上下移动使偏心轴可产生逆时针或顺时针转动，从而带动伺服阀滑阀芯的上下移动，滑阀芯的移动使得伺服阀两个油口中的一个油口打开，另一个油口关闭，从而使支腿升降油缸伸出（升高）或缩回（降低）。

电磁阀组由控制台上一系列调平开关控制，可手动或通过传感器自动调平。

（4）整机自动液压转向回路

在摊铺机行走机构的前后 4 个支腿上，各安装有一个方向传感器。方向传感器根据是否在放样线一侧来区分，分别称为转向传感器和反馈阀，其实它们的构造及作用原理完全一样。而且同调平传感器的构造及作用原理也完全一样，都是带触杆的偏心轴转动后推动伺服阀滑阀上下移动的结果。传感器的动作将使支腿上的转向油缸动作，从而使履带偏转，履带轮的偏转才使得转向臂动作，并带动对应的转向液压油缸动作，使履带轮实现转向。放样线一侧是由转向传感器的触杆信号输入，没有放样线的一侧则是由通过转向反馈缆绳（将放样线侧的传感器与无放样线侧的反馈阀连接的方法）实现反馈信号输入，以实现4个履带转向同步。

转向液压回路是个电控液压回路，其作用是：通过转向液压缸的伸出和回缩，使机器进行手动或自动转向。

从辅助泵来的压力油经压力滤清器、压力歧管、支腿电磁组合阀（由三位四通双向电磁阀与二位四通单向电磁阀组成），到达支腿转向液压缸，实现履带偏转继而达到转向的目的。

电磁阀由控制台上的一系列转向开关控制，可手动转向，也可通过传感器实现自动转向。

2）摊铺机各控制装置的液压回路图

图5-8-13所示为摊铺机各控制装置的液压回路图。

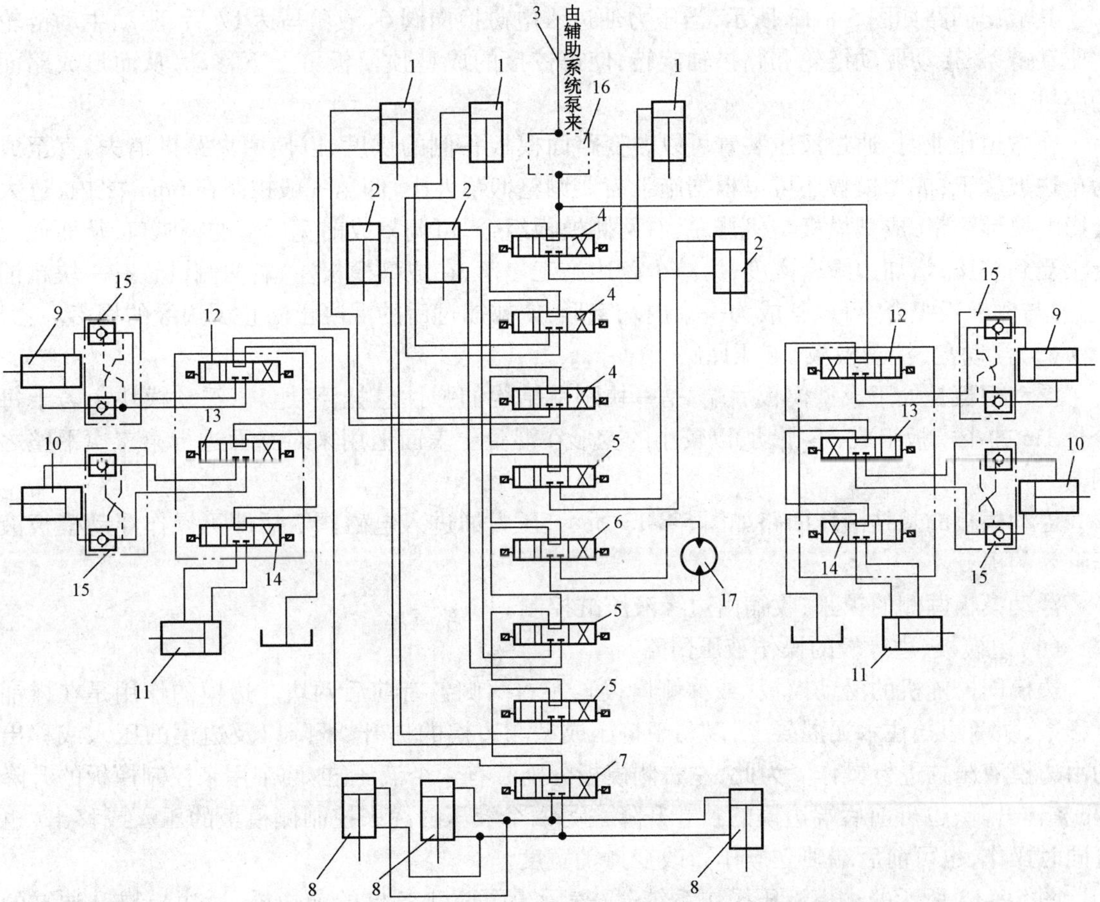

图5-8-13　摊铺装置液压系统图

1-混合料高度控制（虚方控制）梁液压缸；2-振动棒提升液压缸；3-由辅助系统泵来的压力油；4-混合料高度控制梁电磁阀；5-振动棒提升电磁阀；6-成型盘路拱马达电磁阀；7-浮动盘电磁阀；8-浮动盘提升油缸；9-前边模液压缸；10-后边模液压缸；11-边缘液压缸；12-前边模电磁阀；13-后边模电磁阀；14-边缘电磁阀；15-液压锁；16-压力歧管；17-路拱马达

(1)混合料高度控制梁操作液压回路

混合料高度控制梁(又称虚方控制梁)主要用来控制水泥混凝土进入成型模板的数量,从而保证摊铺质量。一般调整到高于底拱板3cm效果最好。它由三个液压缸操作,可单独或整体升降。最大升降高度为30cm。液压缸的上端固定于主机架。其液压回路如图5-8-13所示,自辅助系统泵、压力歧管、双作用电磁阀4及混合料高度控制梁液压缸1组成。

(2)成型盘(成型模板)操作液压回路

经振动捣实的混凝土进入成型盘后经进一步挤压成型后成为所设计断面的水泥混凝土路面。成型模板宽度(即摊铺宽度为3.6~9.7m),它可以通过标准块(每块1.5m长)组成,相互间用螺栓连接,中间部分是铰接形式,以保证路面路拱调节的需要。

路拱调节装置不仅用于摊铺时调节路拱,而且也对拖架的中央部分起支持作用。路拱调节上部装置与主机架相连接,而下部装置用销与成型模板的中央部分相连接。上部总成由两对摊铺轴承、两个调拱链轮、一个主动链轮、路拱液压马达和驱动链条组成。

其液压回路如图5-8-13所示,当压力油进入电磁换向阀6、液压马达17后,驱动主动链轮再驱动链条、带动驱动链轮和路拱轴旋转,使得铰接的成型顶模板可上下移动,从而形成路面的路拱。

在弯道作业时,通过液压装置可以改变路面模板一侧的拱度,以使中央路拱消失,直至成为单边坡施工;成型模板还可以根据施工需要调整仰角大小,仰角一般控制在6mm之内,过大会影响摊铺质量;成型模板与机器左、右两侧模板组合,可调整成前宽后窄的喇叭口,从而使混凝土受到挤压,增加边缘密实度;为减少路边施工塌落,在成型模板左、右两侧设置有一块超铺板,它与侧模板组合,可调整成为一个内八字形,使摊铺过后的混凝土防止了边缘的塌落。

(3)浮动盘(浮动模板)液压回路

浮动模板是处于成型模板后端,是一块刚性结构的弹性悬挂浮动盘。浮动模块由若干每个长1m的小模板组成,不振动,以较小的变形在混凝土表面上用来对路面进行第二次平整之用。

浮动模板的悬挂液压回路如图5-8-13所示,压力油进入电磁阀7后即可操作浮动模板液压缸8的提升。

浮动模板两侧的扩张、收缩由边缘液压缸控制。

(4)边模板、边缘板的操作液压回路

边模即摊铺机的滑动模板(或称侧模板),左右两侧各有前后两块。边模的作用是在摊铺过程中,从两边挡住水泥混凝土,以利于挤压成型。边模的提升、下降以及边模的压入或移出均由边模液压缸进行操作。为此,左右侧模板分别装有4个液压缸:两个用来控制模板的升降(可整体升降,也可前后端边模的独立升降);另两个液压缸用来控制侧模板的压入或移出(也可同时操作,也可前后端独立操作),改变摊铺宽度。

图5-8-13所示的边模液压操作系统,仅表示出了两侧各自的前边模、后边模提升油缸的液压回路。液压油进入电磁阀12、13后,即可操作左右前边模液压缸9及左右后边模液压缸10。液压锁15是作为边模液压缸到位后保持其准确位置而用。

边模操作电磁组合阀有两套系统:一套是手动操作系统,另一套为自动操作系统。自动操作系统也可实现手动控制。手动控制时,前后边模液压缸只能同时动作。

自动控制系统相对于手动控制系统而言，是否启用由传感器控制的转阀系统控制。每个自动边模控制系统都装有一个带传感器（传感滑靴），当传感滑靴抵在已经完成的表面上时，任何表面的变化都通过滑靴端感应出来，并能通过连杆装置直接传给转阀，转阀再根据收到的信息将液压油注入边模油缸的大腔或小腔。

边缘模板的作用是在摊铺过程中置放拉筋和打入拉筋用。边缘模板的提升液压回路如图 5-8-13 所示，它的电磁控制阀 14 与左边模电磁阀、右边模电磁阀 12、13 组合成左右端架组合阀。

6. 故障分析及排除方法

1）行走系统

（1）行走泵中位的调整

此项调整是惟一涉及电位移控制的调整，此项调整必须在发动机和行走泵处于工作状态时才可进行，步骤如下：

①在前后 4 个履带下设置障碍物。

②如图 5-8-14 所示，从连接帽处拆下两个固定螺栓。为使履带齿轮箱脱离传动，可以从连接销上将连接帽取下。反转过来，使连接帽凸缘指向毂。

③将连接帽的阻断块放入连接销的槽内，将连接帽的凸缘和销一起向里（毂内）推，直到连接帽抵住盖板为止。

④安装好连接帽，固定螺栓。

⑤在其他 3 个履带行星齿轮箱上重复上述步骤。

⑥如图 5-8-15 所示。全面清洁泵，包括所有将要从泵上拆下的油塞和连接装置。

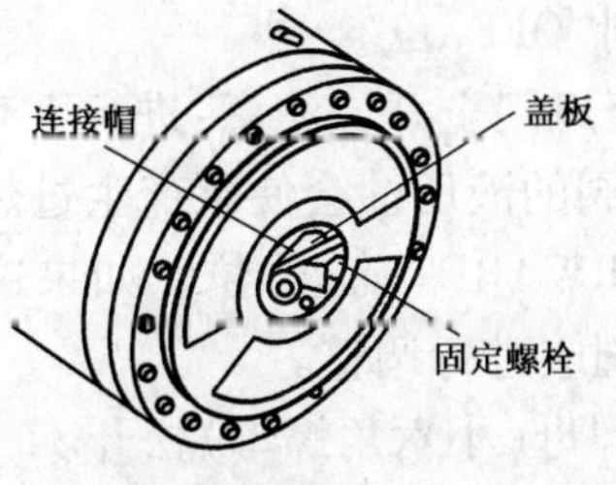

图 5-8-14　履带行星齿轮箱

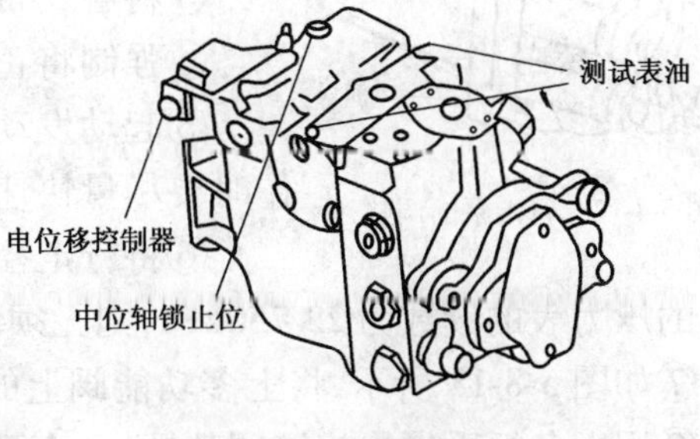

图 5-8-15　行走泵

⑦从电位移控制口上拆下电接头。

⑧从行走泵顶的油口拆下油塞，并立即安装上两个 3450kPa 的测试表。

⑨强制将正向履带开关打到“OFF”位置。

⑩起动发动机，并慢慢加速到正常工作时的转速。

⑪用扳手松开中心轴锁止螺母。

⑫旋转中心轴，直到两系统压力表读数一样。

⑬如图 5-8-16 所示，将中心轴顺时针旋转直到一个表的压力刚刚开始向上升，记下此时用六角扳手旋转到此刻的角度位置。

⑭将中心轴反时针旋转，直到另外一个表的压力刚刚开始向上升，记下此时用六角扳手旋转到此刻的角度位置。

⑮再将扳手顺时针旋转到两具位置的中间位。注意:现在的扳手位置为控制中位,此时两表的压力读数应该相同。

⑯握住此时的中心轴位置不动,拧紧中心轴的锁止螺母。拧紧力矩为15N·m。

⑰停止发动机运转,重新装上电位移控制电接头。

⑱重新起动发动机,沿一个方向扳动控制台上的运行控制柄,先到中位再到顶位,再反方向扳动控制柄又到中位。而此时泵也正好连续与控制柄同步地回到中位。

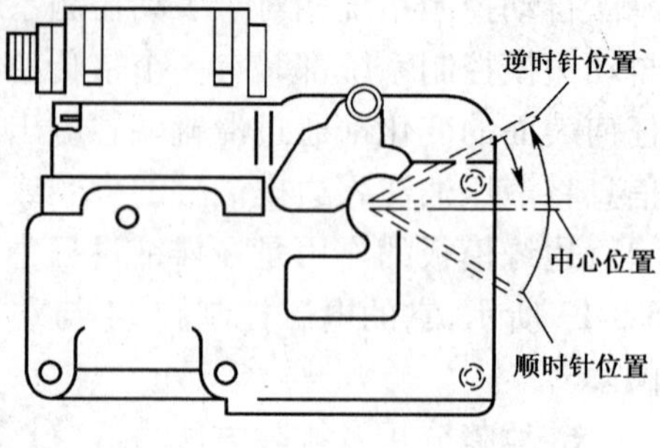

图 5-8-16　行走泵伺服中位的调整

⑲泵中位调整结束后,停止发动机运行,拆下压力表并重新装上油口油塞。

⑳拆下连接帽固定螺栓,拉出连接销使连接帽一起朝向毂外。

㉑重新安装连接帽使其凸缘由毂向外,并将连接帽阻断块插入连接销的槽内。

㉒结合履带行星齿轮箱动力后,将前后履带底的阻挡物移开,检查机器的工作情况。

(2)多功能阀的调整

多功能阀的调整主要是压力调整,此项工作将使限压阀和高压溢流阀的压力设置同时进行,并且要求发动机与行走泵处于工作状态。调整步骤如下:

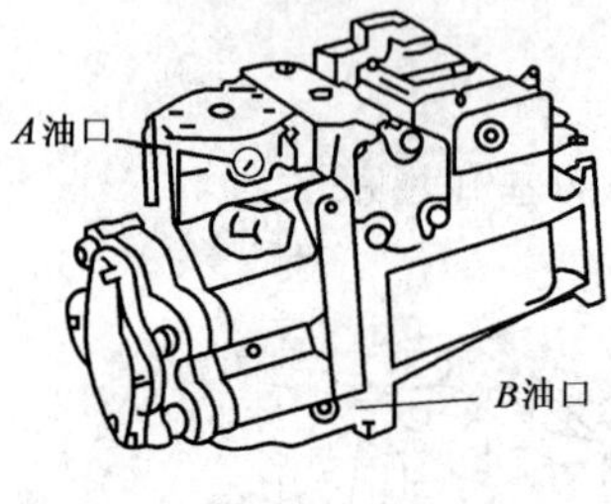

图 5-8-17　行走泵的调整

①全面清洗泵表面。

②如图 5-8-17 所示,拆下两个高压仪表油塞并在 *A* 及 *B* 油口各安装一个压力值为 68 950kPa 的压力表。

③将各履带固定于一个固定栓上。

④强制将正向履带开关打到"OFF"位。

⑤起动发动机并逐渐增速至风门全开。注意:进行下列调整工作时要尽量快速,因为流经溢流阀的液压油会使泵产生过热。

⑥将行走控制手柄移到 FORWARD(前进)位。如果这时 *B* 油口处的压力表的读数为 22 750kPa,则无须调整。否则,该阀应进行调整。

⑦如图 5-8-18 所示,将上多功能阀上的压力调整锁止螺母(小六角螺母)松开。

⑧用六角扳手慢慢旋转调整螺钉,直到压力表上指针指到要求的压力设置为止。

注意:顺时针方向旋转压力调整螺钉是增加压力设置,反时针方向旋转压力调整螺钉是减小压力设置。旋转一圈压力调整螺钉的压力变化为 8275kPa。

⑨调整完毕,拧紧锁止螺母。

⑩将控制台行走控制手柄移回中位。这时,*A* 高压油口的压力表读数应降回到充油压力 2 070kPa。

注意:为了检查新调整好的阀的实际压力设置,可再次将运行控制柄向 FORWARD 方向移动 1/5,检查当压力稳定时,同一压力表的压力读数。然后将行走控制柄扳回中间位置。

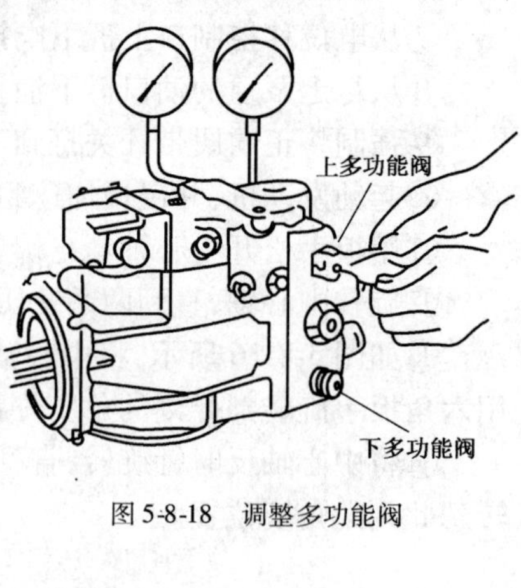

图 5-8-18　调整多功能阀

⑪重复 6 ~ 11 步骤对下多功能阀 2 进行调整。

注意:这时行走控制手柄应移到 REVERSE(后退)位,并且应取高压 A 油口的压力表读数调整和检查。

⑫当以上调整结束后,停止发动机运转,拆下两高压油表并装上油塞。

⑬将履带固定栓链拆除。

(3)履带链张紧装置调整的调整步骤

①垫高将要调整的履带处的主机架一端。

②将升降开关打到"LOWER"(降),使履带装置升起,直到履带升离地面。

③从履带顶部上将松散泥碴清除,然后在履带装置两端底部放置阻挡物。

④全面清洗注油阀和溢出阀,清除灰尘,防止污物、灰尘进入油缸。检查溢出阀是否拧紧处于关闭状态。

⑤将高压油枪对准注油阀注油,直到履带张紧,取出高压油枪。

警告:润滑脂在履带装置内有很高的压力。润滑脂由溢出阀中射出会伤害人体,因此不要用眼观察溢出阀。应观察履带或履带张紧调节油缸,看履带是否松动。松开溢出阀,注意仅旋转一圈。

⑥慢慢旋开溢出阀使润滑脂喷出,直到履带张紧装置叉架向内移 10mm,然后关闭并旋紧溢出阀。

⑦起动发动机升起履带,移开下面的阻挡物。

⑧降下履带至地面,直至主车架由垫物上升离开后,移开垫物。

(4)行走系统常见故障及原因

①机器在某一方向不移动:

a. 行走控制手柄处于中位;

b. 履带行星齿轮箱离合器脱开;

c. 液压油不够;

d. 电线断开,脱开或连接错误;

e. 行走控制失效;

f. 行走泵油压太低;

g. 系统压力低;

h. 行走泵旁路阀失效;

i. 电位移控制失效;

j. 液压传动系统失效。

②机器仅在一个方向移动:

a. 电线断开、脱开或连接错误;

b. 行走控制失效;

c. 电位移控制失效;

d. 多功能阀卡住或失效;

e. 进油单向阀卡住或失效。

③行走控制手柄处于中位、或中位和后位、或中位和前位时油压低:

a. 行走泵的进油滤清器阻塞；
b. 行走泵溢流阀失效；
c. 供给泵失效。
④系统压力低：
a. 多功能阀设置不正确或限压阀卡住或失效；
b. 电位移控制失效；
⑤机器无法置于运行状态：
a. 电线断开、脱开或连接错误；
b. 软管阻塞或扭折；
c. 电磁阀失效；
d. 行走马达流量控制失效。
⑥行走控制手柄中位档无法实现：
a. 行走控制失效；
b. 电位移控制阀失效；
c. 泵中位未调整准确；
d. 泵失效。
⑦操作系统过热：
a. 系统液压油量不足；
b. 液压油冷却器阻塞；
c. 液压油冷却器旁路单向阀阻塞，贯穿或失效；
d. 行走泵多功能阀失效，使得系统压力增加；
e. 液压传动装置失效。
⑧行走系统动作缓慢：
a. 吸油滤清器阻塞；
b. 电位移控制阀失效；
c. 行走马达旁通阀失效；
d. 液压传动装置失效。
⑨行走控制系统发动机不运转：
a. 行走控制手柄不在中位；
b. 电线断开、脱开或连接错误；
c. 发动机起动开关失效。
⑩机器对运行控制装置无反应：
a. 电线断开、脱开或连接错误；
b. 电阻失效；
c. 泵电位移控制阀失效。
⑪保险警铃不响：
a. 电线断开、脱开或连接错误；
b. 保险警铃开关失效；

c. 保险警铃失效。

2）螺旋布料器系统

（1）螺旋布料器在任何方向都不运行

①螺旋布料器控制开关处于“OFF”位置；

②行走“STOP”/“GO”开关处于“STOP”（停止），而螺旋布料器控制开关处于“AUTO”（自动）状态；

③液压油箱油量不足；

④吸油管路上单向阀关闭；

⑤行走“STOP”/“GO”开关或螺旋布料器控制选择开关接头松脱或锈蚀，接线断开、脱开或连接错误；

⑥电线断开、脱开或连接错误，锈蚀或布料器控制装置失效；

⑦进油滤清器阻塞；

⑧泵旁路阀失效；

⑨油泵溢流阀在油压低时功能失效，使液压油溢流；

⑩电位移控制阀在油压低时失效；

⑪泵伺服油孔阻塞；

⑫系统单向/溢流阀失效；

⑬螺旋布料器泵或马达失效；

⑭螺旋布料器齿轮减速装置，链驱动及轴承损坏。

（2）螺旋布料器仅在一个方向上运转

①电线连接错误或断开，接头松脱或锈蚀或布料器控制装置失效；

②系统单向/溢流阀失效；

③电位移控制（EDC）失效。

（3）噪声或振动过大

①油箱内液压油量不足；

②系统内混入空气；

③泵进油压力低；

④泵的联轴器失效。

（4）泵的中位控制不易或无法达到

①电线断开、脱开，线接头松脱或锈蚀或螺旋布料器控制手柄失效；

②当螺旋布料器控制手柄处于中位时，泵伺服阀各端压力不均；

③电位移控制失效；

④泵失效。

（5）系统操作时温度过高

①液压油箱油量不足；

②液压油冷却器阻塞或失效；

③进油滤清器阻塞；

④泵旁路阀失效；

⑤系统压力过高；

⑥螺旋布料器泵或马达失效。

(6)系统反应迟缓

①充油压力低时，泵的充油溢流阀失效；

②进油滤清器阻塞；

③电位移控制阀(EDC)失效；

④泵旁路阀失效；

⑤泵伺服孔阻塞；

⑥供给泵失效；

⑦泵或马达内部渗漏；

⑧螺旋布料器泵或马达失效。

3)振动棒系统故障分析

(1)压力补偿器控制的调整

泵的最大系统压力的调整是通过调节位于泵底部的压力补偿器调整螺钉来实现的。

①起动发动机并慢慢地加速到正常工作转速，使得液压油达到通常的工作温度。

②如图 5-8-19 所示，记下所有振动棒流量控制阀旋钮 1 的现行位置，然后将所有旋钮拨到“0”。

③在摊铺装置控制台上，将控制台电源开关及振动棒选择开关打到“ON”。将发动机转速增至全速。

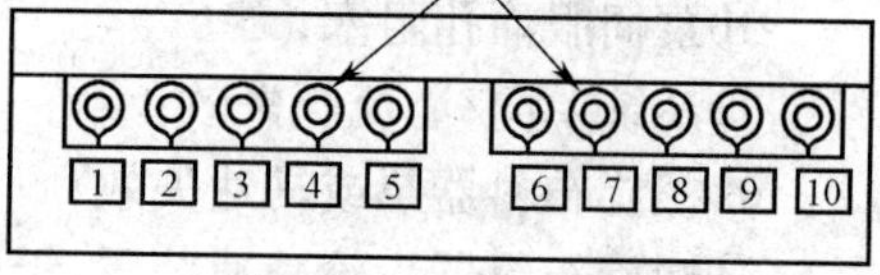

图 5-8-19　流量控制阀

④如果控制台下振动棒压力表的读数为 13 790kPa，则无须调整。否则，应调整压力补偿器 1。

⑤如图 5-8-20 所示，拆下位于补偿器端的调整螺钉护盖，并松开调整螺钉的锁止螺母。

⑥用六角扳手顺时针方向旋转调整螺钉为增压；反时针方向为减压。

注意：压力补偿器控制装置的调整范围是从 6 895 ~ 34 475kPa。每旋转螺钉一圈的压力变化为 4 550kPa。

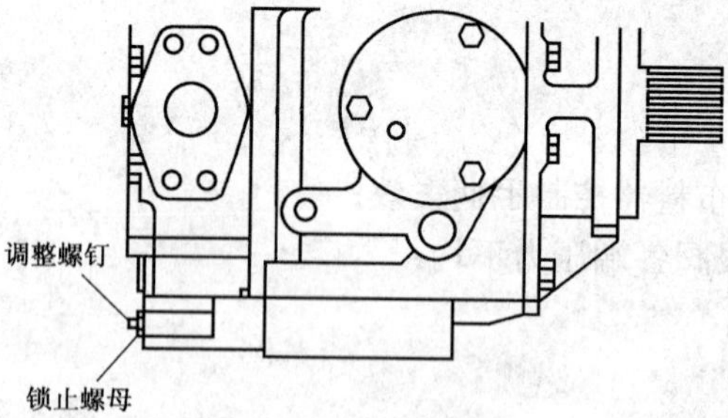

图 5-8-20　压力补偿控制器(局部)

⑦当控制台振动棒压力表读数为 20 685kPa 时，固定调整螺钉不动，拧紧锁止螺母。并重新装上调整螺钉的护盖。

⑧将振动棒选择开关打到位，发动机转速降至空转或停止运转。

⑨将所有振动棒流量控制阀旋钮转回它们在第 2 步时的原位置。

(2)振动棒系统常见故障

①振动棒不工作：

a. 摊铺装置控制台电源开关处于“OFF”位置；

b. 主控台止/动开关处于“STOP”且振动棒开关不处于“OVERRIDE”位置；

c. 控制台电路断电器跳闸；

d. 行走开关或振动棒开关接头松脱或锈蚀，电线断路，脱开或开关失效；
e. 振动棒控制电磁阀接头松脱或锈蚀，电线断路，脱开或阀电磁绕组失效；
f. 控制台断电器接头松脱或锈蚀，电线断路、脱开或断电器失效；
g. 卸荷阀因油污粘滞而打开；
h. 泵补偿器阀粘滞或失效；
i. 振动泵失效。
②单个振动棒不工作
a. 快速接头没有连接好；
b. 该流量控制阀堵塞；
c. 振动棒马达失效。
③只要发动机运转，振动棒就不停止工作：
a. 振动棒开关处于“OVERRIDE”位置；
b. 振动棒开关接头松脱、或锈蚀或开关失效；
c. 振动棒控制电磁阀因油污粘滞而闭合。
④系统工作温度过高：
a. 液压油箱内液压油量不足；
b. 进油滤清器阻塞；
c. 液压油冷却器回油歧管旁通阀失效；
d. 压力补偿阀及其阀组功能失效。
⑤泵输出流量低：
a. 液压油箱内液压油量不足；
b. 泵压力补偿器失效；
c. 电磁阀接线头松脱或锈蚀，电线断开、脱开或阀/电磁绕组失效损坏。
4）捣实系统
(1)捣实板不工作
①摊铺装置控制台电源开关处于“OFF”位置；
②主控制台行走止/动开关处于“STOP”(停止)，而捣实板开关处于“ON”；
③控制台回路断电器断开；
④流量控制阀关闭；
⑤快速接头同马达连接不正确；
⑥行走开关或捣实板开关接头松脱或锈蚀，电线断开、脱开或阀/电磁绕组(线圈)失效；
⑦捣实板电磁阀接头松脱或锈蚀，电线断开或脱开或阀/电磁线圈失效；
⑧控制台继电器接头松脱或锈蚀，电线断开、脱开或继电器失效；
⑨流量控制阀失效；
⑩捣实板泵或马达失效；
⑪捣实板驱动臂轴承卡死；
⑫捣实板支撑架不同步。
(2)一旦发动机运转，捣实板就无法停止工作

①捣实板开关处于“OVERRIDE”；
②捣实板开关接头松脱或锈蚀或开关失效；
③捣实板电磁阀因油污粘滞而打开。
(3)捣实板驱动马达的路拱装置马达漏油
①软管接头渗漏；
②油封损坏；
③联轴器及油封磨损。
(4)承受载荷时速度低
①泵的供油量低；
②马达内部泄漏大。
(5)马达工作时机械效率低或需要过高的油压推动
①液压油管阻塞；
②马达内部损坏。
5)辅助系统
(1)主机架伸缩回路故障分析与排除
①两油缸不工作：
a. 主机架伸缩电源开关不在“POWER”(接通)位置；
b. 行走止/动开关处于“GO”(前进)位置；
c. 控制台电路通断器将电路断开；
d. 主机架伸缩电路开关接头松脱或锈蚀，电线脱开、断开或连接错误；
e. 主机架伸缩出/入开关接头松脱或锈蚀，电线脱开、断开或连接错误；
f. 主机架伸缩电磁阀接头松脱或锈蚀，电线脱开、断开或连接错误；
g. 主机架的夹固件还未放松就取下。
②一个油缸有动作：
a. 主机架其中一边的夹固件还未放松就取下；
b. 液压缸失效。
(2)水喷射系统故障分析与排除
①水泵不起动：
a. 控制台喷水选择开关不处在“START”状态
b. 控制台电路断电器断开；
c. 控制台喷水选择开关接头松脱或锈蚀，电线断开或脱开或开关失效；
d. 电磁阀接头松脱或锈蚀，电线断开或脱开，阀/电磁线圈失效；
e. 控制台继电器接头松脱或锈蚀，电线断开或脱开，继电器失效；
f. 水泵马达进口处无压力；
g. 液压马达失效；
h. 水泵失效。
②系统水压低：
a. 水箱贮水量不足；

b. 水过滤器阻塞；

c. 水泵漏气；

d. 旁路溢流阀设置不当或阀失效；

e. 马达进油处液压油压力低；

f. 电磁阀接头松脱或锈蚀，或阀/电磁线圈失效；

g. 水泵失效；

h. 液压马达失效。

③当开关处于“RUN”位置时，泵却停止不工作：

a. 喷水选择开关处于“START”（起动）位置时间太短，还不足以使水压达到 1 380kPa 的工作力；

b. 水箱贮水量不足；

c. 进水软管弯折不能进水；

d. 水过滤器阻塞；

e. 喷水选择开关接头松脱或锈蚀，电线断开或脱开，或开关失效；

f. 水压开关接头松脱或锈蚀，电线断开、脱开或开关失效；

g. 水泵失效。

④当喷水孔打开时，水泵却停止工作：

因水泵在喷水孔打开，排出压力水后，水压就降低，当水压降低到小于 1 380kPa 时，水泵又重新工作建立起压力。

(3) 调平系统故障分析与排除

①手动调平回路中，所有升降油缸不工作：

a. 控制台电源开关处于“OFF”位置；

b. 调平自动/手动选择开关处于自动状态；

c. 控制电路熔断器烧断；

d. 控制台电源开关或自动/手动选择开关接头松脱或锈蚀，电线断开、脱开或连接错误；

e. 控制台继电器接头松脱或锈蚀，电线断开、脱开或连接错误；

②手动调平回路中，一个升降油缸不工作：

a. 远控升/降开关接头松脱或锈蚀，电线断开、脱开或连接错误；

b. 电磁阀接头松脱或锈蚀，电线断开、脱开或连接错误或阀/绕组失效；

c. 在支腿后部的液压锁锁死；

d. 支腿液压缸失效。

③自动调平回路中，所有升降油缸不工作：

a. 控制台升降电源开关处于“OFF”位；

b. 升降自动/手动选择开关处于“MANUAL”位；

c. 控制台上熔断器烧断；

d. 控制台电源开关或自动/手动选择开关接头松脱或锈蚀，电线断开、脱开或连接错误或开关失效；

e. 控制台继电器接头松脱或锈蚀，电线断开、脱开或连接错误及继电器失效。

④自动调平回路中，一个升降油缸不工作：

a. 电磁阀接线松脱或锈蚀，电线断开、脱开或阀失效；

b. 在支腿后部的液压锁锁死；

c. 调平传感器失效；

d. 支腿液压缸失效。

(4)转向系统

①手动转向回路中，所有的转向油缸不工作：

a. 控制台电源开关处于“OFF”状态；

b. 自动/手动转向选择开关处于“AUTOMATIC”(自动)状态；

c. 控制台电路熔断器烧断；

d. 控制台电源开关或自动/手动选择开关接头锈蚀，电线断开、脱开或继电器失效。

②手动转向回路中，一个转向油缸不工作：

a. 转向油缸左/右选择开关接头松脱或锈蚀，电线断开、脱开或开关失效；

b. 电磁阀接头松脱或锈蚀，电线断开、脱开或阀/绕组失效；

c. 转向油缸失效。

③自动转向回路中，所有转向油缸不工作：

a. 控制台电源开关处于“OFF”位；

b. 转向自动/手动选择开关处于“MANUAL”(手动)位；

c. 控制台电路熔断器烧断；

d. 控制台电源开关或自动/手动选择开关接头松脱或锈蚀，电线断开、脱开或开关失效。

④自动转向回路中，一个转向油缸不工作：

a. 电磁阀接头松脱或锈蚀，电线断开、脱开或阀失效；

b. 液压转向传感器失效；

c. 转向油缸失效；

d. 转向反馈缆绳断开或损坏；

e. 转向反馈阀失效。

(5)摊铺装置故障分析与排除

①调整辅助泵的压力补偿器控制装置：

a. 将主车架降低至最低位。

b. 如图 5-8-21 所示，从辅助泵底拆下系统压力软管并在 T 形管处连接一个比例单向阀。而 T 形管另一端连接的辅助压力表软管不要拆下或松动。

c. 起动发动机，使液压油达到正常的工作温度。

d. 记下控制台上的辅助压力表读数。该表读数应为 13 790kPa。

e. 如图 5-8-21 所示，如果读数不正确，松开压力补偿控制器的锁止螺母。用六角扳手顺时针旋

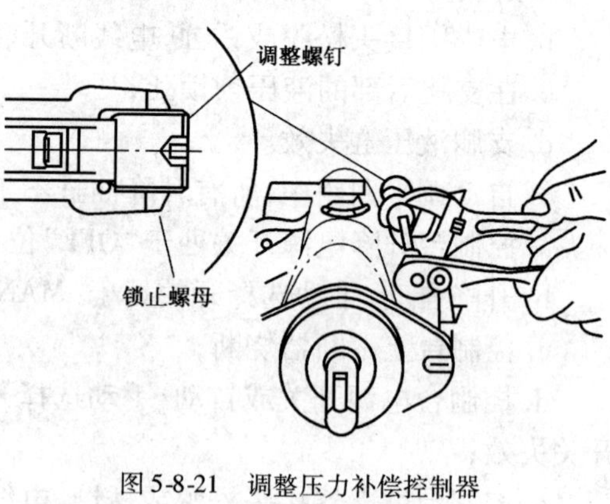

图 5-8-21　调整压力补偿控制器

转调整螺钉为增压,反时针旋转为降压。

f. 一旦所要求的压力设置已达到(在压力表上指示出),则固定住调整螺钉,拧紧锁止螺母,拧紧力矩为 22 ~ 27N · m。

g. 现将发动机的转速增加和减少 2 ~ 3 倍,看压力设置是否有变化。

h. 停止发动机运行。

i. 从 T 形管上拆下单向阀并重新连上系统压力软管。

②调整最大流量。

注意:通过旋转位于泵轴端的流量调整螺钉可以调整最大流量。此泵已在工厂进行了正确的流量调整,使用时一般无须再调。

a. 如图 5-8-22 所示,用扳手松开锁止螺母,反时针旋转调整螺钉为增大最大泵流量,顺时针旋转为减小最大泵流量。

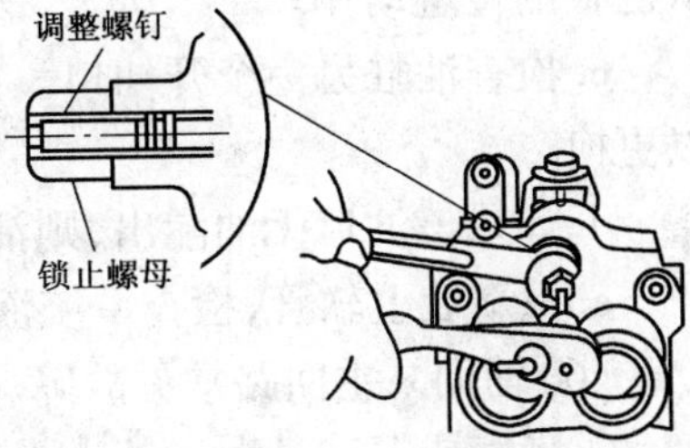

图 5-8-22　辅助泵流量调整

注意:每旋转调整螺钉一圈,增大或减小流量约为 2.46mL,当斜盘角度为 9°和 18°时是调整螺钉的最小和最大的极限调整位置。

注意:过大的扭矩会损坏螺纹,致使在工作时调整值发生变化。

b. 调整后,固定住螺钉,拧紧锁止螺母,拧紧力矩为 16 ~ 22N · m。

③液压缸的内泄漏检查。

注意:如果液压缸处于某一位置时出现爬行现象,则说明油缸的高压油向低压处渗漏。在重新安装油缸或油缸出现爬行时可用下面的步骤检查油缸内漏油。

油缸渗漏检查(不在机器上):

a. 如图 5-8-23 所示,如果液压缸是被重新安装好或从机器上拆下:

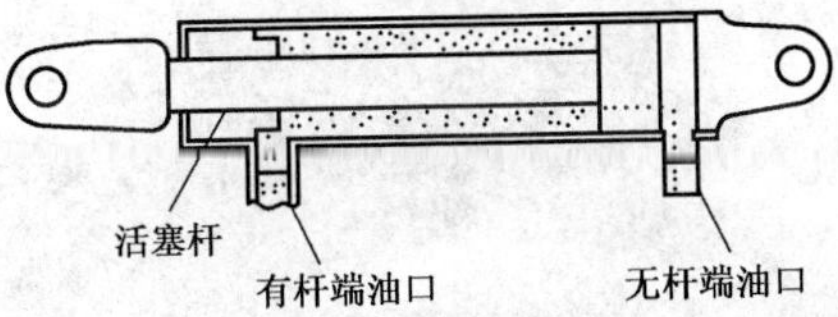

图 5-8-23　油缸渗漏检查

ⓐ使液压缸活塞杆全部收回。

ⓑ在油缸有杆端油口安装适当的管接头。

ⓒ通过杆端油口向缸内注入清洁的液压油。

ⓓ在杆端油口接头处安装液压油软管,软管的另一端连到液压动力装置。

b. 起动液压动力装置,从杆端油口向缸内压油。

c. 检查无杆端油口的情况,如果这时有油从此油口流出,说明此油缸的油封渗漏,应予以更换。

d. 如果无杆端油口无油流出,则说明油封没有坏。拆去液压动力装置及软管。

④油缸漏油检查(在机器上),如图 5-8-24 所示。

警告:如果油缸全部收回并承受一个拔起的载荷,或油缸全部伸出且承受一个拉出的载荷,而这时进行装拆油缸则该载荷可能会坠落而造成人身伤害。应事先将载荷固定好或移走或释放油缸油压,然后再进行油缸管路拆装。

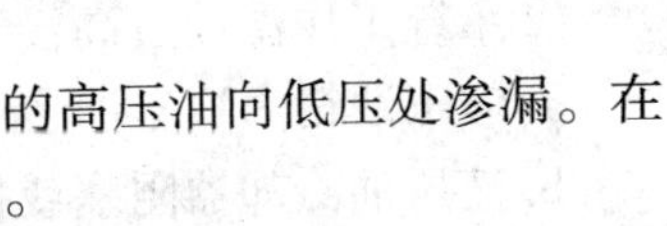
图 5-8-24　油缸在载荷作用下杆的位置

a. 如果油缸装在机器上:

ⓐ全部伸出或全部收回液压油缸活塞杆使得缸杆不承受机器的各种载荷，或将由油缸承受的载荷固定使之不致落下，如图 5-8-25 所示。

ⓑ按下面情况从油缸的正确端处拆下软管：

如果缸杆全部伸出，应从有杆端油口处拆下软管；

如果缸杆全部收回，应从无缸端油口处拆软管。

ⓒ将拆出软管的油口盖住。

b. 起动发动机，使用适合的控制方法使得油缸可以从已在的位置动作。

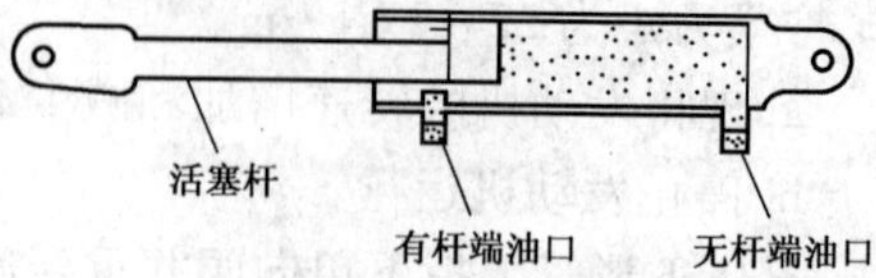

图 5-8-25　油缸泄漏检查

c. 检查油缸另一个开油口。如果有油从这个油口流出，说明该缸的油封损坏或漏油，应予以更换。

d. 如果该油口无油漏出，则油封工作良好，无须更换。

e. 重新装上软管，检查系统液压油量是否足够。

(6)辅助泵主回路常见故障

①噪声或振动过大：

a. 液压油箱内液压油量不足；

b. 系统内混入空气；

c. 泵的进油压力低；

d. 泵的联轴器损坏。

②系统工作温度过高：

a. 液压油箱内液压油量不足；

b. 液压油冷却器阻塞或损坏；

c. 系统减压阀设置压力过低；

d. 补偿器阀损坏或被油污粘住；

e. 泵进油压力低；

f. 控制阀不能工作或损坏失效；

g. 泵内有泄漏。

③系统反应过慢：

a. 系统减压阀压力设置值过低；

b. 泵补偿器的控制设置不正确；

c. 泵流量控制设置不正确；

d. 泵内有泄漏。

④泵输出流量过低：

a. 液压油箱内油量不足；

b. 系统减压阀压力设置值过低；

c. 泵进油压力低；

d. 发动机运转速度太低；

e. 泵流量控制设置不正确。

⑤补偿器阀不能工作：

a. 补偿器弹簧的压力范围不适合；

b. 补偿器阀有泄漏；

c. 补偿器阀芯损坏或腐蚀。

⑥泵进油处高度真空：

a. 液压油温太低；

b. 进油滤清器阻塞；

c. 液压油粘度太高；

d. 进油管弯折或阻塞。

课题九　水泥混凝土专用机械液压系统分析

水泥混凝土是建筑及筑路等工程中的一种主要材料，用途广、用量大。混凝土是以水泥为粘结剂，把水泥和水及砂、石等骨料按一定比例配合、搅拌而成。混凝土料的运输，过去主要是采用自卸车和搅拌车。自卸车不是专为运送混凝土而设计的，所以在运送混凝土时容易发生离析，运输时间较长还会发生混凝土初凝现象。即使在道路较好的情况下，运输时间也不应超过1h。混凝土搅拌输送车是专门用来运输混凝土的。由于混凝土是装在搅拌筒里边走边搅动，所以不容易发生离析现象。它的运输时间可超过1.5h。在应用搅拌车时，必须把搅拌车的数量配齐，使之能不间歇地向所需工地供应混凝土。混凝土运到现场以后，向浇注处运送时，以前主要是用井式提升机和塔式起重机，现在已开始使用混凝土输送泵。使用混凝土泵可以节省劳力、加快进度、降低施工费用。现重点介绍水泥混凝土搅拌输送车、混凝土泵及泵车的液压系统。

一、混凝土搅拌输送车

在公路或建筑施工中，为了把混凝土从制备地点及时送到施工现场进行浇灌，必须使用运输机械。当混凝土的运送距离（或运送时间）超过某一限度时，使用一般的运输机械进行运送，混凝土就可能在运送途中发生分层离析，甚至初凝等现象，严重影响混凝土的质量，这是施工所不允许的。因此，为适应商品混凝土的输送，发展了一种混凝土专用运输机械——混凝土搅拌输送车（以下简称搅拌运输车）。

混凝土搅拌输送车实际上就是在载货汽车或专用汽车底盘上安装一种独特的混凝土搅拌装置的组合机械。它兼有载运和搅拌混凝土的双重功能，可以在运送混凝土的同时对其进行搅拌或扰动。因此能保证输送的混凝土质量，允许适当延长运距（或运送时间）。

图5-9-1是搅拌输送车的一个比较典型的液压传动系统。它是由双向（伺服）变量柱塞泵和定量柱塞液压马达以及随动控制阀等组成。是一个闭式液压系统，采用了典型的变量泵容积式无级调速。

根据闭式回路的特点，这个液压传动系统除了为完成工作所必须的主油路（由变量柱塞泵和定量柱塞液压马达组成）外，还有与柱塞泵（以下简称主泵）同泵设置并装成一体的辅助泵（摆线转子泵）和由它组成的辅助低压回路以及冷却回路等。

辅助泵一路通过两个单向阀向主回路低压区补油；一路经手动伺服控制阀与调节主泵斜

盘倾摆角度的伺服液压缸相通，组成液压泵的伺服变量机构油路；还有一路是经溢流阀通入主泵和液压马达壳体，最后经冷却器回油箱，对工作中的泵和液压马达进行冷却保护。

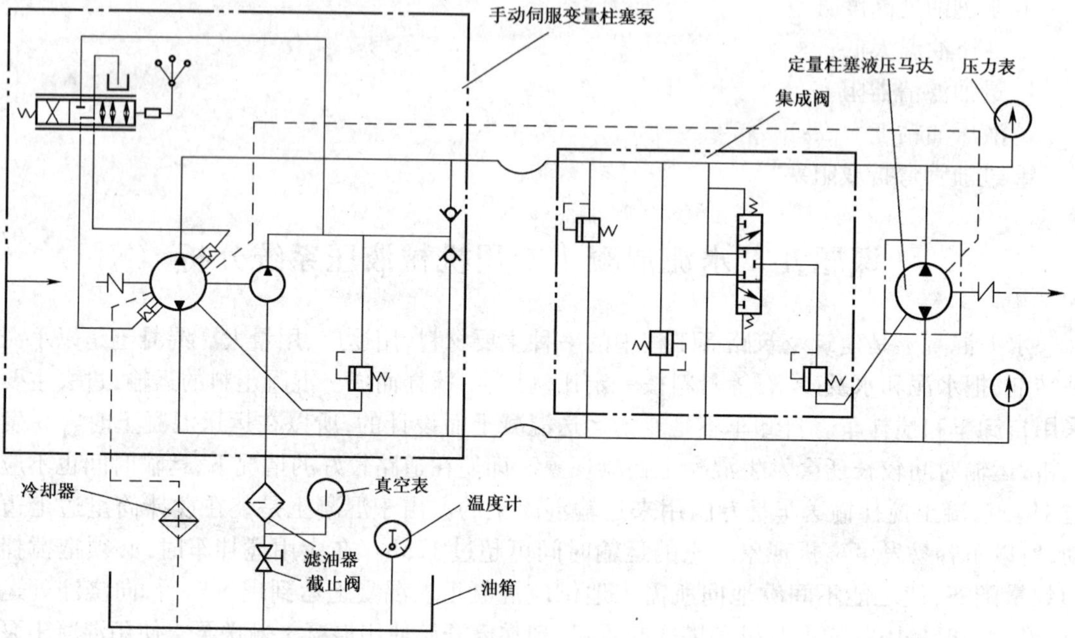

图 5-9-1　大中容量搅拌输送车液压传动系统

为完成工作所需要的性能，在主油路中设置了手动伺服控制阀。它是主泵斜盘伺服液压缸的随动阀，与主泵斜盘伺服液压缸一齐配合控制其排油量，它经常与主泵做成一体。工作中，可根据搅拌筒的不同工况操作此控制阀的手柄，实现对搅拌筒的速度调节。此阀的操作手柄从中间位置向左、右操作方向和幅度，相应确定主泵的斜盘方向和倾摆角度，决定主泵的排油方向和排油流量，从而通过液压马达的转换去控制搅拌筒的转向和转速。因属于随动控制，主泵流量的变化是连续的，因而可实现对搅拌筒的无级调速。但为便于准确掌握不同工况时搅拌筒需要的转速，一般在控制阀操作手柄的面板上相应注明加料搅拌——搅动——停止——卸料 4 个具体位置，以指示手柄应该操作的幅度。从这里可以看出，这种液压传动的搅拌筒其调速操作十分简单方便，而动作又可以十分灵敏而平顺。

在主回路中，为了保证闭式传动系统的正常工作，还设置了由两个安全阀、一个梭阀和一个低压溢流阀组成的集成阀块，安装在液压马达上。两个安全阀可防止主回路在任何一个方向超载时过载溢流及液压马达制动时过载补油用，并可起制动作用。梭阀确保工作时给主回路低压油路提供一个溢流通道，并由低压溢流阀保持低压区油的压力（此压力低于辅助泵的补油溢流阀的压力），同时也使其溢流油加入冷却油路。

冷却回路是使冷却油带走液压马达在工作时所产生的热量，保证它们的正常运转。其油流由辅助泵的溢流阀和集成阀的低压溢流阀供给。

这个液压传动系统较前述开式系统在调速性能上有很大改进，可实现无级调节，控制平稳，结构也十分紧凑，操作只用一个手柄，集中简便。

二、水泥混凝土输送车

混凝土泵是一种用于输送和浇注新拌混凝土料的施工设备。它能一次连续完成水平运输和垂直运输,效率高,节省劳动力,费用低,因而在国内外引起重视,逐步得到推广。

混凝土泵的种类很多,按泵送混凝土的工作原理可分为活塞式混凝土泵、挤压式混凝土泵等。活塞式混凝土泵是发展最早的一种,这种泵能达到很高的出口压力,输送距离远,且易于控制,技术上比较成熟,所以应用最为广泛。

根据工作缸数的不同,活塞式混凝土泵又可分为单缸和双缸两种,其中双缸应用最广泛。

活塞式混凝土泵是靠活塞在缸内往复运动并在泵送换向分配阀的配合下完成混凝土的吸入和泵出的。工作时,料斗装满新拌混凝土料,两个泵送油缸中的一个在液压系统的控制下活塞杆缩回,从而带动一输料活塞回缩,以吸入混凝土料。与此同时,另一个泵送油缸和输料活塞则反向运动,将前一冲程中吸入的混凝土料通过混凝土分配阀打入输送管道。这两组交替进行,从而连续不断地输出混凝土。在此过程中,一个关键的问题就是要保证在吸入冲程时,输料缸与料斗相通,而泵出冲程时则与输料管道相通。这个功能是由分配阀通过液压控制及驱动来实现的。

混凝土泵液压系统主要是完成两个功能:一是控制及驱动两个泵送油缸的交替运动;二是在两个油缸交替工作时适时地控制和驱动混凝土分配阀,使整个系统实现连续泵送混凝土料。此外,混凝土泵的液压系统还常常带有搅拌及高压水清洗等辅助回路。

混凝土泵液压系统形式按其泵送回路油液的循环方式可分为开式系统和闭式系统。

所谓开式系统,指油液的循环过程是液压泵从油箱吸油,压力油经换向阀进入油缸,油缸的回油再经换向阀流回油箱。

开式系统的特点是系统较为简单、油箱容积较大、系统散热条件较好。但系统易渗入空气,由于采用换向阀换向,系统易产生压力冲击,能耗大。液压泵从油箱吸油,液压泵吸油口易产生气穴,因而液压泵的允许转速较低。因此,开式系统只适用于小功率液压系统。

对于双缸液压活塞式混凝土泵来说,其完整的一个工作循环有 4 次换向过程,且混凝土泵的工作周期一般只有 4s 左右,也就是说,混凝土泵每小时换向次数可达 3600 次。由于开式系统采用换向阀换向,换向时间极短(一般为几十毫秒),换向过程为瞬时过程,且换向时液压油的流量为恒定值,因而造成系统压力冲击,不仅带来了严重的环境噪声污染,而且降低了液压元件的疲劳寿命,同时消耗了额外的功率。此外,开式系统的混凝土泵在换向过程中,由于混凝土的惯性,容易造成混凝土的泌水和混凝土塌落度减小,导致泵送阻力加大,甚至产生堵管现象。

而所谓的闭式系统,指液压泵的吸油与油缸的回油直接连通,油液在系统的管路中进行封闭循环,形成一个闭合回路。

闭式系统具有以下特点:由于闭式系统一般采用双向变量柱塞泵换向,因而换向冲击小,节能效果好;另外闭式回路中的油液都有一定的压力(高压或低压),空气不易进入管路,系统较为干净。缺点是系统较为复杂,造价高。由于油液是闭式循环,因而系统的散热条件较差。闭式系统适用于大功率液压系统。

在闭式系统中,由于换向是通过改变柱塞变量泵的斜盘方向来实现的,混凝土泵所用变量泵斜盘的换向时间(从一个方向的最大排量到另一方向的最大排量),一般在0.3s左右,比换向阀的换向时间长,而且斜盘在此换向时间内,液压泵的排量是从最大到零,再从零到最大,因而系统的换向冲击小。这使得泵送油缸在启动和停止时较为柔和,混凝土缸中的混凝土被较低的初始压力所推送,混凝土也不易泌水。

按混凝土分配阀油缸是否与泵送油缸为同一回路可分为单回路系统和双回路系统。

单回路混凝土泵液压系统的关键就是如何实现混凝土分配阀油缸和泵送主油缸的自动顺序动作。通常单回路系统采用压力控制顺序动作,或采用行程开关控制。

由于单回路中,一个油缸行程结束与另一个油缸行程开始之间或多或少存在一定的间隔时间(无论是电控信号还是液控信号)不可能有重叠部分或形成封闭。这就使得液压系统在换向过程中承受溢流阀设定的高压峰值,并引起液压元件严重疲劳。

虽然在系统中设置蓄能器可以吸收压力冲击,然而在正常工况下,混凝土泵的泵送阻力与其分配阀阻力差值较大,造成混凝土泵从泵送状态转换到分配状态时,系统产生急剧压降,致使液压元件无法工作在理想条件下。其次,对于使顺序阀或根据负载压力大小实现顺序动作的单回路,有可能出现混凝土分配阀不到位的情况,即分配阀油缸未完成其行程时,分配阀与耐磨板的孔不能完全对准。第三,由于分配阀油缸与泵送油缸为顺序动作,且一个油缸行程结束与另一个油缸行程开始之间有时间间隔,使得单回路混凝土泵的泵送机构每分钟行程次数较双回路混凝土泵的少,从而降低了主液压泵的使用效率。

而在双回路系统中,由于采用两个液压泵分别驱动泵送油缸和分配油缸,因而它们的动作容易实现同步,不须顺序动作,也就不会产生单回路的上述不利情况。但其系统相对复杂、成本较高,而且双回路系统均需使用蓄能器作为辅助动力源为分配阀油缸供油,而蓄能器是一种失效率较高的液压元件,一旦蓄能器损坏,混凝土泵将无法正常工作。

1. BP750R型混凝土泵的液压系统分析

下面以德国施维因(SCHWING)公司生产的BF75OR型混凝土泵为例,具体介绍混凝土泵的液压系统。BP750R型混凝土泵的液压系统,如图5-9-2所示。

BP750R型混凝土泵的液压系统是一个单回路开式系统。该系统主要由以下几个回路组成。

1)主油路(泵送回路)

由变量泵、安全阀组、三位四通换向阀、摆动液控二位四通阀1、泵送油缸液控二位四通阀2、两个泵送油缸3和4、摆动油缸、四个逻辑阀以及单向阀、节流阀和回油滤清器等组成。

2)搅拌回路

由定量泵、切换阀组、手动换向阀、双向定量马达等组成。

3)变量泵恒功率调节回路

由变量泵、调节缸、两个二位三通伺服阀、液控二位四通阀、减压阀以及辅助控制定量泵等组成。

4)辅助液压系统

由定量泵、切换阀组及水清洗和高压空气液压马达等组成辅助回路;由切换阀、定量马达、快速接头等组成水清洗系统及高压空气清洗系统。

各回路中,泵送回路是最关键的一部分,下面着重介绍其工作原理。

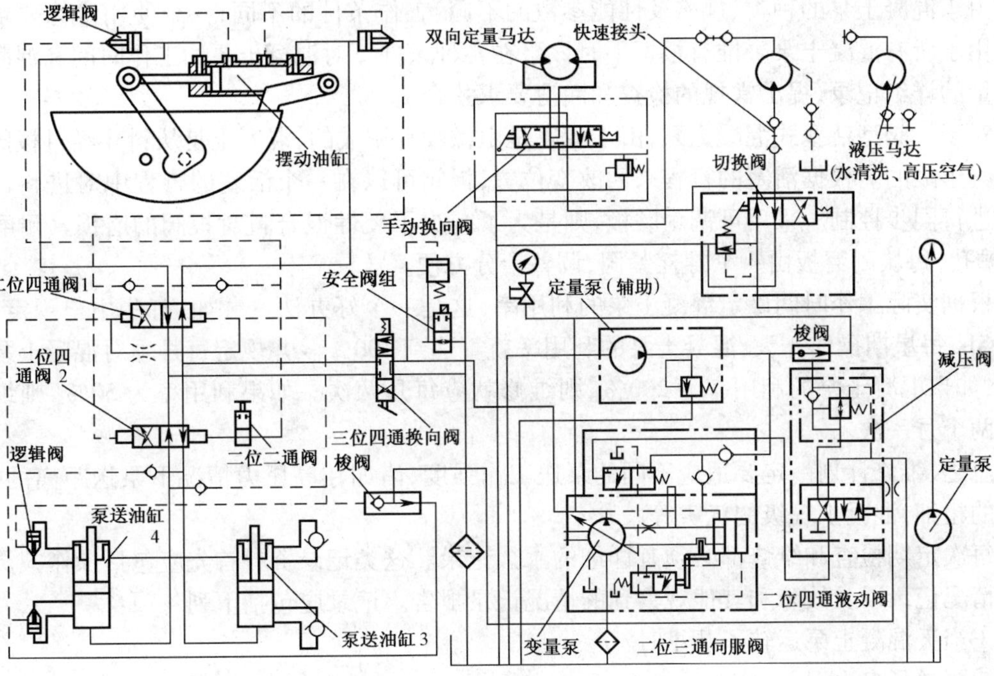

图 5-9-2　BP750R 型混凝土泵液压系统

变量泵通过三位四通换向阀向泵送回路供油,驱动泵送油缸 3 及摆动油缸运动。图中给出的是摆动缸活塞已在最左面时的状态,此时变量泵输出的液压油经过液控二位四通阀 2 输入泵送油缸 3 的无杆腔,使泵送油缸 3 活塞杆伸出以推动输料缸送料。同时,因为两缸有杆腔相通,所以泵送油缸 3 有杆腔排出的液压油经管路进入泵送油缸 4 的有杆腔,使其缩回带动输料缸吸料,而泵送油缸 4 无杆腔的液压油则经过阀和管路回到油箱,此时,混凝土泵工作在 3 缸送料、4 缸吸料的状态。当 4 缸活塞回缩接近终点时,其有杆腔的压力油进入逻辑阀并将其顶开,压力油推动液控二位四通阀 1 换向,二位四通阀 1 工作在左位,此时压力油进入摆动油缸的左腔(有杆腔),使摆动缸活塞向右运动,带动摆动阀转动,打开泵送油缸 3 的进料口。当摆动缸活塞向右运行至接近终点时,压力油通过逻辑阀后推动二位四通阀 2 换向处于左位工作,随即压力油通过液控二位四通阀 2 向 4 缸无杆腔供油,此时工作在 4 缸送料、3 缸吸料状态,完成一个工作循环。依次顺序下去,循环进行。

原理图中所示为两泵送油缸有杆腔互连,而压力油进入无杆腔,这时工作在低速状态,适应于泵送阻力较大的情况。实际工作时,如果泵送阻力不大(比如泵送高度较低时),可将无杆腔互连,而让有杆腔进压力油,这时工作在高速状态。

如果将手动换向阀扳至“反泵”位置,则可将输送管道中残存的混凝土料反泵至料斗,常常用于故障状态。

与两个泵送油缸连接的逻辑阀的输出通过梭阀接至变量泵回路,参与变量泵的恒功率调节。

2. 混凝土泵的使用维护与故障排除

1)使用维护

由于混凝土泵的种类、规格及性能参数的不同、工作条件的不同，一个使用维修要求不可能适用于所有混凝土泵。惟有根据平时该泵在各种条件下对混凝土泵的工作时间和混凝土的输送量的详细记录，提出常规的检查和润滑要求才合适。

对于板阀型活塞式混凝土泵，由于活塞是由橡胶等制成的，混凝土是从料斗经过板阀被吸进混凝土缸的。根据活塞的行程来回改变位置，板阀可以在一个活塞的行程中对进料口和排料口进行同步控制。采用可调耐磨板，则是为了减少干硬性混合料对板阀的磨损。耐磨板有4个槽孔，每块耐磨板由4个螺栓紧固，调整十分方便。

根据实际工作时间确定混凝土泵的利用率，这是一个好办法。譬如，有些用户规定，每天操作5h，每星期操作3天，混凝土泵的利用率就算达到100%。并规定每月须对混凝土泵维修一次，如果混凝土泵的利用率为200%，则维修就应每月两次。如果利用率为50%，则维修就应每两个月一次。

总之，维修计划一定要适应不同的泵送工作强度，诸如在高压力情况下泵送距离的远近，骨料的粗细，混凝土等级的优劣等。

每次定期检查和维修都必须有详细的永久记录。这类记录资料首先应包括操作人员日常维护情况记录以及故障和其他观察到的情况记录报告。记录应包括下列各项：

①当天混凝土泵运转了几小时？

②泵送了多少混凝土？

③混凝土泵是否需要维修？

④有无噪声、渗漏或泵送方向错误？

⑤浇注速度是快还是慢？

第5项与泵送系统的磨损有关。该项在制订常规维修计划时是必须考虑的。以每小时$60m^3$的速度泵送$3\ 750m^3$的混凝土，对泵送系统所造成的磨损与以每小时$30\sim38m^3$的速度泵送$7\ 500m^3$的混凝土所造成的磨损是相当的。

由操作人员提供的记录资料，为混凝土泵历史记录的一部分。历史记录应填明混凝土泵的编号，应包括车间修理加工单、零件更换的记录以及泵的使用情况的记录。

查阅所有的历史记录，对有计划、有目的地准备备用零、部件有很大的帮助。在需要更换零、部件的情况下，采用手中现有的备用件比故障出现后临时去采购要快得多，在经济效益方面也要高得多。因此每个混凝土泵任何时候都应有供紧急情况下使用的备用零部件。

(1)搅拌器轴的轴承和密封件

如果润滑不当，那就很可能要付出很大代价更换这些零件。一般来说，搅拌器轴轴端的密封件一天应润滑两次。每次都应在密封件后面填满润滑脂，并经常检查密封件的状况，以防止砂粒进入轴承，延长轴承的使用寿命。

(2)搅拌器料斗壁与桨叶

搅拌器的斗壁、桨叶由于过度的磨损，常常会发生断裂，并进入泵送系统，卡在肘形弯管处。为了避免这种情况，保证顺利搅拌，须坚持定期检查，并将料斗壁与搅拌器桨叶之间的间隙控制在37mm，及时将搅拌器的磨损部位修复或加固。

(3)活塞

坚持正确的泵送操作，活塞使用寿命便可以延长。混凝土泵不得在水箱无水情况下运转。

如在以全行程速度运转时无水帮助润滑，则活塞就会很快地被磨损。因此水箱里的水必须保持清洁，并经常更换。活塞泵在每次起动前，应用水龙带将混凝土缸冲洗一遍。

聚积在活塞顶面上的混凝土会给密封边缘造成磨损。磨损的活塞就会使砂粒和水泥进入活塞的后部，从而快速磨损缸壁。砂粒和水泥还可能阻塞润滑水水管，导致活塞的干行程，从而使活塞烧毁。新活塞安装后，应经常注意活塞和缸壁的润滑。

(4)泵送压力

如果任何高压泵以超过额定的压力运转，则都有可能导致软管和金属管的破裂。为此，应选用额定值高于泵的额定压力的金属管和软管。在超极限的压力下工作，一旦混凝土输送管路阻塞，就应立即停机检查，取出堵塞物。如果输送压力低于额定压力，则输送速度就十分缓慢，泵不能达到良好的工作性能。

油缸活塞杆与混凝土泵的活塞用中间接头联接，因此油缸活塞杆将混凝土泵活塞从缸内拉出来在水箱内进行检查。如果活塞磨损严重，则活塞还可在水箱内进行拆卸和更换。安装新活塞前，水箱内的水泥浆凝结层须先用油灰刀刮净，以保证安装时活塞边缘不受损坏。

(5)液压油管的连接

每次泵送操作结束和泵送操作期间，都应检查液压油管和管接头有无漏油情况。所有管接头都应保持密封，防止漏油，但在液压系统有压力的情况下，绝对不能试图拧松或紧固液压油管。因为拧紧由于管接头破裂而漏油的油管，其结果反而会使漏油现象更加严重。

任何修理或更换液压元件的工作，只能由有经验的维修人员来完成。如果由新手来进行这类修理或更换，即使是最小的问题也可能导致不必要的高费用，而且还可能留下后患。

(6)液压油的过滤

通常工作时间每隔一个月或200h应更换一次液压油。液压油在用于液压系统之前，必须经过过滤精度为10μm的滤油器过滤。液压油过滤工作一般应在维修车间进行。这种过滤系统通常应有3个油罐来配合。使用过的液压油先被泵入第一个油罐，然后将其滤入第二个油罐。过滤后的液压油再由第二个油罐输入第三个油罐储存，直到再次用于液压系统时为止。

如果液压油在油罐里已保存4天，看上去已很清洁，那就说明液压油中已无污染物。由于油液中的水无法滤去，因此经过过滤的液压油须在被泵入第一个油罐后先沉淀一段时间，待水全都沉到油罐底层以后，再进行过滤。

(7)钢管与橡胶软管

提高输送系统效率的办法之一，就是尽可能地使用钢管。假如整个输送管长度为30m，则最好在前部使用长23m的钢管，在后部使用长7.5m的橡胶软管。混凝土在橡胶软管中摩擦阻力相当于在钢管中的2.2倍。这样大的阻力无疑会使泵送压力增大。泵送相同量的混凝土所需要的动力越大，泵磨损也就越快。换句话说，在相同的阻力情况下，使用钢管所能泵送的距离为使用橡胶软管时的2.2倍。

(8)大输送管与小输送管

输送管的最小直径必须为最大直径集料的3倍。譬如，混凝土中的粗集料最大直径为

30mm,输送管的直径就起码为100mm(30mm×3=90mm)。如果管的直径再大一点,那就更好,因为这样对泵所造成的磨损就会更小。在泵送速度相同的情况下,混凝土从直径为100mm的管进入直径为125mm的管,泵送压力就会减小50%。因此,此时的大直径管内摩擦系数仅为小直径管的50%。使用小规格的输送管有可能减少一些手工劳动。但是,它给泵附加了额外的阻力,并很有可能出现输送管堵塞,酿成更大的经济损失。

使用稍大一点的输送管有下列几方面的优点:

①在同样的液体压力情况下,大管的输送量比小管的输送量大。

②对于给定的输送量,施工时间可以缩短很多,从而使同样的一个混凝土泵有可能完成更多的泵送任务。

③可用来泵送不能在高压情况下泵送的勉强达到标准的混合料。例如不够标准重量的轻质混合料,因为在泵送时高压会迫使水和水泥进入多孔骨料,导致输送泵堵塞。

④输送距离更远。

⑤能减小液压系统的维修工作,输送管本身的使用寿命会更长一些。

(9)钢管、软管和管接头

钢管应经常保持清洁,无混凝土结垢,并无薄壁部位及碰撞凹陷的伤痕。橡胶软管应无扭结现象,内表面应平滑无阻。在寒冷季节,对软管内表面应经常检查。软管内表面如有严重磨损,输送混凝土时,管的摩擦阻力就会增大,所需要的泵送压力也就增高。使用期间,软管不得接触油脂类物质。入库时,软管应就其整个长度平放保存,不得折叠或捆卷,以防永久性扭曲或内壁粘结。

管接头密封垫圈一般都用橡胶制成。如果这些垫圈磨损,输送管就会出现渗漏。因此,应定期对垫圈进行检查,必要时,应予以更换。为了保护密封垫圈,还应定期对密封垫圈进行清理和涂油。对管接头也应经常清理和涂油,以防生锈和混凝土粘结。

(10)混凝土泵悬臂

混凝土泵送装置的悬臂也应有一个相应的维修计划以保证其工作的可靠性和安全性。

操作人员或维修人员对于悬臂的每日例行检查应按制造厂规定的有关程序进行。对于每隔两星期的一次检查,应检查整个悬臂(包括输送系统、两侧支腿和悬臂控制器),并将检查时发现的异常情况记入维修记录手册,签具日期和姓名。

每月,按相当于悬臂中输送的混凝土加尾端软管的重量,并按制造厂推荐的安全系数对悬臂进行一次负载试验。每年对整个悬臂进行一次磁力探伤,检查油漆层下有无裂缝。

任何一个维修计划都必须由维修人员和操作人员两方面实施。如果操作人员忽视维修工作或胡乱使用和操作,悬臂就不可能保持良好的工作状态。

(11)悬臂输送系统

为防止在使用过程中突然出现故障,应定期对悬臂输送系统进行检查。一旦发现磨损的弯管、输送管和减径管,应予立即修理或更换。如果焊接技术过硬,对弯管也可进行焊接修补,不过修后的弯管由于使用时间过长,泵送压力有可能使修补区的焊口脱裂。对安装在鞍形管座上的或由U形螺栓固定的输送管,也应经常紧固,以免输送管经常摩擦到管座而磨损。

(12)混凝土输送车支腿

液压式支腿的维修工作应包括对下列现象的检查:横梁弯曲,铰销磨损、垫板破裂、液压止回阀漏油、液压油管损坏及安全锁闭装置损坏等。

手拉式支腿,应经常保持良好的工作状态,无混凝土及其他污物附粘结。如果支腿作用不良,操作人员就很有可能忽视安装定位安全锁紧装置。如果不使用安全锁紧装置,混凝土输送车就会来回滑动,从而使支腿失去支承作用,导致悬臂损坏。

(13)悬臂枢轴

如果不定期检查和维修,悬臂枢轴有可能导致很严重的问题。枢轴需经常检查,并需保持良好的状态。实践证明,有些枢轴看上去状态良好,但取出来检查,就会发现它已有严重磨损。

加长摇臂盒应对安全销和安全夹应经常进行检查。如果这些安全销没有安装入位,加长摇臂就会滑出悬臂。超出摇臂或悬臂的最后一段输送管往往有一定的危险性,因为它没有摇臂或悬臂支撑。随着磨损或管壁变薄,这段输送管有可能出现断裂。

为了杜绝不必要的事故发生,对这段输送管应加用安全链,并应每天进行检查。

(14)悬壁控制盒

悬臂控制盒常被忽视,常常被水冲洗、被混凝土沾污、下垂和过位。控制盒下垂往往会导致接头松脱和开关弯曲。

维修时,应拆下控制盒盖,检查有无接头松脱和开关磨损现象。绝大多数控制盒有防水密封垫圈,要求紧固密封,使水不能进入控制盒。

混凝土泵已成为建筑行业的常用机械。用它将混凝土从汽车式搅拌机压送到浇注点,使用户获得很高的工作效率和经济效益。

成功的泵送操作,首先需要一个训练有素的操作人员,其次需要适合使用的设备。第3需要实施有效的维修计划,以保证泵送系统在整个操作过程中性能的最佳发挥。第4需要混凝土能适应泵送要求。这4个方面的需要如果都得到满足,则混凝土输送泵无疑就是浇注混凝土的一种理想的输送工具。

挤压式混凝土的清洗与冬天防冻挤压式混凝土泵的清理工作简单易行。当混凝土全部从搅拌斗排出后,将残留部分冲洗入泵。然后将泵停止,从进口处塞入一块海绵,并往料斗注入一定量的清洁水。重新起动混凝土泵,让海绵将输送管内的残留混凝土挤出整个系统。清洁水紧随着海绵,对整个系统进行一个冲洗。

挤压式混凝土泵在严寒气温下,在清理工作完毕后,应将输送管拆卸下来,以防管内的剩水冻结。拆卸下来的输送管应送至温暖而又干燥的库房保存。

2)各回路故障分析与排除方法

(1)主油路(泵送回路)

①液压泵输出流量不足或无流量输出:

a. 吸入量不足。原因可能是泵的转向,也可能是油箱液压油面过低,油温过高,进油管漏气,滤油器堵塞等。

b. 泄露量过大,密封不良造成的。例如:泵体和配油盘的支承面有沙眼或裂痕,配油盘被杂质划伤,变量机构及其中单向阀各元件之间配合和密封不好等。这可通过检查泵体内液压油中的异物来判断泵中损坏或泄露的部位。

c. 泵斜盘实际倾角太小,使泵排量小,这需要调整手动操纵杆或伺服操纵系统,增大斜盘倾角。

d. 压盘损坏。当柱塞泵压盘损坏时，泵不仅无法自吸，而且是碎渣部分流入液压系统，没有流量输出，除应更换压盘外，应进行排除碎渣等。

②斜盘零角度时仍有排油量：

斜盘耳轴磨损，控制器的位置漏油，松动或损坏等。这需要更换斜盘或研磨耳轴，重新调零，紧固或更换有控制器元件以及调整控制油压力等来解决。

③输出流量波动：

a. 若流量波动与旋转速度同步，有规则变化，则可以认为与排油行程有关的零件发生了损伤。

b. 若流量波动很大，对变量泵来讲可以认为是变量机构控制作用不佳。出现这类故障一般要拆开液压泵，更换受损零件，加大阻尼，改进弹簧刚度，提高控制压力等。

④振动和噪声：

a. 机械振动和噪声。泵轴和原动机不同心，轴承、传动齿轮、联轴器的损伤以及装配螺栓松动等。

b. 管道内的液流产生噪声。进油管道太细、粗滤器堵塞不通或通油能力减弱，进油管道中吸入空气，油液粘度过高，油面太低吸油不足，高压管道中压力冲击等均会产生噪声。需正确设计油箱，选择滤油器、油管、方向控制阀等。

⑤漏油：

漏油可分为外漏与内漏两种，内漏在漏油量中比例最大，其中缸体与配油盘之间的内泄漏又是主要因素。为此要检查缸体与配油盘是否被锈蚀、磨损，安装是否合适等。检查滑靴与斜盘间的滑动情况，变量机构控制活塞的磨损状态等。

⑥活塞杆推力不足，工作过慢：

a. 缸体与活塞配合间隙太小，或开槽太浅使“O”型密封圈形成阻力太大。应重新配制间隙，加大开槽深度。

b. 缸体与活塞配合间隙太大，使活塞两面高低压互通，应重新配制活塞。

c. 活塞杆弯曲，应予校正，使其全长均在传动范围内。

d. 端面内密封圈压得太紧。适当放松压紧螺钉，以不泄露为限。

e. 缸体油管因装配不良被压扁。更换油管，且避免再次出现被压扁现象。

⑦活塞杆或缸体不能运动：

a. 长期不用造成锈蚀。可拆洗、修去锈斑，严重时，重新镗磨，再配活塞。

b. “O”型密封圈老化、失效、内泄严重。应更换。

c. 缸内精度差，表面粗糙或损坏，使内泄增大。应修复或更换。

d. 杂物进入润滑部件。可拆下清洗，必要时更换油液。

e. 缸体两端密封圈损坏，更换。

f. 缸装配质量差。重新装配和安装，不合格零件应更换。

⑧柱塞缸推力不足：

a. 液压系统压力不足，提高系统压力，检查溢流阀调定压值力。

b. 柱塞和导向套磨损后，阀隙增大，漏油严重。更换导向套，其内孔与柱塞外圆配合间隙为0.02 ~0.03mm。

c.进油口管接头损坏或螺母未拧紧，严重漏油。应更换管接头或拧紧螺母，防止漏油。

⑨液动换向阀动作不灵

a.单向阀封闭性差,更换钢球,配对研磨阀座孔。

b.节流阀堵塞。

c.换向阀内部卡死或泄漏过大。清除阀内部的杂质或更换。

(2)搅拌回路

①溢流阀失灵：

a.油液过脏或装配时滑阀阻尼孔未清洗干净,使阻尼孔被堵塞,滑阀不能移动。过滤或更换液压油,清洗滑阀,使阻尼孔畅通。

b.滑阀弹簧断裂或弯曲,滑阀不能复位,更换滑阀弹簧。

c.滑阀在开启位置卡死。拆开检修。

d.先导阀弹簧折断、更换。

e.远控口油直通油箱。在远控口加装堵塞,并拧紧,防止泄露。

②液压马达转速不足发出噪声：

a.搅拌器被混凝土粘着,摩擦阻力大。拆开并用柴油清洗。

b.安全阀压力失调。应拆开检查并更换零件。

c.液压油粘度太低。应更换新油。

(3)变量调节回路

①液控调节阀失灵：

a.油液污染使阀卡死。应拆开清洗阀芯,并更换液压油。

b.控制弹簧失灵,控制杆脱落或变形,控制缸泄漏。检查及维修或更换相应零部件。

c.油温过高,油液粘度相应降低。应增加油液冷却、散热。

d.液压系统内进入空气,应排除系统内空气。

②减压阀不起减压作用：

a.滑阀与阀体孔的制造精度差，滑阀被卡住。研配滑阀与阀体孔，使之移动灵活无阻滞。

b.滑阀上的阻尼小孔被堵塞。清洗并疏通滑阀上的阻尼孔。

c.调压弱簧太硬或发生弯曲被卡住。更换软硬、长度适合的弹簧。

d.钢球或锥阀与阀座孔配合不良。更换钢球或修磨锥阀,并研配阀座孔。

e.泄露通道被堵塞,滑阀不能移动。清洗滑阀和阀体,使泄露通道畅通。

③减压阀压力不稳定：

a.滑阀与阀体配合阀隙过小,滑阀移动不灵活。修磨滑阀并研磨滑阀孔,使它们之间的配合间隙符合要求。

b.滑阀弹簧太软，产生变形在阀芯中被卡住，使滑阀移动困难，更换软硬合适的弹簧。

c.滑阀阻尼孔时通时阻塞。更换液压油,清洗并疏通阀上的阻尼孔。

d. 调压弹簧变形，更换调压弹簧。

e. 液压系统内进入空气。排除液压系统内空气。

④减压阀泄露严重：

a. 滑阀磨损后与阀体孔之间的配合间隙过大，更换。

b. 密封件老化或磨损，更换密封件。

c. 阀芯与阀座孔接触不良或磨损严重。修磨，研配。

d. 各连接处螺钉松动或拧紧力不均匀。紧固各连接处螺钉。

以上是对 BP750R 型混凝土泵常见故障及排除进行分析，在实际生产过程中，会出现其他故障，应根据其系统及时提出解决方案。

三、水泥混凝土泵车

混凝土泵车也称为混凝土布料泵车，主要用于混凝土的快速布料，用自身所带的混凝土泵通过布设于布料杆上的输送管道将混凝土泵送到需要的高度和范围。它主要由混凝土泵送系统、混凝土分配阀、搅拌器、折叠式布料杆及混凝土输送管等组成。

现以国内厂家与日本石川岛合作生产的 IPF85B—2 型混凝土泵车液压系统（图 5-9-3）为例进行分析。

该液压系统为多泵开式系统。系统的 4 个定量液压泵由一台 180kW 的柴油机驱动。

液压泵配置如下：

液压泵 16：为回转马达，3 节悬臂，支腿油缸供油；

液压泵 18：即主液压泵，为混凝土泵的泵送油缸、分配阀油缸供油；

双联泵 19：分别为水泵或空压机马达以及搅拌器马达供油。

下面介绍各主要回路的工作原理。

1. 搅拌回路

在搅拌回路中，当搅拌换向阀组 21 中的手动三位四通换向阀 a 处于左位时，液压泵 19 泵出的压力油经手动换向阀 a 到达搅拌马达 20，使搅拌器旋转。若在搅拌过程中遇混凝土料卡滞使载荷增加，当正转压力大于 11MPa 时，阀组中的压力控制阀 b 打开，液流通过单向阀 c 使二位四通液控阀 d 到左位工作，进油阀的控制压力油使二位四通液控阀 e 工作在右位，从而使搅拌马达自动反转，以消除卡料现象。

当手动控制阀 a 处于中位时，马达处于浮动状态。

当手动换向阀处于右位时，马达反转。回路中还设有 15MPa 的溢流阀。若手动二位换向阀 25 处于左位，则回油经此阀到达液压油冷却器的风扇马达。

2. 清洗回路

混凝土泵车压送混凝土完毕后的清洗，各种车型有各种不同的方法，即使同一车型在不同的工况下亦可采用不同的措施。一般来说，常用清洗有利用空气压缩机的空气清洗方法和利用高压水泵清洗方法两种可供选择。

空气清洗是由空气压缩机提供一定压力的压缩空气，通过气体软管连接到混凝土的输送管压送清洗活塞进行空气清洗。压缩机驱动方式有液压马达和电机驱动，本系统采用液压马达 26 驱动气压机 27 回路进行。

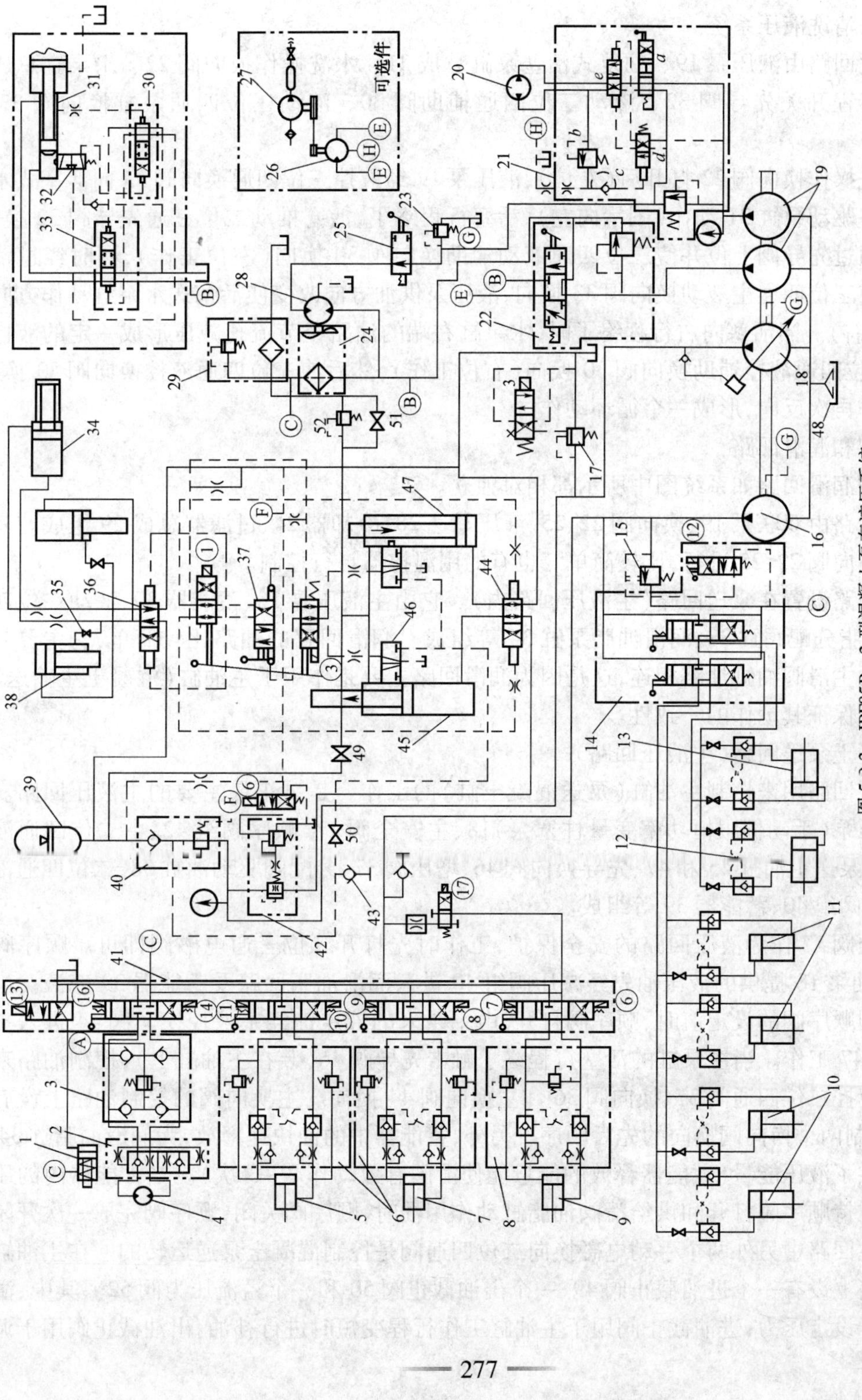

图 5-9-3 IPF85B-2 型混凝土泵车液压系统

1-制动油缸;2-背压阀;3-过载补油阀;4-回转液压马达;5-上臂油缸;6-液压锁阀组;7-中臂油缸;8-液压锁阀组;9-下臂油缸;10-前部垂直支腿油缸;11-后部垂直支腿油缸;12-左水平支腿油缸;13-右水平支腿油缸;14-支腿操作阀;15-溢流阀;16-布料系统液压泵;17-溢流阀;18-主液压泵;19-双联泵;20-液压马达;21-搅拌换向阀;22-换向阀;23-溢流阀;24-油冷却器;25-二位换向阀;26-液压马达;27-气压机;28-液压马达;29-过滤器;30-增压阀;31-水泵总成;32-先导换向阀;33-液压换向阀;34-油脂泵;35-截止阀;36-分配阀油缸四通阀;37-增压阀;38-分配阀油缸;39-蓄能器;40-减压阀;41-悬臂电磁阀;42-顺序阀;43-手动运转阀;44-主四通阀;45-左主油缸;46-先导换向阀;47-右主油缸;48-吸滤器;49,50,51-截止阀;52-溢流阀水清洗是利用高压水泵提供一定压力的水来压送残余混凝土输送泵车的形式。水清洗方式在大多泵车上得到运用。因为,它较压缩空气清洗有较多优点,如压力高、排量大、清洗效率高及较为安全等。水清洗因动力的不同有电泵、涡轮泵水清洗。本系统采用的是一种往复式活塞泵的水清洗液压系统。

水清洗回路由液压泵19、往复式活塞泵缸总成31、水洗操作换向阀22、水泵缸总成内二位三通行程开关先导阀32、液动三位四通辅助阀30、液动三位四通泵缸换向阀33等组成。

在水洗操作换向阀22打开后(左位),液压泵19经液控三位四通换向阀33向活塞式水泵缸31供油,驱动泵缸31动作(图示向左),活塞行程终了,活塞推动二位三通先导阀32换向,控制油路通过先导阀上位并使三位四通液动辅助换向阀30换向(左位工作),同时经过辅助阀的油路使三位四通主液动换向阀33换向,液压泵供油方向改变使活塞式水泵缸动作方向立即改变(向右)。当活塞向右行程终了时,水泵缸右端的油路经节流孔减压形成一定的液控压力,再经三位四通液控辅助换向阀30换向(右位工作),然后使三位四通液控换向阀33换向,水泵缸动作再次反向,形成一个循环动作。

3.冷却和润滑回路

冷却和润滑回路如系统图中所示都相对独立。

冷却回路由双联泵19、换向阀22、25、液压马达28、冷却器24、过滤器总成29组成。其操作由手动换向阀22、25进行,比较简单。也有的用温控器自行控制。

润滑回路设置在泵送回路(主液压回路内)。它由主液压泵18、蓄能器39、液动二位四通滑阀36、油脂分配阀缸38、润滑油脂泵缸34等组成。润滑回路的油路比较简单,它主要与泵送混凝土的主滑阀油缸油路相连,这是因为润滑回路主要是作用于主油缸(混凝土主输送缸)油路相连以保证其动作的一致性。

4.混凝土泵送回路(主液压回路)

主液压回路用来控制主油缸(泵送混凝土缸)的工作。是泵车最主要的主液压回路。回路由主液压泵(手动伺服恒功率变量柱塞泵)18、主安全阀17、顺序阀组42、主二位四通液控换向阀44、泵送主油缸45和47、先导换向阀46、增压阀37、分配阀驱动油缸38、二位四通液控阀36、减压阀组40、蓄能器39等组成。

主安全阀17作为液压回路的安全保护,工作时先打开二位三通电磁阀即可。顺序阀组42保证主油泵18提供的液压油先经减压阀组40进入润滑油脂回路及蓄能器39充液。当回路压力达到顺序阀的设定值时,顺序阀打开,由主泵来的液压油经主液控换向阀44进入主泵送油缸45、47工作。当主泵缸的活塞行程终了触击先导阀46(装在主油缸上),控制油路来的油使手动液控二位四通阀37、换向阀36和主换向阀44换向。主换向阀的控制油路上设有阻尼孔,以控制两个换向阀换向的先后顺序。另外,蓄能器中的油快速释放,为润滑油脂缸34迅速动作提供了液压能量(蓄能器释放的能量能使滑阀有效动作2~3次)。当蓄能器内的压力降到不能维持顺序阀打开和供给滑阀油脂缸动作用油时,顺序阀关闭,顺序阀完成一次开闭工作循环。主回路中另外两个手动电磁换向二位四通阀是控制混凝土泵逆运转的。在主油缸上有杆腔油路上设有一个进油截止阀49、一个出油截止阀50和一个溢流压力阀52。其中,溢流压力阀用于设定压力,进油截止阀用于主油缸工作行程变短时进行补油,出油截止阀用于调节主油缸的工作行程。

5. 回转油路、悬臂伸缩回路、支腿工作回路

回转油路、悬臂伸缩回路、支腿工作回路均由布料系统液压泵16供油。

1)回转油路

当电磁阀13和电磁阀15右位同时工作时,液压泵16供给的压力油经由悬臂阀组41中的电磁阀13进入制动油缸的无杆腔,活塞克服弹簧压力左行,使液压马达的制动器松开,同时压力油经由电磁阀15(右位)、过载补油阀组3、背压阀组2进入液压马达4,驱动回转机构旋转。若回转过程中遇到障碍物,使得进油压力升高,超过过载补油阀3中限压阀的允许压力8MPa,则进油经阀组3中的单向阀、限压阀、单向阀,再经回油口C流回油箱。

当电磁阀13左位和阀14一起工作时,压力油经电磁阀14(左位)、过载补油阀3、背压阀2进入马达,使马达反转。

2)悬臂伸缩回路

悬臂伸缩回路由液压泵16、悬臂电磁阀组41、液压锁阀组6和8、上臂油缸5、中臂油缸7、下臂油缸9组成。

当电磁阀11工作时,上臂油缸无杆腔进油,进油压力同时打开液压锁,使有杆腔回油;反之亦然。

中臂油缸的油路原理与上段油缸相同。

下臂油缸的油路原理与上、中臂的类似,不同之处在于液压锁阀组中溢流阀的设置,上臂油缸和中臂油缸因为可能双向受力,所以油缸两腔的溢流阀是对称的,而下臂油缸基本上是单向受力,所以油缸两腔溢流阀不对称。

3)支腿回路

支腿回路由支腿操作阀14,垂直支腿油缸10、11,水平支腿油缸12、13,以及液压锁等组成。

当垂直、水平两支腿操作阀均处于上位时,所有油缸无杆腔进油,各支腿伸出。反之,各支腿缩回。当手动操作阀处于中位时,由于双向液压锁的作用,保证了油缸不会自动缩回,以保证安全。

泵车系统常见故障分析与排除,见表5-7-1。表中列出的一些混凝土泵车常见故障的分析与排除,对操作者很有用。

泵车常见故障与排除　　表5-7-1

1. 泵起动困难	
产生原因	排除方法
蓄电池电液不足或已耗尽; 起动机损坏; 电路中断; 停止警示灯一直在开的位置; 液压油压力开关警示灯一直在开的位置	用同样新蓄电池替换旧者,检查发电机; 更换起动机; 重新连接; 检查相应系统,排除故障; 停机检查

续上表

2. 主油泵压力计指示不动，主活塞也不动	
产 生 原 因	排 除 方 法
取力手柄不到位；	将取力手柄挂到位；
变速手柄未在正确位置；	变速手柄按说明挂到正确位置；
电源开关或操作台、遥控盒上的开关不在正常位置；	检查各开关应在各自正确位置；
主回路电磁阀的电路出现故障；	机械锁定电磁阀，工作结束后，务必松开锁定；
排量调节装置的限位开关损坏或断路，连杆机构出现故障等	可用机械方式锁定，工作结束后再检修

3. 液压系统有噪声或异响	
产 生 原 因	排 除 方 法
吸油管发生障碍；	清除障碍或更换油管，若是滤芯问题则更换滤芯；
液压油粘度太高；	更换液压油，严格按说明书规定进行；
油中含水分和空气；	更换液压油，并经常注意液压油量保持在最低油面以上；
液压油量不足或液压油变质；	更换损坏零件，并检查液压油；
发动机和液压泵之间连接器磨损	拆卸连接器，更换已磨损零件

4. 液压系统油压低	
产 生 原 因	排 除 方 法
主安全阀的压力未达到设定压力，主安全阀阀芯磨损或渗入杂质；	仔细清洗，当阀芯有磨损时更换阀芯，重新调整压力值；
主泵内部零件磨损；	更换油泵或损坏的零件；
主油缸密封磨损；	更换已磨损部分，检查零件状况；
液压油粘度太低；	更换液压油；
油温过高（超过80℃）	停机检查冷却系统的效率

5. 液压油温过高	
产 生 原 因	排 除 方 法
空气通路有阻碍；	除掉阻碍；
散热器风扇损坏，或油温传感器不工作；	更换风扇，或更换传感器；
主安全阀有渗漏现象；	检修安全阀；
液压回路中应关闭的支路未关闭	锁定支路

6. 油缸不能正常伸缩	
产 生 原 因	排 除 方 法
液压回路供油不足，活塞行程缩小；	检查油量（可查看调整流量调整器出口流量或检查排量手柄），排除相应的故障；
油缸内渗漏过多；	拆卸油缸，检查零件的情况，予以更换；
主油泵调节装置安全阀的故障引起；	排除故障；
自动换向出现故障，导致主油缸不动作；	检查并排除故障；
闭合回路出现故障，导致主油缸行程变短或变长；	检查并排除故障，重点可检查闭合回路两边的截止阀和安全阀；
混凝土堵塞	排除混凝土堵塞

续上表

7. 混凝土吸吐循环不能完成

产生原因	排除方法
电磁阀被机械卡住；	推动电磁阀两端看是否锁住，如锁住则排除其故障；
滑杆因砂砾嵌入锁住；	滑杆拆卸清洗，检查是否损伤；
油温太高；	检查过滤器；
控制回路出现故障；	检查并排除故障；
电气部分失灵	检查原因，更换其中损坏的元件

8. 油缸循环次数少，混凝土排出量较少

产生原因	排除方法
油泵内漏过大；	检修；
主油泵输出功率处于最低调整位置；	调整；
主油缸行程过长；	可按说明书规定调整；
输送活塞磨损；	更换活塞；
输送缸磨损；	更换输送缸；
管阀(或滑阀)磨损	检查管阀或滑阀

9. 阀或滑阀动作不正常

产生原因	排除方法
控制其动作的截止阀未打开；	打开球阀；
阀旁或滑阀内混凝土硬结；	清除硬结的混凝土并空车无负荷运行；
骨料料径过大；	检查料斗的保护栅格；
回路的阀锁出现故障或压力值设置过低；	检查并排除故障，调定压力至正常；
驱动油缸的活塞密封件损坏；	更换损坏的元件；
润滑系统故障，润滑不到位使其咬住；	检查并排除故障；
回路中蓄能器损坏或气压不足	更换损坏的元件，充加氮气

10. 润滑系统失灵

产生原因	排除方法
润滑油箱未加满润滑油；	加满润滑油(油量不少于油箱总容量的1/4)；
管道或过渡器堵塞；	清理管道过滤器；
润滑脂泵工作有故障或阻尼阀关闭；	检查并排除故障；
润滑脂分配器动作不平衡；	更换分配器；
润滑脂太稠；	更换润滑脂；
管末端被堵塞；	清除堵塞；
缓冲器调整失灵	修理故障

11. 负载时搅拌装置不能转动

产生原因	排除方法
搅拌系统安全阀设置压力过低；	重新设置系统压力；
搅拌马达磨损或损坏；	更换液压马达检查故障原因；
手动换向阀未在正确位置或内漏过大；	更换损坏零件或总成；
混凝土坍落度过低	建议使用坍落度合适的混凝土

续上表

12. 搅拌轴不能自动反转	
产生原因	排除方法
自动反转的压力未调整好； 自动反转恢复时间调节螺栓未调节好； 自动反转装置有损坏或有故障； 液压回路油管出现错误	调到正常压力； 调到正常时间； 修理或更换； 重新布置油管
13. 水泵工作不正常	
产生原因	排除方法
水箱水量不足； 吸水管中有阻碍物或滤清器阻塞； 水泵动力不够； 水泵内泄过大； 水系统安全失灵	增加水量； 清除阻碍； 更换马达； 检查水泵，更换密封件； 检修或更换
14. 臂架动作不正常	
产生原因	排除方法
电气线路故障引起臂架不动； 电磁阀故障； 中心回转接头的挡圈和“O”型圈损坏； 臂架安全阀的故障； 平衡阀有故障或内漏使臂架缓缓下降； 臂架油缸密封件磨损使其缓缓下降； 回转制动器的安全阀有故障； 回转制动器的单向阀有故障； 回转制动器打开的电磁阀或电气线路有故障使其不能回转	检修故障； 检修或更换，紧急时可锁定电磁阀； 更换挡圈和“O”型圈； 维修故障； 维修故障； 更换密封件； 维修故障； 维修或更换； 维修故障，如果是电磁阀，紧急时可锁定

以上所列故障仅是一些常见故障及排除的经验资料。泵车故障多种多样，原因也较复杂，要想减少故障，应坚持定期维护及日常维护。

参考文献

1 朱齐平.进口工程机械使用维修手册.沈阳:辽宁科学技术出版社,2001

2 杨国平,刘忠.现代工程机械液压与液力实用技术.北京:人民交通出版社,2003

3 李冰,焦生杰.振动压路机与振动压实技术.北京:人民交通出版社,2001

4 李芳民.工程机械液压与液力传动.北京:人民交通出版社,2000

5 颜自荣,李自光,贺尚红.现代工程机械液压与液力系统——基本原理·故障分析与排除.北京:人民交通出版社,2001